高等学校应用型新工科创新人才培养计划系列教材

高等学校计算机类专业课改系列教材

Java SE 程序设计及实践

青岛农业大学

编著

青岛英谷教育科技股份有限公司

西安电子科技大学出版社

内 容 简 介

本书从基本概念出发，深入浅出地讲解了 Java 的基础知识及其应用场景。全书分为理论篇和实践篇。理论篇共分为 14 章，分别介绍了初识 Java，Java 基础知识，类与对象，类之间的关系，抽象类、接口和内部类，异常处理，泛型和集合，流和文件，JDBC 基础，Swing 图形界面(1)，Swing 图形界面(2)，线程知识，网络编程 Socket，Java 高级应用拓展。实践篇分为 11 个实践，通过项目实例介绍了 Java 开发技术的应用方法。

本书侧重讲解实际应用的程序设计概念和特点，以点带面，深入至知识点的实际应用场景，通过理论篇和实践篇对案例进行讲解、剖析及实现，使读者能够迅速理解并掌握相关知识点。

本书适应面广，可作为本科计算机科学与技术、软件工程、网络工程、计算机软件、计算机信息管理、电子商务和经济管理等专业程序设计课程的教材，也可作为科研、程序设计人员的参考书籍。

图书在版编目 (CIP) 数据

Java SE 程序设计及实践/青岛农业大学，青岛英谷教育科技股份有限公司编著.
—西安：西安电子科技大学出版社，2015.8(2023.8 重印)
ISBN 978-7-5606-3787-7

Ⅰ. ① J… Ⅱ. ① 青… ② 青… Ⅲ. ① JAVA 语言—程序设计—高等学校—教材
Ⅳ. ① TP312

中国版本图书馆 CIP 数据核字(2015)第 171148 号

策　　划　毛红兵
责任编辑　许青青
出版发行　西安电子科技大学出版社(西安市太白南路 2 号)
电　　话　(029)88202421　88201467　　邮　　编　710071
网　　址　www.xduph.com　　　　　电子邮箱　xdupfxb001@163.com
经　　销　新华书店
印刷单位　陕西天意印务有限责任公司
版　　次　2015 年 8 月第 1 版　　2023 年 8 月第 8 次印刷
开　　本　787 毫米×1092 毫米　1/16　印　张　39
字　　数　931 千字
印　　数　21 001～24 000 册
定　　价　89.00 元

ISBN 978-7-5606-3787-7/TP

XDUP 4079001-8
如有印装问题可调换

高等学校计算机类专业
课改系列教材编委会

主编　陈龙猛

编委　王　燕　　王成端　　薛庆文　　孔繁之

　　　　　李　丽　　张　伟　　李树金　　高仲合

　　　　　吴自库　　张　磊　　吴海峰　　郭长友

　　　　　王海峰　　刘　斌　　禹继国　　王玉锋

❖❖❖ 前　　言 ❖❖❖

本科教育是我国高等教育的基础，而应用型本科教育是高等教育由精英教育向大众化教育转变的必然产物，是社会经济发展的要求，也是今后我国高等教育规模扩张的重点。应用型创新人才培养的重点在于训练学生将所学理论知识应用于解决实际问题，这主要依靠课程的优化设计以及教学内容和方法的更新。

另外，随着我国计算机技术的迅猛发展，社会对具备计算机基本能力的人才需求急剧增加，"全面贴近企业需求，无缝打造专业实用人才"是目前高校计算机专业教育的革新方向。为了适应高等教育体制改革的新形势，积极探索适应 21 世纪人才培养的教学模式，我们组织编写了高等院校计算机及其相关专业的系列课改教材。

该系列教材面向高校软件专业应用型本科人才的培养，强调产学研结合，经过了充分的调研和论证，并参照了多所高校一线专家的意见，具有系统性、实用性等特点，旨在使读者在系统掌握软件开发知识的同时，提高其综合应用能力和解决问题的能力。

该系列教材具有如下几个特色：

1. 以培养应用型人才为目标

本系列教材以应用型软件人才为培养目标，在原有体制教育的基础上对课程进行了改革，强化"应用型"技术的学习，使读者在经过系统、完整的学习后能够掌握如下技能：

◇　掌握软件开发所需的理论和技术体系以及软件开发过程规范体系；
◇　能够熟练地进行设计和编码工作，并具备良好的自学能力；
◇　具备一定的项目经验，能够进行代码调试、文档编写、软件测试等；
◇　达到软件企业的用人标准，做到学校学习与企业需求能力的无缝对接。

2. 以新颖的教材架构来引导学习

本系列教材采用的教材架构打破了传统的以知识为标准编写教材的方法，采用理论篇与实践篇相结合的组织模式，引导读者在学习理论知识的同时，加强实践动手能力的训练。

◇　理论篇：学习内容的选取遵循"二八原则"，即重点内容由企业中常用的 20%的技术组成。每章设有本章目标，以明确本章学习重点和难点，章节内容结合示例代码，引导读者循序渐进地理解和掌握这些知识和技能，培养学生的逻辑思维能力，掌握软件开发的必备知识和技巧。

◇　实践篇：多点集于一线，以任务驱动，以完整的具体案例贯穿始终，力求使学生在动手实践的过程中，加深对课程内容的理解，培养学生独立分析和解决问题的能力，并配备相关知识的拓展讲解和拓展练习，拓宽学生的知识面。

另外，本系列教材借鉴了软件开发中"低耦合，高内聚"的设计理念，组织结构上遵循软件开发中的 MVC 理念，即在保证最小教学集的前提下可以根据自身的实际情况对整个课程体系进行横向或纵向裁减。

3. 提供全面的教辅产品来辅助教学实施

为充分体现"实境耦合"的教学模式，方便教学实施，该系列教材配备了可配套使用的项目实训教材和全套教辅产品。

- ❖ 实训教材：集多线于一面，以辅助教材的形式，提供适应当前课程(及先行课程)的综合项目，按照软件开发过程进行讲解、分析、设计、指导，注重工作过程的系统性，培养学生解决实际问题的能力，是实施"实境"教学的关键环节。
- ❖ 立体配套：为适应教学模式和教学方法的改革，本系列教材提供完备的教辅产品，主要包括教学指导、实验指导、电子课件、习题集、实践案例等内容，并配以相应的网络教学资源。教学实施方面，提供全方位的解决方案(课程体系解决方案、实训解决方案、教师培训解决方案和就业指导解决方案等)，以适应软件开发教学过程的特殊性。

本书由青岛农业大学、青岛英谷教育科技股份有限公司编写，参加编写工作的有陈龙猛、王燕、宁维巍、朱仁成、宋国强、何莉娟、杨敬熹、田波、侯方超、刘江林、方惠、莫太民、邵作伟、王千等。本书在编写期间得到了各合作院校专家及一线教师的大力支持与协作，在此衷心感谢每一位老师与同事为本书出版所付出的努力。

由于水平有限，书中难免有不足之处，欢迎大家批评指正！读者在阅读过程中发现问题，可以通过邮箱(yujin@tech-yj.com)发给我们，以帮助我们进一步完善。

本书编委会
2015 年 3 月

❖❖❖ 目 录 ❖❖❖

理 论 篇

实　践　篇

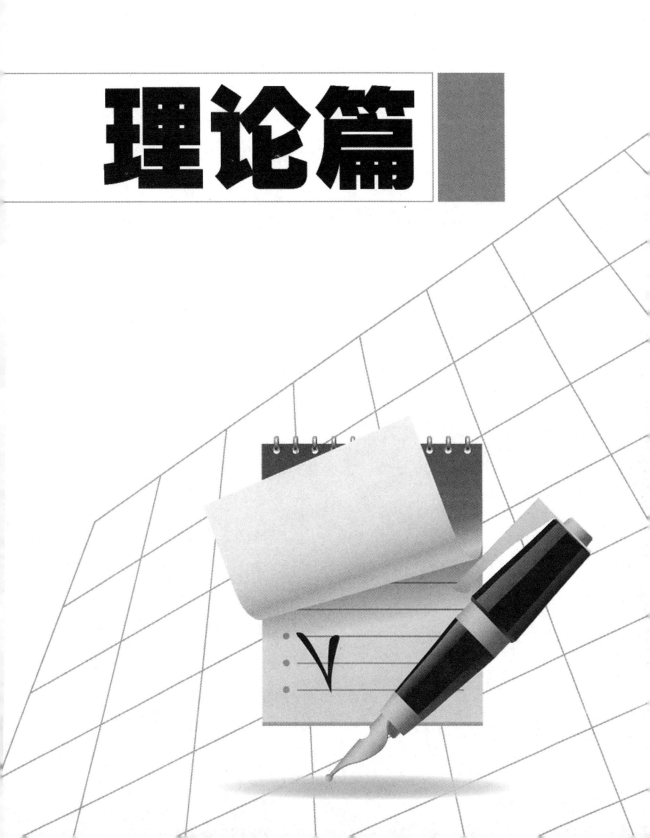

理论篇

第1章 初识 Java

本章目标

- 了解 Java 历史
- 了解 Java 的特点
- 了解 Java 的体系结构
- 了解 Java 程序类型
- 熟悉 Java 运行机制
- 熟悉 JVM、JRE 和 JDK 工具
- 掌握 Java 程序编译与运行
- 掌握 Java 程序中注释的分类和用法

1.1 Java 简介

Java 是 Sun 公司推出的 Java 程序设计语言和 Java 软件开发平台的总称。Java 不仅是一种程序设计语言，也是一个完整的平台，它有一个庞大的库，库中包含很多可重用的代码以及提供安全性、可移植性和垃圾自动回收等服务的执行环境。

Java 语言的发展经历了如表 1-1 所示的几个阶段。

表 1-1 Java 发展历程

时　间	版　本	描　　述
1995 年 5 月 23 日	无	Java 语言诞生，Java 地位确立
1996 年 1 月	JDK1.0	Java1.0 还不能进行真正的应用开发
1998 年 12 月 8 日	JDK1.2	里程碑式产品，性能极大提高，安全灵活，完整 API
1999 年 6 月	Java 三个版本	标准版(J2SE)，企业版(J2EE)，微型版(J2ME)
2000 年 5 月 8 日	JDK1.3	对 Java 1.2 进行了改进，扩展了标准类库，提高了系统性能，修正了一些 bug
2000 年 5 月 29 日	JDK1.4	
2002 年 2 月 26 日	J2SE1.4	Java 的计算能力有了大幅提升
2004 年 9 月 30 日	J2SE1.5	里程碑式产品，增加了泛型类、for-each 循环、可变元参数，自动打包、枚举、静态导入和元数据
2006 年 12 月	JRE6.0	J2EE 更名为 Java EE，J2SE 更名为 Java SE，J2ME 更名为 Java ME
2011 年 7 月 28 日	JDK7.0	由收购 Sun 的 Oracle 正式发布
2013 年 1 月 30 日	JDK8.0	新增 lambda 表达式，使用默认接口(default)的方法，对 API 进行了改进

注意　　Java 技术虽然最初由 Sun 公司开发，但是 Java Community Process(JCP，一个由全世界的 Java 开发人员和获得许可的人员组成的开放性组织)可以对 Java 技术规范、参考实现和技术兼容性包进行开发和修订。虚拟机和类库的源代码都可以免费获取，但只能查阅，不能修改和再发布。

1.2 Java 的特点

Java 的特点如下：

◇ 简单性：Java 语言语法简单明了，与 C 和 C++类似，但是 Java 摒弃了 C++中容易引发程序错误的特性，如指针和内存管理，语法结构更加简洁统一。

◇ 面向对象性：面向对象可以说是 Java 最重要的特性。Java 语言的设计完全是面向对象的，支持静态和动态风格的代码继承及重用，但不支持类似 C 语言的面向过程的程序设计技术。

◇ 分布式：Java 语言支持 Internet 应用的开发，在基本的 Java API 中有网络应用编程接口(java.net)，它提供了用于网络应用编程的类库。Java 的 RMI 机制也是开发分布式应用的重要手段。

◇ 健壮性：强类型机制、异常处理、垃圾自动回收等是 Java 程序健壮性的重要
保证。此外，Java 丢弃了 C 和 C++中的指针，Java 的安全检查机制使得 Java
更具健壮性。

◇ 跨平台性：这种可移植性来源于体系结构的中立性。另外，Java 还严格规定
了各个基本数据类型的长度。Java 系统本身也具有很强的可移植性，Java 编
译器是用 Java 实现的，Java 的运行环境是用 ANSI C 实现的。

◇ 高性能：与那些解释型高级脚本语言相比，Java 是高性能的。事实上，Java
的运行速度随着 JIT(Just-In-Time)编译器技术的发展越来越接近于 C++。

◇ 多线程：Java 内置了对多线程的支持，提供了用于同步多个线程的解决方
案。相对于 C/C++，使用 Java 编写多线程应用程序变得更加简单，这种对线
程的内置支持使交互式应用程序能在 Internet 上顺利运行。

◇ 动态性：Java 语言的设计目标之一是适应于动态变化的环境。Java 程序需要
的类能够动态地载入到运行环境，也可以通过网络来载入所需要的类，这有
利于软件的升级。另外，Java 能进行运行时刻的类型检查。

1.3 Java 体系结构与程序类型

Java 体系主要分为以下三大块：Java ME(Java Micro Edition，Java 微型版)、Java
SE(Java Standard Edition，Java 标准版)、Java EE(Java Enterprise Edition，Java 企业版)。对
于不同的 JDK 版本，可以在后面加上版本号，如 Java SE8、Java EE8 对应 JDK8.0 版本。
下面分别对这三个平台作简要介绍。

◇ Java SE：是 Java 技术的核心和基础，是 Java ME 和 Java EE 编程的基础。
Java SE 允许开发和部署在桌面、服务器、嵌入式环境和实时环境中使用的
Java 应用程序，它包含支持 Java Web 服务开发的类，并为 Java 企业级开发
提供基础。

◇ Java EE：是目前 Java 技术应用最广泛的部分。Java EE 在 Java SE 的基础上
构建，用于开发和部署具有健壮性、可移植、可伸缩且安全的服务器端 Java
应用程序。同时，Java EE 提供 Web 服务、组件模型、管理和通信 API，可
以用来实现企业级的面向服务体系结构(Service-Oriented Architecture，SOA)
和 Web 2.0 应用程序。

◇ Java ME：可以为在移动设备和嵌入式设备(比如手机、PDA、电视机顶盒和
打印机)上运行的应用程序提供一个健壮且灵活的环境。Java ME 包括灵活的
用户界面、健壮的安全模型、许多内置的网络协议，以及对动态下载的连网
和离线应用程序的支持。

本书以 Java SE 为主进行知识讲解，Java EE 将在《Java Web 程序设计及实践》一书中进行
介绍，本书不涉及其知识讲解。

1.3.1　Java 体系结构

　　使用 Java 进行开发，就是用 Java 编程语言编写代码，然后将代码编译为 Java class 文件，接着在 JVM(Java Virtual Machine，Java 虚拟机)中执行.class 文件。JVM 与核心类共同构成了 Java 平台，也称为 JRE(Java Runtime Environment，Java 运行时环境)，该平台可以建立在任意操作系统之上。Java 体系结构如图 1-1 所示。

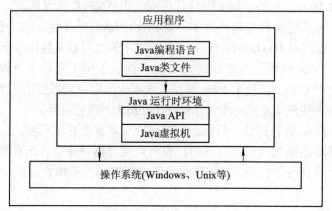

图 1-1　Java 体系结构图

　　图 1-1 显示了 Java 不同功能模块之间的相互关系，以及它们与应用程序、操作系统之间的关系。

1.3.2　Java 程序类型

Java 可以用来生成两类程序：Applications(Java 应用程序)和 Applet(Java 小程序)。
◇ Applications 是指在计算机操作系统中运行的程序。使用 Java 创建应用程序与使用其他任何计算机语言相似，这些应用程序可以基于 GUI 或命令行界面。
◇ Applet 是为在 Internet 上工作而特别创建的 Java 小程序，通过支持 Java 的浏览器运行。Applet 可以使用任何 Java 开发工具创建，但必须被包含或嵌入到网页中。当网页显示在浏览器上后，Applet 就被加载并执行。

Applet 和 Applications 两者的主要区别表现在：
◇ 运行方式不同：Applet 程序不能单独运行，必须依附于网页并嵌入其中，通过支持 Java 的浏览器来控制执行；Java 应用程序是完整的程序，能够独立运行。
◇ 运行工具不同：运行 Applet 程序的解释器不是独立的软件，而是嵌在浏览器中作为浏览器软件的一部分，Java 应用程序被编译以后，用普通的 Java 解释器就可以使其边解释边执行；Applet 必须通过浏览器或者 Applet Viewer 才能执行。
◇ 程序结构不同：每个 Java 应用程序必定含有一个 main 方法，程序执行时，首先寻找 main 方法，并以此为入口点开始运行，含有 main 方法的类常被称为主类，因此 Java 应用程序都含有一个主类；Applet 程序没有含 main 方法的主类，这也正是 Applet 程序不能独立运行的原因。

✧ 界面利用方式不同：Applet 程序可以直接利用浏览器或 Applet Viewer 提供的图形用户界面；而 Java 应用程序则必须另外编写专用代码来创建自己的图形界面。

Java 应用程序可以设计成能进行各种操作的程序，包括读/写文件的操作，而 Applet 对站点的磁盘文件不能进行读/写操作(除非添加策略许可)，但是引入了 Applet 可以使得 Web 界面具有动态多媒体效果和交互性。Applet 技术目前没有被广泛使用，本书的案例都采用 Applications 程序。

1.4 JVM、JRE 和 JDK

JVM、JRE 和 JDK 是 Java 中的三个重要概念，本节讲述这三者的基本概念和联系。

1.4.1 JVM

JVM(Java Virtual Machine，Java 虚拟机)是可运行 Java 字节码(.class 文件)的虚拟计算机系统。可以把 JVM 看成一个微型操作系统，在它上面可以执行 Java 的字节码程序。JVM 附着在具体的操作系统之上，其本身具有一套虚拟机指令，但它通常在软件而不在硬件上实现。JVM 形成一个抽象层，将底层硬件平台、操作系统与编译过的代码联系起来。Java 字节码具有通用的格式，实现 Java 跨平台特性，只有通过 JVM 处理后才可以将字节码转换为特定机器上的机器码，然后在特定的机器上运行。JVM 与硬件、操作系统、字节码代码的关系简化图如图 1-2 所示。

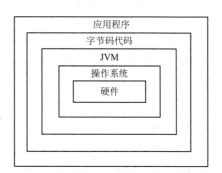

图 1-2 JVM 环境简化图

Java 编译器将 Java 源程序编译成 Java 字节码。Java 虚拟机将在其内部创建一个运行时系统，运行 Java 字节码的工作由 Java 解释器来完成。JVM 通常每次读取并执行一条 Java 语句。解释执行过程由三部分组成，分别是代码的加载、代码的校验和代码的执行，如图 1-3 所示。

JVM 的运行过程解释如下：

(1) 加载 .class 文件：由"类加载器"执行，此过程是代码的加载。如果这些类需要跨网络，则类加载器将执行安全检查。

(2) 校验字节码：由"字节码校验器"执行，此过程是代码的校验。字节码校验器将校验代码格式和对象类型转换，并检查是否发生越权访问。

(3) 执行代码：JVM 中可以包含一个 JIT(Just-In-Time，即时)编译器，在执行 Java 程序以前，即时编译器会将字节码转换成机器码。如果用户系统中没有即时编译器，运行时解释器就会处理并执行字节码类；如果系统中存在即时编译器，字节码类就会被转换成机器码并执行。

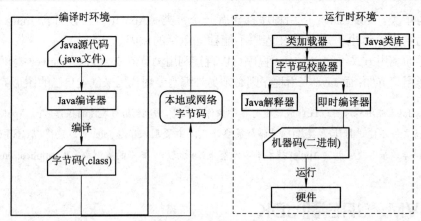

图 1-3　JVM 运行过程

　Java 虚拟机是一种用于计算设备的规范，可以由不同的厂商来实现。此外，JVM 根本不了解 Java 编程语言，它只能识别特定的二进制格式的类文件。该文件包含 JVM 指令和单个类或接口的定义，即使使用其他编程语言，只要编译后形成符合要求的文件，JVM 也能执行。

1.4.2　JRE 与 JDK

1. JRE

JRE(Java Runtime Environment，Java 运行时环境)是运行 Java 程序所必需的环境的集合。JRE 包括 Java 虚拟机、Java 平台核心类和支持文件。安装 JRE 是运行 Java 程序的必需步骤。

2. JDK

JDK(Java Development Kit，Java 开发工具包)是针对 Java 开发人员的开发工具集合。自从 Java 推出以来，JDK 已经成为使用最广泛的 Java 开发工具包，一般称为 Java SDK。JDK 是整个 Java 的核心，包括了 Java 运行环境(JRE)、Java 工具和 Java 基础类库，具体包括如下内容：
- ◇ Java 虚拟机(JVM)。
- ◇ Java 运行时环境(JRE)。
- ◇ Java 编译器：.javac，可以通过执行这个命令将 Java 源程序编译成可执行的字节代码 .class 文件。
- ◇ Java 解释器：.java，可以通过该命令执行编译好的字节码.class 文件。
- ◇ Java 应用程序编程接口(API)：JDK 提供了大量的 API。使用 API 可以缩短开发时间，提高开发效率。
- ◇ 其他工具及资源：如用于打包的 jar。

1.4.3　JVM、JRE 和 JDK 三者关系

JVM、JRE 和 JDK 三者虽然概念不同，但相互又有着紧密的关系，如图 1-4 所示。

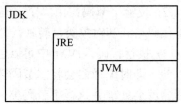

图 1-4　JVM、JRE 和 JDK 关系

JVM、JRE 和 JDK 从范围上讲是从小到大的关系。在开发 Java 应用程序前，开发人员需要在计算机上安装 JDK，这时会同时将 JRE 和 JVM 安装到计算机中。

　　　关于 Java 开发环境 JDK 的下载、安装与配置，请参见实践篇中实践 1 下的实践 1.1，此处
注意　不再赘述。

1.5　第一个 Java 程序

Java 源文件以.java 为扩展名。一个 Java 应用程序可以有多个 Java 源文件。Java 应用程序的基本结构如下：

- ◇ 在完整的 Java 程序里，至少需要有一个类(class)。因为 Java 是完全面向对象的语言，所以所有代码都是写在类中的。
- ◇ Java 文件中可有多个类，但只能有一个公共类(public)，且该公共类的类名与 Java 文件名相同。
- ◇ 在 Java 中，main()方法是 Java 应用程序的入口方法，程序在运行的时候，执行的第一个方法是 main()方法，每个独立的 Java 应用程序必须要有 main()方法才能运行。对 main()方法有特定的要求，方法的名字必须是 main，且方法必须是 public static void 类型的，其参数必须是一个字符串数组。

【示例 1.1】　演示在 Windows 环境下，使用命令行(字符界面)编译 Java 程序并输出"Hello"。

创建一个 java 项目，命名为 ch01，创建一个名为 Hello 的类，代码如下：

```
package com.dh.ch01;
public class Hello
{       public static void main(String[] args)
       {       //输出 Hello
               System.out.println("Hello");

       }

}
```

编写完代码后，同时按下"Windows 键"和"R 键"，打开"运行"窗口，在"运行"窗口中输入"cmd"，单击"确定"按钮，弹出 Windows 的命令行窗口，然后使用"javac"命令对 Hello.java 进行编译，最后使用"java"命令对编译好的 Hello.class 文件进行执行，执行结果如下：

```
Hello
```

这是一个非常简单的 Java 应用程序，其代码说明如下：

- ◇ 代码的第 1 行使用 package 关键字定义了一个包，使用包可以对类进行组织，与其他源代码库中的类分隔开来，确保类名的唯一性。可以不指定类所属的包，此时类将位于默认包中。
- ◇ 代码的第 2 行使用 class 关键字定义了一个名为 Hello 的类，因为 Hello 类修饰符为 public，说明此类为公共类，所以文件名必须与类名一致，包括大小

写也要一致，即 Hello 类的源程序文件名必须为 Hello.java。

◇ Hello 类的范围由一对大括号"{}"指定，public 是 Java 的关键字，用来表示该类为公有，也就是在整个程序里都可以访问到它。

◇ 类主体由许多语句组成，语句一般有两种类型：简单语句和复合语句。对于简单语句，我们约定一条语句书写一行，语句必须以分号";"来表示结束；而复合语句则是由一对大括号括起来的一组简单语句的集合。关于复合语句，将在后续章节中介绍。

◇ Hello 类中没有定义成员变量，但有一个成员方法或者称为方法，那就是 main()方法。

◇ System.out.println("Hello")语句的作用是在程序运行时输出双引号里面的文字内容"Hello"并换行。

 使用命令行运行 Java 程序时，如果想在任何位置都能运行 Java 程序，则需要先配置环境变量，否则只能在 JDK 的安装目录下的 bin 文件夹里面才能使用，环境变量的配置在实践篇实践 1 中有讲解，这里不进行叙述。Java 是区分大小写的编程语言。关于使用 package 定义包以及包的引用，将在第 3 章进行详细介绍。

1.6 Java 注释

与大多数程序设计语言一样，Java 中的注释用来对程序中的代码做出解释。在程序进行编译时，注释的内容会被忽略，而不会被执行，因此，注释部分的有无对程序的执行结果不产生影响，但不要认为注释毫无用处。

注释用于增加代码的清晰度，尤其是在复杂的程序中，添加注释可增加程序的可读性，也有利于程序的修改、调试和交流。

Java 中的注释可分为单行注释、块注释和文档注释。

1.6.1 单行注释

单行注释使用"//"进行标记，用于对某行代码进行注释，可尾随在某行代码后，也可以单独成一行。例如：

```
public static void main(String[] args) {
    int i = 0;    // 定义变量 i
    // 输出 Hello
    System.out.println("Hello");
}
```

1.6.2 块注释

块注释使用"/*…*/"进行标记，通常用于注释多行代码或用于说明文件、方法、数据结构等的意义与用途，一般位于一个文件或者一个方法的前面，起引导的作用，也可以根据需要放在合适的位置。块注释的格式如下：

```
/* main 方法负责输出 Hello */
public static void main(String[] args) {
//代码省略
}
```

1.6.3 文档注释

文档注释使用"/**…*/"进行标记，并写入 javadoc 文档。文档注释用于生成 HTML 格式的代码报告，所以注释文档必须书写在类、域、构造函数、方法，以及字段(field)定义之前。注释文档由描述和块标记两部分组成，格式如下：

```
/**
 * <h1>main 方法负责输出 Hello</h1>
 * @param args
 * @return
 */
public static void main(String[] args) {
        String s = "Hello";// 定义变量 s
//代码省略
}
```

使用 javadoc 命令可以为代码生成类似 Java API 文档的 HTML 格式文档，代码中的文档注释会体现在此 HTML 文档中，便于阅读。文档注释可按照 HTML 语法进行修饰。例如：

<h1>main 方法负责输出 Hello</h1>

用于在 HTML 文档中使用一号字体格式显示标签<h1>所修饰的文字。

文档注释中还可以使用各种内置的标签表达特定的含义。例如：

@param args
@return

常见 javadoc 注释标签语法如表 1-2 所示。

表 1-2 常见 javadoc 注释标签语法

注 释 标 签	说　　明
@author	对类的说明，标明开发该类模块的作者
@version	对类的说明，标明该类模块的版本
@see	对类、属性、方法的说明
@param	对方法中某参数的说明
@return	对方法返回值的说明
@exception	对方法可能抛出的异常的说明

本 章 小 结

通过本章的学习，学生应该学会：

◇ Java 是纯面向对象的编程语言。

◇ Java 是分布式的、健壮的、安全的、与平台无关的编程语言。

◇ Java 是高性能、支持多线程的动态编程语言。

◇ Java 是解释型编程语言。

◇ Java 包括两类程序：Applications(Java 应用程序)和 Applet(Java 小程序)。

◇ JVM(Java Virtual Machine)是 Java 虚拟机。

◇ JRE(Java Runtime Environment)是 Java 运行环境。

◇ JDK(Java Development Kit)是 Java 开发工具包。

◇ Java 源文件以.java 为扩展名，编译后的字节码文件以.class 为扩展名。

◇ 使用"javac"命令编译.java 文件，使用"java"命令运行.class 文件。

◇ Java 中的注释分为单行注释、块注释和文档注释。

本 章 练 习

1. 编译 Java Application 源程序文件将产生相应的字节码文件，这些字节码文件的扩展名为_____。

    A．.java   B．.class   C．.tml   D．.exe

2. 执行一个 java 程序"FirstApp"的方法是_____。

    A．运行"java FristApp.java"   B．运行"java FristApp"

    C．运行"javac FristApp.class"   D．直接双击编译好的 java 目标码文件执行

3. main()方法的返回类型是_____。

    A．int   B．void   C．boolean   D．static

4. 在 Java 代码中，public static void main 方法的参数描述正确的是_____。

    A．Strings args[]   B．String[] args   C．Strings args[]   D．String args

5. 下列关于内存回收的说明，正确的是_____。

    A．程序员必须创建一个线程来释放内存

    B．内存回收程序负责释放无用内存

    C．内存回收程序允许程序员直接释放内存

    D．内存回收程序可以在指定的时间释放内存对象

6. Java 体系主要分为_____、_____和_____三大块。

7. 简单列举 Java 语言的特点。

8. Java 应用程序分为几类？各有什么特点？

9. 面向对象的特征有哪些方面？试作简要解释。

10. 简述 JVM、JRE 和 JDK 的概念及三者关系。

11. 编写一个 Java 程序，要求在控制台上打印"你好，Java"字符串。

第 2 章　Java 基础知识

本章目标

- 掌握 Java 中的变量、常量、关键字
- 掌握 Java 的基本数据类型
- 掌握标识符的定义
- 掌握 Java 中数据类型的转换
- 掌握 Java 的运算符和表达式
- 掌握 Java 的流程控制结构
- 掌握 break、continue 和 return 转移语句的用法和区别
- 掌握 Java 中数组的定义和使用
- 掌握 Java 中一维数组的拷贝方式
- 掌握创建和使用二维数组的方法

2.1 常量和变量

常量和变量是 Java 程序设计的基础，用于表示存储的数据。

2.1.1 标 识 符

在编程语言中，通常要为程序中处理的各种变量、常量、方法、对象和类等起个名字作为标记，以后就可以通过名字来访问或修改某个数据的值，这些名字称为标识符。

Java 中的标识符必须以字母、下划线(_)或美元符($)开头，后面可以跟字母、数字、下划线或美元符。

在定义标识符时，应了解其命名的规则：

✧ 标识符可以包含数字，但不能以数字开头。

✧ 除下划线"_"和"$"符号外，标识符中不包含任何特殊字符，如空格。

✧ 标识符区分大小写，比如，"abc"和"Abc"是两个不同的标识符。

✧ 对于标识符的长度没有限制，但尽量使用有意义的标识符。

✧ 不能使用 Java 关键字作为标识符。

例如，myvar、_myvar、$myvar、_9myvar 都是合法的标识符，而下列标识符则是非法的：

✧ my var //包含空格。

✧ 9myvar //以数字开头。

✧ a+c //加号"+"不是字母和数字，属于特殊字符。

　　　　所有 Java 关键字都是小写的，例如 true、false，而 TRUE、FALSE 等都不是 Java 关键字。
注 意 在 Java 中共有 51 个关键字，见附录 A。

2.1.2 分 隔 符

分隔符用来分隔和组合标识符，辅助编译程序阅读和理解 Java 源程序。

分隔符可以分为两类：

✧ 没有意义的空白符。

✧ 拥有确定含义的普通分隔符。

空白符包括空格、回车、换行和制表符(Tab)。

例如：

```
int i=0;
```

若标识符 int 和 i 之间没有空格，即 inti，则编译程序认为这是用户定义的标识符，但实际该句的含义是用户定义了一个名为 i 的整型变量。所以该分隔符可以帮助 Java 编译器正确地理解源程序。

任意两个相邻的标识符之间至少有一个分隔符，便于编译程序理解；空白符的数量多少没有区别，使用一个和多个空白符可实现相同的分隔作用；分隔符不能相互替换，比如该用逗号的地方不能使用空白符。

普通分隔符具有特定的语法含义。普通分隔符共有 6 种，如表 2-1 所示。

表 2-1 普通分隔符

分隔符	名称	功 能 说 明
{ }	大括号	用来定义程序块、类、方法以及局部范围，也用来包括自动初始化的数组的值
[ ]	中括号	用来声明数组，也可用来表示撤销对数组的引用
( )	小括号	在定义和调用方法时用来容纳参数表。在控制语句或强制类型转换组成的表达式中用来表示执行或计算的优先级
;	分号	用来表示一条语句的结束
,	逗号	在变量声明中，用于分割变量表中的各个变量。在 for 控制语句中用来将小括号内的语法连接起来
:	冒号	说明语句标号，例如可用在三元运算符中

大括号({})用于限定某一范围，一定成对出现；分号(;)是 Java 语句结束的标记，即语句必须以分号结束，否则一条 Java 语句即使跨多行也算没有结束。

2.1.3 常量

在 Java 语言中，利用 final 关键字来定义常量。常量被设定后，不允许对其再进行更改。换句话说，就是用 final 关键字定义的常量，一旦赋值后里面的值就不会改变。

常量定义的基本格式如下：

```
final <data_type> var_name=var_value;
```

其中：

◇ final 是关键字，表示这个变量只能赋值一次，必须注明。
◇ data_type 表示常量的数据类型。
◇ var_name 是常量的名称，要符合标识符命名规范。
◇ "="用来对常量值进行初始化。
◇ var_value 表示对这个常量赋的值。

常量定义举例：

```
final double PI=3.1416;//声明了一个 double 类型的常量，初始化值为 3.1416
final boolean IS_MAN=true;//声明了一个 boolean 类型的常量，初始化值为 true
```

在开发过程中，常量名习惯全部采用大写字母，如果名称中含有多个单词，则单词之间以"_"分隔。此外，常量只能在定义的同时初始化，初始化后，在应用程序中无法再对该常量进行赋值。

2.1.4　变量

变量是 Java 程序中的基本存储单元，它的定义包括变量名、变量类型和作用域几个部分。在 Java 中，所有的变量必须先声明再使用，其定义的基本格式如下：

```
<data_type> var_name=var_value;
```

其中：

◇　data_type 是变量的数据类型。

◇　var_name 是变量的名称，要符合标识符命名规范。

◇　"="用于对变量值进行初始化。

◇　var_value 表示对这个常量赋的值。

例如：

```
int count=10;
```

可以同时声明几个同一数据类型的变量，变量之间用"，"隔开。例如：

```
int i,j,k;
```

2.2　数据类型

Java 是一门强类型语言，即所有的变量都必须显式声明数据类型。

Java 的数据类型分为两大类：基本数据类型(primitive type，也称为原始类型)和引用类型(reference type)。

基本数据类型主要包括如下四类：

◇　整数类型：byte、short、int、long。

◇　浮点类型：float、double。

◇　字符类型：char。

◇　布尔类型：boolean。

引用类型主要包括类(class)、接口(interface)、数组、枚举(enum)和注解(Annotation)五种类型。

除了基本数据类型中的八种外，其他数据类型都为引用类型。在 JDK5.0 中引入的枚举(enum)类型和注解(Annotation)也都属于引用类型。JDK7.0 及更高版本整数类型(byte,short,int,long)可以使用 0b 或 0B 前缀创建二进制字面量，如 byte b = (byte)0b001;、int i = 0B1111;可将二进制字符转换成数据类型。针对很长数字可读性差的缺点，JDK7.0 及更高版本支持用下划线分割整数类型以增强可读性，如 int million = 9_000_000;、long billion = 1_000_000_000;等。

2.2.1　基本数据类型

Java 中的基本数据类型一次可以存储一个值，是 Java 中最简单的数据形式。

表 2-2 列出了各种数据类型容纳的值的大小和范围。

表 2-2　基本数据类型

类型	大小/位	取值范围	说　明
byte(字节型)	8	$-2^7 \sim 2^7-1$	用于存储以字节计算的小额数据，在处理网络或文件的数据流时，用途很大
short(短整型)	16	$-2^{15} \sim 2^{15}-1$	用于存储小于 32 767 的数字，如员工编号
int(整型)	32	$-2^{31} \sim 2^{31}-1$	用于存储较大的整数，用途非常广泛
long(长整型)	64	$-2^{63} \sim 2^{63}-1$	用于存储非常大的数字，可以根据存储值的大小来选择
float(浮点型)	32	3.4e-38～3.4e+38	用于存储带小数的数字，如产品价格
double(双精度)	64	1.7e-38～1.7e+38	存储精度要求高的数据，如银行余额
boolean(布尔型)	1	true/false	用于存储真假值，通常用于判断
char(字符型)	16	'\u0000'~'\uFFFF'	用于存储字符数值，如性别男/女

基本数据类型的数据不是对象。为了通用性，Java 针对每一种基本数据类型都提供了一个包装类：

◇ byte：java.lang.Byte。
◇ short：java.lang.Short。
◇ int：java.lang.Integer。
◇ long：java.lang.Long。
◇ float：java.lang.Float。
◇ double：java.lang.Double。
◇ boolean：java.lang.Boolean。
◇ char：java.lang.Character。

通过使用对应的包装类，可以将基本数据类型的数据作为对象使用。

由于字符类型较其他类型在使用的过程中复杂，在此做一些特别的讲解。

在 Java 中，一个 char 代表一个 16 位无符号的(不分正负的)Unicode 字符，占 2 个字节。一个 char 常量必须包含在单引号内(' ')，如：

```
char c='a';//指定变量 c 为 char 型，且赋初值为'a'
```

除了上述形式的字符常量值之外，Java 还允许使用一种特殊形式的字符常量值来表示一些难以用一般字符来表示的字符。这种特殊形式的字符是以一个"\"开头的字符序列，称为转义字符。表 2-3 列出了 Java 中常用的转义字符及其所表示的意义。

转义字符的使用举例：

```
char c='\''; //c 表示一个单引号'
char c2='\\'; //c2 表示一个反斜杠\
```

表 2-3 转义字符及描述

转义字符	含　义
\ddd	1～3 位 8 进制数所表示的字符
\uxxxx	1～4 位 16 进制数所表示的字符
\'	单引号
\"	双引号
\\	反斜杠
\b	退格
\r	回车
\n	换行
\t	制表符

2.2.2　引用类型

到 JDK8 为止，Java 中有五种引用类型。存储在引用类型变量中的值是该变量表示的数据的地址。表 2-4 列出了各种引用数据类型。

表 2-4 引用数据类型

类型	说　明
数组	具有相同数据类型的变量的集合
类(class)	变量和方法的集合，如 Employee 类包含了员工的详细信息和操作这些信息的方法
接口(interface)	是一系列方法的声明、方法特征的集合，可以实现 Java 中的多重继承
枚举(enum)	枚举类型是一种独特的值类型，它用于声明一组命名的常数
注解(Annotation)	Annotation 提供一种机制，将程序的元素(如类、方法、属性、参数、本地变量、包和元数据)联系起来

2.2.3　类型转换

在 Java 中，一种数据类型可以转换成另外一种数据类型。但必须慎用此功能，因为误用可能会导致数据的丢失。数据类型转换的方式有自动类型转换和强制类型转换两种。

1. 自动类型转换

将一种类型的变量赋给另一种类型的变量时，就会发生自动类型转换。发生自动类型转换要满足的条件如下：

◇　两种类型必须兼容。

◇　目标类型大于源类型。

如图 2-1 所示，数据类型间箭头的指向表示在运算时可以进行自动类型转换。图中，6 个实箭头表示无信息损失的转换，而三个虚箭头表示的转换则可能丢失精度。例如，将 123456789 这样的长整数转换成浮点数时，会变成 1.23456792E8，此时保留了正确的量级，但精度上会有一些损失。

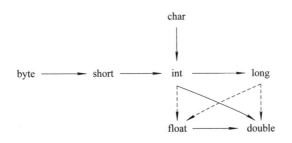

图 2-1　自动类型转换

【示例 2.1】　定义几个变量演示自动类型转换，并将结果打印到控制台。

创建一个 Java 项目，命名为 ch02，创建一个名为 TypeCast 的类，代码如下：

```java
package com.dh.ch02;
public class TypeCast {
    public static void main(String[] args) {
        int i = 100;
        char c1 = 'a';
        byte b = 0b11;//二进制字面量
        long l = 567L;
        float f = 1.89f;
        double d = 2.1;
        // char 类型的变量 c1 自动转换为与 i 一致的 int 类型参加运算
        int i1 = i + c1;
        // int 类型的变量 i1 自动转换为与 l 一致的 long 类型参加运算
        long l1 = l - i1;
        // byte 类型的变量 b 自动转换为与 f 一致的 float 类型参加运算
        float f1 = b * f;
        /* int 类型的变量 i1 自动转换为与 f1 一致的 float 类型 f1/i1 计算结果为
    float 类型，然后再转换为与 d 一致的 double 类型。*/
        double d1 = d + f1 / i1;
        System.out.println("i1=" + i1);
        System.out.println("l1=" + l1);
        System.out.println("f1=" + f1);
        System.out.println("d1=" + d1);
    }
}
```

程序运行结果：

```
i1=197
l1=370
f1=5.67
d1=2.1287817269563676
```

上面的代码中两句赋值语句 long l=567L 和 float f=1.89f，在这两个语句的最后各加了一个数据类型符 L 和 f，这是为了通知编译器将该常数按指定的数据类型(这两处分别为长整型与单精度浮点型)进行处理。byte b = 0b11;这句赋值语句采用的是二进制字面量赋值，该特性从 JDK7.0 开始支持。

2．强制类型转换

表示范围大的数据类型要转换成表示范围小的数据类型，需要用到强制类型转换。强制类型转换的语法形式如下：

```
data_type var1=(data_type)var2;
```

其中：

data_type 表示目标类型，即转换后的数据类型。

var1 表示目标变量，即转换后的变量名。

var2 表示源变量，即被转换的变量名。

例如：

```
int i = 10;
byte b = (byte) i;// 把 int 型变量 i 强制转换为 byte 型
```

上面代码中，因为 int 的数据宽度比 byte 类型大，所以 i 要赋给 b 之前必须经过强制类型转换。不过这种转换方式可能会导致数据溢出或精度下降。

 引用类型的类型转换涉及面向对象中多态的概念，将在理论篇第 4 章中提及，在本章不进行赘述。

注意

2.3　变量的作用域和初始化

在 Java 程序设计过程中，通常要考虑好变量的作用域和初始化情况。根据作用范围可以将变量分为局部变量和成员变量。本章只介绍局部变量，成员变量将在理论篇第 3 章进行介绍。

2.3.1　变量的作用域

变量被定义为只在某个程序块内或只在方法体内部有效，这种类型的变量通常被称为"局部变量"。局部变量的作用范围有限，只在相应的方法体内或程序块内有效，超出程序块，这些变量无效。所谓的程序块，就是使用"{"和"}"包含起来的代码块，它是一个单独的模块。

声明一个变量的同时也就指明了变量的作用域。因此，在某个作用域内声明一个变量后，该变量就成为了局部变量，出了变量作用域，该变量即不能再被访问。另外，在一个确定的域中，变量名必须是唯一的。

【示例 2.2】　通过两个具体的变量来演示局部变量的作用域范围。

打开项目 ch02，创建一个名为 ScopeVar 的类，代码如下：

```java
package com.dh.ch02;
public class ScopeVar {
    public static void main(String[] args)
    {
        /* num 在内层作用域中可用 */
        int num = 2;
        /* 测试变量 num */
        if (num == 2) {
            /* 定义 num1，其作用域为 if 所在的{} */
            int num1 = num * num;
            System.out.println("num 和 num1 的值分别为" + num
                        + " 和 " + num1);
        }
        /* num1 = 2;错误！ num1 未知 */
        System.out.println("num 的值为： " + num);
    }
}
```

在上述代码中，变量 num 是在 main()方法声明的，因此其作用域为 main()方法所在的大括号内，在 main()方法内的代码都可以访问该变量。另一个变量 num1 是在 if 程序块中声明的，因此只有在 if 块中出现的代码才可以使用 num1，否则编译器会生成错误，但变量 num 可以在 if 中使用，因为在 if 块外已经声明了此变量。

只要作用域中的代码开始执行，变量就存在于内存中，超出变量作用域的范围后，系统就会释放它的值，即变量的生存期受到其作用域的限制。如果在作用域中初始化一个变量，则每次调用该代码块时系统都会重新声明并初始化该变量。

2.3.2　变量的初始化

所有的局部变量在使用之前都必须进行初始化，也就是说必须要有值。

初始化有两种方法：一种在声明变量的同时赋值，格式为

```java
int count=0;
```

另外一种是先声明变量，然后再赋值，格式为

```java
int num;
...
num=4;
```

2.4 运算符

在 Java 编程语言中，运算符是一个符号，用来操作一个或多个表达式以生成结果。所谓表达式，是指包含符号(如 + 和 −)与变量或常量组合的语句，在表达式中使用的符号就是运算符，这些运算符所操作的变量/常量称为操作数。Java 中的运算符可以分为一元、二元及三元运算符等类型。要求一个操作数的运算符为一元运算符，两个操作数的运算符为二元运算符，三元运算符则要求有三个操作数。运算符将值或表达式组合成更为复杂的表达式，这些表达式将返回运算结果。在 Java 语言中，运算符分为算术运算符、比较运算符、逻辑运算符、位运算符、赋值运算符、条件运算符等几类。

2.4.1 算术运算符

算术运算符用在数学表达式中，其用法和功能与数学运算中一样。Java 中的算术运算符如表 2-5 所示。

表 2-5 算术运算符

运算符	数学含义	示　　例
+	加	a+b
-	减或负号	a–b, −b
*	乘	a*b
/	除	a/b
%	取模	a%b
++	自增	a++, ++a
−−	自减	a−−, −−a

【示例 2.3】 定义两个变量，用于演示在 Java 中的算术运算(加、减、乘、除、取余数)，并将结果打印到控制台。

打开项目 ch02，创建一个名为 MathOP 的类，代码如下：

```
package com.dh.ch02;
public class MathOP {
    public static void main(String[] args) {
        int a = 13; // 声明 int 变量 a,并赋值为 13
        int b = 4; // 声明 int 变量 b,并赋值为 4
        System.out.println("a+b=" + (a + b)); // 输出 a+b 的值
        System.out.println("a-b=" + (a - b)); // 输出 a-b 的值
        System.out.println("a*b=" + (a * b)); // 输出 a*b 的值
        System.out.println("a/b=" + (a / b)); // 输出 a/b 的值
        System.out.println("a%b=" + (a % b)); // 输出 a%b 的值
    }
}
```

执行结果如下：

```
a+b=17
a-b=9
a*b=52
a/b=3
a%b=1
```

 注 意　在 Java 中，整数的除法运算结果是取整操作，即直接截取结果的整数部分，而不对结果进行四舍五入操作。

2.4.2　比较运算符

比较运算符用在数学表达式中，其用法和功能与数学运算中一样。Java 中的比较运算符如表 2-6 所示。

表 2-6　比较运算符

运算符	数学含义	示　　例
>	大于	a>b
<	小于	a<b
==	等于	a==b
>=	大于等于	a>=b
<=	小于等于	a<=b

比较运算表达式的结果为布尔值(true 或 false)。

【示例 2.4】　定义两个变量，用于演示在 Java 中的比较运算(大于、小于、等于、大于等于、小于等于)，并将结果打印到控制台。

打开项目 ch02，创建一个名为 CompareOP 的类，代码如下：

```java
package com.dh.ch02;
/*测试各种比较运算符*/
public class CompareOP {
    public static void main(String[] args) {
        int a = 10;
        int b = 20;
        System.out.println("a>b =" + (a > b));
        System.out.println("a<b =" + (a < b));
        System.out.println("a==b =" + (a == b));
        System.out.println("a>=b =" + (a >= b));
        System.out.println("a<=b =" + (a <= b));
    }
}
```

执行结果如下：

```
a>b =false
a<b =true
a==b =false
a>=b =false
a<=b =true
```

2.4.3　逻辑运算符

逻辑运算符用在布尔表达式中。布尔运算遵循真值表规则，如表 2-7 所示。

表 2-7　真　值　表

A	B	A 与 B	A 或 B	非 A
T	T	T	T	F
T	F	F	T	F
F	T	F	T	T
F	F	F	F	T

Java 定义的逻辑运算符如表 2-8 所示。

表 2-8　逻辑运算符

运算符	数学含义	示　例
!	非	!a
&&	与	a&&b
‖	或	a‖b

【示例 2.5】　定义两个变量，用于演示在 Java 中的逻辑运算(与、或、非)，并将结果打印到控制台。

打开项目 ch02，创建一个名为 BooleanOP 的类，代码如下：

```
package com.dh.ch02;
public class BooleanOP {
    public static void main(String[] args) {
        boolean trueValue = true; // 声明 boolean 变量 t,并赋值为 true
        boolean falseValue = false; // 声明 boolean 变量 f,并赋值为 false
        // !
        System.out.println("!trueValue=" + !trueValue);
        System.out.println("!falseValue=" + !falseValue);
        // &&
        System.out.println("trueValue&&true=" + (trueValue && true));
        System.out.println("falseValue&&true=" + (falseValue && true));
        System.out.println("trueValue&&false=" + (trueValue && false));
```

```
        System.out.println("falseValue&&false=" + (falseValue && false));
        // ||
        System.out.println("trueValue||true=" + (trueValue || true));
        System.out.println("falseValue||true=" + (falseValue || true));
        System.out.println("trueValue||false=" + (trueValue || false));
        System.out.println("falseValue||false=" + (falseValue || false));
    }
}
```

执行结果如下：

```
!trueValue=false
!falseValue=true
trueValue&&true=true
falseValue&&true=false
trueValue&&false=false
falseValue&&false=false
trueValue||true=true
falseValue||true=true
trueValue||false=true
falseValue||false=false
```

布尔运算的结果仍然为布尔值：true 或 false。

注意　　在做逻辑运算时，为了提高运行效率，Java 提供了"短路运算"功能。"&&"运算符检查第一个表达式是否返回"false"，假如是"false"则结果必为"false"，不再检查后面的其他表达式。"||"运算符检查第一个表达式是否返回"true"，假如是"true"则结果必为"true"，不再检查后面的其他表达式。

2.4.4　位运算符

Java 的位运算直接对整数类型的位进行操作，这些整数类型包括 long、int、short 和 byte。另外，也可以对 char 类型进行位运算。计算机中所有的整数类型以二进制数字位的变化及其宽度来表示。例如，byte 型值 42 的二进制代码是 00101010，如表 2-9 所示。

表 2-9　整数的二进制表示

位置	7	6	5	4	3	2	1	0
幂	2^7	2^6	2^5	2^4	2^3	2^2	2^1	2^0
值	0	0	1	0	1	0	1	0

表 2-9 中，每个位置在此代表 2 的次方，在最右边的位以 2^0 开始，向左下一个位置将是 2^1，$2^1=2$，依次向左是 2^2，$2^2 = 4$，然后是 $2^3 = 8$，$2^4 = 16$，$2^5 = 32$ 等，依此类推。因此 42 在其位置 1、3、5 的值为 1(从右边以 0 开始数)，这样 $42 = 2^1 + 2^3 + 2^5$，即 $42 = 2 + 8 + 32$。位运算的真值表如表 2-10 所示。

表 2-10　位运算真值表

A	B	A|B	A&B	A^B	~A
0	0	0	0	0	1
1	0	1	0	1	0
0	1	1	0	1	1
1	1	1	1	0	0

Java 定义了下列位运算符，如表 2-11 所示。

表 2-11　位运算符

运算符	含义	示例
~	按位非(NOT)	~a
&	按位与(AND)	a&b
|	按位或(OR)	a|b
^	按位异或(XOR)	a^b
>>	右移	a>>b
>>>	无符右移	a>>>b
<<	左移	a<<b

1. 按位非(NOT)

语法格式：~value1

按位非也叫作补，一元运算符"~"是对其运算数的每一位取反。例如，数字 42 的二进制代码为 00101010，则 ~00101010=11010101。

2. 按位与(AND)

语法格式：value1 & value2

按位与运算符"&"，如果两个运算数都是 1，则结果为 1。其他情况下，结果均为零。例如：

00101010& 00001111 = 00001010

3. 按位或(OR)

语法格式：value1 | value2

按位或运算符"|"，任何一个运算数为 1，则结果为 1。例如：

00101010|00001111 = 00101111

4. 按位异或(XOR)

语法格式：value1 ^ value2

按位异或运算符"^"，只有在两个比较的位不同时其结果是 1，否则，结果是零。

5. 左移

语法格式：value << num

num 指定要移位值 value 移动的位数，即左移运算符<<使指定值的所有位都左移 num 位。每左移一个位，高阶位都被移出(并且丢弃)，并用 0 填充右边。这意味着当左

移的运算数是 int 类型时，每移动 1 位它的第 31 位就要被移出并且丢弃；当左移的运算数是 long 类型时，每移动 1 位它的第 63 位就要被移出并且丢弃。例如：11111000<<1 = 11110000。

6. 右移

语法格式：value >> num

num 指定要移位值 value 移动的位数，即右移运算符>>使指定值的所有位都右移 num 位。当值中的某些位被"移出"时，这些位的值将丢弃。右移时，被移走的最高位(最左边的位)由原来最高位的数字补充。例如：11111000>>1 =11111100。

7. 无符号右移

语法格式：value >>> num

num 指定要移位值 value 移动的位数，即无符号右移运算符>>>使指定值的所有位都右移 num 位。当值中的某些位被"移出"时，这些位的值将丢弃。右移时，被移走的最高位(最左边的位)由 0 补充。例如：11111000>>>1 =01111100。

【示例 2.6】 定义几个变量，用于演示在 java 中的位运算(按位与、按位或、按位非、按位异或、右移、左移、无符号右移)，并将结果打印到控制台。

打开项目 ch02，创建一个名为 ByteOP 的类，代码如下：

```
package com.dh.ch02;
public class ByteOP
{
    public static void main(String[] args)
    {
        int num1=9;
        int num2=7;
        int fei=~num1;                  //非
        int huo=num1 | num2;            //或
        int yu=num1 & num2;             //与
        int yiHuo=num1 ^ num2;          //异或
        int youYi=num1>>1;              //右移一位
        int zuoYi=num1<<1;              //左移一位
        int xYouYi=num1>>>1;            //无符号右移一位
        System.out.println(fei);
        System.out.println(huo);
        System.out.println(yu);
        System.out.println(yiHuo);
        System.out.println(youYi);
        System.out.println(zuoYi);
        System.out.println(xYouYi);
    }
}
```

执行结果如下:

```
-10
15
1
14
4
18
4
```

2.4.5　赋值运算符

赋值运算符为一个单独的等于号"="，它将值赋给变量。

例如:

```
int i=3;
```

该语句的作用是将整数 3 赋值给整型变量 i，使得变量 i 此时拥有的值为 3。

又如:

```
i=i+1;
```

表示把 i 加 1 后的结果再赋值给变量 i 存放，若此语句执行前 i 的值为 3，则本语句执行后，i 的值将变为 4。

此外，赋值运算符可以与算术运算符结合成一个运算符。例如:

```
i+=3;//等效于 i=i+3;
```

类赋值运算符汇总如表 2-12 所示。

表 2-12　类赋值运算符

运算符	示　　例
+=	a+=b
-=	a-=b
*=	a*=b
/=	a/=b
%=	a%=b

2.4.6　条件运算符

条件运算符是三元运算符，语法格式如下:

```
<表达式>?e1:e2
```

其中，表达式的值为布尔类型，若表达式的值为真，则返回 e1 的值，若表达式的值为假，则返回 e2 的值。

【示例 2.7】 定义两个变量，用于演示在 Java 中的三元运算符(条件运算符)的使用，并将结果打印到控制台。

打开项目 ch02，创建一个名为 ThreeOP 的类，代码如下:

```
package com.dh.ch02;
public class ThreeOP
{
        public static void main(String[] args) {
                int num1 = 3, num2 = 6;
                boolean result = (num1 > num2) ? true : false;
                System.out.println(result);
        }
}
```

执行结果如下：

```
false
```

2.4.7　运算符优先级

Java 语言规定了运算符的优先级与结合性。优先级是指同一表达式中多个运算符被执行的次序。在表达式求值时，先按运算符的优先级别由高到低的次序执行。例如，算术运算符中采用"先乘除后加减"。具体参照如表 2-13 所示。

表 2-13　运算符优先级表

优先次序	运　算　符
1	.、[]、()
2	++、--、!、~、instanceof
3	new、(type)
4	*、/、%
5	+、-
6	>>、>>>、<<
7	>、<、>=、<=
8	==、!=
9	&
10	^
11		
12	&&
13			
14	?:
15	=、+=、-=、*=、/=、%=、^=
16	&=、|=、<<=、>>=、>>>=

括号可以用于更改计算表达式的顺序，将首先计算括号内的表达式的任何部分。如果使用嵌套括号，则从最里面的一组括号开始计算，然后向外移动，但是在括号里面优先级的规则仍然适用。

2.5　流程控制

Java 程序通过控制语句来执行程序流，从而完成一定的任务。程序流是由若干条语句组成的，语句可以是单一的一条语句，如 c = a + b，也可以是用大括号{}括起来的一个复合语句(程序块)。Java 中的控制语句有以下几类：

◇　分支结构：if-else,switch。

◇　迭代结构：while,do-while,for。

◇　转移语句：break,continue,return。

下面详细介绍这三种控制语句。

2.5.1　分支结构

分支结构是根据假设的条件成立与否，再决定执行什么样语句的结构，它的作用是让程序更具有选择性。

Java 中通常将假设条件以布尔表达式的方式实现。Java 语言中提供的分支结构有：

◇　if-else 语句。

◇　switch 语句。

1. if-else 语句

if-else 语句是最常用的分支结构，语法如下：

```
if(condition)
statement1;
[else statement2;]
```

语法解释：

◇　condition 是布尔表达式，结果为 true 或 false。

◇　statement1 和 statement2 都表示语句块。当 condition 为 true 时执行 if 语句块的 statement1 部分；当 condition 为 false 时执行 else 语句块的 statement2 部分。

if-else 语句执行流程图如图 2-2 所示。

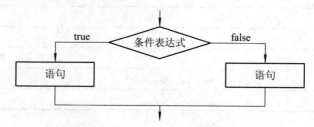

图 2-2　if-else 语句流程图

【示例 2.8】　任意输入三个整数，在控制台分别输出其中最大值和最小值，并分别检测是奇数还是偶数。

打开项目 ch02，创建一个名为 MaxNumber 的类，代码如下：

```java
package com.dh.ch02;
import java.util.*;
/*找出三个数种最大的，并且分别检测是奇数还是偶数 */
public class MaxNumber {
    public static void main(String[] args) {
        Scanner scanner = new Scanner(System.in);
        // 从控制台输入三个整数
        System.out.println("请输入三个整数：");
        int num1 = scanner.nextInt();
        int num2 = scanner.nextInt();
        int num3 = scanner.nextInt();
        // 定义两个变量用于存储最大值和最小值
        int maxNum = 0;
        int minNum = 0;
        // 利用 num1 和 num2 进行比较找出较大的和较小的
        if (num1 > num2) {
            maxNum = num1;
            minNum = num2;
        } else {
            maxNum = num2;
            minNum = num1;
        }
        // 把 maxNum 和 minNum 分别和 num3 进行比较，最终得出最大值和最小值
        if (maxNum < num3) {
            maxNum = num3;
        }
        if (minNum > num3) {
            minNum = num3;
        }
        // 分别输出最大值和最小值
        System.out.println("最大值是:" + maxNum + " 最小值为：" + minNum);
        if (maxNum % 2 == 0) {
            System.out.println("最大值为偶数");
        } else {
            System.out.println("最大值为奇数");
        }
        if (minNum % 2 == 0) {
            System.out.println("最小值为偶数");
        } else {
```

```
                System.out.println("最小值为奇数");
            }
        }
}
```

执行结果如下：

```
请输入三个整数：
2 10 5
最大值是:10 最小值为：2
最大值为偶数
最小值为偶数
```

分支判断逻辑有时比较复杂，在一个布尔表达式中不能完全表示，这时可以采用嵌套分支语句实现。基于嵌套 if 语句的序列一般编程结构为 if-else-if 阶梯，语法结构如下：

```
if(condition){
statement1;
}else if(condition){
statement2;
}else if(condition){
statement3;
...
}else{
statement;
}
```

闰年的计算方法是：年数可以被 4 整除但不能被 100 整除，或者能够被 400 整除，则为闰年，其余的为平年。例如，2000 年是闰年，而 1900 年不是。

【示例2.9】 输入一个年份，由程序判断该年是否为闰年，并将结果打印到控制台。

打开项目 ch02，创建一个名为 Year 的类，代码如下：

```java
package com.dh.ch02;
import java.util.*;
/*从控制台输入一年份，判断是否是闰年*/
public class Year {
    public static void main(String[] args) {
        Scanner scanner = new Scanner(System.in);
        int year = scanner.nextInt();
        if ((year % 100) == 0) {
            if (year % 400 == 0) {
                System.out.println(year + "是闰年");
            } else
                System.out.println("不是闰年");
        } else if (year % 4 == 0) {
            System.out.println(year + "是闰年");
```

```
            } else {
                System.out.println("不是闰年");
            }
    }
}
```

执行结果如下：

```
请输入年份：
2008
2008 是闰年
```

2. switch-case 语句

一个 switch 语句由一个控制表达式和一个由 case 标记表述的语句块组成，语法结构如下：

```
switch (expression){
case value1 : statement1;
break;
case value2 : statement2;
break;
…
case valueN : statementN;
break;
[default : defaultStatement; ]
}
```

语法解释：

◇ switch 语句把表达式返回的值依次与每个 case 子句中的值相比较。如果遇到匹配的值，则执行该 case 后面的语句块。

◇ 表达式 expression 的返回值类型必须是 int、byte、char、short 这几种类型之一。

◇ case 子句中的值 valueN 必须是常量，并且与表达式 expression 的返回值类型一致，而且所有 case 子句中的值应是不同的。

◇ default 子句表示 case 子句中没有声明的其他情况，是可选的。

◇ break 语句用来在执行完一个 case 分支后，使程序跳出 switch 语句，即终止 switch 语句的执行，而在一些特殊情况下，多个不同的 case 值要执行一组相同的操作，这时可以不用 break。

 在 JDK7.0 版本以前，switch 语句中的表达式 expression 只能是上面的集中类型之一，但是在 JDK7.0 及更高的版本中，expression 和 case 的值还可以是 String 类型。

【示例 2.10】 任意输入一个数字，在控制台输出其对应的月份和该月份对应的天数。打开项目 ch02，创建一个名为 SwitchOP 的类，代码如下：

```
package com.dh.ch02;
import java.util.*;
public class SwitchOP {
public static void main(String[] args) {
            System.out.println("请输入月份: ");
            Scanner scanner = new Scanner(System.in);
            int month = scanner.nextInt();
            switch (month) {
            case 1: System.out.println("一月有 31 天");break;
            case 2: System.out.println("二月有 29 天");break;
            case 3: System.out.println("三月有 31 天");break;
            case 4: System.out.println("四月有 30 天");break;
            case 5: System.out.println("五月有 31 天");break;
            case 6: System.out.println("六月有 30 天");break;
            case 7: System.out.println("七月有 31 天");break;
            case 8: System.out.println("八月有 31 天");break;
            case 9: System.out.println("九月有 30 天");break;
            case 10: System.out.println("十月有 31 天");break;
            case 11: System.out.println("十一月有 30天");break;
            case 12: System.out.println("十二月有 31 天");break;
            default: System.out.println("无效月份.");
            }
        }
}
```

执行结果如下：

请输入月份：
6
六月有 30 天

2.5.2 迭代结构

迭代结构的作用是反复执行一段代码，直到满足终止循环的条件为止。Java 语言中提供的迭代结构有：

◇ while 语句
◇ do-while 语句
◇ for 语句

1. while 语句

while 语句是常用的迭代语句，语法结构如下：

```
while (condition){
    statement;
}
```

语法解释如下：

while 语句计算表达式 condition，如果表达式为 true，则执行 while 循环体内的语句，否则结束 while 循环，执行 while 循环体以后的语句。

while 语句执行流程图如图 2-3 所示。

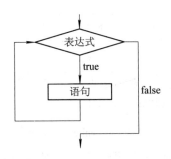

图 2-3　while 语句流程图

【示例 2.11】　定义一个变量指定循环上限，演示 while 语句的使用，并将结果打印到控制台。

打开项目 ch02，创建一个名为 WhileOP 的类，代码如下：

```
package com.dh.ch02;
public class WhileOP {
    public static void main(String[] args) {
        int count = 5;// 循环上限
        int i = 1;// 迭代指示器
        while (i < count) {
            System.out.println("当前是: " + i);
            i++;
        }
    }
}
```

执行结果如下：

```
当前是: 1
当前是: 2
当前是: 3
当前是: 4
```

2. do-while 语句

do-while 用于循环至少执行一次的情形。语句结构如下：

```
do {
statement;
} while (condition);
```

语法解释如下：

首先，do-while 语句执行一次 do 语句块，然后计算表达式 condition，如果表达式为 true，则继续执行循环体内的语句，否则结束 do-while 循环。

do-while 语句执行流程图如图 2-4 所示。

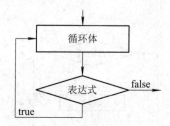

图 2-4 do-while 语句流程图

【示例 2.12】 定义一个变量指定循环上限，演示 do-while 语句的使用，并将结果打印到控制台。

打开项目 ch02，创建一个名为 DoWhileOP 的类，代码如下：

```java
package com.dh.ch02;
public class DoWhileOP {
    public static void main(String[] args) {
        int count = 5;// 循环上限
        int i = 1;// 迭代指示器
        do {
            System.out.println("当前是: " + i);
            i++;
        } while (i < count);
    }
}
```

执行结果如下：

```
当前是: 1
当前是: 2
当前是: 3
当前是: 4
```

3. for 语句

for 语句是最常见的迭代语句，一般用在循环次数已知的情形。for 语句的结构如下：

```java
for (initialization;condition;update){
statements;
}
```

语法解释：

◇ for 语句执行时，首先执行初始化操作(initialization)，然后判断终止条件表达式(condition)是否满足，如果终止条件满足，则退出循环，否则执行循环体中的语句，接着执行迭代部分(update)，完成一次循环。下次循环从判断终止条件开始，根据判断结果进行相应操作。注意，初始化操作(initialization)只在第一次循环时执行。

◇ 初始化、终止以及迭代部分都可以为空语句(但分号不能省)，三者均为空的时候，相当于一个无限循环。

◇ 在初始化部分和迭代部分可以使用逗号语句来进行多个操作。逗号语句是用逗号分隔的语句序列。

for 语句的简单示例如下：

```
for( i=0, j=10; i<j; i++, j--){
...
}
```

for 语句执行流程图如图 2-5 所示。

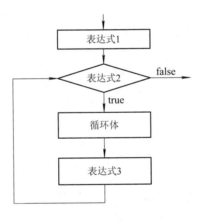

图 2-5　for 语句流程图

【示例 2.13】　定义一个变量指定循环上限，演示 for 语句的使用，并将结果打印到控制台。

打开项目 ch02，创建一个名为 ForOP 的类，代码如下：

```
package com.dh.ch02;
public class ForOP {
    public static void main(String[] args) {
        int count = 5;//循环上限
        for(int i=1; i<count; i++){
            System.out.println("当前是: " + i);
        }
    }
}
```

结果输出：

```
当前是:1
当前是:2
当前是:3
当前是:4
```

【示例 2.14】 演示九九乘法表，并将结果打印到控制台。

打开项目 ch02，创建一个名为 NineTable 的类，代码如下：

```
package com.dh.ch02;
public class NineTable {
    public static void main(String[] args) {
        for (int i = 1; i <= 9; i++) {
            for (int j = 1; j <= i; j++) {
                // 输出 a*b=c 格式
                System.out.print(j + "*" + i + "=" + i * j + " ");
            }
            // 输出空行
            System.out.println();
        }
    }
}
```

上述代码使用嵌套的 for 循环，第一个 for 循环用于控制行，第二个 for 循环用于控制每行中的表达式。

执行结果如下：

```
1*1=1
1*2=2 2*2=4
1*3=3 2*3=6 3*3=9
1*4=4 2*4=8 3*4=12 4*4=16
1*5=5 2*5=10 3*5=15 4*5=20 5*5=25
1*6=6 2*6=12 3*6=18 4*6=24 5*6=30 6*6=36
1*7=7 2*7=14 3*7=21 4*7=28 5*7=35 6*7=42 7*7=49
1*8=8 2*8=16 3*8=24 4*8=32 5*8=40 6*8=48 7*8=56 8*8=64
1*9=9 2*9=18 3*9=27 4*9=36 5*9=45 6*9=54 7*9=63 8*9=72 9*9=81
```

【示例 2.15】 演示查找 2000 年到 2100 年之间的所有闰年年份，并将结果打印到控制台。

打开项目 ch02，创建一个名为 LeapYear 的类，代码如下：

```
package com.dh.ch02;
import java.util.*;
public class LeapYear {
    public static void main(String[] args) {
        System.out.println("请输入年份:");
```

```
        Scanner scanner = new Scanner(System.in);
        // 开始年份
        int beginYear = scanner.nextInt();
        // 终止年份
        int endYear = scanner.nextInt();
        System.out.println("从" + beginYear + "到" + endYear + "中闰年为：");
        for (int year = beginYear,i = 0; year <= endYear; year++,i++) {
                if ((year % 4 == 0 && year % 100 != 0) || year % 400 == 0) {
                        System.out.print(year + " ");
                }
                //调整输出格式
                if (year % 20 == 0) {
                        System.out.println();
                }
        }
}
```

执行结果如下：

```
请输入年份:
2000 2100
从 2000 到 2100 中闰年为：
2000
2004 2008 2012 2016 2020
2024 2028 2032 2036 2040
2044 2048 2052 2056 2060
2064 2068 2072 2076 2080
2084 2088 2092 2096
```

2.5.3 转移语句

Java 的转移语句用在选择结构和循环结构中，使程序员更方便地控制程序执行的方向。Java 的转移语句有：

◇ break 语句。

◇ continue 语句。

◇ return 语句。

1. break 语句

break 语句主要有 3 种作用：

◇ 在 switch 语句中，用于终止 case 语句序列，跳出 switch 语句。

◇ 在循环结构中，用于终止循环语句序列，跳出循环结构。

◇ 与标签语句配合使用从内层循环或内层程序块中退出。

当 break 语句用于 for、while、do-while 循环语句中时，可使程序终止循环而执行循环后面的语句。通常 break 语句总是与 if 语句连在一起，即满足条件时便跳出循环。下面以用于 for 语句为例来说明，其一般形式如下：

```
for(表达式 1,表达式 2,表达式 3){
...
if(表达式 4)
break;
...
}
```

其含义是：在执行循环体过程中，若 if 语句中的表达式成立，则终止循环，转而执行循环语句之后的其他语句。

【示例 2.16】 以 for 语句为例，说明 break 在循环结构中的使用方法。下面示例实现了从 1 到 10 中查找第一个可以被 3 整除的数，并将结果打印到控制台。

打开项目 ch02，创建一个名为 BreakOP 的类，代码如下：

```
package com.dh.ch02;
public class BreakOP {
        public static void main(String[] args) {
                int count=10;//循环次数
                int target=3;//寻找的目标
                for(int i=1;i<count;i++){
                        if(i%target==0){
                                System.out.println("找到目标");
                                break;
                        }
                        System.out.println(i);//打印当前的 i 值
                }
        }
}
```

结果输出：

```
1
2
找到目标
```

2. continue 语句

continue 语句用于 for、while、do-while 等循环体中时，常与 if 条件语句一起使用，用来加速循环，即满足条件时，跳过本次循环剩余的语句，强行检测判定条件以决定是否进行下一次循环。以 continue 语句用于 for 语句为例，其一般形式如下：

```
for(表达式 1,表达式 2,表达式 3){
...
```

```
if(表达式 4) continue;
...
}
```

其含义是：在执行循环体过程中，若 if 语句中的表达式成立，则终止当前迭代，转而执行下一次迭代。

【示例 2.17】 以 for 语句为例，说明 continue 在循环结构中的使用方法。下面示例实现了从 1 到 10 中查找可以被 3 整除的数，并将结果打印到控制台。

打开项目 ch02，创建一个名为 ContinueOP 的类，代码如下：

```
package com.dh.ch02;
public class ContinueOP {
    public static void main(String[] args) {
        int count=10;//循环次数
        int target=3;//寻找能够被 3 整除的数
        for(int i=1;i<count;i++){
            if(i % target==0){
                System.out.println("找到目标");
                continue;
            }
            System.out.println(i);//打印当前的 i 值
        }
    }
}
```

结果输出：

```
1
2
找到目标
4
5
找到目标
7
8
找到目标
```

3. return 语句

return 语句通常用在一个方法的最后，以退出当前方法。其主要有如下两种格式：

◇ return 表达式。

◇ return。

当含有 return 语句的方法被调用时，执行 return 语句将从当前方法中退出，返回到调用该方法的语句处。如果执行 return 语句的是第一种格式，将同时返回表达式执行结果。第二种格式执行后不返回任何值，用于方法声明时明确返回类型为 void(空)的方法中。

当声明方法需要返回值时，return 语句通常放在一个方法体的最后，否则可能会产生编译错误。放在 if-else 语句中除外。

【示例 2.18】 演示 return 语句的使用，并将结果打印到控制台。

打开项目 ch02，创建一个名为 ReturnOP 的类，代码如下：

```java
package com.dh.ch02;
public class ReturnOP {
    public static void main(String[] args) {
        int num1 = 1;
        int num2 = 2;
        int sum = doSum(num1, num2);
        System.out.println(num1 + "+" + num2 + "=" + sum);
    }
    static int doSum(int num1, int num2) {
        return num1 + num2;
    }
}
```

结果输出：

```
1+2=3
```

return 语句的使用说明如下：

◇ 在一个方法中，允许有多个 return 语句，但每次调用方法时只可能有一个 return 语句被执行，因此方法的执行结果是唯一的。

◇ return 语句返回值的类型和方法声明中定义的类型应保持一致。当两者不一致时，以方法定义的类型为准，自动进行类型转换，如果无法强制转换则将出错。

◇ 如果方法定义的类型为 void，则在方法中可省略 return 语句。

2.6 数组

数组是编程语言中常见的一种基础数据结构，用来存储一组相同数据类型的数据，可以通过整型索引访问数组中的每一个值。需要注意，同一个数组中存储的所有元素的数据类型必须相同。

根据数组存放元素的组织结构，可将数组分为一维数组、二维数组以及多维(三维及以上)数组。本节主要介绍一维数组和二维数组。

2.6.1 数组创建

定义一维数组的语法如下：

```
data_type[] varName;
```
或
```
data_type varName[];
```

其中：data_type 是数据类型；varName 是数组名；[ ]是一维数组的标识，可放置在数组名前面或后面。

定义一维数组的示例如下，其中声明了几个不同类型的数组：

```
int a[]; // 声明一个整型数组
float b[];// 声明一个单精度浮点型数组
char c[];// 声明一个字符型数组
double d[];// 声明一个双精度浮点型数组
boolean e[];// 声明一个布尔型数组
```

上述代码只是声明了数组变量，在内存中并没有给数组分配空间，因此还不能访问这些数组。要访问数组，需在内存中给数组分配存储空间，并指定数组的长度。如下所示，通过 new 操作符来创建一个整型数组，其长度为 100：

```
int[] array = new int[100];
```

通过上面语句定义的 array 数组中可以存储 100 个整数，系统会在内存中分配 100 个 int 类型数据所占用的空间(100 × 4 个字节)。

访问数组中某个元素的格式如下：

```
数组名[下标索引]
```

其中，数组的下标索引是从 0 开始的。例如，访问 array 数组中的第一个元素是 array[0]，访问第三十个元素是 array[29]，访问第 100 个元素是 array[99]，即要访问数组中第 n 个元素，可以通过 array[n-1]来访问。

数组的长度可以通过“数组名.length”来获取。例如，获取 array 数组的长度可以使用 array.length，其返回值为 100。

 　　数组被创建后，它的大小(容量)是不能被改变的，但数组中的各个数组元素是可以改变的。而且访问数组中的元素时，下标索引不能越界，范围必须为 0~length-1。

【示例 2.19】　演示一维数组的创建和使用，并将结果打印到控制台。

打开项目 ch02，创建一个名为 ArrayDemo 的类，代码如下：

```
package com.dh.ch02;
public class ArrayDemo {
    public static void main(String args[]) {
        // 声明一个整型数组 a
        int a[];
        // 给数组 a 分配 10 个整型空间
        a = new int[10];
        // 定义一个单精度浮点型数组 b,同时给数组分配 5 个浮点型空间
        float b[] = new float[5];
        // 定义一个长度为 20 的字符型数组 c
        char c[] = new char[20];
```

```
        // 定义一个长度为 5 的双精度浮点型数组
        double d[] = new double[5];
        // 定义一个长度为 5 的布尔型数组
        boolean e[] = new boolean[5];
        /* 下面输出各数组的数组名, 注意输出的内容 */
        System.out.println(a);
        System.out.println(b);
        System.out.println(c);
        System.out.println(d);
        System.out.println(e);
        System.out.println("--------------");
        /* 下面输出各数组中第一个元素的值, 注意输出的内容 */
        System.out.println(a[0]);
        System.out.println(b[0]);
        System.out.println(c[0]);
        System.out.println(d[0]);
        System.out.println(e[0]);
        System.out.println("--------------");
        /* 下面输出各数组的长度 */
        System.out.println("a.length=" + a.length);
        System.out.println("b.length=" + b.length);
        System.out.println("c.length=" + c.length);
        System.out.println("d.length=" + d.length);
        System.out.println("e.length=" + e.length);
    }
}
```

执行结果如下:

```
[I@de6ced
[F@c17164

[D@1fb8ee3
[Z@61de33
--------------
0
0.0

0.0
false
--------------
a.length=10
```

```
b.length=5
c.length=20
d.length=5
e.length=5
```

通过执行结果可以分析出，直接输出数组名时会输出一些像"[I@de6ced"的信息，这些信息其实是数组在内存空间中的首地址(用十六进制显示)。数组在内存中的组织结构如图 2-6 所示，数组名中存放系统为数组分配的、指定长度的、连续的、内存空间的首地址。

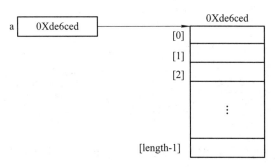

图 2-6　数组在内存中的组织结构

读者可以注意到，输出字符型数组名时没有输出该数组的首地址，这是因为在 Java 中会将字符型数组看成一个字符串，输出字符串的内容而不是地址。当数组创建完毕，数组中的元素具有默认初始值，数值类型的数组初始值为 0，布尔类型的为 false，字符型的为\0，引用类型的则为 null。

由上述内容可总结出，创建数组时系统会完成如下操作：

✧　创建一个数组对象。

✧　在内存中给数组分配存储空间。

✧　初始化数组中的元素值(给数组元素初始化一个相应的数据类型的默认值)。

2.6.2　数组初始化

数组的初始化方式有以下两种：

✧　静态初始化。

✧　动态初始化。

通过这两种方式可以将数组中的元素初始化为指定值，而非缺省的默认值。其中，静态初始化就是在定义数组的时候就对该数组进行初始化。例如：

```
int[] k = {1,3,4,5};
```

上面语句定义了一个整型的数组 k，并用大括号中值对其初始化，各个数据之间使用","分隔开。此时数组的大小由大括号中数值的个数决定，因此数组 k 的长度为 4。与上面语句功能类似，下面语句使用匿名数组的方式来静态初始化数组 k：

```
int[] k = new int[]{1,3,4,5};
```

注　意　对于数组的静态初始化方式初始化数组，不要在数组声明中指定数组的大小，否则将会引发错误。

所谓动态初始化，就是将数组的定义和数组的初始化分开来进行。

例如，下述代码对数组中的各元素分别指定其对应的值：

```
int[] array = new int[2];//定义一个长度为 2 的整型数组
array[0] = 1;//第一个元素赋值为 1
array[1] = 2;//第二个元素赋值为 2
```

也可以利用一个循环语句对数组中的各元素进行赋值。例如，将 1 到 10 分别赋值到数组中，代码如下：

```
int[] array = new int[10];        // 定义一个长度为 10 的整型数组
for (int i = 0; i < 10; i++)
{
        array[i] = i+1;
}
```

【示例 2.20】 使用数组存储 5 个整数，并在控制台输出其中最大者。

打开项目 ch02，创建一个名为 FindMax 的类，代码如下：

```
package com.dh.ch02;
public class FindMax {
        public static void main(String[] args) {
                int[] array = { 10, 23, 6, 88, 19 };
                int index = 0;// 最大值索引号，默认为 0
                int max = array[index];// 最大值
                // 寻找最大值
                for (int i = 1; i < array.length; i++)
                {
                        if (array[i] > max) {
                                index = i;
                                max = array[i];
                        }
                }
                System.out.println("最大值为" + max + "，索引号为" + index);
        }
}
```

执行结果如下：

```
最大值为 88，索引号为 3
```

上述代码中对数组进行声明并使用静态初始化方式初始化数组。在查找最大元素时，首先假设最大值为数组的第一个元素，然后同其他元素比较，只要值比 max 中的值大，就将该元素的值赋给 max，如此保证 max 中的值肯定是最大值。

2.6.3 数组拷贝

在 Java 中，经常会用到数组的复制操作。一般来说，数组的复制是指将源数组的元素一一做副本，赋值到目标数组的对应位置。常用的数组复制方法有三种：

◇ 使用循环语句进行复制。

◇ 使用 clone()方法。

◇ 使用 System.arraycopy()方法。

1. 使用循环语句

使用循环语句访问数组，对其中每个元素进行复制操作，这是最容易理解，也是最常用的数组复制方式。

【示例 2.21】 使用 for 循环实现数组复制功能，并将结果打印到控制台。

打开项目 ch02，创建一个名为 ArrayCopyFor 的类，代码如下：

```java
package com.dh.ch02;
public class ArrayCopyFor {
    public static void main(String[] args) {
        int[] array1 = { 1, 2, 3, 4, 5 };
        int[] array2 = new int[array1.length];
        // 复制
        for (int i = 0; i < array1.length; i++) {
            array2[i] = array1[i];
        }
        // 输出 array2 结果
        for (int i = 0; i < array2.length; i++) {
            System.out.print(array2[i] + ",");
        }
    }
}
```

执行结果如下：

```
1,2,3,4,5,
```

2. 使用 clone()方法

在 Java 中，Object 类是所有类的父类，其 clone()方法一般用于创建并返回此对象的一个副本，Java 中认为一切都是"对象"，所以使用该方法也可以实现数组的复制。

【示例 2.22】 使用 clone()方法实现数组复制功能，并将结果打印到控制台。

打开项目 ch02，创建一个名为 ArrayCopyClone 的类，代码如下：

```java
package com.dh.ch02;
public class ArrayCopyClone {
    public static void main(String[] args) {
        int[] array1 = { 1, 2, 3, 4, 5 };
```

```
//复制
int[] array2 = array1.clone();
//输出 array2 结果
for (int i = 0; i < array2.length; i++) {
        System.out.print(array2[i]+",");
    }
  }
}
```

执行结果如下：

1,2,3,4,5,

 示例 2.22 中的 clone()方法属于 Object 类中的方法，其作用就是将内容进行复制，在后续章
注 意 节会详细介绍。

3. 使用 System.arraycopy()方法

arraycopy()方法是 System 类的一个静态方法，它可以方便地实现数组拷贝功能。
arraycopy()方法的结构如下：

```
System.arraycopy(int from, int fromIndex, int to, int toIndex, int count)
```

该方法共有 5 个参数：from、fromIndex、to、toIndex、count，其含义是将数组 from
中的索引为 fromIndex 开始的元素拷贝到数组 to 中索引为 toIndex 的位置，总共拷贝的元
素个数为 count 个。

【示例 2.23】 使用 System.arraycopy()方法实现数组复制功能，并将结果打印到控
制台。

打开项目 ch02，创建一个名为 ArrayCopy 的类，代码如下：

```
package com.dh.ch02;
public class ArrayCopy
{
    public static void main(String[] args)
    {
        int[] array1 = { 1, 2, 3, 4, 5 };
        int[] array2 = new int[array1.length];
        // 复制
        System.arraycopy(array1, 0, array2, 0, array1.length);
        // 输出 array2 结果
        for (int i = 0; i < array2.length; i++) {
                System.out.print(array2[i] + ",");
        }
    }
}
```

执行结果如下：

1,2,3,4,5,

2.6.4　二维数组

在 Java 中，因为数组元素可以声明成任何类型，所以数组的元素也可以是数组。如果一维数组的元素类型还是一维数组的话，这种数组就被称为二维数组。二维数组经常用于解决矩阵之类的问题。

定义二维数组的语法如下：

```
data_type[][] varName; //如 char[][] ch; 定义一个 char 型二维数组，变量名字为 ch
```

通过上面方式，仅仅声明了一个数组变量，并没有创建一个真正的数组，因此还不能访问这个数组。和创建一维数组一样，可使用 new 来创建二维数组。

当使用 new 来创建多维数组时，不必指定每一维的大小，而只需指定第一维的大小就可以了。创建方式如下：

```
int[][] array = new int[10][];
```

在使用二维数组之前，应该先进行初始化。在知道数组元素的情况下，可以直接初始化数组，不必调用 new 来创建数组，这和一维数组的静态初始化类似：

```
int[][] array = {{1,2},{3,4},{5,6}}
```

在使用二维数组的时候，通过指定数组名和各维的索引来引用。例如，上面的代码如果要取得数据 2，就可以使用 array[0][1]来取得。

【示例 2.24】 演示对二维数组进行动态初始化，并将结果打印到控制台。

打开项目 ch02，创建一个名为 Array2DDemo 的类，代码如下：

```java
package com.dh.ch02;
public class Array2DDemo {
    public static void main(String[] args) {
        // 定义二维数组
        int[][] array = new int[2][2];
        for (int i = 0; i < array.length; i++) {
            for (int j = 0; j < array[i].length; j++) {
                // 把 1,2,3,4 分别赋给 array[i][j]
                array[i][j] = j + 2 * i + 1;
            }
        }
        // 输出结果
        for (int i = 0; i < array.length; i++) {
            for (int j = 0; j < array[i].length; j++) {
            System.out.println("array[" + i + "][" + j + "]="
                                + array[i][j]);
            }
        }
    }
}
```

执行结果如下：

```
array[0][0]=1
array[0][1]=2
array[1][0]=3
array[1][1]=4
```

代码中使用二维数组 array 保存了两组数字，每组两个。遍历二维数组需要使用两重 for 循环。这里尤其要注意，外层使用 array.length 来结束循环，因为 array.length 表示第一维的长度；内层使用 array[i].length 来结束循环，因为 array[i].length 表示当前正在遍历的一维数组的长度。array[i][j]表示当前元素。

在上面代码中，创建二维数组对象后，数组对象在内存中的状态如图 2-7 所示。

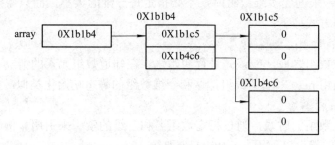

图 2-7　int[][]类型数组的初始化

如图 2-7 所示，array 二维数组实际上是一个包含两个元素的数组，而每个元素又是一个由两个整数组成的数组。

在数学上，矩阵是指纵横排列的二维数据表格。矩阵中的每个数字可以使用行列标号表示，这正是符合二维数组的特性，所以使用二维数组实现最合适。假设有如下矩阵：

$$1 \quad 2 \quad 0$$
$$4 \quad 0 \quad 6$$
$$0 \quad 8 \quad 9$$

显然，如果将每个数字看作一个元素，那么这是一个三行三列的二维数组。数组的每个元素已经确定，所以可以使用常量进行初始化。

【示例 2.25】　演示使用二维数组实现矩阵的存储，并将结果打印到控制台。

打开项目 ch02，创建一个名为 MatrixDemo 的类，代码如下：

```
package com.dh.ch02;
public class MatrixDemo {
    public static void main(String[] args)
    {
        // 用二维数组表示矩阵
        int[][] matrix = { { 1, 2, 0 }, { 4, 0, 6 }, { 0, 8, 9 } };
        // 打印矩阵
        for (int i = 0; i < 3; i++) {
            for (int j = 0; j < 3; j++) {
                System.out.print(matrix[i][j] + "   ");
```

```
                    }
                    System.out.println();// 换行
            }
        }
}
```

执行结果如下：

```
1 2 0
4 0 6
0 8 9
```

程序中使用二维数组 matrix 保存矩阵数字。因为是二维数组，所以使用两重 for 循环来输出数组结果，每输出一行后，使用 System.out.println()换行。

除了二维数组，还可以定义三维数组或更多维的数组，在此不再详细介绍。

本 章 小 结

通过本章的学习，学生应该能够学会：

◇　变量、常量是存储数据的内存单元。

◇　Java 的数据类型分为两类：基本数据类型和引用类型。

◇　局部变量在使用之前都必须进行初始化。

◇　算术运算符有：+、-、*、/、%、++、--。

◇　比较运算符有：>、>=、<、<=、==、!=。

◇　逻辑运算符有：!、&&、||。

◇　位运算符有：~、&、|、^、>>、>>>、<<。

◇　条件运算符是?：。

◇　Java 提供算术、比较、关系、逻辑等运算符完成复杂数据运算。

◇　Java 中可以通过括号()改变运算符的优先级。

◇　Java 的分支语句有 if-else、switch-case。

◇　Java 的迭代语句有 for、while、do-while。

◇　Java 的转移语句有 break、continue、return。

◇　数组是用来存储一组相同类型数据的有序集合。

◇　Java 中数组元素通过下标访问，第一个元素从下标 0 开始。

◇　Java 中数组是静态结构，无法动态增长。

◇　数组属于对象范畴，使用 .length 属性获取数组的元素个数。

◇　数组元素具有初始化默认值，数值类型的初始值是 0，引用类型的初始值则是 null。

◇　数组的拷贝可以使用 for 循环、clone()方法或 System.arraycopy()方法。

◇　数组必须先分配(new)空间，才能使用。

◇　数组可以存储基本类型数据，也可以存储对象类型数据。

本 章 练 习

1. Java 语言中，下列标识符错误的是_____。

   A. _sys1

   B. $_m

   C. I

   D. 40name

2. Java 变量中，以下不属于引用类型的数据类型的是_____。

   A. 类

   B. 字符型

   C. 数组型

   D. 接口

3. 下面赋值语句不正确的是_____。

   A. float f= 11.1

   B. double d = 5.3E12

   C. double d = 3.1415

   D. double d = 3.14d

4. 下列语句的输出应该是_____。

```
int x = 4;
System.out.println ("value is "+((x>4)?99.9 : 9);
```

   A. 输出结果为：value is 99.9

   B. 输出结果为：value is 9

   C. 输出结果为：value is 9.0

   D. 输出结果为：语法错误

5. 下面代码：

```
public class Test{
        public static double foo (double a ,double b){
                return (a>b?a:b);
}
public static void main(string [ ]args){
                system.out.println(foo(3.4 ,6.3));
}
}
```

正确描述了程序被编译时行为的是_____。

   A. 编译成功，输出为 6.3

   B. 编译成功，输出为 3.4

   C. 编译器拒绝表达式(a>b?a :b)，因为 Java 程序设计语言不支持"？:"这样的三元运算符

D. 编译器拒绝表达式 foo(3.4，6.3)，因为它不对字符串值进行运算

6. for 循环的一般形式为：for(初值；终值；增量)，以下对 for 循环的描述中，正确的是
_____。

A. 初值、终值、增量必须是整数

B. for 寻找的次数是由一个默认的循环变量决定的

C. for 循环是一种计次循环，每个 for 循环都带有一个内部不可见循环变量，控制
for 循环次数

D. 初值和增量都是赋值语句，终值是条件判断语句

7. 下面代码片段：

```
switch(m){
case 0: System.out.println("case 0 ");
case 1: System.out.println("case 1 ");break;
case 2: break;
default: System.out.println("default");
}
```

当输入_____时，将会输出"default"。

A. 0

B. 1

C. 2

D. 3

8. 下面注释方法支持 javadoc 命令的是_____。

A. /**...**/

B. /*...*/

C. //

D. /**...*/

9. 下面声明一个 String 类型的数组，正确的是_____。

A. char str[]

B. char str[][]

C. String str[]

D. String str[10]

10. 下面定义一个整型数组，不合法的是_____。

A. int array[][] = new int[2][3];

B. int array[][] = new int[6][];

C. int [][] array = new int[3][3];

D. int [][] array = new int[][4];

11. 给定代码：

```
int[] array = new int[10];
System.out.println(array[1]);
```

下面叙述正确的是_____。

A. 在编译的时候，会出现错误

B. 编译通过，但运行时会出现错误

C. 输出结果为：0

D. 输出结果为：null

12. Java 语言规定，标识符只能由字母、数字、_____和_____组成，并且第一个字符不能是_____，Java 是_____大小写的。

13. 表达式 1/2*3 的计算结果是_____。设 x = 2，则表达式(x++)/3 的值是_____。

14. 数组的长度可以使用其属性_____获得，创建一个数组对象可以使用_____关键字创建。

15. swtich 是否能作用在 byte 上，是否能作用在 long 上，是否能作用在 String 上？

16. 计算 1～10 的和，并且打印 1～10 之间的偶数。

17. 给定一个数组：int[] array = {12,1,3,34,121,565};，将其元素按照从小到大的顺序打印出来。

18. 使用数组实现栈和队列。

第 3 章　类与对象

本章目标

- 理解 OOP 编程思想
- 掌握 Java 中创建类和对象的方法
- 掌握 Java 的方法重载
- 掌握包的创建和使用方法
- 掌握 Java 访问修饰符的使用
- 掌握静态变量、静态方法的使用

3.1 面向对象思想

3.1.1 面向对象简介

面向对象(Object Oriented，OO)是当前软件开发的主流设计范型，是一种编程语言模式。面向对象的概念和应用已经超越了程序设计和软件开发，扩展到了很广的范围，如数据库系统、交互式界面、应用平台、分布式系统、网络管理结构、CAD 技术、人工智能等领域。

面向对象主要包括面向对象的分析(Object Oriented Analysis，OOA)、面向对象的设计(Object Oriented Design，OOD)以及经常提到的面向对象编程(Object Oriented Programming，OOP)。

- ◇ OOA 就是以面向对象"类"的概念去认识问题、分析问题。
- ◇ OOD 是一种解决问题领域内的软件设计模式，是一种抽象的范式，如把问题抽象成很多层次，从非常概括的到非常具体的都有，以管理相互之间的依赖关系。
- ◇ OOP 面向对象的程序设计，OOP 使软件开发的难度大大降低，而且达到了软件工程设计的三个主要目标：重用性、灵活性和扩展性。

面向对象编程已经取代了 20 世纪 70 年代早期的"结构化"过程化程序设计开发技术，因为结构化的开发方法制约了软件的可维护性和可扩展性。Java 是完全面向对象的编程语言，因此只有透彻地理解面向对象思想，才能编写高质量的 Java 应用程序。

面向对象编程的组织方式围绕"对象"，而不是围绕"行为"；围绕数据，而非逻辑。面向对象程序采用的观点是"一切都是对象"。在 OOP 过程中，对象的范围囊括现实世界中客观存在的实体(Entity)，从人类认识世界，到现在生物种群的划分，人类在潜意识中已经按照实体的共同或相似特性将其分类(Class)，而通常见到的实体是某个类的一个实例(Instance)。实际应用中，一个类的实现实例被称作一个"对象"，或者被称作一个类的"实例"。

 注意 一个类可以有多个实现对象，即类是一个抽象概念，而对象则是类的一个具体的实体。例如，"人"是一个类，"张三"则是人类的一个具体实现对象。

类是具有相同状态(属性)和行为(方法)的一组对象的集合，它与对象之间的关系如图3-1 所示。

对象或者类实例是需要在程序中使用和运行的，其"方法"提供计算机指令，进行相应的功能处理，而对象"属性"提供数据，通过方法对这些数据进行相应的操作，从而使数据得以保护，使开发者与数据隔离而无需获知数

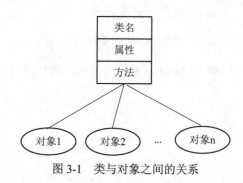

图 3-1 类与对象之间的关系

据的具体格式。就好像人们要操作微波炉，只需要简单的操作面板就能让线路板协调工作，而不需要知道微波炉线路板的工作原理。

3.1.2 面向对象机制

所有面向对象编程语言都提供面向对象模型的机制，即封装、继承和多态。

1. 封装

封装就是把对象的属性和方法结合在一起，并尽可能隐蔽对象的内部细节，形成一个不可分割的独立单位(即对象)，对外形成一个边界，只保留有限的对外接口使之与外部发生联系。譬如前面提到的微波炉，将线路板(属性)封装在微波炉内部，使用者无法接触到，而通过面板按钮(方法)操控线路板工作。封装的原则在软件上的反映是：要求使对象以外的部分不能随意存取对象的内部数据(属性)，从而有效地避免了外部错误对它的"交叉感染"。数据隐藏特性提升了系统安全性，使软件错误能够局部化，减少了查错和排错的难度。

2. 继承

继承是软件重用的一种形式，它通过吸收现有类的数据和方法，并增加新功能或修改现有功能来构建新类。譬如，"人"这个类抽象了这个群体的一般特性，"学生"和"老师"都具备"人"所定义的一般性，但其各自又有各自的特殊性，在保持了一般性和特殊性的情况下，作为一个新类而存在。在 Java 语言中，通常称一般类为父类(如"人")，也称为超类，称特殊类为子类(如"学生"和"老师")，特殊类的对象拥有其一般类的全部属性与方法。使用继承不仅节省了程序的开发时间，提高了编码的正确性，还促进了高质量软件的复用。

3. 多态

多态是指在父类中定义的属性或方法被子类继承之后，可以具有不同的表现行为。这使得同一个属性或方法在父类及其各个子类中具有不同的语义。譬如，动物都会"叫"，"猫"和"鸟"都是动物的子类，但其"叫"声是不同的。Java 中可以通过子类对父类方法的重写实现多态，也可以利用重载在同一个类中定义多个同名的不同方法来实现。

多态的引入大大提高了程序的抽象程度和简洁性，更重要的是它最大限度地降低了类和程序模块之间的耦合性，提高了类模块的封闭性，使得它们不需要了解对方的具体细节，就可以很好地共同工作。这个优点对程序的设计、开发和维护都有很大的好处。

3.2 类与对象

类与对象是面向对象的核心和本质，是 Java 成为面向对象语言的基础。

3.2.1 类的声明

类定义了一种新的数据类型，多个对象所共有的属性和方法需要组合成一个单元，称为"类",因此类是具有相同属性和共同行为的一组对象的集合。如果将对象比作房子,那么类就是房子的设计图纸。

类的声明就是定义一个类。类一旦定义,就可以用这种新类型来创建该类型的对象。这样,类就是对象的"模板",而对象就是类的一个具体"实例"。

从上述描述中可以看到,类由属性和方法构成。

◇ 属性:类的数据成员(成员变量),用于描述对象的特征。例如,每一个雇员对象都有姓名、年龄和体重这些数据,它们是所有雇员都具备的属性特征。

◇ 方法:类的行为(成员方法),是对象能够进行的操作。方法指定以何种方式操作对象的数据,以及实现相应的功能,是操作的实际实现。例如,每一个雇员对象都需要工作,工作就是一个方法,是类的一个行为。

Java 中定义类的语法格式如下:

```
[访问符][修饰符] class <类名>{
    [属性]
    [方法]
}
```

其中:

◇ 访问符:用于声明类、属性或方法的访问权限,具体可取 public(公共)、protected(受保护)、private(私有)或缺省。

◇ 修饰符:用于说明所定义的类的特性,可用的有 abstract(抽象)、static(静态)或 final(最终)等,这些修饰符在定义类时不是必需的,需要根据类的特性进行使用。

◇ class:是 Java 语言中定义类的关键字。

◇ 类名:定义类的名字。类名的命名与变量名一样必须符合标识符命名规范。

【示例 3.1】 定义一个长方形(Rectangle)类,有长、宽属性,对每个属性都提供相应的 get/set 方法。

创建一个 Java 项目,命名为 ch03,创建一个名为 Rectangle 的类,代码如下:

```java
package com.dh.ch03;
//定义一个长方形类
public class Rectangle {
    /* 属性变量 */
    private double width;  //长方形的宽度
    private double length; //长方形的高度

    /* 成员变量对应的方法 */
    public double getWidth() {
        return width;
    }
    public void setWidth(double width) {
        this.width = width;
```

```
    }
    public double getLength() {
        return length;
    }
    public void setLength(double length) {
        this.length = length;
    }
}
```

上述代码中定义了一个名为 Rectangle 的类，它有两个私有(private)属性和四个公共 (public)方法。私有属性分为 width 和 length；公共方法分别为 getWidth()、setWidth()和 getLength()、setLength()。

Rectangle 类的结构如图 3-2 所示。

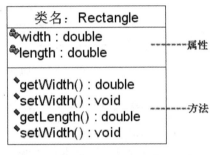

图 3-2　Rectangle 类

从结构上分析，类的定义非常简单，类由属性和方法组成，通过 class 关键字声明，其后跟类的名字；类中声明的变量(属性)被称为实例变量(instance variable)或成员变量，定义在类中的方法和属性被称为类的成员(members)。在类中，实例变量由定义在该类中的方法操作和存取，由方法决定该类中的数据如何使用。

　　Rectangle.java 代码中使用的 this 关键字以及方法的具体定义参见 3.2 节后续内容，此处代码只用于展现类的结构。

3.2.2　对象的创建

当定义完一个类时，就创建了一种新的数据类型，此时可以通过 new 关键字来创建该类型的对象，用于为对象动态分配(即在运行时分配)内存空间，并返回对它的一个引用，且将该内存初始化为缺省值。以 Rectangle 类为例，在完成类的定义之后，可以使用下面的语句创建一个 Rectangle 类的对象：

```
Rectangle rectangle; //声明对象名
rectangle = new Rectangle(); //创建对象，给对象分配内存空间
```
或
```
Rectangle rectangle = new Rectangle();
```
上述代码获得一个类的对象都经过如下两步：

◇ 第一步，声明该类类型的一个变量，即定义该类的一个对象，给对象进行命名。

◇ 第二步，创建该对象的实际物理复制，即在内存中为该对象分配地址空间，并把此空间的引用赋给该变量(对象名)。这一步就是通过使用 new 运算符来实例化该类的一个对象。

在 Java 中，所有的类对象都是动态分配空间。以创建的 rectangle 对象为例，在内存中创建的对象如图 3-3 所示。

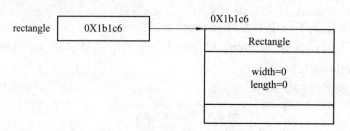

图 3-3　创建 rectangle 对象

声明对象后，如果不想给对象分配存储空间，则可以使用"null"关键字给对象赋值，例如：

```
Rectangle rectangle = null;
```

"null"关键字表示"空"，用于标识一个不确定的对象，即没有内存地址的对象。因此可以将 null 赋给引用类型变量，但不可以赋给基本类型变量。例如：

```
int num = null; //是错误的
Object obj = null; //是正确的
```

null 本身虽然能代表一个不确定的对象，但就 null 本身来说，它不是对象，也不是类的实例。

null 的另外一个用途就是释放内存。在 Java 中，当某一个非 null 的引用类型变量指向的对象不再使用时，若想加快其内存回收，可让其指向 null。这样这个对象就不再被任何对象应用了，而由 JVM 垃圾回收机制去回收。

　类的成员变量具有默认初始值，整数类型的自动赋值为 0，带小数点的自动赋值为 0.0，boolean 的自动赋值为 false，其他各种引用类型变量自动赋值为 null。可用"=="等号来判断一个引用类型数据是否 null。

3.2.3　构造方法

图 3-3 中，rectangle 对象的 width 和 length 两个属性，在创建对象时都被初始化成缺省值(数值类型的缺省值为 0)，如果想在创建对象时就能完成属性的初始化操作，给属性赋相应的值，可通过类的特殊成员——构造方法(也称为构造函数)完成。

构造方法用于当对象被创建时初始化对象中的属性。构造方法是一个特殊的方法，它的名字必须与其所在类的名字相同，且没有返回类型。

构造方法的语法结构如下：

```
[访问符] <类名>([参数列表]){
        //初始化语句;
}
```

构造方法的任务是初始化一个对象的内部状态。在提供构造方法的情形下，一旦 new 完成分配和初始化内存，它就将调用构造方法来执行对象初始化。

 构造方法的名称必须和类名完全相同，并且没有返回类型，即使是 void 类型也没有。其语法结构中没有返回类型项。

在示例 3.1 中 Rectangle 类的基础上，基于两个属性 width 和 length 来创建一个构造方法，完成长方形信息的初始化，代码如下：

```
package com.dh.ch03;
public class Rectangle {
        /* 属性成员 */
        private double width;//长方形宽度
        private double length;// 长方形高度
        /* 利用 width 和 length 创建构造方法 */
        public Rectangle(double width, double length) {
                this.width = width;
                this.length = length;
        }
        //省略
}
```

上述代码中为 Rectangle 类定义了一个构造方法，该构造方法带两个参数，分别是 width 和 length，因这两个参数名与 Rectangle 类中定义的 width 属性和 length 属性名相同，所以在构造方法中进行赋值时会产生混淆，此时可以使用"this"关键字进行区分。

1．this 关键字

this 关键字代表当前所在类的对象，即本类对象，用于解决变量的命名冲突和不确定性问题。this 在非静态内容中都可以出现，用于获取当前类对象的引用。

当方法的参数或者方法中的局部变量与类的属性同名时，类的属性就被屏蔽，此时要访问类的属性则需要使用"this.属性名"的方式，如图 3-4 所示。

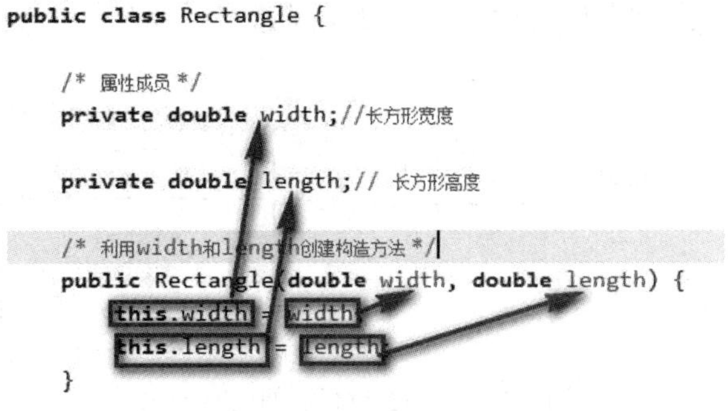

```
public class Rectangle {

        /* 属性成员 */
        private double width;//长方形宽度

        private double length;// 长方形高度

        /* 利用width和length创建构造方法 */
        public Rectangle(double width, double length) {
                this.width = width;
                this.length = length;
        }
}
```

图 3-4　this 关键字

当然，在没有同名的情况下，可以直接使用属性的名字，而不需要使用 this 进行指明。例如，可以修改参数名，使其与属性不产生冲突，代码如下：

```
public Rectangle(double w, double l) {
    width = w;
    length = l;
}
```

2. 初始化对象的过程

定义一个带参数的 Rectangle()构造方法后，就可以通过此构造方法来创建一个对象：

```
Rectangle rectangle = new Rectangle(3,5);
```

或

```
Rectangle rectangle;
rectangle = new Rectangle(3,5);
```

上面语句中"Rectangle(3,5)"传了两个实参 3 和 5，则在内存中创建 rectangle 对象时，会将这两个实参分别初始化到 width 和 length 属性中。

以 rectangle 对象为例，初始化的过程如下：

(1) 当执行"Rectangle rectangle;"时，系统为引用类型变量 rectangle 分配内存空间，此时只是定义了名为 rectangle 的变量，还未进行初始化工作，如图 3-5 所示。

rectangle

图 3-5 步骤 1 执行后的内存情况

(2) 执行语句"rectangle = new Rectangle(3,5);"时，会首先创建一个 Rectangle 类型的对象，为新对象分配内存空间来存储该对象的所有属性(width,length)，并对各属性的值进行默认的初始化，此时内存中的情况如图 3-6 所示。

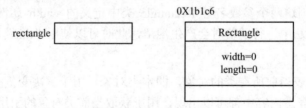

图 3-6 步骤(2)执行后的内存情况

(3) 执行 Rectangle 类的构造方法，继续此新对象的初始化工作，构造方法中又要求对新构造的对象的成员变量进行赋值，因此，此时 width 和 length 的值变成了"3"、"5"，如图 3-7 所示。

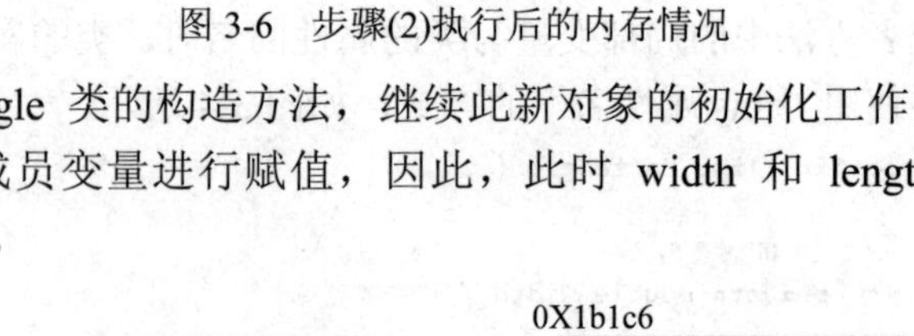

0X1b1c6

rectangle

Rectangle

width=3
length=5

图 3-7 步骤(3)执行后的内存情况

(4) 至此，一个 Rectangle 类型的新的对象的构造和初始化构造已经完成。最后在执

行 "rectangle = new Rectangle(3,5);" 中的 "="号赋值操作,将新创建的对象内存空间的首地址赋给 Rectangle 类型的变量 rectangle,如图 3-8 所示。

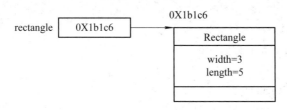

图 3-8　步骤(4)执行后的内存情况

经过上面 4 个步骤,引用类型变量 rectangle 和一个具体的对象建立了联系,此时变量 rectangle 称为该对象的一个引用。

3. 默认构造方法

如果在类中没有定义任何构造方法,则编译器将会自动加上一个不带任何参数的构造方法,即缺省构造方法。该方法不存在于源程序中,但可以使用。假如上述 Rectangle 类没有提供任何构造方法,则可以进行如下操作:

```
Rectangle rectangle = new Rectangle();
```

一旦创建了自己的构造方法,缺省的构造方法将不复存在,上面的语句将无法执行。不过如果想用的话,可以显式地写出来,代码如下:

```
public class Rectangle {
    //省略
    /* 不带参数的构造方法 */
    public Rectangle() {
    }
    //省略
}
```

3.2.4　类的方法

方法是类的行为的体现,其他对象可以通过类的方法访问该类的对象。类的方法包括方法的说明和方法的实现两个部分,其语法格式如下:

```
[访问符] [修饰符] <返回类型> 方法名([参数列表]) {
    //方法体
}
```

在类成员方法的定义中,方法的返回类型是该方法运行后返回值的数据类型。如果方法没有返回值,则方法的返回类型为 void。另外,参数列表为该方法运行所需要的特定类型的参数。包含在括号体中的部分称为方法体,用于完成方法功能的实现。

【示例 3.2】 对示例 3.1 中的 Rectangle 类进行功能扩展,增加 output()方法,用于在控制台输出长方形的信息。

打开项目 ch03,对 Rectangle 类进行功能扩展修改,代码如下:

```
package com.dh.ch03;
public class Rectangle {
        /* 属性成员 */
        private double width;//长方形宽度
        private double length;// 长方形高度

        /* 利用 width 和 length 创建构造方法 */
        public Rectangle(double width, double length) {
                this.width = width;
                this.length = length;
        }
        /* 不带参数的构造方法 */
        public Rectangle() {

        }

        //省略 get 和 set 方法

        /* 输出长方形的长宽信息 */
        public void output() {
                System.out.println("长方形的长为：" + length);
                System.out.println("长方形的宽为：" + width);
        }
}
```

3.2.5 使用对象

当分配完一个对象后，可以使用点操作符"."来实现对属性和方法的访问，访问的形式如下：

```
//访问对象的属性
对象名.属性;
//访问对象的方法
对象名.方法名();
```

以 Rectangle 类为例，可以使用下面语句访问对象的方法或属性：

```
//利用构造方法创建一个 Rectangle 类型的对象
Rectangle rectangle = new Rectangle(width, length);
//调用 output 方法
rectangle.output();
```

【示例 3.3】 演示对示例 3.2 中的 Rectangle 类进行功能扩展，增加 area()方法用于计算长方形的面积，增加 perimeter()方法用于计算长方形的周长。

打开项目 ch03，对 Rectangle 类进行功能扩展修改，代码如下：

```java
package com.dh.ch03;
import java.util.Scanner;
public class Rectangle {
        /* 属性成员 */
        private double width;//长方形宽度
        private double length;// 长方形高度
        /* 利用 width 和 length 创建构造方法 */
        public Rectangle(double width, double length)
        {
                this.width = width;
                this.length = length;
        }
        /* 不带参数的构造方法 */
        public Rectangle() {
        }
        //省略 get 和 set 方法
        /* 输出长方形的长宽信息 */
        public void output() {
                System.out.println("长方形的长为： " + length);
                System.out.println("长方形的宽为： " + width);
                System.out.println("长方形的面积为： " + area());
                System.out.println("长方形的周长为： " + perimeter());
        }
        /* 计算长方形的周长 */
        public double perimeter()
        {
                return 2 * (width + length);
        }
        /* 计算长方形的面积 */
        public double area() {
                return width * length;
        }
        public static void main(String[] args) {
                Scanner scanner = new Scanner(System.in);
                System.out.println("请输入长方形的长:");
                double length = scanner.nextDouble();
                System.out.println("请输入长方形的宽:");
                double width = scanner.nextDouble();
                // 利用构造方法创建一个 Rectangle 类型的对象
                Rectangle rectangle = new Rectangle(width, length);
```

```
                // 调用 output 方法
                rectangle.output();
        }
}
```

上述代码在 Rectangle 类中增加了三个方法，即 perimeter()、area()以及 main()，并在 output()方法中调用 area()和 perimeter()输出长方形的面积和周长。在 main()方法中先创建一个 scanner 对象，调用该对象的 nextDouble()方法可以从键盘接收一个 double 类型的数据。从键盘接收的两个数 width 和 length 作为 Rectangle()构造方法的两个实参，创建一个指定长度和宽度的长方形对象 rectangle，最后调用该对象的 output()方法输出长方形的相关信息。

执行结果如下：

```
请输入长方形的长：
23
请输入长方形的宽：
8
长方形的长为：23.0
长方形的宽为：8.0
长方形的面积为：184.0
长方形的周长为：62.0
```

注 意　方法的调用方式为"对象.方法名()"，如果该方法由 static 关键字修饰，则调用的方式为"类名.方法名()"。

3.3　参数传递和重载

3.3.1　参数传递

Java 中给方法传递参数有值传递和引用传递两种方式。

1. 值传递

值传递是将要传递的参数(实参)的"值"传递给被调方法的参数(形参)，被调方法通过创建一份新的内存拷贝来存储传递的值，然后在内存拷贝上进行数值操作。也就是说，实参和形参在内存中占不同的空间，当实参的值传递给形参后，两者之间将互不影响，所以值传递不会改变原始参数的值，如图 3-9 所示。

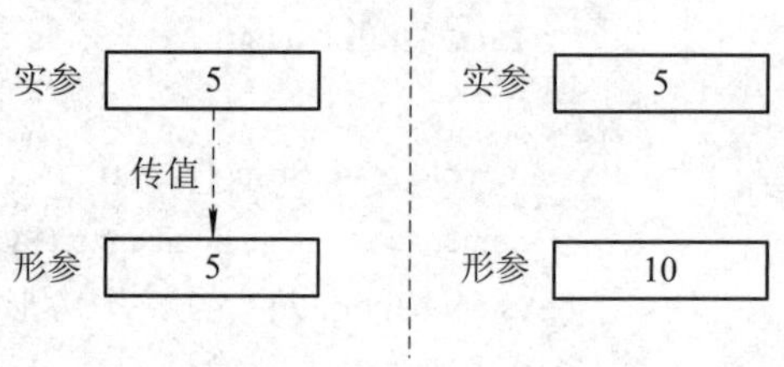

实参和形参都是方法的参数，它们之间的区别如下：

◇　实参是"调用方法"时的参数，参数前面没有数据类型，如"CallByValue.

图 3-9　值传递

change(num);"，此时的 num 就是实参。

❖ 形参是"声明方法"时的参数，参数前面有数据类型，如"public void change(int num)"，此时的 num 就是形参。

在 Java 中，当传递基本数据类型的参数给方法时，它是按值传递的。

【示例 3.4】 演示参数的值传递，并将结果打印到控制台。

打开项目 ch03，创建一个名为 CallByValue 的类，代码如下：

```
package com.dh.ch03;
public class CallByValue {
    public static void main(String[] args) {
        int num = 5;
        System.out.println("调用 change 方法前：" + num);
        // 创建一个 CallByValue 类型的对象
        CallByValue callByValue = new CallByValue();
        //调用 chang()方法,num 作为实参
        callByValue.change(num);
        System.out.println("调用 change 方法后：" + num);
    }
    //声明 change()方法 ,num 作为形参
    public void change(int num) {
        num += 5;
        System.out.println("change 方法中 num 的值为：" + num);
    }
}
```

执行结果如下：

```
调用 change 方法前：5
change 方法中 num 的值为：10
调用 change 方法后：5
```

通过运行结果可以看出，实参 num 在 change()前后的值没有发生变化。

2．引用传递

引用传递是将参数的引用(类似于 C 语言的内存指针)传递给被调方法，被调方法通过传递的引用值获取其指向的内存空间，从而在原始内存空间直接进行操作，即实参和形参指向内存中同一空间，这样当修改了形参的值，实参的值也会改变，如图 3-10 所示。

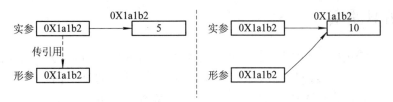

图 3-10　引用传递

在 Java 中，一般传递引用类型参数给方法时，它是按引用传递的。

【示例 3.5】 演示参数的引用传递，并将结果打印到控制台。

打开项目 ch03，创建一个名为 CallByRef 的类，代码如下：

```java
package com.dh.ch03;

public class CallByRef {
    int a, b;
    CallByRef(int i, int j) {
        a = i;
        b = j;
    }
    //声明 change()方法，obj 是形参
    void change(CallByRef obj) {
        obj.a = 50;
        obj.b = 40;
        System.out.println("在 change 方法中   obj.a=" + obj.a + ",obj.b=" + obj.b);
    }
    public static void main(String[] args) {
        CallByRef obj = new CallByRef(15, 20);
        System.out.println("调用 change 方法前   obj.a=" + obj.a
                            + ",obj.b=" + obj.b);
        //调用 change()方法，obj 是实参
        obj.change(obj);
        System.out.println("调用 change 方法后   obj.a=" + obj.a + ",obj.b=" + obj.b);
    }
}
```

执行结果如下：

```
调用 change 方法前   obj.a=15,obj.b=20
在 change 方法中   obj.a=50,obj.b=40
调用 change 方法后   obj.a=50,obj.b=40
```

通过执行结果可以看出，obj 在 change()前后的内存状态发生了变化，因为被传递的值是一个对象，main()中的 obj 和 change()中的 obj(在调用 change()方法后)都指向同一个内存空间。

3.3.2 方法重载

在 Java 程序中，如果同一个类中存在两个方法同名，并且方法签名(signature，即参数个数、参数类型、类型排列次序)也相同，将无法编译通过，但只要保证方法签名不同，在同一个类中是允许多个方法重名的，这种特性称为重载(overload)。对于重载的方法，编译器是根据方法签名来进行方法绑定的。

因此，在同一个类中，多个方法具有相同的名字，但含有不同的参数，即参数的个

数、类型或顺序不同，则称为方法的重载。

进行方法重载时，有三条原则要遵守：

◇　方法名相同。

◇　参数列表(个数、类型、顺序)不同。

◇　返回值不作为方法签名。

　方法的返回值不是方法签名(signature)的一部分，因此进行方法重载的时候，不能将返回值类型的不同当成两个方法的区别。

方法重载是同一个类中多态性的一种表现，方法重载经常用来完成功能相似的操作。

【示例 3.6】 演示使用方法的重载实现 int、float、double 不同数据类型的加法运算，并将结果打印到控制台。

打开项目 ch03，创建一个名为 MyMath 的类，代码如下：

```java
package com.dh.ch03;
public class MyMath {
    public int add(int a, int b) {
        return a + b;
    }
    public float add(float a, float b) {
        return a + b;
    }
    public double add(double a, double b) {
        return a + b;
    }
    public static void main(String args[])
    {
        // 定义一个 MyMath 对象
        MyMath m = new MyMath();
        // 求两个 int 数的和,并输出
        System.out.println("3+5=" + m.add(3, 5));
        // 求两个 float 数的和，并输出
        System.out.println("3.1415926+5.0=" + m.add(3.1415926F, 5.0F));
        // 求两个 double 数的和，并输出
        System.out.println("3.1415926+5.0=" + m.add(3.1415926, 5.0));
    }
}
```

上述代码定义的三个方法名字都为 add()，但这三个方法的参数是不一样的，这时可以通过调用 add()方法，完成整型、浮点型任意搭配的加法操作。运行结果如下：

```
3+5=8
3.1415926+5.0=8.141592
3.1415926+5.0=8.1415926
```

在 Java 程序中默认的小数是 double 型的，单精度浮点数需要在数字后面加 "f" 或 "F" 进行标识，如 5.0F、3.14f。

除了普通方法外，构造方法也可以重载。当然，构造方法的名称一定相同，因此，一个类中声明的多个构造方法一定是重载的，它们的参数列表一定不同。例如：

```java
public class MyClass {
    int someData;
    public MyClass() {
    }
    public MyClass(int someData) {
        this.someData = someData;
    }
}
```

上述 MyClass 类中定义了两个构造方法，其参数列表不同，形成了重载。

3.4 类的组织

3.4.1 包

在项目开发中，为了避免类名的重复，Java 允许使用包(package)对类进行组织，与其他源代码库中的类分隔开来，确保类名的唯一性。借助于包可以方便地组织管理类，并将自定义的类与其他的类库分开管理。Java 提供的基础类库就是使用包来管理的，如 java.lang、java.util 等。不同的包中，类名可以相同。例如，Java 类库提供了两个 Date 类，但分别属于 java.util 包和 java.sql 包，所以能够同时存在。

使用包维护类库比较简单，只要保证在同一个包下不存在同名的类即可。

1. 定义包

使用 package 关键字可以指定类所属的包，其语法格式如下：

```
package 包名；
```

package 声明指定了 Java 源文件中定义的类属于哪一个包。定义包需要注意以下几点：

◇ package 语句必须作为一个 Java 源文件的第一句。

◇ 在一个 Java 源文件中，最多只有一条 package 语句，不能有多条 package 语句。

◇ 包定义后，源文件中定义的类将属于指定的包。

◇ 多个 Java 源文件可以定义相同的包。

代码如下：

```java
package mypackage;
public class MyclassA{
...
}
```

这里声明了一个包，名称为 mypackage，Java 用文件系统目录来存储包，任何声明了 "package mypackage" 的类，编译后形成的字节码文件(.class)都被存储在一个 mypackage 目录中。

与文件目录一样，包也可以分成多级，多级的包名之间使用 "." 进行分隔，例如：

```
package com.dh.ch03;
```

其在文件系统的表现形式将是嵌套目录：com 目录下有一个名为 dh 的子目录，dh 目录下还有一个 ch03 子目录。所有声明了 "package com.dh.ch03" 的类，其编译结果都被存储在 ch03 子目录下。

　　在文件系统中，包的表现形式为目录，但并不等同于手工创建目录后将类拷贝过去，必须保证类中声明的包名与目录一致才行。为保证包名的唯一性，建议将公司的网址域名以逆序的形式作为包名，在此基础上根据项目、模块等创建不同的子包，如 com.dh.ch03。

2．导入包

当定义完一个类后，就可以在其他类中进行访问了。一个类可以访问其所在包的所有类，对于其他包的类可以使用 import 语句导入，其语法格式如下：

```
import 包名.*; //导入指定包中所有的类
```

　　或

```
import 包名.类名; //导入指定包中指定的类
```

　　例如：

```
import java.util.*;
import mypackage.school.Student ;
```

第一行中使用 "＊" 指明导入 java.util 包中的所有类，第二行指明导入 mypackage.school 包中的 Student 类。这样就可以在代码中直接访问这些类，例如：

```
Date now = new Date(); // Date 位于 java.util 包
Student tom = new Student();
```

此外，也可以在使用的类名前直接添加完整的包名，则无需使用 import 导入相应的包和类。例如，上面的代码也可以使用如下方式：

```
java.util.Date now = new java.util.Date();
mypackage.school.Student tom = new mypackage.school.Student();
```

当程序中导入了两个或多个包中同名的类后，如果使用不限定包名的类，则编译器将无法区分，此时可以使用上述完全限定包名的方式。例如，类中使用了下列导入语句：

```
import java.util.*;
import java.sql.* ;
```

如果类中编写 "Date now = new Date();"，编译器将无法确定使用哪个 Date 类，此种情况可以使用完全限定包名的方式解决，如下所示：

```
java.util.Date   now = new java.util.Date() ;
java.sql.Date   sqlNow = new java.sql.Date();
```

　　＊ 指明导入当前包的所有类，不能使用类似于 Java. ＊ 的语句来导入以 Java 为前缀的所有包的所有类。一个 Java 源文件只能有一条 package 语句，但可以有多条 import 语句。

3.4.2　访问修饰符

为了将数据有效地保护起来，Java 提供了访问修饰符来声明、控制属性、方法乃至类本身的访问，以隐藏一个类的实现细节，防止对封装数据未经授权的访问，此种形式称为"封装"。

引入封装，使用者只能通过事先制订好的方法来访问数据，可以方便地加入控制逻辑，限制对属性的不合理操作，有利于保证数据的完整性。实现封装的关键是不让外界直接与对象属性交互，而要通过指定的方法操作对象的属性，如图 3-11 所示。

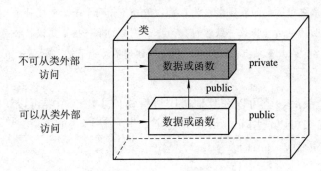

图 3-11　类的封装

Java 中定义了 private(私有的)、protected(受保护的)和 public(公共的)的访问修饰符，同时也定义了一个缺省的(friendly)访问级别，用于声明类、属性、方法的访问权限。明确访问修饰符的限制是用好"封装"的关键。

 ◇ 使用 public 访问修饰符，类的成员可被同一包或不同包中的所有类访问，即 public 访问修饰符可以使类的特性公用于任何类。
 ◇ 使用 protected 访问修饰符允许类本身、同一包中的所有类、所有子类访问。
 ◇ 如果一个类或类的成员前没有任何访问修饰符，则它们获得缺省的 friendly 访问权限，缺省的可以被同一包中的所有类访问。
 ◇ private 访问修饰符是限制性最大的一种访问修饰符，被声明为 private 的成员只能被此类中的其他成员访问，不能在类外看到。

Java 的访问修饰符总结如表 3-1 所示。

表 3-1　访问控制表

访问控制	private 成员	缺省成员	protected 成员	public 成员
同一类中成员	√	√	√	√
同一包中其他类	×	√	√	√
不同包中子类	×	×	√	√
不同包中非子类	×	×	×	√

　　private、protected 和 public 都是关键字，而 friendly 不是关键字，它只是一种缺省访问修饰符的称谓而已。

【示例 3.7】 通过实例来说明访问修饰符的使用，具体访问的可行性可参考注释。

打开项目 ch03，创建一个名为 MyClass1 的类，代码如下：

```
package p1;
public class MyClass1 {
        public int a = 5;
        private int b = 10;
        protected int c = 20;
        int d = 30;
        public void func1() {
                System.out.println("func1");
        }
        private void func2() {
                System.out.println("func2");
                System.out.println(b);
        }
        protected void func3() {
                System.out.println("func3");
        }
        void func4() {
                System.out.println("func4");
        }
}
```

打开项目 ch03，创建一个名为 MyClass2 的类，代码如下：

```
package p1;
class MyClass2 {
        public void func1() {
                System.out.println("func1 of MyClass2");
        }
}
```

打开项目 ch03，创建一个名为 Test 的类，假如将 Test 类放在与 MyClass1 同一个包 p1 下，在 Test 中访问 MyClass1、MyClass2 及其成员，代码如下：

```
package p1;
import p1.MyClass1;
public class Test {
        public void func() {
                MyClass1 obj1 = new MyClass1();
                // 公共属性，任何地方都可以访问
                System.out.println(obj1.a);
                // Error，b为私有属性，类外无法访问
                System.out.println(obj1.b);
                // c是受保护属性，同包的类可以访问
```

```
            System.out.println(obj1.c);
            // d是缺省属性，同包的类可以访问
            System.out.println(obj1.d);
            // func1()是公共方法，任何地方都可以访问
            obj1.func1();
            //Error，func2()为私有方法，类外无法访问
            obj1.func2();
            // func3()是受保护方法，同一包中的类可以访问，其他包中的子类也可以访问
            obj1.func3();
            // func4()是缺省方法，同一包中的类可以访问
            obj1.func4();
            // 同一包中的缺省类可以访问
            MyClass2 obj2 = new MyClass2();
    }
}
```

假如将 Test 类放在与 MyClass1 和 MyClass2 不同包下，在 Test 中访问 MyClass1、MyClass2 及其成员，代码如下：

```
package p2;
import p1.MyClass1;
//Error，不能导入不同包中的缺省类
import p1.MyClass2;
public class Test {
    public void func() {
        MyClass1 obj1 = new MyClass1();
        // 公共属性，任何地方都可以访问
        System.out.println(obj1.a);
        // Error，b为私有属性，类外无法访问
        System.out.println(obj1.b);
        // Error，c是受保护属性，不同包中的非子类无法访问
        System.out.println(obj1.c);
        // Error，d是缺省属性，不同包中的类不能访问
        System.out.println(obj1.d);
        // func1()是公共方法，任何地方都可以访问
        obj1.func1();
        // Error，func2()为私有方法，类外无法访问
        obj1.func2();
        // Error，func3()是受保护方法，不同包中的非子类无法访问
        obj1.func3();
        // Error，func4()是缺省方法，不同包中的类不能访问
        obj1.func4();
```

```
            // Error，不可以访问不同包中的缺省类
            MyClass2 obj2 = new MyClass2();
      }
}
```

在引入继承的情形下，假如将 Test 类放在与 MyClass1 和 MyClass2 不同包下，在 Test 中访问 MyClass1、MyClass2 及其成员的可行性，代码如下：

```
package p3;
import p1.MyClass1;
//Error，不能导入不同包中的非公共类
import p1.MyClass2;
public class Test extends MyClass1 {
      public void func() {
            // 公共属性，任何地方都可以访问
            System.out.println(a);
            // Error，b为私有属性，类外无法访问
            System.out.println(b);
            // c是受保护属性，子类可以访问
            System.out.println(c);
            // Error，d是缺省属性，不同包中的类不能访问
            System.out.println(d);
            // func1()是公共方法，任何地方都可以访问
            func1();
            // Error，func2()为私有方法，类外无法访问
            func2();
            // func3()是受保护方法，子类可以访问
            func3();
            // Error，func4()是缺省方法，不同包中的类不能访问
            func4();
            // Error，不可以访问不同包中的缺省类
            MyClass2 obj2 = new MyClass2();
      }
}
```

上述代码中 Test 类是 MyClass1 的子类，有关继承的内容参见第 4 章。

3.4.3　静态变量和方法

在 Java 中，可以将一些成员限制为"类相关"的。前面介绍的成员(属性和方法)是"实例相关"的，即"实例相关"的成员描述的单个实例的状态和方法，其使用必须要通过声明实例来完成，而"类相关"则是在类的成员(如方法、属性)前面加上"static"关键字，从而直接通过类名就可以访问，前面使用的 Arrays.sort()、Integer.parseInt()就是

类方法。

与类相关的变量或方法称为类变量或类方法，与实例相关的变量或方法称为实例变量或实例方法。类变量和类方法也称为静态变量和静态方法。如果要定义静态成员，只需声明"static"关键字即可。

【示例 3.8】 定义静态变量和静态方法，实现能随时统计、输出已用当前类声明的对象的个数的功能。

打开项目 ch03，创建一个名为 InstanceCounter 的类，代码如下：

```java
package com.dh.ch03;
public class InstanceCounter {
        // 用于统计创建对象的个数
        public static int count = 0;
        public InstanceCounter() {
                count++;
        }
        // 用于输出count的个数
        public static void printCount() {
                System.out.println("创建的实例的个数为：" + count);
        }
        public static void main(String[] args) {
                for (int i = 0; i < 100; i++) {
                        InstanceCounter counter = new InstanceCounter();
                }
                InstanceCounter.printCount();
        }
}
```

上述代码中定义了一个静态变量 count。对于 InstanceCounter 而言，该变量在内存中只有一份，即 count 变量被 InstanceCounter 类的所有对象所共享。也就是说，定义 100 个 InstanceCounter 类的实例，它们共享一个 count 变量，而不属于任何实例，如图 3-12 所示。

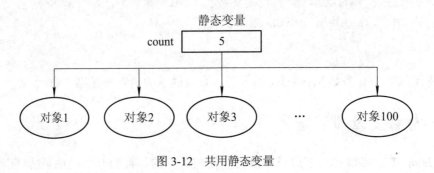

图 3-12　共用静态变量

执行结果如下：

创建的实例的个数为：100

通过类名或实例都可以访问类的静态成员，通常建议使用类名访问。

静态变量用得比较少，但静态常量经常使用，常用于项目中使用的常量类，例如：

```
public class Constaints {
    public static final String USERNAME = "dhadmin";
    public static final String PASSWORD = "12345";
}
```

此段代码定义了两个静态常量(final 修饰)，这样在使用的时候就可以直接通过
Constaints.USERNAME 来访问。

 在 Java 中，类的静态变量和静态方法在内存中只有一份，为该类的所有对象共用，访问时可直接通过类名。

本 章 小 结

通过本章的学习，学生应该能够学会：
✧ 面向对象具有封装、继承、多态三个基本特征。
✧ 类是具有相同属性和方法的对象的抽象定义。
✧ 对象是类的一个实例，拥有类定义的属性和方法。
✧ Java 中通过关键字 new 创建一个类的实例对象。
✧ 构造方法可用于在创建对象时初始化对象中的属性。
✧ 方法的参数传递有值传递和引用传递两种。
✧ 类的方法和构造方法都可以重载定义。
✧ 访问修饰符用来限制类的信息(属性和方法)的封装层次。
✧ Java 中的访问修饰符有：public、protected 和 private。
✧ 包可以使类的组织层次更鲜明。
✧ Java 中使用 package 定义包，使用 import 导入包。
✧ 静态变量和静态方法"从属"于类，可通过类名调用。

本 章 练 习

1. 在 Java 中，引用对象变量和对象间的关系是____。
   A. 对象与引用变量的有效期不一致，当引用变量不存在时，编程人员必须动手将对象删除，否则会造成内存泄露
   B. 对象与引用变量的有效期是一致的，当引用变量不存在时，它所指向的对象也会自动消失
   C. 对象与引用变量的有效期是一致的，不存在没有引用变量的对象，也不存在没有对象的引用变量
   D. 引用变量是指向对象的一个指针
2. 下列关于面向对象的程序设计的说法中，不正确的是____。
   A. "对象"是现实世界的实体或概念在计算机逻辑中的抽象表示

B. 在面向对象的程序设计方法中，其程序结构是一个类的集合和各类之间以继承关系联系起来的结构

C. 对象是面向对象技术的核心所在，在面向对象程序设计中，对象是类的抽象

D. 面向对象程序设计的关键设计思想是让计算机逻辑来模拟现实世界的物理存在

3. 构造方法被调用是在____。

A. 类定义时

B. 创建对象时

C. 调用对象方法时

D. 使用对象的变量时

4. 在 Java 中，根据你的理解，下列可能是类 Orange 的构造函数的方法有(选择三项)____。

A. Orange(){…}

B. Orange(…){…}

C. public void Orange(){…}

D. public Orange(){…}

E. public OrangeConstuctor(){…}

5. 在 Java 语言中，在包 p1 中包含包 p2，类 A 直接隶属于 p1，类 B 直接隶属于包 p2。在类 C 中要使用类 A 的方法和类 B 的方法，需要选择(选择两项)____。

A. import p1.*;

B. import p1.p2.*;

C. import p2.*;

D. import p2.p1.*;

6. Java 中，访问修饰符限制性最高的是____。

A. private

B. protected

C. public

D. friendly

7. 构造方法与一般方法有何区别？

8. 编写一个程序，计算箱子的体积，将每个箱子的高度、宽度和长度参数的值传递给构造方法，计算并显示体积。

9. 编写 Point 类，有两个属性 x、y，一个方法 distance(Point p1,Point p2)，计算两者之间的距离。

10. 创建一个 Flower 类，类中的字段有名称(name)、品种(type)、颜色(color)、销售价格(price)，每个字段分别用 getName、getType、getColor、getPrice 方法返回对应的属性。然后创建三个 Flower 对象：(玫瑰花、路易十四、深紫色、400)(玫瑰花、朱丽叶、淡茶色、300)(百合花、地平线、花橙色、450)，把这三个对象存储在一个数组对象中，然后再遍历数组对象读取并打印出来。

第 4 章　类之间的关系

本章目标

- 理解继承和多态的概念
- 掌握继承、多态的实现和使用
- 掌握 super、final 关键字的使用
- 掌握 Object 类
- 了解依赖、关联、聚合、组成关系

4.1 类间关系

在面向对象的系统中，通常不会存在孤立的类，类之间、对象之间总是存在各种各样的关系，正是通过这些关系，各个类、对象才共同构成了可运行的程序，从而完成既定的功能。

按照 UML(Unified Modeling Language，统一建模语言)规范，类与类之间存在六种关系：

- ◇ 继承：也称为泛化，表现的是一种共性与特性的关系。一个类可以继承另一个类，并在此基础上添加自己的特有功能，这称为继承。
- ◇ 实现：用于将类与接口联系起来，其中接口对方法进行说明，而实现此接口的类完成具体方法的功能。
- ◇ 依赖：如果在一个类的方法中操作另外一个类的对象，则称其依赖于第二个类。
- ◇ 关联：比依赖关系更紧密，通常体现为一个类中使用另一个类的对象作为属性。
- ◇ 聚合：是关联关系的一种特例，体现的是整体与部分的关系，即一个类(整体)由其它他类的属性(部分)构成。聚合关系中的各个部分可以具有独立的生命周期，部分可以属于多个整体。
- ◇ 组合：也是关联关系的一种特例，体现整体与部分的关系，但组成关系中的整体与部分是不可分离的，整体的生命周期结束后，部分的生命周期也随之结束。

UML 的六种关系中，继承和实现是一种纵向的关系，其余四种是横向关系。其中，关联、聚合、组成关系在代码上是无法区分的，更多的是一种语义上的区别。

　　　　UML 是一种流行的面向对象分析与设计技术，对 UML 的完整介绍超出了本书的主题，读者可以参阅相关资料。UML 中的实现关系在 Java 中需要使用接口完成，将在第 5 章介绍。

4.2 继承和多态

4.2.1 继承

继承是面向对象编程的一项核心技术，是面向对象编程技术的一块基石，它允许创建分等级层次的类。运用继承能够创建一个通用类，它定义了一系列相关类的一般特性，该类可以被更具体的类继承，并且这些具体的类可以增加一些自己特有的属性和方法，以满足新的需求。

被继承的类叫父类(parent class)或超类(super class)，继承父类的类叫子类(subclass)或派生类(derived class)，如图 4-1 所示。

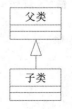

图 4-1　继承

因此，子类是父类的一个专门用途的版本，它继承了父类中定义的所有实例变量和方法，并且增加了独特的元素。

在 Java 中，使用关键字"extends"体现继承关系，其后紧跟父类的类名，格式如下：

```
<access> <modifiers> class SubClassName extends SuperClassName {
...
}
```

例如：

```
public class Cat extends Animal {
...
}
```

上述代码中，通过使用 extends 关键字使类 Cat 继承了类 Animal。

在一个学校的人事管理系统中，要存储教师和学生的信息，现采用面向对象思想分析得到教师类和学生类，其属性如表 4-1 所示。

表 4-1　教师和学生类的属性列表

教师类(Teacher)		学生类(Student)	
姓名	name	姓名	name
年龄	age	年龄	age
性别	gender	性别	gender
工资	salary	成绩	score
所属院系	department	年级	grade

从上述分析可以看出，教师类和学生类在姓名、年龄、性别上存在共同性，而教师类有两个属性工资和所属院系区别于学生类的成绩和年级。采用继承的设计思想，可以将教师和学生类的共同属性抽取出来形成父类 Person 类，然后定义 Person 类的子类 Teacher 和 Student，并分别在子类中添加差异属性。继承关系模型如图 4-2 所示。

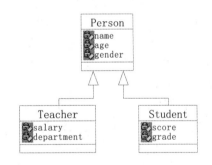

图 4-2　类的继承关系图

【示例 4.1】　创建 Person、Teacher、Student 类并演示它们之间的继承关系，使 Teacher、Student 类继承 Person 类。

创建一个 Java 项目，命名为 ch04，创建一个名为 Person 的类，里面包含两个类分别是 Teacher 类和 Student 类，代码如下：

```
package com.dh.ch04;
public class Person {
    private String name;// 姓名
    private int age;// 年龄
    private String gender;// 性别
    ...//省略 get 和 set 方法
```

```
}
class Teacher extends Person {
        private float salary;// 薪酬
        private String department;// 部门
        ... //省略 get 和 set 方法
}
class Student extends Person {
        private int[] score;// 成绩
        private String grade;// 年级
        ... //省略 get 和 set 方法
}
```

上述代码中创建了 Person、Teacher、Student 类，通过对 Person 类的继承，Teacher 和 Student 类拥有了 name、age 和 gender 属性。

如果需要给 Student 和 Teacher 类都添加生日(birthday)属性，就不需要在每个类中添加，只需要在 Person 类中添加即可，此时，Teacher 和 Student 类通过继承关系就会拥有 birthday 属性。如果需要记录教师的职称，则只需要修改教师类添加相应的属性和方法即可。由此可见，通过继承可以方便地实现：泛化父类维护共性，细化子类添加特性。

Java 只支持单一继承，即一个类只能继承一个父类，而不能继承多个类。下面代码是错误的：

```
Class A extends B,C{}  //Error，一个类不能继承多个类
```

如果一个类没有指明任何父类，则缺省的自动继承 java.lang.Object 类。Object 类是所有类的顶级父类。在 Java 中，所有类都是直接或间接地继承了 Object 类。

在继承过程中，子类拥有父类定义的所有属性和方法，但父类可以通过"封装"思想隐藏某些数据，然后提供子类可访问的属性和方法。譬如在 Student 类中，继承了 Person 类定义的 name 属性，如果在 Person 类中该属性声明为 private，则在 Student 类中无法直接访问该属性，只能通过 public 方法 setName()或 getName()间接访问。

构造方法用于初始化实例的内存空间，如果存在继承关系，则构造子类实例时会调用父类的构造方法。

【示例 4.2】演示在继承关系中构造方法的调用顺序，并将结果打印到控制台。

打开项目 ch04，创建一个名为 Base 的类，里面包含一个 Son 类，代码如下：

```
package com.dh.ch04;
public class Base {
        protected int a;
        public Base() {
                a = 20;
                System.out.println("In Base constructor!");
        }
        public static void main(String[] args) {
                Son obj = new Son();
```

```
                obj.print();
        }
}
class Son extends Base {
        int b;
        public Son() {
                b = 100;
                System.out.println("In Son constructor!");
        }
        public void print() {
                System.out.println("a: " + a + ",b: " + b);
        }
}
```

上述代码中，Base 类使用构造方法初始化属性 a，并打印测试消息；子类 Son 继承 Base 类并使用构造方法初始化属性 b，同时打印测试消息。执行结果如下：

```
In Base constructor!
In Son constructor!
a: 20,b: 100
```

由此可见，在构造子类对象时，会首先调用父类构造方法，而后调用子类构造方法，即构造方法的执行次序是：父类→子类。

　　Java 只能是单继承，不支持类似 C++的多继承，但是可以通过接口实现多继承的效果，详见第 5 章知识点。

4.2.2　多态

当子类继承了父类时，可以在子类中直接使用父类的属性和方法。如果父类的方法无法满足子类的需求，则可以在子类中对父类的方法进行改造，这称为方法的重写（override）。重写是 Java 多态性的一种体现。

【示例 4.3】　通过 Son 类重写 print()方法，演示在继承关系中的多态性，并将结果打印到控制台。

打开项目 ch04，修改 Base 类和 Son 类中的代码，重写 print()方法，代码如下：

```
package com.dh.ch04;
public class Base {
        public void print() {
                System.out.println("In Base ");
        }
        public static void main(String[] args) {
                Son obj = new Son();
                obj.print();
```

```
        }
}
class Son extends Base {
        // 重写父类的 print()方法
        public void print() {
                System.out.println("In Son ");
        }
}
```

上述代码中，子类 Son 重写了父类 Base 的 print()方法；在 main()方法中，构造了 Son 的实例并调用了 print()方法。

执行结果如下：

```
In Son
```

从执行结果可以看到，由于重写了父类 Base 的 print()方法，所以在调用 Son 实例的 print()方法时使用的是其重写后的方法。

方法重写需要遵循以下几点：

✧ 方法签名(方法名和参数列表)必须完全相同。

✧ 子类方法的返回值类型可以与父类方法返回值类型相同，或是其子类。

✧ 子类方法声明的异常可以与父类方法声明的异常相同，或是其子类。

✧ 父类中的私有方法不能被重写，否则在其子类中只是新定义了一个方法，而与父类中的方法无关。

✧ 子类方法的可访问性可以与父类方法的可访问性相同，或是更公开。例如，父类方法可访问性为 protected，则子类方法可以为 public、protected，但不能为默认和 private。

✧ 静态方法不存在重写的概念。

在 Java 中，父类类型的变量可以指向子类的对象，这可以解决在运行期对重载方法的调用。当一个通过父类类型的变量调用重载方法时，Java 根据当前被引用对象的类型来决定执行哪个版本的方法。如果引用的对象类型不同，就会调用一个重载方法的不同版本，即被引用对象的类型(而不是引用变量的类型)决定执行哪个版本的重载方法。因此，如果父类包含一个被子类重载的方法，那么当通过父类类型的变量引用不同对象类型时，就会执行该方法的不同版本，这也是接口规范得以应用的主要原因。

【示例 4.4】 通过 Son 类和 Son 类重写 print()方法，演示在继承关系中的多态性，并将结果打印到控制台。

打开项目 ch04，修改 Base 类和 Son 类中的代码，添加一个 Son1 类继承 Base 类并重写 print()方法，代码如下：

```
package com.dh.ch04;
public class Base {
        public void print() {
                System.out.println("In Base ");
        }
```

```
        public static void main(String[] args) {
                test(new Base());
                test(new Son());
                test(new Son1());
        }
        static void test(Base base) {
                base.print();
        }
}
class Son extends Base {
        public void print() {
                System.out.println("In Son ");
        }
}
class Son1 extends Base {
        public void print() {
                System.out.println("In Son1 ");
        }
}
```

执行结果如下：

```
In Base
In Son
In Son1
```

上述代码中，test()方法接收 Base 类型的参数，main()方法中分别向 test()方法传入了 Base、Son、Son1 三个类的对象。从运行结果可以看出，虽然在 test()方法中 Son 和 Son1 的对象都由 Base 类型的变量引用，但在具体调用的过程中，系统根据实际对象调用了相应的方法。

对于上述代码，在方法调用的过程中 JVM 能够调用正确子类对象的方法，即执行 print()方法时，JVM 能够调用不同子类的方法，而不会出现差错。在编译期，编译器是无从得知 test()方法中参数的具体类型的，而在运行时 JVM 能够根据对象的类型绑定具体的方法，这称为动态绑定。如果一种编程语言想实现动态绑定，就必须具备某种机制，以便在运行时能判断对象的类型，从而调用恰当的方法，这种机制称为动态方法调度(Dynamic Method Dispatch)，即编译器不了解对象的类型，但是动态方法调度机制能够找到正确的方法体，并加以调用。因此，动态方法调度机制是 Java 运行时多态性的基础。

4.2.3 super

"super"关键字代表父类对象，主要有两个用途：

♦ 调用父类的构造方法。

♦ 访问父类的属性和方法。

1. 调用父类构造方法

在 Java 中，父类和子类属性的初始化过程是各自完成的，虽然构造方法不能够继承，但通过使用 super 关键字，在子类构造方法中可以调用父类的构造方法，以便完成父类的初始化。

【示例 4.5】 以 Person 和 Teacher 类为例，演示在子类构造方法中可以调用父类的构造方法，以便完成父类的初始化。

打开项目 ch04，在 com.dh.ch04.superdemo 包下创建一个名为 Person 的类，其代码如下：

```java
package com.dh.ch04.superdemo;
public class Person {
    private String name;
    private int age;
    private String gender;
    public Person() {
        System.out.println("无参数的构造方法");
    }
    public Person(String name, int age, String gender) {
        System.out.println("有参数的构造方法");
        this.name = name;
        this.age = age;
        this.gender = gender;
    }
}
```

在 com.dh.ch04.superdemo 包下创建一个名为 Teacher 的类，其代码如下：

```java
package com.dh.ch04.superdemo;
public class Teacher extends Person {
    private float salary;
    public Teacher(){
    }
    public Teacher(String name, int age, String gender, float salary){
        super(name,age,gender);
        this.salary=salary;
    }
}
```

上述代码在 Teacher 类中定义了一个缺省的构造方法(不含参数的构造方法)和带四个参数的构造方法。在第二个构造方法中，使用 super(name,age,gender)调用父类的构造方法 Person(name,age,gender)，将传递过来的参数向上传递来完成从父类继承属性的初始化。当执行下面语句时：

```java
Teacher john = new Teacher("john",34,"male",3000);
```

会将 name、age、gender 和 salary 分别初始化为 john、34、male 和 3000。

若在子类的构造方法没有明确写明调用父类构造方法，则系统会自动调用父类不带参数的构造方法，即执行 "super()"。对示例 4.5 中的代码进行如下调整：

(1) 去掉 Person 类中的无参构造函数，其代码如下：

```
package com.dh.ch04.superdemo;
public class Person {
    private String name;
    private int age;
    private String gender;
    //在这里去掉缺省构造方法
    public Person(String name, int age, String gender) {
        this.name = name;
        this.age = age;
        this.gender = gender;
    }
}
```

(2) 去掉 Teacher 类中调用父类有参构造函数的代码，其代码如下：

```
package com.dh.ch04.superdemo;
public class Teacher extends Person {
    private float salary;
    public Teacher(){
    }
    public Teacher(String name, int age, String gender, float salary){
        //在这里去掉调用父类有参构造函数的代码
        this.salary=salary;
    }
}
```

修改后的 Person 类没有无参数的构造方法，Teacher 类的两个构造方法中都没有显式指明调用父类的哪一个构造方法，系统会自动调用 super()，但父类 Person 没有这种构造方法，因此在编译时就会提示错误，编译失败。

2. 访问父类的属性和方法

除了调用直接父类(即类之上最近的超类)的构造方法，通过在子类中使用 super 做前缀外，还可以引用父类中被子类隐藏(即子类中有与父类同名的属性)的属性或被子类覆盖的方法。

当子类的属性与父类的属性同名时，可用 "super.属性名" 来引用父类的属性。当子类的方法覆盖了父类的方法时，可用 "super.方法名(参数列表)" 的方式来访问父类中的方法。

【示例 4.6】 对 Person 类和 Teacher 类进行功能修改，演示子类访问父类的属性和方法，并将结果打印到控制台。

打开项目 ch04，修改 com.dh.ch04.superdemo 包下的 Person 类，代码如下：

```
package com.dh.ch04.superdemo;
```

```
public class Person {
    private String name;
    private int age;
    private String gender;
    public Person() {
        System.out.println("无参数的构造方法");
    }
    public Person(String name, int age, String gender) {
        System.out.println("有参数的构造方法");
        this.name = name;
        this.age = age;
        this.gender = gender;
    }
    public void print(){
        System.out.println("name : " + name);
        System.out.println("age : " + age);
        System.out.println("gender: " + gender);
    }
}
```

修改 com.dh.ch04.superdemo 包下的 Teacher 类，代码如下：

```
package com.dh.ch04.superdemo;
public class Teacher extends Person {
    private float salary;
    public Teacher(){
    }
    public Teacher(String name, int age, String gender,float salary){
        super(name,age, gender);
        this.salary=salary;
    }
    public void print(){
        //使用 super.print()调用父类的 print()方法
        super.print();
        System.out.println("salary : " +salary);
    }
}
```

上述代码在 Teacher 类的 print()方法内部使用 super.print()调用了父类 Person 的 print() 方法，从而实现复用。在 main()方法中执行下列代码：

```
Teacher john = new Teacher("john",34,"male",3000);
john.print();
```

执行结果如下：

有参数的构造方法

name : john

age : 34

gender : male

salary : 3000.0

从结果可以看到，在 Teacher 的 print()方法中，通过 super.print()调用了父类 Person 的 print()方法，从而输出了 name、age、gender 属性的内容。

　　　在子类中可以添加与父类中属性重名的属性，但是这样的设计会产生一些不良的后果，不容易开发人员阅读，因此通常不建议这样设计。

4.2.4　final

"final"关键字表示"不可改变的、最终的"，主要有三个用途：

◇　修饰变量：表示此变量不可修改。

◇　修饰方法：表示此方法不可被重写。

◇　修饰类：表示此类不可被继承。

1．修饰变量

使用 final 修饰的变量，其值不允许修改，即为常量。final 变量一旦初始化，值将不能改变。

```
final int CONST = 5;
final Teacher SOME_TEACHER = new Teacher();
```

习惯上，Java 中的常量使用全部大写字母命名，如果有多个单词，使用下划线连接。

当 final 用于修饰对象(包括数组)时，表示对象的引用是恒定不变的，但是对象本身的属性却是可以修改的。

【示例 4.7】　演示 final 关键字的使用，并将结果打印到控制台。

打开项目 ch04，创建一个名为 TestClass 的类，代码如下：

```
package com.dh.ch04;
public class TestClass {
    private int num;
    public void setNum(int num) {
        this.num = num;
    }
    public int getNum() {
        return this.num;
    }
    public static void main(String[] args) {
        final TestClass obj = new TestClass();
        System.out.println("obj.num : " + obj.getNum());
        obj.setNum(10);
```

```
            System.out.println("obj.num : " + obj.getNum());
            obj = new TestClass(); // 错误！final 变量 obj 不能指向新的对象
    }
}
```

执行结果如下：

```
obj.num : 0
```

```
obj.num : 10
```

通过执行结果可以看出，obj 引用的对象的属性被修改了。

除了可以修饰局部变量外，final 还可以修饰成员变量(即属性)。例如：

```
public class SomeClass {
    final int CONST = 100;
}
```

如果把 final 的属性同时声明为 static 的，则为静态常量，即

```
public class SomeClass {
    static final int CONST = 100;
}
```

静态常量的使用方式和静态变量一致，即"类名.常量名"，唯一不同之处是静态常量不能修改。

2．修饰方法

使用 final 修饰的方法不能被子类重写。如果某些方法完成关键性的、基础性的功能，不需要或不允许被子类改变，则可以将这些方法声明为 final 的，例如：

```
public class Base {
    public final void func(){
    }
}
class Son extends Base {
    // 错误！无法重写父类的 final 方法
    public void func(){
    }
}
```

3．修饰类

使用 final 修饰的类不能被继承。例如：

```
public final class Base {
}
class Son extends Base { // 错误！无法继承 final 类
}
```

一个 final 类中的所有方法都被隐式地指定为 final，所以 final 类中的方法不必声明为 final。

Java 基础类库中的 java.lang.String、java.lang.Integer 等类都是 final 类，都无法扩展子

类。例如，下列代码是错误的：

```
public class MyClass extends String { // 错误！final 类 String 无法被继承
}
```

4.3 Object 类

Object 类是所有类的顶级父类。在 Java 体系中，所有类都直接或间接地继承了 Object 类。Object 类包含了所有 Java 类都需要的一些方法，这些方法在任何类中均可以直接使用。常用的方法如表 4-2 所示。

表 4-2 Object 类的常用方法

方法名	功能说明
public boolean equals(Object obj)	比较两个对象是否相等
public final Class getClass()	获取当前对象所属类型，返回 Class 对象
public String toString()	将当前对象转换成字符串
protected Object clone()	生成当前对象的一个备份，并返回这个副本
public int hashCode()	返回当前对象的散列码

本节主要介绍 equals() 和 toString() 方法。

4.3.1 equals() 方法

使用 "==" 可以比较两个基本类型变量是否相等，但比较两个引用类型的变量是否相等有两种方式：使用 "==" 或 equlas() 方法。比较引用类型变量时，"==" 和 equals() 方法是有区别的："==" 比较的是两个变量是否引用同一个对象，而 equals() 方法比较的通常是两个变量引用的对象的内容是否相同。

【示例 4.8】 演示使用 equals() 方法判断两个对象是否相等，并将结果打印到控制台。

打开项目 ch04，创建一个名为 EqualsDemo 的类，代码如下：

```
package com.dh.ch04;
public class EqualsDemo {
    public static void main(String[] args) {
        Integer obj1 = new Integer(5);
        Integer obj2 = new Integer(15);
        Integer obj3 = new Integer(5);
        Integer obj4 = obj2;
        System.out.println("obj1.equals( obj1 ): " + obj1.equals(obj1));
        // obj1 和 obj2 是两个不同的对象
        System.out.println("obj1.equals( obj2 ): " + obj1.equals(obj2));
        // obj1 和 obj3 引用指向的对象的值一样
        System.out.println("obj1.equals( obj3 ): " + obj1.equals(obj3));
        // obj2 和 obj4 引用指向同一个对象空间
```

```
        System.out.println("obj2.equals( obj4 ): " + obj2.equals(obj4));
        System.out.println("-------");
        System.out.println("obj1 == obj1: " + (obj1 == obj1));
        // obj1 和 obj2 是两个不同的对象
        System.out.println("obj1 == obj2: " + (obj1 == obj2));
        // obj1 和 obj3 引用指向的对象的值一样，但对象空间不一样
        System.out.println("obj1 == obj3: " + (obj1 == obj3));
        // obj2 和 obj4 引用指向同一个对象空间
        System.out.println("obj2 == obj4: " + (obj2 == obj4));
    }
}
```

执行结果如下：

```
obj1.equals( obj1 ): true
obj1.equals( obj2 ): false
obj1.equals( obj3 ): true
obj2.equals( obj4 ): true
-------
obj1 == obj1: true
obj1 == obj2: false
obj1 == obj3: false
obj2 == obj4: true
```

使用逻辑运算符==将严格地比较这两个变量是否引用同一个对象，即比较的是两个对象在内存中的地址，只有当两个变量指向同一个内存地址即同一个对象时才返回 true，否则返回 false。上述代码中的 obj1 和 obj2 是通过 new 创建的两个 Integer 对象，分配了两个不同的内存空间，所以通过==比较返回的是 false；而在比较 obj2 和 obj4 时，由于通过 obj4=obj2 语句将 obj4 变量指向了 obj2 所引用的对象，所以返回 true。Integer 的 equals()方法则比较两个对象的内容是否相同，obj1、obj2、obj3、obj4 指向的 Integer 对象的内容分别为整数 5、15、5、15，通过 equals()方法进行比较则返回了相应的结果。

实际上，Object 类的 equals()方法中就是采用==进行比较的，所以如果一个类没有重写 equals()方法，则通过==和 equals()进行比较的结果是相同的。但是 Integer 类重写了 equals()方法，并比较了整数的值，因此才有上述代码的运行结果。

对于基本数据类型，相等的含义很明显，值相同即可。而判断两个对象是否相等的规则与业务有关，根据不同的业务规则需要采用不同的方式重写 equals()方法。

【示例 4.9】演示重写 equals()方法判断两个对象是否相等，并将结果打印到控制台。

打开项目 ch04，创建一个名为 Book 的类，定义三个属性，代码如下：

```
package com.dh.ch04;
// 图书类
public class Book {
    String isbn; // ISBN
    String name; // 书名
```

```
        double price; // 价格
}
```

　　上述 Book 类中，存在 isbn、name、price 三个属性。如果业务要求必须是 Book 的同一个实例才认为相等，则不需要重写 equals()方法，因为从 Object 继承下来的 equals()方法就是判断是否是一个实例；如果要求根据图书的 ISBN 判断是否相等，则需要重写 equals()方法并判断其 isbn 属性；如果要求图书的所有三个属性都相同才认为相等，则需要重写 equals()方法并判断所有三个属性，这是最常见的情况。修改 Book 类代码，重写 equals()方法，并判断所有三个属性，代码如下：

```java
package com.dh.ch04;
public class Book {
        String isbn;
        String name;
        double price;

        public boolean equals(Object obj) {
                if (this == obj) // 如果是同一个实例，则相等
                        return true;
                if (obj == null) // 如果 obj 为 null，不可能相等
                        return false;
                if (getClass() != obj.getClass()) // 如果类型不同，认为不相等
                        return false;
                Book other = (Book)obj;
                if (isbn == null) {
                        // 当前实例 isbn 为空，obj 的 isbn 不为空，则不相等
                        if (other.isbn != null)
                                return false;
                } else if (!isbn.equals(other.isbn)) // isbn 不同，则不相等
                        return false;
                if (name == null) {
                        // 当前实例 name 为空，obj 的 name 不为空，则不相等
                        if (other.name != null)
                                return false;
                } else if (!name.equals(other.name))// name 不同，则不相等
                        return false;
                // price 不同，则不相等
                if (Double.doubleToLongBits(price)
                                != Double.doubleToLongBits(other.price))
                        return false;
                return true; // 其余情况，认为相等
        }
}
```

上述 Book 类中，重写了 equals()方法，并详细判断了所有可能的情况。

【示例 4.10】 定义几个变量，演示字符串变量之间的比较，并将结果打印到控制台。

打开项目 ch04，创建一个名为 StringEqualsDemo 的类，代码如下：

```java
package com.dh.ch04;
public class StringEqualsDemo {
    public static void main(String[] args) {
        String str1 = new String("abc");
        String str2 = new String("abc");
        String str3 = new String("def");
        String str4 = str1;
        String str5 = str2;
        String str6 = str3;
        String str7 = "abc";
        String str8 = "abc";
        System.out.println("str1.equals( str2 ): " + str1.equals(str2));
        System.out.println("str1.equals( str4 ): " + str1.equals(str4));
        System.out.println("str1.equals( str5 ): " + str1.equals(str5));
        System.out.println("str1.equals( str6 ): " + str1.equals(str6));
        System.out.println("str1.equals( str7 ): " + str1.equals(str7));
        System.out.println("str7.equals( str8 ): " + str7.equals(str8));
        System.out.println("-------");
        System.out.println("str1 == str2: " + (str1 == str2));
        System.out.println("str1 == str4: " + (str1 == str4));
        System.out.println("str1 == str5: " + (str1 == str5));
        System.out.println("str1 == str6: " + (str1 == str6));
        System.out.println("str1 == str7: " + (str1 == str7));
        System.out.println("str7 == str8: " + (str7 == str8));
    }
}
```

执行结果如下：

```
str1.equals( str2 ): true
str1.equals( str4 ): true
str1.equals( str5 ): true
str1.equals( str6 ): false
str1.equals( str7 ): true
str7.equals( str8 ): true
-------
str1 == str2: false
str1 == str4: true
str1 == str5: false
```

str1 == str6: false

str1 == str7: false

str7 == str8: true

为了优化性能，JVM 维护着一个字符串缓冲区，也可称为字符串池。当通过字符串常量方式(即 String s = "abcd"方式)定义 String 类型变量时，系统会首先从池中查找内容相同的 String 对象。如果查到则使变量指向池中已有的对象，否则新建对象并放入池中。因此，通过字符串常量方式定义的 String 变量，如果内容相同，则必然指向同一个对象，所以 str7 == str8 为 true。而使用 new String("abcd")方式定义的 String 对象不会加入池中，每次都会构造新的对象，所以 str1 == str2 为 false。

4.3.2　toString()方法

Object 类的 toString()方法用于获取对象的描述性信息，在进行 String 与其他类型数据(引用类型)的连接操作(例如"info" + someObj)时，将自动调用该对象的 toString()方法。

Object 类中的 toString()方法返回包含类名和散列码的字符串，采用如下格式：

```
getClass().getName() + '@' + Integer.toHexString(hashCode())
```

Person 类在前面已经定义，下列代码输出了 Person 类的对象：

```
public static void main(String[] args) {
        Person tom = new Person("tom", 23, "male");
        System.out.println(tom);
}
```

执行结果如下：

```
Person@35ce36
```

这些消息无法体现对象本身的属性，可以说是无意义的。根据需要可以重写 toString()方法，返回有意义的数据信息。

【示例 4.11】　重新定义 com.dh.ch04.superdemo 包下的 Person 类，并重写其 toString()方法将对象转换为字符串，并将结果打印到控制台。

打开项目 ch04，修改 com.dh.ch04.superdemo 包下的名为 Person 的类，代码如下：

```
package com.dh.ch04.superdemo;
public class Person {
        // 姓名
        public String name;
        // 年龄
        private int age;
        // 性别
        private String gender;
        public String toString(){
                return getClass().getName()+"[name = "+name +
                        ",age = " + age + ",gender = " + gender + "]";
```

```
        }
    public static void main(String[] args) {
            Person tom = new Person("Tom", 23, "male");
            System.out.println(tom);
        }
}
```

执行结果如下：

Person[name = Tom,age = 23,gender = male]

重写 toString()方法是一种非常有用的调试技巧，可以方便地获知对象的状态信息，建议为每个自己编写的类重写 toString()方法，特别是包含大量属性的"实体类"。

如果父类中定义了 toString()方法，则在子类中重写 toString()方法时，可调用 super.toString()获取父类的相关信息，在此基础上可以再拼接上子类的信息。

【示例 4.12】 重新定义 com.dh.ch04.superdemo 包下的 Teacher 类，演示在子类中重写 toString()方法，并将结果打印到控制台。

打开项目 ch04，修改 com.dh.ch04.superdemo 包下名为 Teacher 的类，代码如下：

```
package com.dh.ch04.superdemo;
public class Teacher extends Person {
    private float salary;
    public Teacher(String name,int age,String gender,float salary){
            super(name,age,gender);
            this.salary=salary;
    }
    public String toString(){
            //调用父类的 toString()方法
            return super.toString()+"[salary = "+salary+"]";
    }
    public static void main(String []args){
            Teacher john = new Teacher("john",35,"male",3000);
            System.out.println(john);
    }
}
```

执行结果如下：

Teacher[name = john,age = 35,gender = male][salary = 3000.0]

如果使用 String 类型数据和基本类型数据连接，则基本类型数据会首先转换为对应的对象类型，再调用该对象类型的 toString()方法转换为 String 类型。

4.4 依赖、关联、聚合、组合关系

除了继承和实现外，依赖、关联、聚合、组合也是类之间的重要关系类型。

4.4.1 依赖关系

如果在一个类的方法中操作另外一个类的对象，则称其依赖于第二个类。例如，方法的参数是某种对象类型，或者方法中有某种对象类型的局部变量，或者方法中调用了另一个类的静态方法，都是依赖关系。依赖关系是最常见的一种类间关系，main()方法的参数为 String[ ]，这就是典型的依赖，即 main()方法所在的类依赖于 String 类。

【示例 4.13】 以人驾车旅游为例，演示人和车的依赖关系。

人车依赖关系的类图如图 4-3 所示。

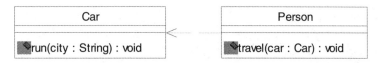

图 4-3 人和车的依赖关系

打开项目 ch04，在 com.dh.ch04.dependency 包下创建一个名为 Person 的类，代码如下：

```java
package com.dh.ch04.dependency;
public class Person {
    void travel(Car car) {
        car.run("北京");
    }
    public static void main(String[] args) {
        new Person().travel(new Car());
    }
}
class Car {
    void run(String city) {
        System.out.println("汽车开到" + city);
    }
}
```

上述代码体现了人和车的依赖关系，即一个人旅游依赖于一辆车。Person 类的 travel() 方法需要 Car 类型的参数，并且方法中需要调用 Car 的方法，因此 Person 类依赖于 Car 类，即一个人旅游依赖于一辆车。依赖关系通常是单向的，例如上例中的 Car 类并不依赖于 Person 类。

人和车的依赖关系可以理解为：人旅游需要一辆车，并不关心这辆车是如何得到的，只要保证旅游时(即调用 travel()方法时)有一辆车即可，旅游完毕后，这辆车的去向人也不再关心。

4.4.2 关联关系

关联关系比依赖关系更紧密，通常体现为一个类中使用另一个类的对象作为属性。

【示例 4.14】以人驾车旅游为例，演示人和车的关联关系。

人车关联关系的类图如图 4-4 所示。

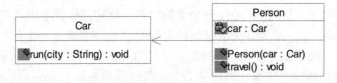

图 4-4　人和车的关联关系

打开项目 ch04，在 com.dh.ch04.association 包下创建一个名为 Person 的类，代码如下：

```java
package com.dh.ch04.association;
public class Person
{
    Car car;
    Person(Car car)
    {
        this.car = car;
    }
    void travel() {
        car.run("北京");
    }
    public static void main(String[] args)
    {
        new Person(new Car()).travel();
    }
}
class Car {
    void run(String city) {
        System.out.println("汽车开到" + city);
    }
}
```

上述代码中，Person 类中存在 Car 类型的属性，因此 Person 和 Car 具有关联关系。

人和车的关联关系可以理解为：人拥有一辆车，旅游时可以用这辆车，做别的事情时也可以用。但是关联关系并不要求是独占的，以人车关联为例，即车也可以被别的人拥有。

4.4.3　聚合关系

聚合关系是关联关系的一种特例，体现的是整体与部分的关系，即一个类(整体)由其他类的属性(部分)构成。聚合关系中的各个部分可以具有独立的生命周期，部分可以属于多个整体。例如，一个部门由多个员工组成，部门和员工是整体与部分的关系，即聚合关系。

【示例 4.15】　以员工和部门之间的关系为例，演示部门类和员工类的聚合关系。

部门和员工的聚合关系类图如图 4-5 所示。

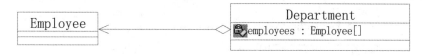

图 4-5　部门和员工的聚合关系

打开项目 ch04，在 com.dh.ch04.aggregation 包下创建一个名为 Department 的类，代码如下：

```java
package com.dh.ch04.aggregation;
public class Department {
    Employee[] employees;
    public static void main(String[] args) {
        Employee e1 = new Employee();
        Employee e2 = new Employee();
        Employee e3 = new Employee();
        Employee e4 = new Employee();
        Department dept1 = new Department();
        dept1.employees = new Employee[] { e1, e2, e3 };
        Department dept2 = new Department();
        dept2.employees = new Employee[] { e3, e4 };
    }
}
class Employee {}
```

上述代码中，部门类 Department 中的 Employee 数组代表此部门的员工。main()方法中，定义了四个员工和两个部门，其中 e1、e2、e3 员工属于 dept1 部门，e3、e4 员工属于 dept2 部门。部门和员工的聚合关系可以理解为：部门由员工组成，同一个员工也可能属于多个部门，并且部门解散后，员工依然是存在的，并不会随之消亡。

需要注意，Department 类中的 employees 属性是 Employee 类型的数组，其每个元素都是 Employee 类型的对象，而不是基本数据类型。对象数组与基本数据类型数组的使用方式是相同的，但是其内部存储结构不同。

【示例 4.16】　定义一个对象数组，演示对象数组的实现和使用。

打开项目 ch04，创建一个名为 TestObjectArray 的类，代码如下：

```java
package com.dh.ch04;
public class TestObjectArray
{
    int someField;
    void someMethod()
    {
        System.out.println("someField = " + someField);
```

```
        }
        public static void main(String[] args)
        {
                TestObjectArray[] objectArray = new TestObjectArray[3];
                System.out.println(objectArray[0]); // 数组元素初始化为 null
                // 为数组元素赋值
                TestObjectArray t = new TestObjectArray();
                objectArray[0] = t;
                objectArray[1] = new TestObjectArray();
                //t 与 objectArray[0]指向同一个对象
                System.out.println(objectArray[0]==t);
                // 通过 objectArray[i]可以访问每个对象
                // objectArray[1]为 TestObjectArray 类型
                objectArray[1].someField = 100;
                objectArray[1].someMethod();
        }
}
```

运行结果如下：

```
null
true
someField = 100
```

由运行结果可知，对象数组声明后，其每个元素的值都初始化为 null；可以为数组元素赋值，使其指向某个对象；也可以通过数组访问其存储的每个对象。上述代码运行后，objectArray 数组在内存中的结构如图 4-6 所示。

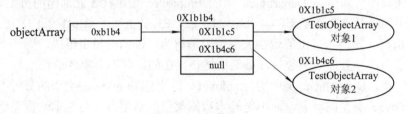

图 4-6 对象数组

4.4.4 组合关系

组合关系是比聚合关系要求更高的一种关联关系，体现的也是整体与部分的关系，但组成关系中的整体与部分是不可分离的，整体的生命周期结束后，部分的生命周期也随之结束。例如，汽车由发动机、底盘、车身和电路设备等组成，是整体与部分的关系。汽车消亡后，这些设备也将不复存在，因此属于一种组成关系。

【示例 4.17】 定义几个类来演示汽车类和设备类之间的组成关系。

下述内容用于体现汽车类和设备类之间的组成关系，其组成关系图如图 4-7 所示。

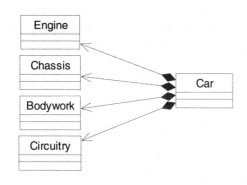

图 4-7 汽车和设备的组成关系

打开项目 ch04，在 com.dh.ch04.composition 包下创建一个名为 Car 的类，代码如下：

```java
package com.dh.ch04.composition;
//汽车
public class Car {
        Engine engine=new Engine();
        Chassis chassis=new Chassis();
        Bodywork bodywork=new Bodywork();
        Circuitry circuitry=new Circuitry();
}
//发动机
class Engine{}
//底盘
class Chassis{}
//车身
class Bodywork{}
//电路设备
class Circuitry{}
```

上述代码中定义了五个类，其中 Engine、Chassis、Bodywork 和 Circuitry 都是 Car 的成员对象，它们之间构成了一种组成关系。

本 章 小 结

通过本章的学习，学生应该能够学会：

◇ 根据 UML 规范，类之间的关系有继承、实现、依赖、关联、聚合、组合。

◇ 继承是面向对象编程技术的一块基石，它允许创建分等级层次的类。

◇ 运用继承，可以创建一个通用类来定义一系列一般特性。

◇ 任何类只能有一个父类，即 Java 只允许单继承。

◇ 除构造方法外，子类继承父类的所有方法和属性。

◇ 子类可以重写父类的方法。

◇ 使用 super 可以调用父类的构造方法，访问父类的属性和方法。

◇ final 修饰符可应用于类、方法和变量。

◇ Object 是所有类的最终父类，是 Java 类结构的基础。

本 章 练 习

1. 在 Java 语言中，下面关于类的描述正确的是____。

　A．一个子类可以有多个父类　　　　　　B．一个父类可以有多个子类

　C．子类可以使用父类的所有　　　　　　D．子类一定比父类有更多的成员方法

2. 在 Java 语言中，类 Worker 是类 Person 的子类，Worker 的构造方法中有一句"super()"，该语句是____。

　A．调用类 Worker 中定义的 super()方法　　B．调用类 Person 中定义的 super()方法

　C．调用类 Person 的构造方法　　　　　　D．语法错误

3. 下列____修饰符不允许父类被继承。

　A．abstract　　　　B．static　　　　C．protected　　　D．final

4. 在 Java 中，在类中定义两个或多个方法，方法名相同而参数不同，这称为____。

　A．多态性　　　　B．构造方法　　　　C．方法重载　　　D．继承

5. 设 Derived 类为 Base 类的子类，则如下对象的创建____是错误的。

　A．Base base = new Derived();　　　　B．Base base = new Base();

　C．Derived derived = new Derived();　　D．Derived derived = new Base();

6. 重写方法 void method_1(int a, int b)，下面____是正确的。

　A．public void method_1(int e, int f)　　　B．protected void method_1(int e, int f)

　C．public void method_1(int a)　　　　　D．int method_1 (int c,　int d)

7. 什么叫多态？如何理解多态？请设计一个简单的示例，展示多态的用法。

8. 简述 Overload 和 Override 的区别。Overloaded 的方法是否可以改变返回值的类型？

9. 构造器 Constructor 是否可被 override？

10. 有一个水果箱(Box)，箱子里装有水果(Fruit)，每一种水果都有不同的重量和颜色，水果有苹果、梨、橘子。每个苹果(Apple)都有不同的重量和颜色，每个橘子(orange)都有不同的重量和颜色，每个梨(Pear)都有不同的重量和颜色。可以向水果箱(Box)里添加水果(addFruit)，也可以取出水果(getFruit)，还可以显示水果的重量和颜色。编写代码实现上述功能。

第 5 章　抽象类、接口和内部类

本章目标

- 抽象类的定义及使用
- 掌握接口的定义及使用
- 了解内部类的使用

5.1　抽象类

在面向对象的概念中，所有的对象都通过类来表述，但并不是所有的类都能够完整地描绘对象。如果一个类中没有包含足够的信息来描绘一类具体的对象，这样的类就是抽象类。抽象类往往用来表征对问题领域进行分析、设计中得出的抽象概念，是对一系列看上去不同、但是本质上相同的具体概念的抽象。例如，定义一个平面图形类 Shape，任何平面图形都有周长和面积，在 Shape 类中定义两个方法用于计算图形的周长和面积，代码如下：

```java
public class Shape{
    ...
    //计算图形的面积
    public void callArea(){

    }
    //计算图形的周长
    public void callPerimeter(){

    }
}
```

通过分析可以发现，平面图形领域存在着圆、三角形、长方形等具体的图形，计算它们的面积和周长是不同的，因此，在 Shape 类中无法统一定义 callArea()和 callPerimeter() 方法，但是它们都属于平面图形领域，都需要这两个方法。

有时只定义类的"骨架"，对其共同行为提供规范，但并不实现，而将其具体实现放到子类中完成。这种"骨架"类在 Java 中叫作抽象类，通过 abstract 关键字描述。

定义抽象类的语法格式如下：

```
[访问符] abstract class 类名 {
    [访问符] abstract <返回类型> 方法名([参数列表]);
    ...
}
```

定义抽象类需要注意以下几点：

◆　abstract 放在 class 前，指明该类是抽象类。

◆　abstract 放在方法声明中，则该方法是抽象方法，抽象方法没有方法体，即未实现。

◆　一个抽象类可以含有多个抽象方法，也可以含有已实现的方法。

【示例 5.1】 通过定义一个类 Shape 来演示抽象类的定义和使用。

(1)　创建一个 Java 项目，命名为 ch05，创建一个名为 Shape 的类，代码如下：

```java
package com.dh.ch05;
//定义图形抽象类
public abstract class Shape {
    double dim;
    public Shape(double dim) {
```

```
            this.dim = dim;
        }
        // 抽象方法，获得面积
        public abstract double callArea();
        // 抽象方法，获得周长
        public abstract double callPerimeter();
}
```

上述代码中，使用 abstract 关键字定义了一个抽象类 shape，并声明了两个抽象方法 callArea()和 callPerimeter()，这两个抽象方法都没有方法体。注意，抽象方法是未实现的方法，它与空方法是两个不同的概念。例如：

```
public abstract void callArea(); //抽象方法(未实现)，没有{}括起来的方法体
public void callArea(){} //空方法，有{}括起来的方法体，但方法体内没有任何语句(空)
```

抽象类还可以包含具体数据和具体方法，也可以包括构造方法。定义抽象类的目的是提供可由其子类共享的一般形式，子类可以根据自身需要扩展抽象类。

(2) 定义 Shape 抽象类的一个子类 Circle 来演示抽象类的使用，代码如下：

```
package com.dh.ch05;
//定义一个圆形，继承 Shape 抽象类
public class Circle extends Shape {
        public Circle(double dim) {
                super(dim);
        }
        // 实现抽象方法 callArea()
        public double callArea() {
                // 返回圆的面积
                return 3.14 * dim * dim;
        }
        // 实现抽象方法 callPerimeter()
        public double callPerimeter() {
                // 返回圆的周长
                return 2 * 3.14 * dim;
        }
        public static void main(String[] args) {
                // 声明一个 Shape 对象，指向实现它的子类对象
                Shape shape = new Circle(10);
                // 调用 callArea()求圆的面积，并输出
                System.out.println("圆的面积是：" + shape.callArea());
                // 调用 callPerimeter()求圆的周长，并输出
                System.out.println("圆的周长是：" + shape.callPerimeter());
        }
}
```

上述代码中定义了一个抽象类 Shape 的子类 Circle，并实现了 Shape 类中的抽象方法。在 main()方法中，先声明一个 Shape 类型的变量 shape，新建一个 Circle 对象并将其引用赋值给 shape，即让 shape 指向一个实现 Shape 抽象类的子类对象。从执行结果可以看出，当调用 Shape 类型的变量 shape 时，实际上调用了 Circle 类型对象的方法，即通过基类调用派生类的方法，这也是多态性的一种体现。

执行结果如下：

```
圆的面积是：314.0
圆的周长是：62.800000000000004
```

抽象类虽然具备类的形式，但由于其"抽象"性，不能实例化抽象类，即不能为抽象类分配具体空间，如下面的语句是错误的：

```
Shape circle= new Shape(3); //错误，不能直接实例化抽象类
```

但可以定义一个抽象类的对象变量，并引用其非抽象子类的对象：

```
Shape someShape;
//引用 Circle 类的实例对象
someShape = new Circle(5);
someShape.callArea();
```

一个类在继承抽象类时，如果没有实现抽象类中的所有抽象方法，那么该类也必须声明为抽象类。

【示例 5.2】 定义一个没有完全实现 Shape 抽象类中的所有抽象方法的子类，演示一个类在继承抽象类时，如果没有实现所有抽象方法，那么该类也必须声明为抽象类。

打开项目 ch05，创建一个名为 Square 的类，代码如下：

```
package com.dh.ch05;
//定义一个方形抽象类，继承 Shape 抽象类
public abstract class Square extends Shape {
        public Square(double dim)
        {
                super(dim);
        }
        // 实现抽象方法 callArea()
        public double callArea() {
                // 返回方形的面积
                return dim * dim;
        }
        //没有实现抽象方法 callPerimeter(),Square 类中仍然包含抽象方法，所以 Square 依然是抽象类
}
```

 抽象类不能实例化，即不能直接新建一个抽象类，但可以指向一个实现它的子类对象。抽象方法没有方法体，抽象类提供了子类的规范模版，抽象方法必须在子类中给出具体实现。abstract 不能与 final 同时修饰一个类，abstract 不能和 static、private、final 或 native 并列修饰同一方法。

5.2 接口

Java 只支持单一继承，不支持多重继承，即一个类只能继承另外一个类，不能继承两个或两个以上的类。单一继承限制了类的多重体现。为了弥补这一缺陷，模仿 C++中的多重继承，Java 语言的设计者提出了一种折中的解决办法，即使用接口，而一个类可以实现多个接口。接口的引入，使 Java 拥有了强大的面向对象编程能力，为面向接口编程提供了广泛的扩展空间。

5.2.1 定义接口

定义接口的语法格式如下：

```
<访问符> interface 接口名 {
    [访问符] <返回类型> 方法名([参数列表]);
    …
}
```

其中：

- ✧ interface 是定义接口的关键字。
- ✧ 接口是一种特殊的抽象类型，是对抽象类的进一步强化，是方法声明和常量的定义集合，因此接口中的方法几乎都没有方法体，即接口中的方法几乎都是未实现的方法，且无需使用 abstract 关键字进行指明。

> 从 JDK8 开始，允许我们给接口添加一个非抽象的方法实现，只需要使用 default 关键字即可，这个特征又叫作扩展方法。以后实现这种接口的子类只需要实现没有方法体的方法即可，默认方法(default 关键字的方法)可以直接调用。

【示例 5.3】 通过定义一个接口 MyInterface 来演示接口的定义和使用。

打开项目 ch05，创建一个名为 MyInterface 的接口，代码如下：

```
package com.dh.ch05;
public interface MyInterface
{
    public void add(int x, int y);
    public void volume(int x, int y, int z);
    //JDK8 版本以后可以有用 default 关键字实现方法体的方法，JDK8 之前版本不可以
    default void before(){
        System.out.println("现在开始计算：");
    }
}
```

上述代码定义了一个接口 MyInterface，在接口中声明了三个方法，但是有两个方法 (add()、volume())都没有实现。与抽象类中的抽象方法类似，接口中的这两个方法都没有

方法体。此外，还有一个默认的扩展方法 before()。注意：这种情况只有在 JDK8 才有效，JDK8 以前的版本接口只能定义方法，而不能实现方法，before()这个方法在实现 MyInterface 的子类中不需要实现，直接调用即可，一般不常用。

当然，也可以定义既包含常量(只能有常量不能有变量)也包含方法的接口。

【示例 5.4】 定义一个接口 MultiInterface 来演示接口中常量的定义。

打开项目 ch05，创建一个名为 MultiInterface 的接口，代码如下：

```
package com.dh.ch05;
public interface MultiInterface
{       //在接口中定义一个静态常量 PI
        public static final double PI = 3.1415926;
        public void callArea();
}
```

在定义接口的时候，接口中的所有方法和常量自动定义为 public，可以省略 public 关键字。

5.2.2 实现接口

实现接口的语法格式如下：

```
<访问符> class 类名 implements 接口名[,接口列表]{
}
```

其中：

◇ 使用 implements 关键字可以实现多个接口，接口之间使用逗号进行间隔。
◇ 一个类实现接口时，必须实现接口中定义的所有没有方法体的方法，除非将该类定义为抽象类。

【示例 5.5】 定义一个类实现 MyInterface 接口，演示接口的实现过程，并将结果打印到控制台。

打开项目 ch05，创建一个名为 MyClass 的类，代码如下：

```
package com.dh.ch05;
//定义一个类实现一个接口
public class MyClass implements MyInterface
{       //实现接口中的 add()方法
        public void add(int x, int y)
        {
                System.out.println(x+"+"+y+"="+(x+y));
        }
        //实现接口中的 volume()方法
        public void volume(int x, int y, int z) {
                System.out.println(x+"*"+y+"*"+z+"="+(x*y*z));
        }
```

```
public static void main(String args[]){
    //声明一个 MyInterface 的对象，指向 MyClass 类的对象
    MyInterface mi=new MyClass();
    //调用 MyInterface 中默认实现的 before()方法
    mi.before();
    //调用 add()方法，传递 2 个参数
    mi.add(3, 4);
    //调用 volume()方法，传递 3 个参数
    mi.volume(3, 4, 5);
    }
}
```

上述代码中 MyClass 类实现 MyInterface 接口，并实现该接口中定义的 add()和 volume()方法。在 main()方法中，先声明一个 MyInterface 接口类型的变量 mi，新建一个实现该接口的 MyClass 类的对象，并将其引用赋值给 mi。最后通过 mi 调用 before()、add()和 volume()方法。运行结果如下：

```
现在开始计算：
3+4=7
3*4*5=60
```

与抽象类一样，接口是一种更加"虚拟"的类结构，因此不能对接口直接实例化，如下面的语句是错误的：

```
MyInterface someInterface = new MyInterface();  //错误
```

但可以声明接口变量，并用接口变量指向当前接口实现类的实例。例如，下面的语句是正确的：

```
MyInterface mi=new MyClass(); //正确
```

这种使用方式也是多态性的一种体现。

接口和抽象类在定义和使用时有很多相似之处，但他们之间有如下几个需要注意的区别：

❖　抽象类中可以有已实现的方法，但接口中不能有已实现的方法(JDK8 以后可以有已实现的方法，但必须用 default 关键字)。

❖　接口中定义的变量默认是 public static final 型，且必须赋初值，其实现类中不能重新定义，也不能改变其值，即接口中定义的变量其实都是最终的静态常量；而抽象类中的定义的变量与普通类一样，默认是缺省的 friendly，其实现类可以重新定义，也可以根据需要改变其值。

❖　接口中定义的方法都默认的是 public(也只能是 public)，而抽象类则是缺省的 friendly。

一个类可以实现多个接口，以此来弥补 Java 单一继承的缺陷，代码如下：

```
public class MyClass2 implements MyInterface, MultiInterface{
    ...//实现多个接口中的所有方法
}
```

5.3 instanceof 运算符

Java 的多态性机制导致了引用变量的声明类型和其实际引用的类型可能不一致，再结合动态方法调度机制可以得出下述结论：声明为同种类型的两个引用变量调用同一个方法时也可能会有不同的行为。为更准确地鉴别一个对象的真正类型，Java 语言引入了 instanceof 操作符，其使用格式如下：

<引用类型变量> instanceof <引用类型>

该表达式为 boolean 类型的表达式，当 instanceof 左侧的引用类型变量所引用对象的实际类型是其右侧给出的类型或其子类类型时，整个表达式的结果为 true，否则为 false。例如：

mi instanceof MyClass

【示例 5.6】 定义一个接口 IBase 和两个类 Derive、Derive1 来演示 instanceof 的用法，并将结果打印到控制台。

打开项目 ch05，创建一个名为 InstanceofDemo 的类，代码如下：

```java
package com.dh.ch05;
//定义 IBase 接口
interface IBase {
        public void print();
}
// 定义 Derive 类实现 IBase 接口
class Derive implements IBase {
        int b;
        public Derive(int b) {
                this.b = b;
        }
        public void print() {
                System.out.println("In Derive!");
        }
}
// 定义 Derive 的子类 Derive1
class Derive1 extends Derive {
        int c;
        public Derive1(int b, int c) {
                super(b);
                this.c = c;
        }
        public void print() {
                System.out.println("In Derive1!");
        }
```

```
}
public class InstanceofDemo {
    // 判断对象类型
    public static void typeof(Object obj) {
        if (obj instanceof Derive) {
            Derive derive = (Derive) obj;
            derive.print();
        } else if (obj instanceof Derive1) {
            Derive1 derive1 = (Derive1) obj;
            derive1.print();
        }
    }
    public static void main(String[] args) {
        IBase b1 = new Derive(4);
        IBase b2 = new Derive1(4, 5);
        System.out.print("b1 is ");
        // 调用 typeof()判断 b1 对象类型
        typeof(b1);
        System.out.print("b2 is ");
        // 调用 typeof()判断 b2 对象类型
        typeof(b2);
    }
}
```

上述代码中定义一个 IBase 接口，Derive 类实现 IBase 接口，Derive1 是 Derive 的子类。在 InstanceofDemo 类中定义了一个静态方法 typeof()，该方法使用 instanceof 来判断对象的类型，并调用其相应的方法。main()方法中定义了两个 Base 类型的对象 b1 和 b2，通过调用 typeof()方法判断 b1 或 b2 所引用对象的实际对象类型。

执行结果如下：

```
b1 is In Derive!
b2 is In Derive1!
```

从执行结果可以分析出，instanceof 运算符能够鉴别出实际的对象类型，并实现对相应方法的调用。此种做法模拟了方法的动态调用机制，但这种做法通常被认为没有很好地利用面向对象中的多态性，而是采用了结构化编程模式。

 大多数情况下不推荐使用 instanceof 实现方法的动态调用机制，使用 instanceof 会产生大量代码冗余，建议利用类的多态。

5.4 对象转换

在基本数据类型之间进行的相互转化过程中，有些转换可以通过系统自动完成，而有些转换必须通过强制转换来完成。对于引用类型，也存在相互转换的机制，并且也可以分为自动转换和强制转换两种情况。

◇ 自动转换：子类转换成父类(或者实现类转换成接口)时，转换可以自动完成。例如，Teacher 是 Person 的子类，当一个 Teacher 对象赋给一个 Person 类型的变量时，转换自动完成。

◇ 强制转换：父类转换成子类时(或者接口转换成实现类)，必须使用强制转换。例如，Teacher 类是 Person 的子类，当将一个 Person 对象赋给一个 Teacher 类型变量的时候，必须使用强制转换。

对象的强制转换可以使用运算符"()"来完成，格式如下：

```
Person p = new Teacher();        //创建一个 Teacher 对象，把引用赋予 Person 类型的变量 p
Teacher t  = (Teacher)p;         //把变量 p 强制转换成 Teacher 类型的变量
```

　　　无论是自动转换还是强制转换，都只能用在有继承关系的对象之间。并不是任意类型之间都可以转换。只有在多态情况下，原本就是子类类型的对象被声明为父类的类型，才可以通过造型恢复其"真实面目"，否则将编译失败。

5.5　内部类

内部类是指在一个外部类的内部再定义一个类。内部类作为外部类的一个成员，依附于外部类而存在。引入内部类的主要原因有：

◇ 内部类能够隐藏起来，不被同一包的其他类访问。

◇ 内部类可以访问其所处外部类的所有属性。

◇ 在回调方法处理中，匿名内部类尤为便捷，特别是 GUI 中的事件处理。

Java 内部类主要有成员内部类、局部内部类、静态内部类、匿名内部类四种。

5.5.1　成员内部类

成员内部类的定义结构很简单，就是在"外部类"的内部定义一个类。

【示例 5.7】定义一个类，演示成员内部类的定义及使用。

打开项目 ch05，创建一个名为 OuterClass1 的类，代码如下：

```
package com.dh.ch05;
public class OuterClass1 {
    private int i = 10;
    private int j = 20;
    private static int count = 0;
    public static void func1() {
    }
    public void func2() {
    }
```

```
// 成员内部类中，可以访问外部类的所有成员
class InnerClass {
    // 成员内部类中不允许定义静态变量
    // static int inner_i = 100;
    int j = 100; // 内部类和外部类的实例变量可以共存
    int k = 1;
    void innerFunc1() {
    // 在内部类中访问内部类自己的变量时直接用变量名
        System.out.println("内部类中 k 值为：" + k);
        System.out.println("内部类中 j 值为：" + j);
    // 在内部类中访问内部类自己的变量也可以用 this.变量名
        System.out.println("内部类中 j 值为：" + this.j);
    // 在内部类中访问外部类中与内部类同名的实例变量时用 "外部类名.this.变量名"
        System.out.println("外部类中 j 值为：" + OuterClass1.this.j);
    // 如果内部类中没有与外部类同名的变量，则可以直接用变量名访问外部类变量
        System.out.println("外部类中 count 值为：" + count);
    // 直接访问外部类中的方法
        func1();
        func2();
    }
    }
    public void func3() {
    // 外部类的非静态方法访问成员内部类时，必须通过创建成员内部类的对象才能访问
        InnerClass inner = new InnerClass();
        inner.innerFunc1();
    }
    public static void main(String[] args) {
    // 内部类的创建原则是，首先创建外部类对象，然后通过此对象创建内部类对象
        OuterClass1 out = new OuterClass1();
        OuterClass1.InnerClass outin1 = out.new InnerClass();
        outin1.innerFunc1();
    // 也可将创建代码合并在一块
        OuterClass1.InnerClass outin2 = new OuterClass1().new InnerClass();
        outin2.innerFunc1();
    }
}
```

上述代码中，在 OuterClass 中定义了一个 InnerClass，其存在形式与 OuterClass 的成员变量和方法并列，故称为成员内部类。内部类是一个编译时的概念，一旦编译成功，就会成为完全不同的两个类。对于上述代码，编译完成后出现 OuterClass.class 和 OuterClass$InnerClass.class 两个类。具体使用及访问形式可参看上面代码注释。

运行结果如下：

```
内部类中 k 值为：1
内部类中 j 值为：100
内部类中 j 值为：100
外部类中 j 值为：20
外部类中 count 值为：0
内部类中 k 值为：1
内部类中 j 值为：100
内部类中 j 值为：100
外部类中 j 值为：20
外部类中 count 值为：0
```

内部类也可以用访问修饰符修饰，如在 InnerClass 前加入：

```
private class InnerClass{

}
```

此时的内部类就是私有的内部类，不能在 OuterClass 的范围之外访问 InnerClass 了。

5.5.2 局部内部类

在方法中定义的内部类称为局部内部类。与局部变量类似，局部内部类不能用 public 或 private 访问修饰符进行声明。它的作用域被限定在声明该类的方法块中。局部内部类的优势在于：它可以对外界完全隐藏起来，除了所在的方法之外，对其他方法而言是不透明的。此外，与其他内部类比较，局部内部类不仅可以访问包含它的外部类的成员，还可以访问局部变量，但这些局部变量必须被声明为 final。

【示例 5.8】定义一个类，演示一个局部内部类的定义及使用。

打开项目 ch05，创建一个名为 OuterClass2 的类，代码如下：

```
package com.dh.ch05;
public class OuterClass2 {
        private int s = 10;
        private int k = 0;
        public void func1() {
                final int s = 20;
                final int j = 1;
                // 局部内部类
                class InnerClass {
                        int s = 30;// 可以定义与外部类同名的变量
                        // static int m = 20;//不可以定义静态变量
                        void innerFunc() {
                                // 如果内部类没有与外部类同名的变量，在内部类中可以直接访问外部
                                //类的实例变量
                                System.out.println("外围类成员:"+k);
```

```
                    // 可以访问外部类的局部变量(即方法内的变量)，但是变量必须是
                    //final 的
                    System.out.println("常量:"+j);
                    // 如果内部类中有与外部类同名的变量，直接用变量名访问的是内部类
                    //的变量
                    System.out.println("常量:"+s);
                    // 用 this.变量名访问的也是内部类变量
                    System.out.println("常量:"+this.s);
                    // 用外部类名.this.内部类变量名访问的是外部类变量
                    System.out.println("外部类成员变量:"
                            + OuterClass2.this.s);
                }
            }
            new InnerClass().innerFunc();
        }
        public static void main(String[] args) {
            // 访问局部内部类必须先定义外部类对象
            OuterClass2 out = new OuterClass2();
            out.func1();
        }
    }
```

执行结果如下：

```
外围类成员:0
常量:1
常量:30
常量:30
外部类成员变量:10
```

　　在局部内部类中要想访问外部类中的局部变量(方法中的变量)，则该变量必须是用 final 修
饰的变量，即常量。

5.5.3　静态内部类

　　当内部类只是为了将其隐藏起来，不需要和外部类发生联系时，可以将内部类声明为
static。

　　【示例 5.9】 定义一个类演示静态内部类的定义及使用。

　　打开项目 ch05，创建一个名为 OuterClass3 的类，代码如下：

```
package com.dh.ch05;
public class OuterClass3 {
    private static int i = 1;
```

```
        private int j = 10;
        public static void func1() {

        }
        public void func2() {

        }
        // 静态内部类可以用 public,protected,private 修饰
        static class InnerClass {
                // 静态内部类中可以定义静态或者非静态的成员
                static int inner_i = 100;
                int inner_j = 200;
                static void innerFunc1() {
                        // 静态内部类只能访问外部类的静态成员(包括静态变量和静态方法)
                        System.out.println("Outer.i=" + i);
                        func1();
                }
                void innerFunc2() {
                        // 静态内部类不能访问外部类的非静态成员(包括非静态变量和非静态方法)
                        // System.out.println("Outer.i"+j);
                        // func2();
                }
        }
        public static void func3() {
                // 外部类访问内部类的非静态成员——实例化内部类即可
                InnerClass inner = new InnerClass();
                inner.innerFunc2();
                // 外部类访问内部类的静态成员，即内部类.静态成员
                System.out.println(InnerClass.inner_i);
                InnerClass.innerFunc1();
        }
        public static void main(String[] args) {
                new OuterClass3().func3();
                // 静态内部类的对象可以直接生成
                OuterClass3.InnerClass inner = new OuterClass3.InnerClass();
                inner.innerFunc2();
        }
}
```

运行结果如下：

```
100
Outer.i=1
```

静态内部类可以用 public、protected、private 修饰，但是只能访问外部类的静态成员，不能访问外部类的非静态成员。

静态内部类和普通的内部类的区别如下：

◇ 静态内部类：不需要和外部类发生联系，没有保存外部类的一个引用。

◇ 普通内部类：对象隐含地保存了一个引用，指向创建它的外部类对象。

5.5.4　匿名内部类

将局部内部类特殊化——如果只创建一个类的一个对象，可以考虑匿名内部类，这在 GUI 事件处理中会大量用到。匿名内部类就是没有名字的内部类。

例如：

```
JButton button = new JButton("button");
        button.addActionListener(new ActionListener(){
            public void actionPerformed(ActionEvent e){
                System.out.println("Button Clicked");
            }
        });
```

上述代码的含义是：创建一个实现 ActionListener 接口类的新对象，需要实现的方法 actionPerformed 定义在括号{ }内。

下述情况可考虑匿名内部类：

◇ 只用到类的一个实例。

◇ 类在定义后马上用到。

◇ 类非常小。

在使用匿名内部类时，要记住以下几个原则：

◇ 匿名内部类不能有构造方法。

◇ 匿名内部类不能定义任何静态成员、方法和类，非静态的方法、属性、内部类是可以定义的。

◇ 只能创建匿名内部类的一个实例。

◇ 一个匿名内部类一定跟在 new 的后面，创建其实现的接口或父类的对象。

本 章 小 结

通过本章的学习，学生应该能够学会：

◇ 定义抽象类的目的是提供可由其子类共享的一般形式，抽象类不能实例化。

◇ 使用 abstract 关键字定义抽象类。

◇ 使用 interface 关键字定义接口，接口中的所有方法都是未实现的。

◇ 使用 implements 关键字实现接口。

◇ 一个类可以实现多个接口，一个接口可以被多个类实现。

◇ instanceof 用于判断一个对象的类型。

◇ 内部类是局限于某个类或方法访问的独有的类，其定义与普通类一致。

◇ 匿名内部类不能有构造方法，不能定义任何静态成员、方法和类，只能创建匿名内部类的一个实例。

本 章 练 习

1. 下列____修饰符用来定义抽象类。

   A. abstract

   B. static

   C. protected

   D. final

2. 下面是关于类及其修饰符的一些描述，不正确的是____。

   A. abstract 类只能用来派生子类，不能用来创建 abstract 类的对象

   B. abstract 不能与 final 同时修饰一个类

   C. final 类不但可以用来派生子类，也可以用来创建 final 类的对象

   D. abstract 方法必须在 abstract 类中声明，但 abstract 类定义中可以没有 abstract 方法

3. 如果试图编译并运行下面的代码将发生____。

```
abstract class Base {
    abstract void method();
    static int i;
}
public class Mine extends Base {
    public static void main(String argv[]) {
    int[] ar = new int[5];
    for(i = 0; i < ar.length; i++)
            System.out.println(ar[i]);
    }
}
```

   A. 一个 0～5 的序列将被打印

   B. 错误 ar 在使用之前将被初始化

   C. 错误 Mine 必须声明成 abstract 的

   D. IndexOutOfBoundes 错误

4. 简述抽象类(abstract class)和接口(interface)的异同。

5. 定义一个接口，声明一个方法 area()来计算圆的面积(根据半径长度)，再用一个具体的类实现此接口，再编写一个测试类来使用该接口和子类。

6. 内部类可以引用包含它的类的成员吗？有没有什么限制？

第6章　异常处理

6.1 异常

在程序设计或程序运行过程中，发生错误是不可避免的。虽然 Java 语言从根本上提供了便于写出整洁、安全的代码的能力，程序员也会尽量避免错误产生，但是错误仍然会产生，使程序被迫停止。为此，Java 提供了异常处理机制来帮助程序员检查可能出现的错误，保证程序的可读性和可维护性。

6.1.1 异常概述

在程序中，可能产生程序员没有预料到的各种错误情况，比如试图打开一个根本不存在的文件等。在 Java 中，这种在程序运行时可能出现的错误称为"异常"。

异常是在程序执行期间发生的事件，它中断了正在执行程序的正常指令流。例如，除以 0 溢出，数组越界，文件找不到等都属于异常。

在程序设计时，必须考虑到可能发生的异常事件并做出相应的处理。使用异常带来的明显好处是能够降低处理错误代码的复杂度。如果不使用异常，就必须检查特定的错误，并在程序中处理它；而如果使用异常，就不必在方法调用处进行检查，因为异常机制能够保证捕获这个错误，而且只需要在一个地方处理错误，即在异常处理程序中集中处理，这种方式不仅节省代码，而且把"描述在正常执行过程中做什么事"的代码和"出了问题怎么办"的代码相分离。总之，与以前的错误处理方法相比，异常机制使代码的阅读、编写和调试工作更加井井有条。

6.1.2 Java 异常的分类

Java 中异常分为两类，分别为 java.lang.Error 和 java.lang.Exception，java.lang.Throwable 类是两者的父类，在 Throwable 类中定义的方法用来检索与异常相关的错误信息，并打印、显示异常发生的堆栈跟踪信息。Error 和 Exception 分别用于定义不同类别的错误。

◇ Error(错误)：JVM 系统内部错误、资源耗尽等严重情况。

◇ Exception(异常)：因编程错误或偶然的外在因素导致的一般性问题，例如，对负数开平方根、空指针访问、试图读取不存在的文件、网络连接中断等。

图 6-1 列举了部分异常类并指明了它们之间的继承关系。

当发生 Error 时，编程人员无能为力，只能让程序终止，如内存溢出等；当发生 Exception 时，编程人员可以作出处理。本章主要讨论对 Exception 的处理。

从编程角度考虑可以将异常(Exception)分为以下两类。

1. 非检查型异常

非检查型(unchecked)异常是指编译器不要求强制处置的异常。该异常是因设计或实现方式不当导致的，可以避免。RuntimeException 类及其所有子类都是非检查型异常。常见的非检查型异常如表 6-1 所示。

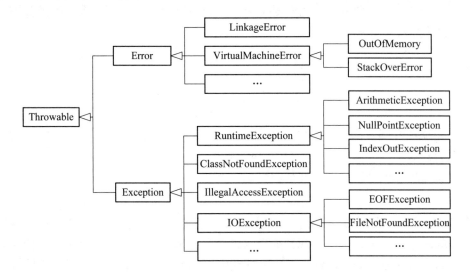

图 6-1 异常继承层次图

表 6-1 常见的非检查型异常

非检查型异常	描 述
ClassCastException	错误类型转换异常
ArrayIndexOutOfBoundsException	数组下标越界异常
NullPointerException	空指针访问异常
ArithmeticException	除以 0 溢出异常

2. 检查型异常

检查型(checked)异常是指编译器要求必须处置的异常，是程序在运行时由于外界因素造成的一般性异常，该类异常是 Exception 类型及其子类(RuntimeException 类除外)。常见的检查型异常如表 6-2 所示。

表 6-2 常见的检查型异常

检查型异常	描 述
SQLException	操作数据库时发生的异常
IOException	操作文件时发生的异常
FileNotFoundException	访问不存在的文件的异常
ClassNotFoundException	找不到指定名称类的异常

从开发应用的角度来看，可以把异常分为应用异常和系统异常。

◇ 应用异常是由于违反了商业规则或者业务逻辑而导致的错误。例如，一个被锁定的用户试图登录应用。这种错误不是致命的错误，可以把错误信息报告给用户，让用户进行相应的处理。

◇ 系统异常在性质上比应用异常更加严重，通常和应用逻辑无关，而是底层出现了问题。例如，数据库服务器异常终止，网络连接中断或者应用软件自身存在缺陷，终端用户不能修复错误，都为系统异常需要通知系统管理员或者软件开发人员来处理。

6.1.3 Java 异常处理机制

在 Java 程序的执行过程中，如果出现了异常事件，就会生成一个异常对象。这个对象可能由正在运行的方法生成，也可能由 Java 虚拟机生成，其中包含一些信息指明异常事件的类型以及当异常发生时程序的运行状态等。

Java 语言提供以下两种处理异常的机制。

1. 捕获异常

在 Java 程序运行过程中系统得到一个异常对象时，它将会沿着方法的调用栈逐层回溯，寻找处理这一异常的代码，找到处理这种类型异常的方法后，运行时系统把当前异常对象交给这个方法进行处理，该过程称为捕获(catch)异常。如果 Java 运行时系统找不到可以捕获异常的方法，则运行时系统将终止，相应地 Java 程序也会退出。

2. 声明抛出异常

如果方法中并不知道如何处理所出现的异常，则可在定义方法时，声明抛出(throws)异常。该机制有以下优点：

◇ 把各种不同类型的异常进行分类，使用 Java 类来表示异常情况，这种类被称为异常类。把异常情况表示成异常类，可以充分发挥类的可扩展性和可重用性的优势。

◇ 异常流程的代码和正常流程的代码分离，提高了程序的可读性，简化了程序的结构。

◇ 可以灵活地处理异常，如果当前方法有能力处理异常，就捕获并处理它，否则只需要抛出异常，由方法调用者来处理异常。

6.2 异常处理

在 Java 中对异常的处理共涉及五个关键字：try、catch、throw、throws 和 finally。Java 中可用于处理异常的方式有以下两种：

◇ 自行处理：可能引发异常的语句封在 try 块内，而处理异常的相应语句则存在于 catch 块内。

◇ 抛出异常：在方法声明中包含 throws 子句，通知调用者，如果发生了异常，必须由调用者处理。

6.2.1 异常实例

【示例 6.1】 定义一个类，演示使用 0 作除数而引发的 ArithmeticException 的异常情况。

创建一个 Java 项目，命名为 ch06，创建一个名为 ExceptionDemo 的类，代码如下：

```
package com.dh.ch06;
/**
 * 测试异常的发生
 */
public class ExceptionDemo {
    public static void main(String[] args) {
        // 0 做除数
        int i = 12 / 0;
        System.out.println("结果是：" + i);
    }
}
```

执行结果如下：

```
Exception in thread "main" java.lang.ArithmeticException: / by zero
    at com.dh.ch06.ExceptionDemo.main(ExceptionDemo.java:8)
```

上述代码中，在执行语句"int i = 12 / 0"时，由于使用 0 作除数，违反运算规则，因此 JVM 在抛出 ArithmeticException 的同时，异常信息提示可能产生异常语句，如

```
at com.dh.ch06.ExceptionDemo.main(ExceptionDemo.java:8)
```

6.2.2　try、catch

在 Java 程序中，如果要在出现异常的地方进行异常处理，可以在方法中添加两类代码块，即 try、catch。通常发生异常的代码都放在 try 代码块中，try 代码块中包含的是可能引起一个或者多个异常的代码。try 代码块的功能就是监视异常的发生。如果 try 块中的代码产生异常对象，则由 catch 块进行捕获并处理。也就是说，catch 代码块中的代码用于处理 try 代码块中抛出的具体异常类型的异常对象。try、catch 关键字用法示意图如图 6-2 所示。

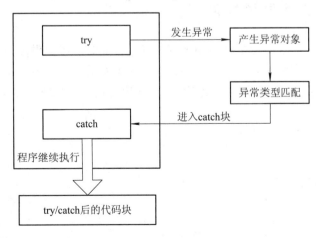

图 6-2　try 和 catch 应用示意图

try 和 catch 处理异常的语法格式如下：

```
try {
// 代码段(可能发生异常代码)
} catch (Throwable ex) {
// 对异常进行处理的代码段
}
```

【示例 6.2】 定义一个类，演示 try、catch 捕捉异常的用法。

打开项目 ch06，创建一个名为 TryCatchDemo 的类，代码如下：

```
package com.dh.ch06;
public class TryCatchDemo {
        public static void main(String[] args) {
                //定义一个 String 变量，值为 null
                String str = null;
                try {
                        if (str.equals("hello")) {
                                System.out.println("hello java");
                        }
                } catch (NullPointerException e) {
                        System.out.println("空指针异常");
                }
        }
}
```

执行结果如下：

```
空指针异常
```

通过运行结果可以看出，try 块所监视的代码产生了一个 NullPointerException 类型的异常对象，由 catch 块捕获并加以处理。

6.2.3 多重 catch 处理异常

在一个程序中可能会引发多种不同类型的异常，此时可以提供多个 catch 语句来捕获用户感兴趣的异常。当引发异常时，程序会按顺序来查看每个 catch 语句块，并执行第一个与异常类型匹配的 catch 语句块，其后的 catch 语句块将被忽略。多重 catch 用法示意图如图 6-3 所示。

图 6-3 对应的语法格式如下：

```
try {
// 代码段
// 产生异常(异常类型 2)
} catch (异常类型 1 ex) {
// 对异常进行处理的代码段
} catch (异常类型 2 ex) {
```

```
// 对异常进行处理的代码段
}
...//多个 catch 语句
catch (异常类型 n ex) {
// 对异常进行处理的代码段
}
// 代码段
```

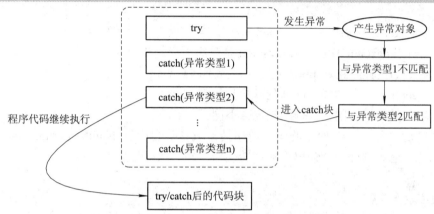

图 6-3 多重 catch 语句块运行流程图

【示例6.3】 定义一个类，演示多重异常的处理过程。

打开项目 ch06，创建一个名为 MoreCatchDemo 的类，代码如下：

```
package com.dh.ch06;
import java.util.Scanner;
class MoreCatchDemo {
    public static void main(String[] args) {
        Scanner scanner = new Scanner(System.in);
        int a[] = new int[2];
        try {
            // 从键盘获取一个字符串
            String str = scanner.next();
            // 将字符串转换成整数(会引发 NumberFormatException)
            int num1 = Integer.parseInt(str);
            // 从键盘获取一个整数
            int num2 = scanner.nextInt();
            // 将两个数相除(会引发 Exception),并赋值给 a[1]
            a[1] = num1 / num2;
            // 给 a[2]赋值(引发 ArrayIndexOutOfBoundsException)
            a[2] = num1 * num2;
            System.out.println("OK!");
        } catch (ArrayIndexOutOfBoundsException ex) {
```

```
                System.out.println("数组越界异常!");
        } catch (NumberFormatException ex) {
                System.out.println("数字类型格式转换异常!");
        } catch (Exception ex) {
                System.out.println("其他异常！");
        }
    }
}
```

上述代码 try 语句后跟着 3 个 catch 语句，分别处理不同的异常，其中：

◇ ArrayIndexOutOfBoundsException 是数组下标越界异常类。

◇ NumberFormateException 是数字格式不匹配异常类。

◇ Exception 是异常类，能够处理多种异常。

根据输入的数据不同，执行结果也会不同。

当从键盘输入"aaa"时，将该字符串转换成整数会产生 NumberFormateException 异常，因此对应地异常处理会输出"数字转换异常!"。执行结果如下：

```
aaa
数字类型格式转换异常!
```

若输入的第二个数是"0"，则在执行"a[1] = num1 / num2"语句时会产生 0 作为除数的算术异常，此时执行结果如下：

```
4
0
其他异常!
```

若输入的两个数都是非 0 整数，则会执行到"a[2] = num1 * num2"语句，但因数组 a 的长度为 2，其下标最大值是 1，所以使用"a[2]"会产生数组下标越界异常，此时执行结果如下：

```
4
2
数组越界异常!
```

由程序执行结果可以分析出，当一个 catch 语句捕获到一个异常时，剩下的 catch 语句将不再进行匹配。捕获异常的顺序和 catch 语句的顺序有关，因此安排 catch 语句的顺序时，首先应该捕获最特殊的异常，然后再逐渐一般化，即先 catch 子类，再 catch 父类。

【示例 6.4】 定义一个类，演示当 catch 出现的先后顺序不符合要求时，代码会出现错误提示的功能。

打开项目 ch06，创建一个名为 CatchOrder 的类，代码如下：

```
package com.dh.ch06;
public class CatchOrder {
    public static void main(String[] args) {
        //定义字符串
        String number = "s001";
```

```
        try {
                //把 number 转换成整型数值
                int result = Integer.parseInt(number);
                System.out.println("the result is: "+result);
        } catch (Exception e) {
                System.out.println("message: " + e.getMessage());
        } catch (ArithmeticException e) {
                e.printStackTrace();
        }
    }
}
```

在上述代码中，由于第一个 catch 语句首先得到匹配，第二个 catch 语句将不会被执行，因此会出现如下的错误提示：

Unreachable catch block for ArithmeticException. It is already handled by the catch block for Exception

6.2.4 嵌套异常处理

在某些情况下，代码块的某一部分引起一个异常，而整个代码块可能又引起另外一个异常。此时就需要将一个异常处理程序嵌套到另一个中。在使用嵌套的 try 块时，将先执行内部 try 块，如果没有遇到匹配的 catch 块，则将检查外部 try 块的 catch 块。

比如，要完成从控制台传入参数求商的需求，就涉及嵌套 try-catch 语句的应用。

【示例 6.5】 定义一个类演示通过从控制台传入两个数值来完成求商的功能。

打开项目 ch06，创建一个名为 NestedExceptionDemo 的类，代码如下：

```
package com.dh.ch06;
import java.util.Scanner;
public class NestedExceptionDemo {
    public static void main(String[] args) {
        try {
            try {
                Scanner scanner = new Scanner(System.in);
                // 从控制台中传入两个参数
                int number1 = Integer.parseInt(scanner.next());
                int number2 = Integer.parseInt(scanner.next());
                // 求商运算
                double result = number1 / number2;
                System.out.println("the result is " + result);
            } catch (NumberFormatException e) {
                System.out.println("数字格式转换异常!");
            }
        } catch (ArithmeticException e) {
```

```
                    System.out.println("0 作除数无意义!");
            }
        }
}
```

当在控制台中输入 aaa 时，执行结果如下：

```
aaa
数字格式转换异常!
```

从执行结果来看，当输入字符串 aaa 时，由于 Integer.parseInt 方法转换不成数字，因此触发 NumberFormatException 异常，该异常由第一个 catch 块捕获。

当在控制台中输入两个值 1、0 时，执行结果如下：

```
1
0
0 作除数无意义!
```

从执行结果来看，当输入 1、0 时，由于 0 作除数违反数学运算，因此引发了 ArithmeticException 异常，该异常由嵌套在外面的 catch 块捕获。

6.2.5 finally

在某些特定的情况下，不管是否有异常发生，总是要求某些特定的代码必须被执行。比如，进行数据库连接时，不管对数据库的操作是否成功，最后都需要关闭数据库的连接并释放内存资源。这就需要用到 finally 关键字。finally 不能单独使用，必须和 try 结合使用。其使用方法通常有两种：try-finally 和 try-catch-finally。其中，第二种用法比较常用，该用法的示意图如图 6-4 所示。

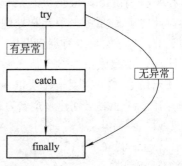

图 6-4　try-catch-finally 应用示意图

try-catch-finally 的语法格式如下：

```
try {
// 代码段(可能发生异常代码)
} catch (Throwable ex) {
// 对异常进行处理的代码段
} finally {
// 总要被执行的代码
}
```

在 Java 中捕获异常时，首先用 try 选定要捕获异常的范围；其次在执行代码时会产生异常对象并被抛出，使用相应的 catch 块来处理异常；如果有资源释放，可以使用 finally 代码块进行处理。

【示例 6.6】 演示 finally 用法，定义一个 FinallyDemo 类模拟对数据库的操作，并对 try、catch 和 finally 进行测试。

打开项目 ch06，创建一个名为 FinallyDemo 的类，代码如下：

```
package com.dh.ch06;
public class FinallyDemo {
    public static void main(String[] args) {
        System.out.println("请打开数据库连接...");
        try {
            System.out.println("执行查询操作");
            System.out.println("执行修改操作");
            // 使用 0 作除数
            int i = 12 / 0;
            System.out.println("结果是:" + i);
        } catch (Exception ex)
        {
            System.out.println("除零出错！");
        } finally {
            System.out.println("关闭数据库连接......");
        }
    }
}
```

执行结果如下：

```
请打开数据库连接...
执行查询操作
执行修改操作
除零出错！
关闭数据库连接...
```

从上面结果可以看到，无论异常发生与否，finally 代码块最终都要执行。

6.2.6　throw、throws

前面讨论了如何捕获 Java 运行时由系统引发的异常，如果想在程序中明确地引发异常，则需要用到 throw 或 throws 语句。

✧　throw 语句

throw 语句用来明确地抛出一个"异常"。这里需要注意，用户必须得到一个 Throwable 类或其他子类产生的对象引用，通过参数传到 catch 子句，或者用 new 语句来创建一个异常对象。throw 语句的通常形式是：throw ThrowableInstance(异常对象)

✧　throws 语句

如果一个方法 methodName() 可以引发异常，而它本身并不对该异常进行处理，那么该方法必须声明将这个异常抛出，以使程序能够继续执行下去。这时候就要用到 throws 语句。throws 语句的常用格式如下：

```
returnType   methodName() throws ExceptionType1,ExceptionType2{
// body
}
```

在实际应用中，一般需要 throw 和 throws 语句组合应用，可以在捕获异常后，抛出一个明确的异常给调用者。

【示例6.7】 定义一个类，演示 throw 和 throws 语句的组合应用用法。

打开项目 ch06，创建一个名为 ThrowAndThrowsDemo 的类，代码如下：

```java
package com.dh.ch06;
public class ThrowAndThrowsDemo {
    public static void main(String[] args) {
        testThrow(args);
    }
    /**
     * 调用有异常的方法
     */
    public static void testThrow(String[] tmp) {
        try {
            createThrow(tmp);
        } catch (Exception e) {
            System.out.println("捕捉来自 createThrow 方法的异常");
        }
    }
    /**
     * 抛出一个具体的异常
     */
    public static void createThrow(String[] tmp) throws Exception {
        int number = 0;
        try {
            number = Integer.parseInt(tmp[0]);
        } catch (Exception e) {
            throw new ArrayIndexOutOfBoundsException("数组越界");
        }
        System.out.println("你输入的数字为： " + number);
    }
}
```

throw 语句编写在方法之中，而 throws 语句用在方法签名之后。在同一个方法中使用 throw 和 throws 时要注意，throws 抛出的对象的类型范围比 throw 抛出的对象的类型范围大或者相同。

Java 异常处理中，五个关键字(try、catch、finally、throw、throws)的关系如图 6-5 所示。

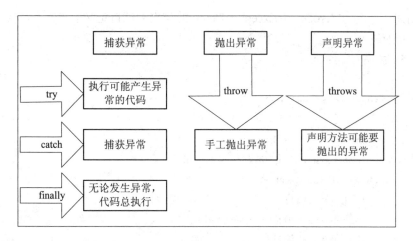

图 6-5　try、catch、finally、throw、throws 的关系示意图

6.3　自定义异常

尽管 Java 中提供了众多异常处理类，但程序设计人员有时候需要定义自己的异常类来处理某些问题。比如，可以抛出中文的异常提示信息，帮助客户了解异常产生的原因。这种情况下用户只要定义一个直接或间接继承 Throwable 的类就可以了。一般情况下，自定义的异常类都选择 Exception 或 RuntimeException 作为父类。

【示例 6.8】 演示自定义异常的用法，自定义一个异常类 ZeroDivideException，并对自定义的异常类进行测试。

(1) 打开项目 ch06，创建一个名为 ZeroDivideException 的类，代码如下：

```
package com.dh.ch06;
public class ZeroDivideException extends Exception {
        public ZeroDivideException() {
                super();
        }
        public ZeroDivideException(String msg) {
                super(msg);
        }
        public ZeroDivideException(Throwable cause) {
                super(cause);
        }
        public ZeroDivideException(String msg, Throwable cause) {
                super(msg, cause);
        }
}
```

上述代码自定义了一个异常类 ZeroDivideException，该类继承 Exception，并提供 4 个不同的构造方法，以便创建该异常对象。

(2) 创建一个名为 ZeroDivideExceptionDemo 的类来测试自定义的异常类，代码如下：

```java
package com.dh.ch06;
public class ZeroDivideExceptionDemo {
    /* 测试方法如下 */
    public static void main(String[] args) {
        try {
            int result = divide(10, 0);
            System.out.println("结果是： " + result);
        } catch (ZeroDivideException ex) {
            // 打印异常信息
            System.out.println(ex.getMessage());
            // 打印异常栈信息
            ex.printStackTrace();
        }
    }
    /* ZeroDivideException 的使用方法 */
    public static int divide(int oper1, int oper2) throws ZeroDivideException {
        if (oper2 == 0) {
            throw new ZeroDivideException("0 做除数无意义!");
        }
        return oper1 / oper2;
    }
}
```

 并不是对所有方法都需要进行异常处理，因为异常处理将占用一定的资源，影响程序的执行效率，所以要根据实际的业务情况来决定是否进行异常处理。

在使用异常时需注意下面几点：

✧ 对于运行时异常，如果不能预测它何时发生，程序可以不做处理，而是让 JVM 去处理它。

✧ 如果程序可以预知运行时异常可能发生的地点和时间，则应该在程序中进行处理，而不应简单地把它交给运行的系统。

在自定义异常类时，如果它所对应的异常事件通常总是在运行时产生的，而且不容易预测它将在何时、何处发生，则可以把它定义为运行时异常(非检查型异常)，否则应定义为非运行时异常(检查型异常)。

本 章 小 结

通过本章的学习，学生应该能够学会：

✧ Java 异常处理机制采用统一和相对简单的抛出和处理错误的机制。

◇ 异常分为 java.lang.Error 和 java.lang.Exception 两类，java.lang.Throwable 类是两者的父类。

◇ 从编程角度考虑可以将异常分为两类：非检查型异常和检查型异常。

◇ Error 类对象由 Java 虚拟机生成并抛出，程序无需处理。

◇ Exception 类对象由应用程序处理或抛出，应定义相应处理方案。

◇ Java 使用 try、catch、finally 来处理异常。

◇ Java 使用 throw、throws 来抛出异常。

◇ Java 中可以自定义异常，用于满足特殊业务处理。

本 章 练 习

1. Throwable 类是下面_____和_____的直接父类。

    A. Object

    B. Error

    C. Exception

    D. RuntimeException

2. 下面_____类是 Throwable 类的父类。

    A. Object

    B. Error

    C. Exception

    D. RuntimeException

3. 下面_____属于非检查型异常的类。

    A. ClassNotFoundException

    B. NullPointerException

    C. Exception

    D. IOException

4. 用于方法声明抛出异常类型的关键字是_____。

    A. try

    B. throws

    C. throw

    D. catch

5. 下面_____关键字用来标明一个方法可能抛出的各种异常。

    A. try

    B. throws

    C. throw

    D. catch

6. 能单独和 finally 语句一起使用的块是_____。

    A. try

B.   catch

C.   throw

D.   throws

7. 可以使用_____关键词来跳出一个 try 块而进入 finally 块。

A.   catch

B.   return

C.   while

D.   goto

8. example()方法如下：

```
public void example(){
try{
    unsafe();
    System.out.println("Test1");
}catch(SafeException e){
    System.out.println("Test 2");
}finally{
    System.out.println("Test 3");
}
    System.out.println("Test 4");
}
```

当 unsafe()方法不能正常执行时，该方法输出的结果是_____(多项选择)。

A.   Test 1

B.   Test 2

C.   Test 3

D.   Test 4

9. 下列类中在多重 catch 中同时使用时，_____异常类应该最后列出。

A.   NullPointException

B.   Exception

C.   ArithmeticException

D.   NumberFormatException

10. Error 和 Exception 有什么区别？

11. 什么是检查型异常和非检查型异常？

12. 简述一下 Java 异常处理机制。

13. Java 语言如何进行异常处理？关键字 throws、throw、try、catch、finally 分别代表什么意义？在 try 块中可以抛出异常吗？

14. 编写类 InsuranceCheck 和自定义异常类 AgeException。用 2010 年减去某人的出生年份计算其年龄。然后用年龄减去 16 计算其驾龄。驾龄少于 4 年的驾驶员，每年需缴纳 2000 元保险费；其他人支付 1000 元；未满 16 周岁，则不需保险，并且引发异常(年龄太小，不用保险)。

第 7 章　泛型和集合

本章目标

- 理解泛型的概念

- 掌握泛型类的创建和使用

- 理解泛型的有界类型和通配符的使用

- 了解泛型的局限性

- 理解 Java 集合框架的结构

- 掌握 Java 迭代器接口的使用

- 掌握 List 结构集合类的使用

- 掌握 Set 结构集合类的使用

- 掌握 Map 结构集合类的使用

- 掌握 foreach 语句的使用

7.1 泛型

泛型是 JDK5.0 增加的新特性，泛型的本质是参数化类型，即所操作的数据类型被指定为一个参数。这种类型的参数可以用在类、接口和方法的创建中，分别称为泛型类、泛型接口、泛型方法。Java 语言引入泛型的好处是安全简单。

7.1.1 认识泛型

在 JDK5.0 之前，没有泛型的情况下，通过对类型 Object 的引用来实现参数的"任意化"，但"任意化"带来的缺点是需要显式的强制类型转换，此种转换要求在开发者对实际参数类型预知的情况下进行。对于强制类型转换错误的情况，编译器可能不提示错误，但在运行的时候会出现异常，这是一个安全隐患。

【示例 7.1】 定义一个类，演示不使用泛型实现参数化类型。

创建一个 Java 项目，命名为 ch07，利用 Java 的继承特性(即所有的类都继承自 Object 类)，定义"泛型类"NoGeneric，代码如下：

```java
public class NoGeneric {
        private Object ob; // 定义一个通用类型成员
        public NoGeneric(Object ob) {
                this.ob = ob;
        }
        public Object getOb() {
                return ob;
        }
        public void setOb(Object ob) {
                this.ob = ob;
        }
        public void showType() {
                System.out.println("实际类型是: " + ob.getClass().getName());
        }
}
```

定义一个测试类 NoGenericDemo，创建一个 Integer 版本和 String 版本的 NoGeneric 对象进行测试，代码如下：

```java
public class NoGenericDemo {
        public static void main(String[] args) {
                // 定义类 NoGeneric 的一个 Integer 版本
                NoGeneric intOb = new NoGeneric(new Integer(88));
                intOb.showType();
                int i = (Integer) intOb.getOb();
```

```
            System.out.println("value= " + i);
            System.out.println("-------------------------------");
            // 定义类 NoGeneric 的一个 String 版本
            NoGeneric strOb = new NoGeneric("Hello Gen!");
            strOb.showType();
            String s = (String) strOb.getOb();
            System.out.println("value= " + s);
        }
}
```

执行结果如下：

```
实际类型是: java.lang.Integer
value= 88
-------------------------------
实际类型是: java.lang.String
value= Hello Gen!
```

上述示例有两点需要特别注意：

（1）如下述语句：

```
String s = (String) strOb.getOb();
```

在使用时必须明确指定返回对象需要被强制转化的类型为 Sting，否则无法编译通过。

（2）由于 intOb 和 strOb 都属于 NoGeneric 的类型，因此假如执行下述语句，可将 strOb 赋给 intOb：

```
intOb = strOb;
```

此种赋值在语法上是合法的，而在语义上是错误的。对于这种情况，只有在运行时才会出现异常。使用泛型就不会出现上述错误，泛型的好处是在编译期检查类型，捕捉类型不匹配错误，并且所有的强制转换都是自动和隐式的，提高了代码的重用率。

【示例 7.2】　定义一个类，演示使用泛型实现参数化类型。

打开项目 ch07，利用泛型定义泛型类 Generic，代码如下：

```
public class Generic<T> {
        private T ob; // 定义泛型成员变量
        public Generic(T ob) {
                this.ob = ob;
        }
        public T getOb() {
                return ob;
        }
        public void setOb(T ob) {
                this.ob = ob;
        }
        public void showTyep() {
                System.out.println("实际类型是: " + ob.getClass().getName());
```

```
        }
}
```

定义一个测试类 GenericDemo，创建一个 Integer 版本和 String 版本的 Generic 对象进行测试，代码如下：

```
public class GenericDemo {
        public static void main(String[] args) {
                // 定义泛型类 Generic 的一个 Integer 版本
                Generic<Integer> intOb = new Generic<Integer>(88);
                intOb.showTyep();
                int i = intOb.getOb();
                System.out.println("value= " + i);
                System.out.println("---------------------------------");
                // 定义泛型类 Generic 的一个 String 版本
                Generic<String> strOb = new Generic<String>("Hello Gen!");
                strOb.showTyep();
                String s = strOb.getOb();
                System.out.println("value= " + s);
        }
}
```

执行结果如下：

```
实际类型是: java.lang.Integer
value= 88
---------------------------------
实际类型是: java.lang.String
value= Hello Gen!
```

在引入泛型的前提下，如果再次执行

```
intOb = strOb;
```

将提示错误，编译无法通过。

7.1.2　泛型定义

示例 7.2 中 Generic 类所示的泛型类语法结构可归纳为如下形式：

```
class class-name <type-param-list>{//...}
```

实例化泛型类的语法结构如下：

```
class-name<type-param-list> obj= new class-name<type-param-list>(cons-arg-list);
```

其中，type-param-list 用于指明当前泛型类可接受的类型参数占位符的个数，如示例 7.2 中：

```
class Generic<T>{//...}
```

这里的 T 是类型参数的名称，并且只允许传一个类型参数给 Generic 类。在创建对象时，T 用作传递给 Generic 的实际类型的占位符。每当声明类型参数时，只需用目标类型替换 T 即可，如：

```
Generic<Integer> intOb;
```

声明对象时，占位符 T 用于指定实际类型。如果传递给 T 的类型是 Integer，则属性 ob 就是 Integer 类型。类型 T 还可以用来指定方法的返回类型，如：

```
public T getOb() {
    return ob;
}
```

下述语句用于对泛型对象进行初始化：

```
intOb = new Generic<Integer>(88);
```

理解泛型有三点需要特别注意：

✧ 泛型的类型参数只能是类类型(包括自定义类)，不能是基本数据类型。

✧ 同一种泛型可以对应多个版本(因为类型参数是不确定的)，不同版本的泛型类实例是不兼容的。

✧ 泛型的类型参数可以有多个。

 通常情况下，泛型类定义时使用一个唯一的大写字母表示一个类型参数，一般我们使用大写字母 T 表示。

7.1.3 有界类型

定义泛型类时，可以向类型参数指定任何类型信息，特别是集合框架操作中，可以最大限度地提高泛型类的适用范围。但有时候需要对类型参数的取值进行一定程度的限制，以使数据具有可操作性。

为了处理这种情况，Java 提供了有界类型。在指定类型参数时可以使用 extends 关键字限制此类型参数代表的类必须继承自指定父类或父类本身。

【示例 7.3】 演示使用 extends 关键字实现有界类型泛型类的定义和使用。

打开项目 ch07，创建一个名为 BoundGeneric 的泛型类，代码如下：

```
public class BoundGeneric<T extends Number> {
    // 定义泛型数组
    T [] array;
    public BoundGeneric(T [] array) {
        this.array=array;
    }
    // 计算总和
    public double sum(){
        double sum=0.0;
        for(T element : array){
            sum =sum+element.doubleValue();
        }
        return sum;
```

```
        }
}
```

BoundGeneric 类的定义中，使用 extends 将 T 的类型限制为 Number 类及其子类，故可以在定义过程中调用 Number 类的 doubleValue 方法。现在分别指定 Integer、Double、String 类型作为类型参数，测试 BoundGeneric。

定义一个测试类 BoundGenericDemo，创建不同类型的泛型对象进行测试，代码如下：

```
public class BoundGenericDemo {
    public static void main(String[] args) {
        Integer []intArray = {1,2,3,4};
        // 使用整型数组构造泛型对象
        BoundGeneric<Integer> iobj = new BoundGeneric<Integer>(intArray);
        System.out.println("iobj 的和为："+iobj.sum());
        Double []dArray={1.0,2.0,3.0,4.0};
        // 使用 Double 型数组构造泛型对象
        BoundGeneric<Double> dobj = new BoundGeneric<Double>(dArray);
        System.out.println("dobj 的和为："+dobj.sum());
        String []strArray={"str1","str2"};
        // 下面语句将报错，String 不是 Number 的子类
        //BoundGeneric<String> sobj = new BoundGeneric<String>(strArray);
    }
}
```

执行结果如下：

```
iobj 的和为：10.0
dobj 的和为：10.0
```

注意　在使用 extends(如 T extends someClass)声明的泛型类进行实例化时，允许传递的类型参数是：如果 someClass 是类，可以传递 someClass 本身及其子类；如果 someClass 是接口，则可以传递实现接口的类。

7.1.4　通配符

使用前面定义的 Generic 类，考虑下述代码：

```
public class WildcardDemo {
    public static void func(Generic<Object> g) {
        // ...
    }
    public static void main(String[] args) {
        Generic<Object> obj = new Generic<Object>(12);
        func(obj);
        Generic<Integer> iobj = new Generic<Integer>(12);
```

```
        // 这里将产生一个错误
        func(iobj);

    }

}
```

　　首先，上述代码的 func()方法的创建意图是能够处理各种类型参数的 Generic 对象，因为 Generic 是泛型，所以在使用时需要为其指定具体的参数化类型 Object，看似不成问题。但在 func(iobj);处将产生一个编译错误。因为 func 定义过程中以明确声明的 Generic 的类型参数为 Object，这里试图将 Generic<Integer>类型的对象传递给 func()方法，类型不匹配导致了编译错误。这种情况可以使用通配符解决。通配符由 "?" 来表示，它代表一个未知类型。

　　【示例 7.4】 定义一个类，演示使用通配符实现处理各种参数化类型的情形。

　　打开项目 ch07，创建一个名为 WildcardDemo 的类，代码如下：

```java
public class WildcardDemo {
    public static void func(Generic<?> g) {
        // ...
    }
    public static void main(String[] args) {
        Generic<Object> obj = new Generic<Object>(12);
        func(obj);
        Generic<Integer> g = new Generic<Integer>(12);
        func(g);
    }
}
```

　　上述代码，方法 func()的声明采用了通配符格式指定可以处理各种类型参数的 Generic 对象，上述语句将无误地编译、运行。

　　在通配符的使用过程中，也可通过 extends 关键字限定通配符的界定的类型参数的范围。

　　修改示例 7.4 中的 WildcardDemo 类代码，重新保存为 WildcardDemo2，演示通过 extends 关键字限定通配符的界定的类型参数的范围，代码如下：

```java
public class WildcardDemo2 {
    public static void func(Generic<? extends Number> g) {
        // ...
    }
    public static void main(String[] args) {
        Generic<Object> obj = new Generic<Object>(12);
        // 这里将产生一个错误
        func(obj);
        Generic<Integer> g = new Generic<Integer>(12);
        func(g);
    }
}
```

上述代码，在 func()方法中，使用

```
func(Generic<? extends Number> g)
```

语句限制了 Generic 的类型参数必须是 Number 本身或是其子类，此时语句

```
func(obj);
```

将提示编译错误。

7.1.5　泛型的局限性

Java 并没有真正实现泛型，是编译器在编译的时候在字节码上做了手脚(称为擦除)，这种实现理念造成 Java 泛型本身有很多漏洞。为了规避这些问题 Java 对泛型的使用上做了一些约束，但不可避免的还是有一些问题存在。其中大多数限制都是由类型擦除引起的。

1. 泛型类型不能被实例化

不能实例化泛型类型。例如，下面 Gen<T>构造器是非法的：

```
public class Gen<T> {
        T ob;
        public Gen(){
                ob = new T();
        }
}
```

类型擦除将变量 T 替换成 Object，但这段代码的本意肯定不是调用 new Object()。类似地，不能建立一个泛型数组：

```
public <T> T[] build(T[] a){
        T[] arrays = new T[2];
        // ...
}
```

类型擦除会让这个方法总是构造一个 Object[2]数组。

但是，可以通过调用 Class.newInstance 和 Array.newInstance 方法，利用反射构造泛型对象和数组。

 在本节中提到的擦除的概念，将在本书实践篇第 7 章中的知识拓展进行讲解，此处不进行赘述。

2. 数组

首先，不能实例化泛型数组，如下面的语句是非法的：

```
T [] vals;
vals = new T[10];
```

因为 T 在运行时是不存在的，编译器无法知道实际创建哪种类型的数据。

其次，不能创建一个类型特定的泛型引用的数组，如下面的语句是非法的：

```
Gen<String> [] arrays = new Gen<String>[100];
```

上述语句会损害类型安全。

如果使用通配符，就可以创建泛型类型的引用数组，如下所示：

```
Gen<?> []arrays = new Gen<?>[10];
```

3．不能用类型参数替换基本类型

擦除类型后原先的类型参数被 Object 或者限定类型替换，而基本类型是不能被对象所存储的。通常可以使用基本类型的包装类来解决此问题。

4．异常

不能抛出也不能捕获泛型类的异常对象，使用泛型类来扩展 Throwable 也是非法的。例如，下面的语句是非法的：

```
public class GenericException <T> extends Exception{
        //泛型类无法继承Throwable，非法
}
```

不能在 catch 子句中使用类型参数。例如，下面的方法将不能编译：

```
public static <T extends Throwable> void doWork(Class<T> t){
        try{
                // ...
        }catch(T e){//不能捕获类型参数异常
                // ...
        }
}
```

但是，在异常声明中可以使用类型参数。例如，下面这个方法是合法的：

```
public static <T extends Throwable> void doWork(T t) throws T{//可以通过
        try{
        }catch(Throwable realCause){
                throw t;
        }
}
```

5．静态成员

不能在静态变量或者静态方法中引用类型参数。例如，下述语句是非法的：

```
public class Gen<T>{
        // 静态变量不能引用类型参数
        static T ob;
        // 静态方法不能引用类型参数
        static T getOb()
        {
                return ob;
        }
}
```

尽管不能在静态变量或静态方法中引用类型参数，但可以声明静态泛型方法。

7.2 集合概述

在面向对象编程中，数据结构用类来描述，并且包含有对该数据结构操作的方法。在Java 语言中，Java 的设计者对常用的数据结构和算法做了一些规范(接口)和实现(具体实现接口的类)。所有抽象出来的数据结构和操作(算法)统称为 Java 集合框架(Java Collection Framework，JCF)。程序员在具体应用时，不必考虑数据结构和算法实现细节，只需要用这些类创建对象并直接应用即可，这大大提高了编程效率。

集合框架的引入给编程操作带来了如下优势：

◇ 集合框架强调了软件的复用。集合框架通过提供有用的数据结构和算法，使开发者能集中注意力于程序的重要部分上。

◇ 集合框架通过提供对有用的数据结构(动态数组、链接表、树和散列表)和算法的高性能、高质量的实现使程序的运行速度和质量得到提高。

◇ 集合框架允许不同类型的类集以相同的方式和高度互操作方式工作。

◇ 集合框架允许扩展或修改。

◇ 集合框架 API 易学易用。

◇ 集合框架主要由一组用来操作对象的接口组成，不同接口描述一组不同数据类型。

随着泛型概念的引入，JDK5.0 对集合框架进行了彻底的调整，使集合框架完全支持泛型，集合操作更加方便、安全。

7.2.1 集合框架

Java 的集合框架主要由一组用来操作对象的接口组成，不同接口描述一组不同的数据类型。核心接口主要有：Collection、List、Set 和 Map。在一定程度上，一旦理解了接口，就理解了框架，就可以快捷地使用类集。其简化框架图如图 7-1 所示。

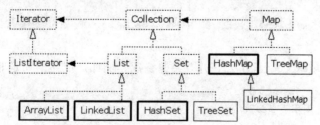

图 7-1 简化框架图

图 7-1 中虚线框是接口，实线框是类，加粗框是本章的讲解重点。这些接口和类都位于java.lang 包下。

1. Collection 接口

Collection 接口是集合框架的基础，用于表示对象的集合。该接口中声明了所有集合都将拥有的核心方法，如添加、删除等，并且提供了一组操作成批对象的方法，还提供了查询操作,如判断是否为空的方法等。Collection 接口中常用的方法及功能如表 7-1 所示。

表 7-1 Collection 的方法列表

方 法 名	功 能 说 明
boolean add(E obj)	将 obj 加入到调用类集中,成功则返回 true
boolean addAll(Collection<? extends E> c)	将 c 中的所有元素都加入到类集中,操作成功则返回 true
void clear( )	从类集中删除所有元素
boolean contains(Object obj)	确定类集中是否包含指定的对象 obj,存在则返回 true
boolean containsAll(Collection<?> c)	确定类集中是否包含指定集合的所有对象,存在则返回 true
int hashCode( )	返回调用类集的散列码
boolean isEmpty( )	判断类集是否为空,若为空则返回 true
Iterator<E> iterator( )	返回类集的迭代接口
boolean remove(Object obj)	从类集中删除 obj 实例
boolean removeAll(Collection<?> c)	从类集中删除包含在 c 中的所有元素
boolean retainAll(Collection<?> c)	删除类集中除了包含在 c 中的元素之外的全部元素
int size( )	返回类集中元素的个数
Object[ ] toArray( )	以数组形式返回类集中的所有对象

在使用 Collection 时需要注意以下事项:

◇ 其中几个方法可能会引发一个 UnsupportedOperationException 异常。

◇ 当企图将一个不兼容的对象加入一个 Collection 中时,将产生 ClassCast-Exception 异常。

◇ Collection 没有提供取得某个元素的方法,只能通过 iterator()遍历元素。

 虽然一个集合实例可以存储任何 Object 及其子类的对象,但不推荐在同一个集合实例中存储不同类型的对象,建议使用泛型来加强集合的安全性。

2. List 接口

List 接口继承 Collection 接口,元素允许重复,以元素添加的次序来放置元素,不会重新排列。该接口不但能够对列表的一部分进行处理,还允许针对位置索引进行随机操作。常用的 List 实现类有 ArrayList 和 LinkedList,其常用方法及使用说明如表 7-2 所示。

表 7-2 List 的方法列表

方 法 名	功 能 说 明
void add(int index, E element)	在指定位置 index 上添加元素 element
boolean addAll(int index, Collection<? extends E> c)	将集合 c 的所有元素添加到指定位置 index
E get(int index)	返回 List 中指定位置的元素
int indexOf(Object o)	返回第一个出现元素 o 的位置,否则返回-1
int lastIndexOf(Object o)	返回最后一个出现元素 o 的位置,否则返回-1
E remove(int index)	删除指定位置上的元素

续表

方　法　名	功　能　说　明
E set(int index,E element)	用元素 element 替换位置 index 上的元素，并且返回旧的元素
ListIterator<E> listIterator()	返回一个列表迭代器，用来访问列表中的元素
ListIterator<E> listIterator(int index)	返回一个列表迭代器，用来从指定位置 index 开始访问列表中的元素
List<E> subList(int start, int end)	返回从指定位置 start(包含)到 end(不包含)范围中各个元素的列表

在使用 List 时需要注意以下事项：

◇ 如果集合不可更改，其中几个方法将引发一个 UnsupportedOperationException 异常。

◇ 当企图将一个不兼容的对象加入一个类集中时，将产生 ClassCastException 异常。

◇ 如果使用无效索引，则一些方法将出现 IndexOutOfBoundsException 异常。

3．Set 接口

Set 接口继承 Collection 接口，Set 中的对象元素不能重复，其元素添加后不保证与添加的顺序一致。Set 接口没有引入新方法，可以说 Set 就是一个 Collection，只是行为不同。它的常用具体实现有 HashSet 和 TreeSet 类。

4．Map 接口

Map 接口没有继承 Collection 接口。Map 接口用于维护键/值对(key/value)的集合，Map 容器中的键对象不允许重复，而一个值对象又可以是一个 Map，依次类推，这样就可形成一个多级映射。Map 有两种比较常用的实现：HashMap 和 TreeMap。其常用方法及使用说明如表 7-3 所示。

表 7-3　Map 的方法列表

方　法　名	功　能　说　明
void clear( )	删除所有的键/值对
boolean containsKey(Object key)	判断 Map 中是否包含了关键字为 key 的键/值对
boolean containsValue(Object key)	判断 Map 中是否包含了值为 key 的键/值对
Set<Map,Entry<K,V>> entrySet( )	返回 Map 中的项的集合，集合对象类型为 Map.Entry
V get(Object key)	获取键为 key 对应的值对象
int hashCode( )	返回 Map 的散列码
boolean isEmpty( )	判断 Map 是否为空
Set<K> keySet( )	返回 Map 中关键字的集合
V put(K key, V value)	放入键/值对为 key-value 的项，如果 key 值已经存在，则覆盖并返回旧值，否则作为增加操作，返回 null
void putAll(Map<? extends K,? extends V> m)	将 m 的项全部加入到当前 Map 中
V remove(Object key)	移除键为 key 对应的项
int size()	返回 Map 中项的个数
Collection<V> values()	返回 Map 中值的集合

需要注意，Map 不是 Collection，但可以将 Map 转化为 Collection，Map 提供了用于转换为集合的三个方法：

  ✧ entrySet()：返回一个包含了 Map 中元素的集合，每个元素都包括键和值。
  ✧ keySet()：返回键的集合。
  ✧ values()：返回值的集合。

> LinkedHashMap 是 HashMap 的子类，它保存了记录的插入顺序，由于它遍历的速度和容量无关，只和实际数据有关，所以比 HashMap 速度慢。但是有一种情况例外，当 HashMap 容量很大而实际数据很少的时候，LinkedHashMap 遍历的速度可能比 HashMap 快。

5. Collections 和 Arrays

集合框架中还有两个很实用的辅助类：Collections 和 Arrays。Collections 提供了对一个 Collection 类型的容器进行诸如排序、复制、查找和填充等一些非常有用的方法，Arrays 则提供了针对数组的类似操作的方法。

7.2.2 迭代器接口

迭代器接口即 Iterator，其统一了遍历各种集合的操作。

1. Iterator 接口

为了对 Collection 进行迭代操作，Java 的集合框架提供了 Iterator 接口，开发人员可以采用一致的方式来操作一个 Collection，而不需知道这个 Collection 的具体实现类型。它的功能与遗留的 Enumeration 类似，但是更易掌握和使用，功能也更强大。Iterator 接口中的方法能以迭代方式逐个访问集合中各个元素，并安全地从 Collection 中删除元素。其常用方法及使用说明如表 7-4 所示。

表 7-4　Iterator 的方法列表

方 法 名	功 能 说 明
boolean hasNext()	判断是否存在另一个可访问的元素，如存在则返回 true
E next()	返回要访问的下一个元素。如果到达集合结尾，则抛出 NoSuchElementException 异常
void remove()	删除上次访问返回的对象。本方法必须紧跟在一个元素的访问后执行。如果上次访问后集合已被修改，则抛出 IllegalStateException

特别需要注意的是，对 Iterator 的删除操作会影响底层 Collection。

2. ListIterator 接口

ListIterator 接口继承 Iterator 接口，是列表迭代器，支持添加或更改底层集合中的元素，允许程序员双向访问、修改列表。ListIterator 没有当前位置，光标位于调用 previous 和 next 方法返回的值之间，是一个长度为 n 的列表，有 n+1 个有效索引值。其常用方法及使用说明如表 7-5 所示。

表 7-5 ListIterator 的方法列表

方 法 名	功 能 说 明
void add(E o)	将对象 o 添加到当前位置的前面
void set(E o)	用对象 o 替代 next 或 previous 方法访问的上一个元素
boolean hasPrevious()	判断向后迭代时是否有元素可访问
E previous()	返回上一个对象
int nextIndex()	返回下次调用 next 方法时将返回的元素的索引
int previousIndex()	返回下次调用 previous 方法时将返回的元素的索引

注意　　在 Java 中，可通过 Collection 接口的 iterator()方法获取当前集合的 Iterator 操作对象，以便进行 Iterator 对象遍历操作。

7.3　集合类

针对集合接口，集合框架提供了具体类对其进行实现和扩展。

7.3.1　List

List 接口的具体实现类常用的有 ArrayList 和 LinkedList。可以将任何对象放到一个 List 容器中，并在需要时从中取出。ArrayList 从其命名中可以看出它以一种类似数组的形式进行存储，因此它的随机访问速度极快；LinkedList 的内部实现基于链表，适合于在链表中间需要进行频繁的插入和删除操作时使用，经常用于构造堆栈 Stack、队列 Queue。

1．ArrayList

ArrayList 支持可随需要而调整的动态数组。其内部封装了一个动态再分配的 Object[] 数组。每个 ArrayList 对象有一个 capacity，表示存储列表中元素的数组的容量。当元素添加到 ArrayList 时，它的 capacity 自动增加。在向一个 ArrayList 对象添加大量元素的程序中，可使用 ensureCapacity()方法增加 capacity，此方法可以减少或增加重分配的数量。ArrayList 的部分方法及功能如表 7-6 所示。

表 7-6 ArrayList 的部分方法

方 法 名	功 能 说 明
ArrayList()	构造方法，用于建立一个空的数组列表
ArrayList(Collection<? extends E> c)	构造方法，用于建立一个用集合 c 数据初始化的数组列表
ArrayList(int capacity)	构造方法，用于建立一个指定初始容量的数组列表
void ensureCapacity(int minCapacity)	确保至少能容纳指定最小容量参数所指定的元素数，否则需增加实例容量
void trimToSize()	调整 ArrayList 对象的容量为列表当前大小，即释放没用到的空间，应用程序可使用此操作来最小化 ArrayList 对象存储空间

【示例 7.5】　基于 String 类型演示泛型 ArrayList 的常用操作，包括增加、删除、修改、遍历。

打开项目 ch07，创建一个名为 ArrayListDemo 的类，代码如下：

```java
import java.util.*;
class ArrayListDemo {
    public static List<String> arrayList;
    // 初始化链表
    public static void init() {
        arrayList = new ArrayList<String>(4);
        // 即使初始化长度，ArrayList 还是根据需要动态分配
        System.out.println("初始化长度: " + arrayList.size());
        // 添加元素
        arrayList.add("first");
        arrayList.add("second");
        arrayList.add("third");
        arrayList.add("forth");
    }
    // 打印链表信息
    public static void printInfo() {
        System.out.println("增加元素后的长度: " + arrayList.size());
        // 通过集合构造链表
        ArrayList<String> arrayList2 = new ArrayList<String>(arrayList);
        // AbstractCollection 对 toString()方法提供了实现
        System.out.println("arrayList : " + arrayList);
        System.out.println("arrayList2: " + arrayList2);
    }
    // 对链表实现修改、删除操作
    public static void modify() {
        // 添加一个元素
        arrayList.add(1, "insert data");
        System.out.println("增加元素后的长度: " + arrayList.size());
        // 删除一个元素
        arrayList.remove("second");
        System.out.println("删除'second'元素后的长度: "
                                    + arrayList.size());
        arrayList.remove(2);
        System.out.println("删除第 3 个元素后的长度: "
                                    + arrayList.size());
        // 删除一个不存在的元素
```

```
                arrayList.remove("nothing");
                System.out.println("删除'nothing'元素后的长度: "
                                    + arrayList.size());
                // 抛出 IndexOutOfBoundsException
                // arrayList.remove(10);
        }
        // 从 List 中获取数组，并遍历
        public static void toArray() {
                Object[] arr = arrayList.toArray();
                for (int i = 0; i < arr.length; i++) {
                        String str = (String) arr[i];
                        System.out.println((i + 1) + " : " + str);
                }
        }
        public static void main(String args[]) {
                init();
                printInfo();
                modify();
                toArray();
        }
}
```

在上述代码中，使用 ArrayList 对象的 size()方法获取集合当前元素的个数，使用 add()
方法向添加元素，使用 remove()方法删除元素。

执行结果如下：

```
初始化长度: 0
增加元素后的长度: 4
arrayList : [first, second, third, forth]
arrayList2: [first, second, third, forth]
增加元素后的长度: 5
删除'second'元素后的长度: 4
删除第 3 个元素后的长度: 3
删除'nothing'元素后的长度: 3
1 : first
2 : insert data
3 : forth
```

2．LinkedList

LinkedList 类提供了一个链表数据结构，更适合频繁的数据增删操作。其新增方法列
表及使用说明如表 7-7 所示。

表 7-7 LinkedList 的常用方法列表

方 法 名	功 能 说 明
LinkedList()	构造方法，用于建立一个空的数组列表
LinkedList(Collection<? extends E> c)	构造方法，用于建立一个用集合 c 数据初始化的数组列表
void addFirst(E obj)	向列表头部增加一个元素
E getFirst()	获取列表第一个元素
E removeFirst()	移除列表第一个元素
void addLast(E ob)	向列表尾部增加一个元素
E getLast()	获取列表最后一个元素
E removeLast()	移除列表最后一个元素

使用这些新方法，就可以轻松地使用 LinkedList 实现堆栈、队列或其他面向端点的数据结构。

3．List 的遍历

有许多情况需要遍历集合中的元素，一种最常用的遍历方法是使用迭代器 Iterator 接口。每个集合类都提供了 iterator 方法以返回一个迭代器，通过这个迭代器，可以完成集合的遍历或删除操作。迭代器的使用步骤如下：

(1) 通过 iterator 方法得到集合的迭代器。

(2) 通过调用 hasNext 方法判断是否存在下一个元素。

(3) 调用 next 方法得到当前遍历到的元素。

【示例 7.6】 定义一个类，演示使用 Iterator 遍历集合的功能。

打开项目 ch07，创建一个名为 ArrayListDemo 的类，代码如下：

```java
import java.util.*;
public class ArrayListDemo {
    //...省略代码部分
    // 使用 Iterator 遍历
    public static void travel(){
        System.out.println("遍历前的长度: " + arrayList.size());
        // 使用迭代器进行遍历
        Iterator<String> iterator = arrayList.iterator();
        int i = 0;
        while (iterator.hasNext()) {
            String str = iterator.next();
            i++;
            System.out.println(str);
            if (i % 3 == 0) {
                // 通过迭代器删除元素
                iterator.remove();
            }
```

```
            }
            System.out.println("删除后的长度: " + arrayList.size());
        }
    public static void main(String args[]) {
            init();
            travel();
        }
}
```

执行结果如下：

```
遍历前的长度: 4
first
second
third
forth
删除后的长度: 3
```

4. for-each

JDK5.0 提供了一种全新的 for 循环，即 for-each 形式，for-each 可以遍历实现 Iterable 接口的任何集合，其操作形式比迭代器更方便有效。

【示例 7.7】 使用 for-each 实现遍历集合的功能。

打开项目 ch07，修改 ArrayListDemo 类，代码如下：

```
import java.util.*;
public class ArrayListDemo {
    //...省略代码部分
    // 使用 for-each 遍历
    public static void travel2(){
            for(String str:arrayList){
                    System.out.println(str);
            }
    }
    //...省略代码部分
}
```

7.3.2 Set

Set 接口继承 Collection 接口，而且它不允许集合中存在重复项，每个具体的 Set 实现类依赖添加的对象的 equals()方法来检查独一性。它的常用具体实现有 HashSet 和 TreeSet 类。Set 接口没有引入新方法，所以 Set 就是一个 Collection，只是其行为不同。

1. HashSet

HashSet 能快速定位一个元素，放到 Hashset 中的对象一般需要重写 hashCode()方法。

该结构使用散列表进行存储。在散列中，一个关键字的信息内容被用来确定唯一的一个值，称为散列码(hash code)。散列码用来当作与关键字相连的数据的存储下标。关键字到其散列码的转换是自动执行的。散列法的优点在于即使对于大的集合，一些基本操作如 add、contains、remove 和 size 方法的平均运行时间也保持不变。其构造方法列表及使用说明如表 7-8 所示。

表 7-8　HashSet 的构造方法列表

方 法 名	功 能 说 明
HashSet()	构造一个默认的散列集合
HashSet(Collection<? extends E> c)	用 c 中的元素初始化散列集合
HashSet(int capacity)	初始化容量为 capacity 的散列集合
HashSet(int capacity, float fill)	初始化容量为 capacity 填充比为 fill 的散列集合

【示例 7.8】　定义一个类，基于 String 类型演示泛型 HashSet 的使用。

打开项目 ch07，创建一个名为 HashSetDemo 的类，代码如下：

```
import java.util.*;
public class HashSetDemo {
    public static void main(String args[]) {
        HashSet<String> hashSet = new HashSet<String>();
        // 添加元素
        hashSet.add("first");
        hashSet.add("second");
        hashSet.add("third");
        hashSet.add("forth");
        System.out.println(hashSet);
        // 遍历
        for(String str: hashSet){
            System.out.println(str);
        }
    }
}
```

执行结果如下：

```
[forth, second, third, first]
forth
second
third
first
```

2. TreeSet

TreeSet 使用树结构来进行存储，对象按升序存储，访问和检索速度快。在存储了大量的需要进行快速检索的排序信息的情况下，TreeSet 是一个很好的选择。其构造方法列表及使用说明如表 7-9 所示。

表 7-9　TreeSet 的构造方法列表

方 法 名	功 能 说 明
TreeSet( )	构造一个空的 TreeSet
TreeSet(Collection<? extends E> c)	构造一个包含 c 的元素的 TreeSet
TreeSet(Comparator<? super E> comp)	构造由 comp 指定的比较依据的 TreeSet
TreeSet(SortedSet<E> sortSet)	构造一个包含 sortSet 所有元素的 TreeSet

【示例 7.9】 定义一个类，演示基于 String 类型演示泛型 TreeSet 的使用。

打开项目 ch07，创建一个名为 TreeSetDemo 的类，代码如下：

```
import java.util.*;
public class TreeSetDemo {
    public static void main(String args[]) {
        TreeSet<String> treeSet = new TreeSet<String>();
        // 添加元素
        treeSet.add("first");
        treeSet.add("second");
        treeSet.add("third");
        treeSet.add("forth");
        System.out.println(treeSet);
        // 遍历
        for(String str: treeSet){
            System.out.println(str);
        }
    }
}
```

执行结果如下：

```
[first, forth, second, third]
first
forth
second
third
```

通过运行结果可以分析出：TreeSet 元素按字符串顺序排序存储。TreeSet 将放入其中的元素按序存放，这就要求放入其中的对象是可排序的。集合框架中提供了用于排序的两个实用接口：Comparable 和 Comparator。一个可排序的类应该实现 Comparable 接口。如果多个类具有相同的排序算法，或需为某个类指定多个排序依据，则可将排序算法抽取出来，通过扩展 Comparator 接口的类实现。

　通常情况下，在没有指明排序依据的时候，添加到 TreeSet 中的对象都需要实现 Comparable 接口。

7.3.3 Map

Map 是一种把键对象和值对象进行关联的容器，Map 容器中的键对象不允许重复。Map 中提供了 Map.Entry 接口，通过 Map 的 entrySet 方法返回一个实现 Map.Entry 接口的对象集合，使得可以单独操作 Map 的项("键/值"对)。在 Map 中的每一个项，就是一个 Map.Entry 对象，通过遍历每一个 Entry，可以获得每一个条目的键或值，并对值进行更改。其常用方法及功能如表 7-10 所示。

表 7-10 Map.Entry 的方法列表

方 法 名	功 能 说 明
K getKey()	返回该项的键
V getValue()	返回该项的值
int hashCode()	返回该项的散列值
boolean equals(Object obj)	判断当前项与指定的 obj 是否相等
V setValue(V v)	用 v 覆盖当前项的值，并且返回旧值

Map 有两种比较常用的实现：HashMap 和 TreeMap。

1. HashMap

HashMap 类使用散列表实现 Map 接口。散列映射并不保证它的元素的顺序，元素加入散列映射的顺序并不一定是它们被迭代方法读出的顺序。HashMap 允许使用 null 值和 null 键。

【示例 7.10】 定义一个类，基于 String 和 Integer 类型演示泛型 HashMap 的使用。

打开项目 ch07，创建一个名为 HashMapDemo 的类，代码如下：

```
import java.util.*;
public class HashMapDemo {
    public static void main(String args[]) {
        // 创建缺省 HashMap 对象
        HashMap<String, Integer> hashMap =
                new HashMap<String, Integer>();
        // 添加数据
        hashMap.put("Tom", new Integer(23));
        hashMap.put("Rose", new Integer(18));
        hashMap.put("Jane", new Integer(26));
        hashMap.put("Black", new Integer(24));
        hashMap.put("Smith", new Integer(21));
        // 获取 Entry 的集合
        Set<Map.Entry<String, Integer>> set = hashMap.entrySet();
        // 遍历所有元素
        for (Map.Entry<String, Integer> entry : set) {
            System.out.println(entry.getKey() + " : " +
```

```
                        entry.getValue());
            }
            System.out.println("---------");
            // 获取键集
            Set<String> keySet = hashMap.keySet();
            StringBuffer buffer = new StringBuffer("");
            for (String str : keySet) {
                buffer.append(str + ",");
            }
            String str = buffer.substring(0, buffer.length() - 1);
            System.out.println(str);
    }
}
```

执行结果如下：

```
Smith : 21
Black : 24
Jane : 26
Tom : 23
Rose : 18
---------
Smith,Black,Jane,Tom,Rose
```

2．TreeMap

TreeMap 类使用树实现 Map 接口。TreeMap 按顺序存储"键/值"对，同时允许快速检索。应该注意的是，不像散列映射，TreeMap 保证它的元素按照键升序排序。其构造方法列表及使用说明如表 7-11 所示。

表 7-11　TreeMap 的构造方法

方 法 名	功 能 说 明
TreeMap()	构造一个缺省 TreeMap
TreeMap(Comparator<? super K> comp)	构造指定比较器的 TreeMap
TreeMap(Map<? extends K,? extends V> m)	使用已有的 Map 对象 m 构造 TreeMap
TreeMap(SortedMap<K,? extends V> m)	使用已有的 SortedMap 对象 m 构造 TreeMap

【示例 7.11】 定义一个类，基于 String 和 Integer 类型演示泛型 TreeMap 的使用。

打开项目 ch07，创建一个名为 TreeMapDemo 的类，代码如下：

```
import java.util.*;
public class TreeMapDemo {
    public static void main(String args[]) {
        // 创建缺省 TreeMap 对象
        TreeMap<String, Integer> treeMap = new TreeMap<String, Integer>();
        // 添加数据
```

```
            treeMap.put("Tom", new Integer(23));
            treeMap.put("Rose", new Integer(18));
            treeMap.put("Jane", new Integer(26));
            treeMap.put("Black", new Integer(24));
            treeMap.put("Smith", new Integer(21));
            // 获取 Entry 的集合
            Set<Map.Entry<String, Integer>> set = treeMap.entrySet();
            // 遍历所有元素
            for (Entry<String, Integer> entry : set) {
        System.out.println(entry.getKey() + " : " + entry.getValue());
            }
            System.out.println("---------");
            // 获取键集
            Set<String> keySet = treeMap.keySet();
            StringBuffer buffer = new StringBuffer("");
            for (String str : keySet) {
                    buffer.append(str + ",");
            }
            String str = buffer.substring(0, buffer.length() - 1);
            System.out.println(str);
        }
}
```

执行结果如下：

```
Black : 24
Jane : 26
Rose : 18
Smith : 21
Tom : 23
---------
Black,Jane,Rose,Smith,Tom
```

通过运行结果可以看到，TreeMap 按照关键字对其元素进行了排序。当 TreeMap 的键为用户自定义类别时，为了能顺利排序，需要指定比较器，此比较器需实现 Comparator 接口。

7.3.4 区别与联系

前面小节介绍了 Java 集合中的常用实现类，Java API 提供了多种集合的实现，在使用集合的时候往往会难以"抉择"。要用好集合，首先要明确集合的结构层次(前面已介绍)，其次要明确集合的特性。下面主要从其元素是否有序，是否可重复来进行区别，以便记忆和使用，具体总结如表 7-12 所示。

表 7-12　集合区分列表

集合		是否有序	是否可重复
Collection		否	是
List		是	是
Set	AbstractSet	否	否
	HashSet		
	TreeSet	是	
Map	AbstractMap	否	使用 key-value 键值对来映射和存储数据，key 必须唯一，value 可以重复
	HashMap		
	LinkedHashMap	是	
	TreeMap	是	

本 章 小 结

通过本章的学习，学生应该能够学会：

◇　泛型本质上是指参数化类型。

◇　泛型的类型参数只能是类类型(包括自定义类)，不能是基本数据类型。

◇　泛型弥补了 JDK5.0 之前的版本所缺乏的类型安全，简化了对象操作过程。

◇　同一种泛型可以对应多个版本(因为类型参数是不确定的)，不同版本的泛型类实例是不兼容的。

◇　泛型的类型参数可以有多个。

◇　泛型的类型参数可以使用 extends 语句，习惯上称为"有界类型"。

◇　泛型的类型参数还可以是通配符类型。

◇　Java 集合框架(JCF)提供了一种处理对象集的标准方式。

◇　Java 集合是基于算法设计的高性能类集。

◇　Java 集合主要接口有：Collection、List、Set 和 Map。

◇　Java 提供了迭代器接口用于遍历集合内部元素。

◇　迭代器接口有 Iterator 和 ListIterator 接口。

◇　List 接口的具体实现类常用的有 ArrayList 和 LinkedList。

◇　Set 接口的具体实现类有 HashSet 和 TreeSet。

◇　Map 结构是基于键/值对的特殊集合结构。

◇　Map 接口的具体实现类常用有 HashMap 和 TreeMap。

◇　JDK5.0 提供了 for-each 语句，以方便集合遍历。

本 章 练 习

1. 下面代码：

```
1. public class Test {
2.     public static <T extends Number> void func(T t) {
```

```
3.    // ...
4.    }
5.    public static void main(String[] args) {
6.    //调用 func 方法
7.    }
8. }
```

在第 6 行处调用 func 方法，当传入下面_____参数时，编译不通过。

    A.   1

    B.   1.2d

    C.   100L

    D.   "hello"

2. 下面不是继承自 Collection 接口的是_____。

    A.   ArrayList

    B.   LinkedList

    C.   TreeSet

    D.   HashMap

3. 下面用于创建动态数组的集合类是_____。

    A.   ArrayList

    B.   LinkedList

    C.   TreeSet

    D.   HashMap

4. 向 ArrayList 对象中添加一个元素的方法是_____。

    A.   set(Object o)

    B.   setObject(Object o)t

    C.   add(Object o)

    D.   addObject(Object o)

5. 欲构造 ArrayList 类的一个实例，此类继承了 List 接口，下列_____方法是正确的。

    A.   ArrayList myList=new Object()

    B.   List myList=new ArrayList()

    C.   ArrayList myList=new List()

    D.   List myList=new List()

6. 简述一下使用泛型有什么优点。

7. 简要描述 ArrayList、LinkedList 的存储性能和特性。

8. 简述 Collection 和 Collections 的区别。

9. List、Map、Set 三个接口在存取元素时，各有什么特点？

10. 描述 HashMap 和 Hashtable 的区别。

11. 创建一个 HashMap 对象，并在其中添加一些员工的姓名和工资：张三，8000，李四 6000。然后从 HashMap 对象中获取这两个人的薪水并打印出来，接着把张三的工资改 为 8500，再把他们的薪水显示出来。

12. 创建一个 TreeSet 对象，并在其中添加一些员工对象(Employee)，其姓名和工资分别是：张三 8000，李四 6000，王五 5600，马六 7500。最后按照工资的大小，降序输出。(提示：让 Employee 对象实现 Comparable 接口。)

13. 创建一个 Customer 类，类中的属性有姓名(name)、年龄(age)、性别(gender)，每个属性分别有 get/set 方法。然后创建两个 Customer 对象：张立、18、女和王猛、22、男。把这两个对象存储在 ArrayList 对象中，然后从 ArrayList 对象读取出来。

14. 给定任一字符串"today is a special day"，长度为任意，要求找出其出现次数最多的字符及计算次数。(提示：可以用 HashMap、HashSet、Collections 实现)。

第8章 流和文件

本章目标

- 掌握 File 类的使用
- 理解流的不同分类
- 掌握 InputStream 和 OutputStream 的使用
- 掌握常用过滤流的使用
- 掌握 Reader 和 Writer 的使用
- 理解序列化和反序列化的概念
- 掌握对象流的使用

8.1 文件

文件是相关记录或放在一起的数据的集合，它可以存储在硬盘、光盘、移动存储设备上，其存储形式可以是文本文档、图片、程序等。在编程过程中，经常需要对文件进行各种处理。

8.1.1 File 类

java.io 包中提供了一系列类用于对底层系统中的文件进行处理。其中，File 类是最重要的一个类，该类可以获取文件信息，也可以对文件进行管理。File 对象既可以表示文件，也可以表示目录，利用它可以对文件、目录及其属性进行基本操作。File 类提供了许多方法，通过这些方法可以获取与文件相关的信息，如名称、最后修改日期、文件大小等。其常用方法及功能如表 8-1 所示。

表 8-1　File 常用方法列表

方 法 名	功 能 说 明
File(String pathname)	构造方法，用于创建一个指定路径名的 File 对象
boolean canRead()	判断文件或目录是否可读
boolean createNewFile()	自动创建一个 File 对象指定文件名的空文件，只有在指定文件名文件不存在的时候才能成功
boolean delete()	删除 File 对象对应的文件或目录
boolean exists()	判断 File 对象对应的文件或目录是否存在
String getAbsolutePath()	获取 File 对象对应的文件或目录的绝对路径
String getName()	获取 File 对象对应的文件或目录的名称
String getPath()	获取 File 对象对应的文件或目录的路径
boolean isDirectory()	判断 File 对象指向的是否为一个目录
boolean isFile()	判断 File 对象指向的是否为一个文件
long length()	返回 File 对象对应的文件的大小，单位为字节
boolean mkdir()	新建一个 File 对象所定义的一个路径，如果新建成功，返回 true，否则返回 false，此时 File 对象必须是目录对象
boolean renameTo(File dest)	重命名 File 对象对应的文件，如果命名成功，返回 true，否则返回 false
long lastModified()	返回此 File 对象的最后一次被修改的时间

【示例 8.1】创建一个 File 对象，检验文件是否存在，若不存在就创建，然后对 File 类的部分操作进行演示，如文件的名称、大小等。

创建一个 Java 项目，命名为 ch08，创建一个名为 FileDemo 的类，代码如下：

```
package com.dh.ch08;
import java.io.File;
```

```java
import java.io.IOException;
import java.util.Date;
import java.util.Scanner;
public class FileDemo {
    public static void main(String[] args) {
        System.out.println("请输入文件名：");
        Scanner scanner = new Scanner(System.in);
        // 从控制台输入文件路径名
        String pathName = scanner.next();
        // 根据路径字符串创建一个 File 对象
        File file = new File(pathName);
        // 如果文件不存在，则创建一个
        if (!file.exists()) {
            try {
                file.createNewFile();
            } catch (IOException e) {
                e.printStackTrace();
            }
        }
        System.out.println("文件是否存在： " + file.exists());
        System.out.println("是文件吗： " + file.isFile());
        System.out.println("是目录吗： " + file.isDirectory());
        System.out.println("名称： " + file.getName());
        System.out.println("路径： " + file.getPath());
        System.out.println("绝对路径： " + file.getAbsolutePath());
        System.out.println("最后修改时间： " +
            new Date(file.lastModified()).toString());
        System.out.println("文件大小： " + file.length());
    }
}
```

上述代码先从键盘接收一个文件路径，再根据此路径创建一个 File 对象；通过调用 exists()方法判断文件是否存在，如果该文件不存在，则调用 createNewFile()进行创建；最后调用 isFile()、getName()、getPath()等方法显示此文件的相关信息。其中，lastModified() 方法返回文件最后的修改时间。该时间是一个长整数，是与时间点(1970 年 1 月 1 日，00:00:00 GMT)之间的毫秒数。因此通过 Date 类进行封装，即 new 一个 Date 对象，其参数是获取的毫秒数。代码如下：

```
new Date(file.lastModified())
```

然后调用 Date 对象的 toString()方法显示时间，该时间的显示格式如下：

```
dow mon dd hh:mm:ss zzz yyyy
```

其中：

    ◇ dow 是一周中的某一天(Sun、Mon、Tue、Wed、Thu、Fri、Sat)。

◇ mon 是月份(Jan、Feb、Mar、Apr、May、Jun、Jul、Aug、Sep、Oct、Nov、Dec)。

◇ dd 是一月中的某一天(01 至 31)，显示为两位十进制数。

◇ hh 是一天中的小时(00 至 23)，显示为两位十进制数。

◇ mm 是小时中的分钟(00 至 59)，显示为两位十进制数。

◇ ss 是分钟中的秒数(00 至 61)，显示为两位十进制数。

◇ zzz 是时区，显示为标准时区缩写。

◇ yyyy 是年份，显示为 4 位十进制数。

例如：

```
Tue Nov 18 11:03:42 CST 2014        //2014 年 11 月 18 日 星期二 11:03:42
```

执行结果如下：

```
请输入文件名：
d:\test.txt
文件是否存在：true
是文件吗：true
是目录吗：false
名称：test.txt
路径：d:\test.txt
绝对路径：d:\test.txt
最后修改时间：Tue Nov 18 11:03:42 CST 2014 文件大小：1024
```

     File 对象只是一个引用，它可能指向一个存在的文件，也可能指向一个不存在的文件，并且 File 对象不但可以表示某个文件，也可以表示某个目录。

8.1.2 文件列表器

在 File 类中，可以使用列表(list)方法，把某个目录中的文件或目录依次列举出来。列表方法及功能说明如表 8-2 所示。

表 8-2 File 类的 list 方法列表

方 法 名	功 能 说 明
String[] list()	当 File 对象为目录时，返回该目录下的所有文件及子目录
File[] listFiles()	返回 File 对象对应的路径下的所有文件对象数组

【示例 8.2】 定义一个类，演示利用 list()方法把 JDK 根目录下的目录或文件的名称列举出来。

打开项目 ch08，创建一个名为 ListDemo 的类，代码如下：

```java
package com.dh.ch08;
import java.io.File;
public class ListDemo {
    public static void main(String[] args) {
```

```
            // 根据路径名称创建 File 对象
            File file = new File("C:\\Program Files\\Java\\jdk1.8.0_25");
            // 得到文件名列表
            if (file.isDirectory()) {
                    String[] fileNames = file.list();
                    // 利用 for-each 打印各个文件名称
                    for (String fileName : fileNames) {
                            System.out.println(fileName);
                    }
            }
    }
}
```

上述代码中表示路径的字符串中使用了双反斜杠"\\",第 1 个"\"是转义符,第 2 个"\"是反斜杠,即字符串"C:\\Program Files\\Java\\jdk1.8.0_25"表示路径"C:\Program Files\Java\jdk1.8.0_25"。

执行结果如下:

```
bin
COPYRIGHT
db
include
javafx-src.zip
jre
lib
LICENSE
README.html
release
src.zip
THIRDPARTYLICENSEREADME-JAVAFX.txt
THIRDPARTYLICENSEREADME.txt
```

从执行结果可以分析出:list()方法将 JDK 根目录中的文件或目录都列举出来,但没有标明哪个是文件或目录。

【示例 8.3】 修改示例 8.2 中的代码,演示利用 listFiles()方法将 JDK 根目录下的目录或文件的名称列举出来,并标明文件或目录。

打开项目 ch08,修改名为 ListFileDemo 的类,代码如下:

```
package com.dh.ch08;
import java.io.File;
public class ListFileDemo {
        public static void main(String[] args) {
                // 根据路径名称创建 File 对象
                File file = new File("C:\\Program Files\\Java\\jdk1.8.0_25");
```

```
        // 得到文件名列表
        if (file.isDirectory()) {
            File[] files = file.listFiles();
            // 利用 for-each 获取每个 File 对象
            for (File f : files) {
                if (f.isFile()) {
                    System.out.println("文件：" + f);
                } else {
                    System.out.println("目录：" + f);
                }
            }
        }
    }
}
```

执行结果如下：

目录：C:\Program Files\Java\jdk1.8.0_25\bin
文件：C:\Program Files\Java\jdk1.8.0_25\COPYRIGHT
目录：C:\Program Files\Java\jdk1.8.0_25\db
目录：C:\Program Files\Java\jdk1.8.0_25\include
文件：C:\Program Files\Java\jdk1.8.0_25\javafx-src.zip
目录：C:\Program Files\Java\jdk1.8.0_25\jre
目录：C:\Program Files\Java\jdk1.8.0_25\lib
文件：C:\Program Files\Java\jdk1.8.0_25\LICENSE
文件：C:\Program Files\Java\jdk1.8.0_25\README.html
文件：C:\Program Files\Java\jdk1.8.0_25\release
文件：C:\Program Files\Java\jdk1.8.0_25\src.zip
文件：C:\Program Files\Java\jdk1.8.0_25\THIRDPARTYLICENSEREADME-JAVAFX.txt
文件：C:\Program Files\Java\jdk1.8.0_25\THIRDPARTYLICENSEREADME.txt

在 File 的列表方法中，可以接收 FileNameFilter 类型的参数，通过 FileNameFilter 对象可以将一些符合条件的文件列举出来，如表 8-3 所示。

表 8-3　具有过滤条件的 list 方法

方 法 名	功 能 说 明
String[] list(FileNameFilter filter)	返回一个字符串数组，这些字符串为此 File 对象对应的目录中满足指定过滤条件的文件和子目录
File[] listFiles(FileNameFilter filter)	返回 File 对象数组，这些 File 对象为此 File 对象对应的目录中满足指定过滤条件的文件和子目录

　FileNameFilter 是一个接口，它只有一个 accept()方法，所以只需要定义一个类来实现这个接口，或者可以定义一个匿名类。

【示例 8.4】 定义一个类，演示利用 list()方法列举出 JDK 根目录下的所有以 html 或 htm 为后缀的网页文件。

打开项目 ch08，创建一个名为 HtmlList 的类，代码如下：

```java
package com.dh.ch08;
import java.io.File;
import java.io.FilenameFilter;
public class HtmlList {
    public static void main(String[] args) {
        // 根据路径名称创建 File 对象
        File file = new File("C:\\Program Files\\Java\\jdk1.8.0_25");
        // 得到文件名列表
        if (file.exists() && file.isDirectory()) {
            // 创建 FileNameFilter 类型的匿名类，并作为参数传入到 list 方法中
            String[] fileNames = file.list(new FileNameFilter() {
                public boolean accept(File dir, String name) {
                    // 如果文件的后缀为.html 或.htm，则满足条件
                    return (name.endsWith(".html") ||
                            name.endsWith(".htm"));
                }
            });
            for (String fileName : fileNames) {
                System.out.println(fileName);
            }
        }
    }
}
```

上述代码将 JDK 根目录下的所有以.html 或 htm 结尾的文件都列举出来，执行结果如下：

```
README.html
```

8.2 流

流(stream)源于 UNIX 中管道(pipe)的概念。在 UNIX 中，管道是一条不间断的字节流，用来实现程序或进程间的通信，或读/写外围设备、外部文件等。Java 中的流代表程序中数据的流通，是以先进先出方式发送信息的通道。

一个流，必有源端和目的端，它们可以是计算机内存的某些区域，也可以是磁盘文件，甚至可以是 Internet 上的某个 URL。流的方向是重要的，根据流的方向，流可分为两类：输入流和输出流。用户可以从输入流中读取信息，但不能写入，相反，对输出流，只能写入数据，而不能读取。实际上，流的源端和目标端可简单地看成是字节的生产者和消

费者，对输入流，可不必关心它的源端是什么，只要简单地从流中读数据，而对输出流，也可不知道它的目的端，只是简单地往流中写数据，如图 8-1 所示。

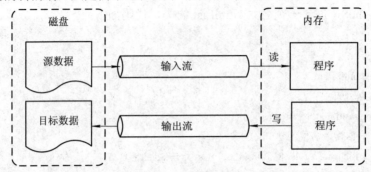

图 8-1　输入流和输出流

流可以分为不同的类型，按照不同的分类方式，从不同的角度来观察，概念上会有重叠。

按照流的方向，可以将流分为输入流和输出流。

◇　输入流(InputStream)：只能从中读取数据，而不能向其写入数据。

◇　输出流(OutputStream)：只能向其写入数据，而不能从中读取数据。

按照处理流的基本单位可以将流分为字节流和字符流：

◇　字节流：在流中处理的基本单位为字节(8 位的 bit)的流。

◇　字符流：在流中处理的基本单位为字符(16 位的 Unicode)的流。

按照流的角色分，可以将流分为节点流和过滤流：

◇　节点流：可以从/向一个特定的 IO 设备(如磁盘或网络)读/写数据的流，节点流又常被称为低级流(Low Level Stream)，节点通常是指文件、内存和管道。

◇　过滤流：实现对一个已经存在的流的连接和封装，通过所封装的流的功能调用实现数据读/写功能的流。这种对流进行处理的流称为过滤流。

字节流中存放的是字节序列，无论是输入还是输出，都是直接对字节进行处理。InputStream 和 OutputStream 为字节输入/输出流类的顶层父类。字符流中存放的是字符序列，无论是输入还是输出，都是直接对字符处理，字符流的操作均以双字节(16 bit)的 Unicode 字符为基础。字符流的顶层父类是 Reader 和 Writer。节点流通常直接对特定的 IO 设备(如磁盘或网络)进行读/写，而过滤流通常对已存在的流进行连接和封装，从而对已有的流进行特殊处理。

注意　在实际应用中，一般很少使用单一的节点流来产生输入/输出流，而是把过滤流和节点流配合使用，让节点流给过滤流提供数据，供后者进行处理。

8.3　字节流

InputStream 和 OutputStream 都用于处理字节数据，它们的读/写流的方式都是以字节(byte)为单位进行的。输入/输出流的层次关系如图 8-2 所示。

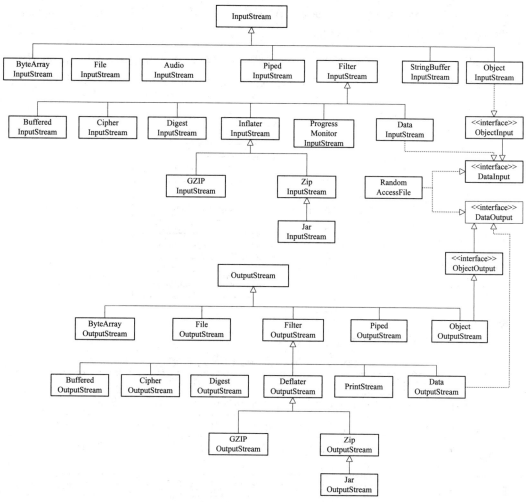

图 8-2 InputStream/OutputStream 层次关系

8.3.1 InputStream

InputStream 类是所有字节输入流的父类，主要是用于从数据源按照字节的方式读取数据。其常用方法及功能如表 8-4 所示。

表 8-4 InputStream 的方法列表

方 法 名	功 能 说 明
abstract int read()	读取一个字节，并将它返回。如果遇到源的末尾，则返回 −1。可以通过返回值是否为 −1 来判断流是否到达了末尾
int read(byte[] b)	将数据读入到一个字节数组，同时返回实际读取的字节数，如果到达流的末尾，则返回 −1
int read(byte[] b, int offset, int len)	将数据读入到一个字节数组，放到数组 offset 指定的位置开始，并用 len 来指定读取的最大字节数。到达流的末尾，则返回 −1
int available()	用于返回在不发生阻塞的情况下，从这个流中可以读取的字节数
void close()	关闭此输入流并释放与该流关联的所有系统资源

上面的 read()方法以"阻塞(blocking)"的读取方式工作。也就是说，如果源中没有数据，这个方法将一直等待(处于阻塞状态)。

InputStream 类是抽象类，如果想要对数据进行读取，还必须使用 InputStream 类的子类，通过创建流对象来调用 read 方法进行数据的读取。InputStream 类及其常见的子类如图 8-3 所示。

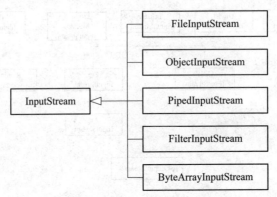

图 8-3　InputStream 层次关系

InputStream 各个子类的功能如表 8-5 所示。

表 8-5　InputStream 常见子类

类　的　名　称	功　能　说　明
FileInputStream	用于读取文件中的信息。它用于从文件中读取二进制数据
ByteArrayInputStream	为读取字节数组设计的流，允许内存的一个缓冲区被当作 InputStream 使用
FilterInputStream	派生自 InputStream，用于将一个流连接到另外一个流的末端，将两种流连接起来
PipedInputStream	管道流，用于产生一份数据，该数据能被写入到相应的 PipedOutputStream 中
ObjectInputStream	可以将保存在磁盘或网络中的对象读取出来

【示例 8.5】　利用 FileInputStream 把 D 盘中 test.txt 文件中的内容读取并打印在控制台上(test.txt 中的内容为 A)。

打开项目 ch08，创建一个名为 FileInputStreamDemo 的类，代码如下：

```
package com.dh.ch08;
import java.io.FileInputStream;
import java.io.IOException;
public class FileInputStreamDemo {
    public static void main(String[] args) {
        // 定义一个 FileInputStream 类型的变量
        FileInputStream fi = null;
        try {
            // 利用路径创建一个 FileInputStream 类型的对象
            fi = new FileInputStream("d:\\test.txt");
```

```
                    // 从流对象中读取内容
                    int value = fi.read();
                    System.out.println("文件中的内容是：" + (char) value);
            } catch (Exception e) {
                    e.printStackTrace();
            } finally {
                    try {
                            // 关闭输入流
                            if(fi != null){
                            fi.close();
                                }
                    } catch (IOException e) {
                            e.printStackTrace();
                    }
            }
        }
}
```

上述代码中，首先定义一个 FileInputStream 类型的对象，利用该对象的 read()方法，从 d 盘的 test.txt 文件中读取内容，test.txt 文件中的内容只有 A 一个字符。因为 read()方法返回一个 int 类型数值，所以如果想输出字符 A，需将 int 强制转换成 char 类型。最后在 finally 块中，使用 close()方法将流关闭，从而释放资源。

执行结果如下：

文件中的内容是：A

8.3.2　OutputStream

OutputStream 类是所有字节输出流的父类，主要用于把数据按照字节的方式写入到目的端，其常用方法及功能如表 8-6 所示。

表 8-6　OutputStream 的方法列表

方 法 名	功 能 说 明
void write(int c)	写一个字节到流中
void write(byte[] b)	将字节数组中的数据写入到流中
void write(byte[] b, int offset, int len)	将字节数组中的 offset 开始的 len 个字节写到流中
void close()	关闭此输入流并释放与该流关联的所有系统资源
void flush()	将缓冲中的字节立即发送到流中，同时清空缓冲

与 InputStream 类似，OutputStream 也是抽象类，必须使用 OutputStream 类的子类，通过创建子类的流对象并调用 write 方法进行数据的写入。OutputStream 类及其常见子类如图 8-4 所示。OutputStream 各个子类的功能如表 8-7 所示。

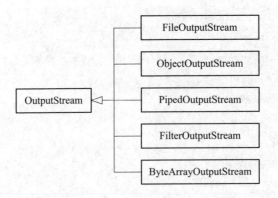

图 8-4 OutputStream 层次关系

表 8-7 OutputStream 常见子类

类 的 名 称	功 能 说 明
FileOutputStream	用于以二进制的格式把数据写入到文件中
ByteArrayOutputStream	按照字节数组的方式向设备中写出字节流的类
FilterOutputStream	派生自 InputStream，用于将一个流连接到另外一个流的末端，将两种流连接起来
PipedOutputStream	管道输出，和 PipedInputStream 相对
ObjectOutputStream	将对象保存到磁盘或在网络中传递

【示例 8.6】 利用 FileOutputStream 把内容(如 10 个 A)写入 D 盘中 test.txt 文件中。

打开项目 ch08，创建一个名为 FileOutputStreamDemo 的类，代码如下：

```java
package com.dh.ch08;
import java.io.FileOutputStream;
public class FileOutputStreamDemo {
    public static void main(String[] args) {
        // 定义一个 FileOutputStream 类型的变量
        FileOutputStream fo = null;
        try {   // 利用绝对路径创建一个 FileInputStream 类型的对象
            fo = new FileOutputStream("d:\\test.txt");
            for (int i = 0; i < 10; i++) {
                fo.write(65);// 字符 A 的 ASCII 码
            }
        } catch (Exception ex) {
            ex.printStackTrace();
        } finally {
            try {   //关闭输出流
                if(fo != null){
                    fo.close();
                }
            } catch (Exception ex) {
```

```
                    ex.printStackTrace();
                }
            }
        }
}
```

上述代码中，首先定义一个 FileOutputStream 类型的对象，利用该对象的 write()方法，将 10 个字符 A 写到 D 盘中的 test.txt 文件中，最后在 finally 块中，使用 close()方法将流关闭，从而释放资源。

执行上面代码后，查看 D 盘中的 test.txt 文件中的结果，如图 8-5 所示。

图 8-5　执行结果

在 FileOutputStreamDemo 类中，如果 D 盘中不存在 test.txt 文件，就会先创建一个，然后再写入内容。如果已存在 test.txt 文件，则先清空文件中的内容，然后再写入新的内容。如果想把新的内容追加到 test.txt 文件中，则可以利用 FileOutputStream(String name,boolean append)创建一个文件输出流对象，设置 append 的值为 true。

8.3.3　过滤流

过滤流又分为过滤输入流和过滤输出流。过滤流实现了对一个已经存在的流的连接和封装，通过所封装的流的功能调用实现数据读/写功能。

FilterInputStream 为过滤输入流，其父类为 InputStream 类。FilterInputStream 类和它的子类的层次关系如图 8-6 所示。

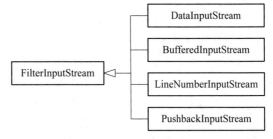

图 8-6　FilterInputStream 层次关系

FilterInputStream 各个子类的功能如表 8-8 所示。

表 8-8　FilterInputStream 常见子类

类 的 名 称	功 能 说 明
DataInputStream	与 DataOutputStream 搭配使用，可以按照与平台无关的方式从流中读取基本类型(int、char 和 long 等)的数据
BufferedInputStream	利用缓冲区来提高读取效率
LineNumberInputStream	跟踪输入流的行号，该类已经被废弃
PushbackInputStream	能够把读取的一个字节压回到缓冲区中，通常用作编译器的扫描器，在程序中很少使用

【示例 8.7】　利用 BufferedInputStream 把内容(如 10 个 A)从 D 盘中的 test.txt 文件读取出来。

打开项目 ch08，创建一个名为 BufferedInputStreamDemo 的类，代码如下：

```java
package com.dh.ch08;
import java.io.BufferedInputStream;
import java.io.FileInputStream;
public class BufferedInputStreamDemo {
    public static void main(String[] args) {
        // 定义一个 BufferedInputStream 类型的变量
        BufferedInputStream bi = null;
        try {    // 利用 FileInputStream 对象创建一个输入缓冲流
            bi = new BufferedInputStream(
                new FileInputStream("d:\\test.txt"));
            int result = 0;
            System.out.println("文件中的结果如下：");
            while ((result = bi.read()) != -1) {
                System.out.print((char) result);
            }
        } catch (Exception e) {
            e.printStackTrace();
        } finally {
            try {
                // 关闭缓冲流
                if(bi != null){
                    bi.close();
                }
            } catch (Exception ex) {
                ex.printStackTrace();
            }
        }
    }
}
```

执行结果如下：

```
文件中的结果如下：
AAAAAAAAAA
```

上面代码首先定义一个 BufferedInputStream 类型的对象(在创建该对象时，创建一个 FileInputStream 类型的对象用作 BufferedInputStream 构造方法的参数)，然后利用对象的 read 方法，把 10 个字符 A 从 D 盘的 test.txt 文件读取出来，并打印到控制台上，最后在 finally 块中，把流对象利用 close 方法关闭，从而释放资源。

FilterOutputStream 为过滤输出流，其父类为 OutputStream 类。FilterOutputStream 类和它的子类的层次关系如图 8-7 所示。

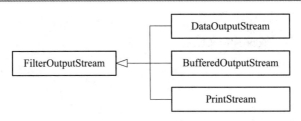

图 8-7 FilterOutputStream 层次图

FilterOutputStream 各个子类的功能如表 8-9 所示。

表 8-9 FilterOutputStream 常见子类

类 的 名 称	功 能 说 明
DataOutputStream	与 DataInputStream 搭配使用，可以按照与平台无关的方式向流中写入基本类型(int、char 和 long 等)的数据
BufferedOutputStream	利用缓冲区来提高写效率
PrintStream	用于产生格式化输出

【示例 8.8】利用 BufferedOutputStream 向 D 盘中的 test.txt 文件写入数据。

打开项目 ch08，创建一个名为 BufferedOutputStreamDemo 的类，代码如下：

```java
package com.dh.ch08;
import java.io.BufferedOutputStream;
import java.io.FileOutputStream;
public class BufferedOutputStreamDemo
{
    public static void main(String[] args)
    {
        // 定义一个 BufferedOutputStream 类型的变量
        BufferedOutputStream bo = null;
        try {   // 利用 FileOutputStream 对象创建一个输出缓冲流
            bo = new BufferedOutputStream(
                    new FileOutputStream("d:\\test.txt"));
            for (int i = 0; i < 10; i++) {
                bo.write(65);
            }
        } catch (Exception e)
        {
            e.printStackTrace();
        } finally {
            try {   // 关闭缓冲流
                if(bo != null){
                    bo.close();
                }
            } catch (Exception ex)
```

```
                    {
                        ex.printStackTrace();
                    }
                }
            }
}
```

上述代码首先定义一个 BufferedOutputStream 类型的对象(在创建该对象时，创建一个 FileOutputStream 类型的对象用作 BufferedOutputStream 构造方法的参数)，然后利用对象的 write 方法，把 10 个字符 A 写入到 D 盘中的 test.txt 文件中，如果该文件不存在就会创建一个文件，再把结果写入到该文件中。

8.4 字符流

InputStream 和 OutputStream 类处理的是字节流，即数据流中的最小单元为一个字节，包括 8 个二进制位。在许多应用场合，Java 程序需要读/写文本文件。在文本文件中存放了采用特定字符编码的字符。为了便于读/写，采用各种字符编码的字符。java.io 包中提供了 Reader 类和 Writer 类，它们分别表示字符输入流和字符输出流。Java 语言采用 Unicode 字符编码，对于每一个字符，JVM 会为其分配两个字节的内存，而在文本文件中，字符有可能采用其他类型的编码，如 GBK 和 UTF-8 编码等，因此在处理字符流时，最主要的问题是进行字符编码的转换。

Reader 和 Writer 层次结构如图 8-8 所示。

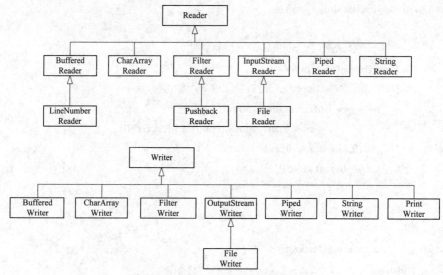

图 8-8 Reader 和 Writer 层次图

8.4.1 Reader

Reader 类是字符输入流的所有类的父类，主要用于从数据源按照字符的方式读取数据。其常用方法及功能如表 8-10 所示。

表 8-10　Reader 的方法列表

方　法　名	功　能　说　明
int read()	用于从流中读出一个字符，并将它返回
int read(char[] buffer)	将数据读入到一个字符数组，同时返回实际读取的字节数，如果到达流的末尾，则返回 –1
int read(char[] buffer, int offset, int len)	将数据读入到一个字符数组，放到数组 offset 指定的位置开始，并用 len 来指定读取的最大字节数。到达流的末尾，则返回 –1
void close()	关闭 Reader 流，并释放与该流关联的所有系统资源

　　Reader 类的层次结构和 InputStream 类的层次结构比较类似，不过，尽管 BufferedInput Stream 和 BufferedReader 都提供缓冲区，但 BufferedInputStream 是 FilterInputStream 的子类，而 BufferedReader 不是 FilterReader 的子类，这是 InputStream 与 Reader 在层次结构上的不同。Reader 类和它的子类的层次关系如图 8-9 所示。

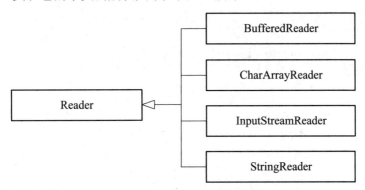

图 8-9　Reader 层次图

　　Reader 各个子类的功能如表 8-11 所示。

表 8-11　Reader 常见子类

类 的 名 称	功　能　说　明
CharArrayReader	和 ByteArrayInputStream 类似，只是在这个类中处理的是字符数组
BufferedReader	和 BufferInputStream 类似，只是处理的是字符
StringReader	用于读取数据源是一个字符串的流
FileReader	用于读取一个字符文件的类
InputStreamReader	是字节流和字符流之间的桥梁，该类用于读出字节并且将其按照指定的编码方式转换成字符

　　【示例 8.9】　利用 FileReader 和 BufferedReader 读取 D 盘根目录下的 test.txt 文件中的内容。

　　打开项目 ch08，创建一个名为 ReaderDemo 的类，代码如下：

```
package com.dh.ch08;
import java.io.BufferedReader;
import java.io.FileReader;
public class ReaderDemo
{
        public static void main(String[] args) {
                // 定义一个 BufferedReader 类型的变量
                BufferedReader br = null;
                try {    // 利用 FileReader 对象创建一个输出缓冲流
                        br = new BufferedReader(new FileReader("d:\\test.txt"));
                        // readLine 按行读取
                        System.out.println("输出结果如下：");
                        String result = null;
                        while ((result = br.readLine()) != null) {
                                System.out.println(result);
                        }
                } catch (Exception e)
                {
                        e.printStackTrace();
                } finally
                {
                        try {    // 关闭缓冲流
                                if(br != null){
                                        br.close();
                                }
                        } catch (Exception ex) {
                                ex.printStackTrace();
                        }
                }
        }
}
```

执行结果如下：

输出结果如下：

AAAAAAAAAA

上述代码首先定义一个 BufferedReader 类型的对象(在创建该对象时，创建了一个 FileReader 类型的对象作为 BufferedReader 构造方法的参数)，然后利用对象的 readLine 方法，把 D 盘中 test.txt 文件中的内容循环的读取出来，并打印到控制台上。

　　注　意　　BufferedReader 类中 readLine 方法是按行读取的，当读取到流的末尾时返回 null，所以可以根据返回值是否为 null 来判断文件是否读取完毕。

8.4.2 Writer

Writer 类是字符输出流的所有类的父类,其主要作用是按照字符的方式把数据写入到流中。其常用方法及功能如表 8-12 所示。

表 8-12 Writer 的方法列表

方 法 名	功 能 说 明
void write(int c)	将参数 c 的低 16 位组成字符写入到流中
void write(char[] buffer)	将字符数组 buffer 中的字符写入到流中
void write(char[] buffer, int offset, int len)	将字符数组 buffer 中从 offset 开始的 len 个字符写入到流中
void write(String str)	将 str 字符串写入到流中

Writer 类的层次结构和 OutputStream 类的层次结构比较类似,不过,尽管 BufferedOutputStream 和 BufferedWriter 都提供缓冲区,但 BufferedOutputStream 是 FilterOutputStream 的子类,而 BufferedWriter 不是 FilterWriter 的子类,这是 OutputStream 与 Writer 在层次结构上的不同。Writer 类和它的子类的层次关系如图 8-10 所示。

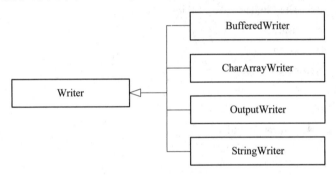

图 8-10 Writer 层次图

Writer 各个子类的功能如表 8-13 所示。

表 8-13 Writer 常见子类

类 的 名 称	功 能 说 明
CharArrayWriter	和 ByteArrayOutputStream 类似,它实现了一个字符类型的缓冲
BufferedWriter	和 BufferedOutputStream 类似,只是处理的为字符
StringWriter	一个字符流,可以用其回收在字符串缓冲区中的输出来构造字符串。关闭 StringWriter 无效。此类中的方法在关闭该流后仍可被调用,而不会产生任何 IOException
FileWriter	用于向字符文件输入字符内容,如果指定文件不存在,则可能会创建一个新的文件
OutputStreamWriter	是字节流和字符流之间的桥梁,该类将写入的字节按照指定的编码方式转换成字符

【示例 8.10】 利用 FileWriter 和 BufferedWriter 将一行内容(如"hello world")写入 d

盘中的 test.txt 文件中。

打开项目 ch08，创建一个名为 WriterDemo 的类，代码如下：

```java
package com.dh.ch08;
import java.io.BufferedWriter;
import java.io.FileWriter;
public class WriterDemo
{
    public static void main(String[] args)
    {
        // 定义一个 BufferedWriter 类型的变量
        BufferedWriter bw = null;
        try {   // 利用 FileWriter 对象创建一个输出缓冲流
            bw = new BufferedWriter(new FileWriter("d:\\test.txt"));
            //获得系统的换行符
            String line = System.getProperty("line.separator");
            // 把一行内容写入到文件中
            bw.write("hello world" + line);
            bw.flush();
        } catch (Exception e) {
            e.printStackTrace();
        } finally {
            try {   // 关闭缓冲流
                if(bw != null){
                    bw.close();
                }
            } catch (Exception ex) {
                ex.printStackTrace();
            }
        }
    }
}
```

上述代码中 System.getProperty("line.separator")用于获取系统的换行符，将该符号放到"hello world"字符串后，在文件中该字符串之后会换行。flush()方法用于刷新并清空流中的数据。

上述代码首先定义一个 BufferedWriterr 类型的对象，在创建该对象时，创建一个 FileWriter 类型的对象作为 BufferedWriter 构造方法的参数，然后利用 System.getProperty 方法获取系统默认的换行符，利用 write 方法把"hello world"和该换行符写入到 D 盘的 test.txt 文件中，最后关闭流对象。执行上面代码后，查看 D 盘的 test.txt 文件中的结果，如图 8-11 所示。

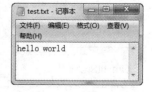

图 8-11　执行结果

8.5 对象流

在 Java 中，利用 ObjectOutputStream 和 ObjectInputStream 可实现对象的序列化和反序列化，利用 ObjectOutputStream 类可进行对象的序列化，即把对象写入字节流；利用 ObjectInputStream 类可进行对象的反序列化，即从一个字节流中读取一个对象。

8.5.1 对象序列化与反序列化

对象的序列化就是把对象写到一个输出流中，对象的反序列化是指从一个输入流中读取一个对象。将对象状态转换成字节流之后，可以用 java.io 包中的各种字节流类将其保存到文件中。对象序列化功能非常简单、强大，在 RMI、Socket、JMS、EJB 等技术中都有应用。对象序列化的特点如下：

- ◇ 对象序列化可以实现分布式对象。例如，RMI 要利用对象序列化运行远程主机上的服务，就像在本地机上运行对象时一样。
- ◇ 在 Java 中对象序列化不仅保留一个对象的数据，而且递归保存对象引用的每个对象的数据。可以将整个对象层次写入字节流中，可以保存在文件中或在网络上传递。利用对象序列化可以进行对象的"深复制"，即复制对象本身及引用的对象。序列化一个对象可能得到整个对象序列。

序列化和反序列化过程如图 8-12 所示。

图 8-12 序列化与反序列化

在 Java 中，如果需要将某个对象保存到磁盘或通过网络传输，那么这个类必须实现 java.lang 包下的 Serializable 接口或 Externalizable 接口。

以 Serializable 接口为例，只有实现 Serializable 接口的对象才可以利用序列化工具保存和复原。Serializable 接口中没有定义任何方法，它只是简单地指示一个类可以被序列化。如果一个类是可序列化的，则它的所有子类也是可序列化的。

Serializable 接口定义如下：

```
public interface Serializable{

}
```

可以看出，这个接口没有定义任何方法，这类接口称为标志接口(tagging interface)。这种类型的接口仅仅用于标示它的子类的特性，而没有具体的方法的定义。

8.5.2 对象流对象

ObjectOutputStream 是 OutputStream 的子类。该类也实现了 ObjectOutput 接口，其中

ObjectOutput 接口支持对象序列化。该类的一个构造方法如下：

ObjectOutputStream(OutputStream outStream) throws IOException

其中，参数 outStream 是将被写入序列化对象的输出流。

ObjectOutputStream 的常用方法及功能如表 8-14 所示。

表 8-14　ObjectOutputStream 的方法列表

方 法 名 称	功 能 说 明
final void writeObject(Object obj)	写入一个 obj 到调用的流中
void writeInt(int i)	写入一个 int 到调用的流中
void writeBytes(String str)	写入代表 str 的字节到调用的流中
void writeChar(int c)	写入一个 char 到调用的流中

【示例 8.11】利用 ObjectOutputStream 把一个 Person 类型的对象写入到文件中。

打开项目 ch08，创建一个名为 ObjectOutputStreamDemo 的类，代码如下：

```java
package com.dh.ch08;
import java.io.FileOutputStream;
import java.io.ObjectOutputStream;
import java.io.Serializable;
public class ObjectOutputStreamDemo {
    public static void main(String[] args) {
        // 定义一个 ObjectOutputStream 类型的变量
        ObjectOutputStream obs = null;
        try {   // 创建一个 ObjectOutputStream 的对象
            obs = new ObjectOutputStream(
                new FileOutputStream("d:\\Person.tmp"));
            // 创建一个 Person 类型的对象
            Person person = new Person("121001", "张三", 25);
            // 把对象写入到文件中
            obs.writeObject(person);
            obs.flush();
        } catch (Exception ex) {
            ex.printStackTrace();
        } finally {
            try {   //关闭流
                if(obs != null){
                    obs.close();
                }
            } catch (Exception ex) {
                ex.printStackTrace();
            }
        }
```

```
        }
}
// 定义一个 Person 实体类
class Person implements Serializable{
        private String idCard;
        private String name;
        private int age;
        public Person(String idCard, String name, int age) {
                this.idCard = idCard;
                this.name = name;
                this.age = age;
        }
        //...省略 get/set 方法
}
```

上述代码中，首先创建了一个 ObjectOutputStream 类型的对象，其中创建了一个 FileOutputStream 类型的对象作为 ObjectOutputStream 构造方法的参数，然后创建了一个 Person 类型的对象，其状态如下：编号为 "121001"，姓名为 "张三"，年龄为 "25"，之后利用 ObjectOutputStream 对象的 writeObject 方法把对象 person 写入到 D 盘的 Person.tmp 文件中。

 要想把对象类写入到文档，必须让 Person 类实现 Serializable 接口，保证 Person 类的对象都可以序列化。

ObjectInputStream 是 InputStream 的子类，该类也实现了 ObjectInput 接口，其中 ObjectInput 接口支持对象序列化。该类的一个构造方法如下：

ObjectInputStream(InputStream inputStream) throws IOException

其中，参数 inputStream 是序列化对象被读取的输入流。

ObjectInputStream 的常用方法及功能如表 8-15 所示。

表 8-15 ObjectInputStream 常用方法列表

方 法 名 称	功 能 说 明
final Object readObject	从流中读取对象。
int readInt()	从流中读取一个 32 位的 int 值
String readUTF()	从流中读取 UTF-8 格式的字符串
char readChar()	读取一个 16 位的 char 值

【示例 8.12】 利用 ObjectInputStream 从文件中读取一个 Person 类型的对象。

打开项目 ch08，创建一个名为 ObjectInputStreamDemo 的类，代码如下：

```
package com.dh.ch08;
import java.io.FileInputStream;
import java.io.ObjectInputStream;
```

```
public class ObjectInputStreamDemo {
    public static void main(String[] args) {
        // 定义一个 ObjectInputStream 类型的变量
        ObjectInputStream ois = null;
        try {   // 创建一个 ObjectInputStream 的对象,进行反序列化
            ois = new ObjectInputStream(new
                        FileInputStream("d:\\Person.tmp"));
            Object obj = ois.readObject();
            if (obj != null) {
                Person person = (Person) obj;
                System.out.println("编号为： " + person.getIdCard()
                            + " 姓名为： "+ person.getName()
                            + "年龄为： " + person.getAge());
            }
        } catch (Exception ex) {
            ex.printStackTrace();
        } finally {
            try {
                //关闭流
                if(ois != null){
                    ois.close();
                }
            } catch (Exception ex) {
                ex.printStackTrace();
            }
        }
    }
}
```

上述代码中，首先创建了一个 ObjectInputStream 流，其参数是 FileInputStream 流，该流将从 D 盘的 Person.tmp 文件中读取字节数据，利用 ObjectInputStream 对象的 readObject()方法读取对象数据，如果读取内容不为 null，则将对象转换成 Person 类型。使用 ObjectInputStream 进行反序列化的示意图如图 8-13 所示。

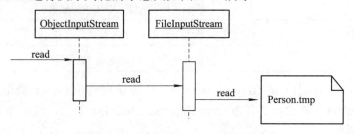

图 8-13　ObjectInputStream 读取序列

运行上面代码，执行结果如下：

编号为：121001 姓名为：张三 年龄为：25

注 意 　由于从文件中读取的对象是 Object 类型的，所以必须根据文件或网络中对象的实际类型进行强制转换。

本 章 小 结

通过本章的学习，学生应该能够学会：

◇ Java 把不同类型的输入、输出源抽象为流(stream)，用统一接口来表示，从而使程序简单明了。

◇ java.io 包包括一系列类来实现输入/输出处理。

◇ 从方向上可以将流分为输入流和输出流。

◇ 按处理的基本单位可以将流分为字节流和字符流。

◇ 按流的角色可以将流分为节点流和过滤流。

◇ Java 中提供了处理字节流的类，即以 InputStream 和 OutputStream 为基类派生出的一系列类。

◇ Java 中提供了处理 Unicode 码表示的字符流的类，即以 Reader 和 Writer 为基类派生出的一系列类。

◇ 序列化是将数据分解成字节流，以便存储在文件中或在网络上传输。

◇ 反序列化就是打开字节流并重构对象。

◇ 一个类可以序列化必须实现 Serializable 接口或 Externalizable 接口。

◇ Serializable 接口中没有定义成员，它只是简单地指示一个类可以被序列化。

◇ 如果一个类是序列化的，其子类也是可序列化的。

◇ Java 提供了支持对象序列化的对象流： ObjectInputStream 和 ObjectOutputStream。

◇ 进行 I/O 操作时可能会产生 I/O 异常，这属于非运行时异常，应该在程序中处理。

本 章 练 习

1. 以下_____属于 File 类的功能。

　　A. 改变当前目录

　　B. 返回父目录的名称

　　C. 删除文件

　　D. 读取文件中的内容

2. 给定下面代码：

```
//statement1
File file=new File("Employee.dat");
```

```
//statement2
file.seek(fileObject.length())
```

假设这个文件不存在，以下描述正确的是_____。

A. 程序编译没有任何错误，但是在执行时会在 statement 1 处抛出一个"FileNotFoundException"异常

B. 当编译上述代码时会出现一个编译错误

C. 程序编译没有任何错误，但是在执行时会在 statement 2 处抛出一个"NullPointerException"异常

D. 程序编译没有任何错误，但是在执行时会在 statement 2 处抛出一个"FileNotFoundException"异常

3. 下列类中由 InputStream 类直接派生出的是_____。

A. BufferedInputStream

B. PushbackInputStream

C. ObjectInputStream

D. DataInputStream

4. 以下方法_____方法不是 InputStream 的方法。

A. int read(byte[] buffer)

B. void flush()

C. void close()

D. int available()

5. 下列_____类可以作为 FilterInputStream 的构造方法的参数。

A. InputStream

B. File

C. FileOutputStream

D. String

6. Java 中按照流的流向可分为几种：试举例说明。按照流的角色分为几种？试举例说明。按照流处理数据单位的大小(字节或字符)分为几种？试举例说明。

7. Reader 类具有读取 float 和 double 类型数据的方法吗？

8. 在 D 盘中创建文件 test.txt，文件中内容为"hello Java"，然后利用流把该文件拷贝到 E 盘根目录下。

9. 编程模仿 DOS 下的 dir 命令，列出某个目录下的内容。

10. 简述序列化和反序列化概念。

第 9 章　JDBC 基础

本章目标

- 理解 JDBC 访问数据库的结构及原理
- 了解 JDBC 的四种驱动类型
- 掌握 JDBC 访问数据库的步骤
- 掌握 JDBC 中的 DriverManager 类和 Connection、ResultSet 接口
- 掌握 JDBC 的常用查询接口
- 掌握 JDBC 对集元数据的访问
- 掌握 JDBC 的事务处理

9.1　JDBC

通常数据应用系统的开发都是基于特定的数据库管理系统，如 Oracle、DB2、MS SQL Server、Sybase、MySql 等。JDBC 为开发人员提供了新的数据库开发工具。

9.1.1　JDBC 概述

JDBC(Java Database Connectivity，Java 数据库连接)是一种用于执行 SQL 语句的 Java API。JDBC 为开发人员提供了一个标准的 API，使他们能够用纯 Java API 来编写数据库应用程序。开发人员使用 JDBC API 编写一个程序后，就可以很方便地将 SQL 语句传送给几乎任何一种数据库，如 Sybase、Oracle 或 MS SQL Server 等。JDBC 扩展了 Java 的功能，由于 Java 语言本身的特点，使得 JDBC 具有简单、健壮、安全、可移植、获取方便等优势。

9.1.2　JDBC 结构

JDBC API 是 Java 开发工具包(JDK)的组成部分，由以下三部分组成：
◇　JDBC 驱动程序管理器。
◇　JDBC 驱动程序测试工具包。
◇　JDBC-ODBC 桥。

JDBC 驱动程序管理器是 JDBC 体系结构的支柱，其主要作用是把 Java 应用程序连接到正确的 JDBC 驱动程序上。

JDBC 驱动程序测试工具包为 JDBC 驱动程序的运行提供了一定的可信度，只有通过 JDBC 驱动程序测试包的驱动程序才被认为是符合 JDBC 标准的。

JDBC-ODBC 桥是将 JDBC 翻译成 ODBC，然后使用一个 ODBC 驱动程序与数据库进行通信。ODBC(Open Database Connectivity，开放式数据库连接)API 是使用最广的用于访问关系数据库的编程接口，可以将所有平台的关系型数据库连接起来。使用 JDBC-ODBC 桥可以方便地访问某些不常见的 DBMS，它的实现为 JDBC 的快速发展提供了一条途径。

JDBC API 既支持数据库访问的两层模型，同时也支持三层模型。

在两层模型中，Java 应用程序直接与数据库进行对话。在这种情况下，需要一个 JDBC 驱动程序来与所访问的特定数据库管理系统进行通信。用户的 SQL 语句被直接送往数据库，而处理的结果将被送回给用户。存放数据的数据库可以位于另一台物理计算机上，用户通过网络连接到数据库服务器，这就是典型的客户机/服务器模型(C/S)。两层模型如图 9-1 所示。

在三层模型中，客户通过浏览器或 Java 小应用程序，应用程序通过 JDBC API 提出 SQL 请求，该请求先是被发送到服务的"中间层"，然后由中间层将 SQL 语句转发给数据库，数据库对 SQL 语句进行处理并将结果送回到中间层，中间层再将结果送回给用户。

三层模型如图 9-2 所示。

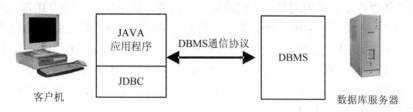

图 9-1　两层模型

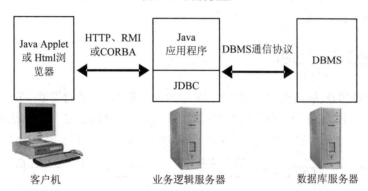

图 9-2　三层模型

　　使用中间层的好处是：用户可以利用易于使用的高级 API，由中间层把它转换为相应的低级调用，而不用关心低级调用的复杂的细节问题。一定程度上，三层模型结构还能提供一些性能上的好处。

9.1.3　JDBC 类型

JDBC 驱动类型分为以下四种类型：

◇　Type1：JDBC-ODBC 桥。

◇　Type2：本地 API 驱动。

◇　Type3：网络协议驱动。

◇　Type4：本地协议驱动。

JDBC-ODBC 桥类型的驱动程序会将 JDBC 翻译成 ODBC，然后使用一个 ODBC 驱动程序与数据库进行通信。JDK 本身提供了 JDBC/ODBC 桥驱动程序，因此，只要有某种数据库的 ODBC 驱动程序，Java 程序就可以与这个数据库进行通信。有一点需要注意的是：在使用桥接之前必须将 ODBC 加载到使用该驱动程序的每个客户机上，并对 ODBC 进行相应的部署和设置。因此，这种类型的驱动程序最适合于企业网，或者是用 Java 编写的三层结构的应用程序服务器代码。

本地 API 驱动把 JDBC 调用转换为数据库的本地调用后再访问数据库。像桥接驱动程序一样，这种类型的驱动程序要求将特定于数据库的本地调用库加载到每个客户端。

JDBC 网络协议驱动程序将 JDBC 转换为与 DBMS 无关的网络协议，之后这种协议又被某个服务器转换为一种 DBMS 协议。这种网络服务器中间件能够将它的纯 Java 客户机连接到多种不同的数据库上。所用的具体协议取决于提供者，这是最为灵活的 JDBC 驱动程序。

本地协议驱动程序将 JDBC 调用直接转换为 DBMS 所使用的专用网络协议。这将允许从客户机上直接调用 DBMS 服务器，是 Intranet 访问的一个很实用的解决方法。

大部分数据库供应商都为他们的产品提供第 3 类或第 4 类驱动程序。与数据库供应商提供的程序相比，许多第三方公司开发了更符合标准的产品，它们支持更多的平台，性能更高，一定程度上可靠性也更高。

 实际开发中第 3、4 类驱动程序是 JDBC 访问数据库的首选方法，第 1、2 类驱动程序可以作为过渡方案来使用。

9.1.4　JDBC 与 ODBC

在数据库访问的发展历史中，ODBC 是一个比较成熟和古老的规范，它定义了访问数据库的 API，这些 API 独立于不同厂商的数据库管理系统。ODBC 被广泛应用到关系型数据库中，其最大优势在于能够以统一的方式处理所有数据库。ODBC 结构模型如图 9-3 所示。

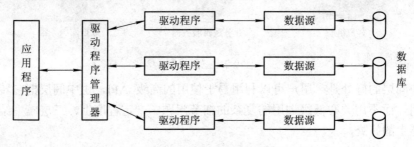

图 9-3　ODBC 结构模型

Java 中可以在 JDBC 的帮助下通过 JDBC-ODBC 桥接方式实现 ODBC 功能调用，其实现方式如图 9-4 所示。

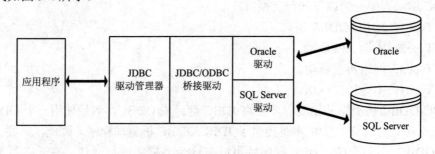

图 9-4　JDBC/ODBC 桥接模型

不直接使用 ODBC 的原因主要是基于以下几方面考虑：

◇ ODBC 是用 C 语言实现的，如果在 Java 中直接调用 C 语言代码，则会带来健壮性、安全性、移植性等方面的问题。

◇ 由于在 ODBC 中使用了大量容易出错和造成安全问题的指针，而 Java 取消了指针，因此无法将 ODBC API 全部翻译成 JDBC API。

◇ ODBC 将简单和高级功能混在一起，即使简单的查询也要使用复杂的选项。JDBC 在设计上尽量做到简单化，提倡简单的事使用简单的方法实现，高级功能只有在必要时才会使用，JDBC 比 ODBC 更容易学习。

◇ 使用 ODBC 时，ODBC 驱动程序管理器与驱动程序都必须手工装入到每台客户机系统中；而 JDBC 驱动程序全部是由 Java 编写，所以在所有 Java 平台本地机或网络客户机上都可以自动安装。

JDBC API 是基于 SQL 抽象和概念设计的一种自然的纯 Java 的解决方案。JDBC 建立在 ODBC 上，保留了 ODBC 的基本设计特征，以 Java 风格与优点为基础进行优化，因此更加易于使用。

JDK8 中删除了 JDBC-ODBC 桥接方式，增加了一些驱动类，从而不指定驱动系统即可自动识别驱动。伴随着 JDK 版本的不断变更，JDBC 的版本也随之变化，本章就以 JDBC4.2 规范为依据进行介绍，但因 JDK8 应用不是很广泛，下面讲述 JDBC 访问数据库步骤时仍然按照 JDK8 以前的版本讲解。

9.1.5　JDBC API

JDBC API 提供了一组用于与数据库进行通信的接口和类，这些接口和类都定义在 java.sql 包中。常用的接口和类如表 9-1 所示。

表 9-1　java.sql 包下常用的接口和类

接口/类	功　能　说　明
DriverManager	数据库驱动管理类，用于加载和卸载各种驱动程序，并建立与数据库的连接
Connection	此接口用于连接数据库
Statement	此接口用于执行 SQL 语句并将数据检索到 ResultSet 中
ResultSet	结果集接口，提供检索 SQL 语句返回数据的各种方法
PreparedStatement	此接口用于执行预编译的 SQL 语句
CallableStatement	此接口用于执行 SQL 存储过程的语句

使用 JDBC API 中的类或接口时，容易引发 SQLException 异常。SQLException 类扩展了 Exception，是其他类型的 JDBC 异常的基础。

9.2　访问数据库

这里使用 Oracle 数据库作为 JDBC 的访问环境，需做如下准备工作：

1. 设置 Oracle 驱动的类路径

在使用 Oracle 数据库的时候，需要使用它所提供的 JDBC 驱动程序，该驱动程序在安装完 Oracle 数据库后可以在 Oracle 的安装路径下找到。对于 Oracle11g(Oracle9i、Oracle10g 也类似)，可以在 Oracle 安装根目录下的"product\11.2.0\dbhome_1\jdbc"子目录中找到 ojdbc6.jar 包，将此工具包导入到工程中，或加入到环境变量 CLASSPATH 中即可。

2. 创建演示表及测试数据

进行数据库操作，需要创建数据表及演示数据。在 dh_admin 用户中创建 Student 表，并添测试数据，代码如下：

```
create table student(
sno varchar2(10) primary key,--学生号
sname varchar2(20) not null,--学生姓名
age   varchar2 (3) not null,--学生年龄
sex   char(1) not null --性别，1：男，0：女
);
--添加测试数据
insert into student values('D00001','张飞',20,1);
insert into student values('D00002','关羽',21,1);
insert into student values('D00003','刘备',22,1);
insert into student values('D00004','貂蝉',18,0);
insert into student values('D00005','小乔',19,0);
```

9.2.1 数据库访问步骤

使用 JDBC 访问数据库的基本步骤如下：

(1) 加载 JDBC 驱动程序。

在与某一特定数据库建立连接前，首先应加载一种可用的 JDBC 驱动程序。加载驱动程序的一种简单方法是使用 Class.forName()方法进行加载：

```
Class.forName("DriverName");
```

其中，DriverName 是要加载的 JDBC 驱动程序名称，驱动程序名称根据数据库厂商提供的 JDBC 驱动程序的种类来确定。

对于 JDBC/ODBC 桥，加载 JDBC-ODBC 数据库驱动程序的方法如下：

```
Class.forName("sun.jdbc.odbc.JdbcOdbcDriver");
```

而对于 Oracle 数据库，加载数据库驱动程序的方法如下：

```
Class.forName("oracle.jdbc.driver.OracleDriver");
```

(2) 创建数据库连接。

DriverManager 类是 JDBC 的驱动管理类，作用于用户和驱动程序之间。它跟踪可用的驱动程序，并在数据库和相应驱动程序之间建立连接。该类负责加载、注册 JDBC 驱动程序，管理应用程序和已注册的驱动程序的连接。其常用方法及使用说明如表 9-2 所示。

表 9-2 DriverManager 类的方法列表

方 法 名	功 能 说 明
Static connection getConnection(String url, String user, String password)	用于建立到指定数据库 URL 的连接。其中 url 为提供了一种标识数据库位置的方法，user 为用户名，password 为密码
static Driver getDriver(String url)	用于返回能够打开 url 所指定的数据库的驱动程序

使用 JDBC 操作数据库之前，必须首先创建一个数据库连接，此时需要使用 DriverManager 类的 getConnection()方法，其一般的使用格式如下：

```
Connection conn = DriverManager.getConnection(String url,String user,String password);
```

这里的 url 提供了一种标识数据库位置的方法，可以使相应的驱动程序识别该数据库并与它建立连接。JDBC URL 由三个部分组成，各个部分之间用冒号分隔，格式如下：

```
jdbc : < subprotocol> : < subname>
```

其中：

    ◇　<subprotocol>是子协议，指数据库连接的方式。

    ◇　<subname>可以根据子协议的改变而变化。

对于 JDBC-ODBC 桥驱动的连接，URL 格式如下：

```
jdbc:odbc:<data_source>[<attribute_name1>=<attribute_value1>] …
```

其中：

    ◇　odbc 为子协议名称。

    ◇　data_source 指本地 ODBC 数据源的名字。

    ◇　attribute_name 和 attribute_value 用于指定建立连接所必需的属性信息，如用户名、密码等。

通过 ODBC 获取数据库连接的示例语句如下：

```
Class.forName("sun.jdbc.odbc.JdbcOdbcDriver");
Connection conn  =  DriverManager.getConnection("jdbc:odbc:orcl","dh_admin","admin123");
```

对于 Oracle 驱动的连接，URL 格式如下：

```
jdbc:oracle:thin:@serverName:port:instance
```

其中：

    ◇　oracle 为子协议名称。

    ◇　thin 是 oracle 数据库的一种连接方式。

    ◇　serverName 为 Oracle 数据库服务器名称，可以是一个域名，也可以是 IP 地址。

    ◇　port 为 Oracle 数据库的端口号，默认为 1521。

    ◇　instance 是数据库的实例名。

通过 Oracle 驱动获取数据库连接的示例语句如下：

```
Class.forName("oracle.jdbc.driver.OracleDriver");
Connection conn = DriverManager.getConnection(
    "jdbc:oracle:thin:@localhost:1521:orcl", "dh_admin", "admin123");
```

DriverManager 类的 getConnection()方法返回一个 Connection 对象。Connection 是一个接口，表示与数据库的连接，并拥有创建 SQL 语句的方法，以完成基本的 SQL 操作，同时为数据库事务处理提供提交和回滚的方法。一个应用程序可与单个数据库建立一个或多个连接，也可以与多个数据库建立连接。Connection 接口的常用方法及使用说明如表 9-3 所示。

表 9-3　Connection 的方法列表

方　法　名	功　能　说　明
void close()	断开连接，释放此 Connection 对象的数据库和 JDBC 资源
Statement createStatement()	创建一个 Statement 对象来将 SQL 语句发送到数据库
void commit()	用于提交 SQL 语句，确认从上一次提交/回滚以来进行的所有更改
boolean isClosed()	用于判断 Connection 对象是否已经被关闭
CallableStatement prepareCall(String sql)	创建一个 CallableStatement 对象来调用数据库存储过程
PreparedStatement prepareStatement(String sql)	创建一个 PreparedStatement 对象来将参数化的 SQL 语句发送到数据库
void rollback()	用于取消 SQL 语句，取消在当前事务中进行的所有更改

注意

为了提供更好的可移植性，可以将相关的连接数据保存到属性(Properties)文件中。例如，我们可以将连接 Oracle 操作的相关配置放到一个 oracle.properties 属性文件中，其内容都以"键/值"对的形式存放，如下所示：

driver = oracle.jdbc.driver.OracleDriver

url = jdbc:oracle:thin:@localhost:1521:orcl

user = dh_admin

pwd = admin123

然后在程序中将这些信息读取出来，作为连接数据库的相关参数。

(3) 创建 Statement 对象。

创建完连接之后，可以通过此连接向目标数据库发送 SQL 语句。在发送 SQL 语句之前，必须创建一个 Statement 类的对象，该对象负责将 SQL 语句发送给数据库。如果 SQL 语句运行后产生结果集，则 Statement 对象会将结果集封装成 ResultSet 对象并返回。

通过调用 Connection 接口的 createStatement 方法来创建 Statement 对象，代码如下：

```
Statement smt = conn.createStatement();
```

(4) 执行 SQL 语句。

获取 Statement 对象之后，就可以使用该对象的 executeQuery()方法来执行 SQL 语句，代码如下：

```
ResultSet rs = smt.executeQuery("SELECT sno,sname,age FROM student");
```

executeQuery()方法返回一个 ResultSet 结果集对象，它包含了 SQL 的查询结果。

(5) 处理返回结果。

在 JDBC 中，SQL 的查询结果使用 ResultSet 封装。通过 Statement 对象的 executeQuery()方法封装并返回。ResultSet 对象维持了执行某个 SQL 语句后满足条件的所有的行，它还提供了一系列方法完成对结果集中数据的操作。

(6) 关闭创建的对象

当数据库操作执行完毕或退出应用前，需将数据库访问过程中建立的对象按顺序关闭，防止系统资源浪费。关闭的次序如下：

◇　关闭结果集。

◇ 关闭 Statement 对象。

◇ 关闭连接。

9.2.2　访问数据库示例

【示例 9.1】 定义一个类，通过连接 Oracle，演示访问数据库的一般步骤。

创建一个 Java 项目，命名为 ch09，创建一个名为 ConnectionDemo 的类，代码如下：

```java
package com.dh.ch09;
import java.sql.Connection;
import java.sql.DriverManager;
import java.sql.ResultSet;
import java.sql.SQLException;
import java.sql.Statement;
public class ConnectionDemo {
    public static void main(String[] args) {
        Connection conn = null;
        Statement stmt = null;
        ResultSet rs = null;
        try {
            //加载 oracle 驱动
            Class.forName("oracle.jdbc.driver.OracleDriver");
            //建立数据库连接
            conn = DriverManager.getConnection(
                    "jdbc:oracle:thin:@localhost:1521:orcl","dh_admin","admin123");
            System.out.println("数据库连接成功!");
            //创建 Statement 对象
            stmt = conn.createStatement();
            //获取查询结果集
            rs = stmt.executeQuery("SELECT sno,sname,age,sex FROM student");
            System.out.println("查询成功!");
            while(rs.next()){
                System.out.println("学生编号:" + rs.getString(1)
                        + "\t 学生姓名： " + rs.getString(2)
                        + "\t 学生年龄： " + rs.getString(3)
                        + "\t 学生性别:" + rs.getString(4));
            }
        } catch (ClassNotFoundException e) {
            e.printStackTrace();
        } catch (SQLException ex) {
            ex.printStackTrace();
```

```
            }finally{
                try {
                        //关闭结果集
                        if(rs != null){
                                rs.close();
                        }
                        //关闭载体
                        if(stmt != null){
                                stmt.close();
                        }
                        //关闭连接
                        if(conn != null){
                                conn.close();
                        }
                } catch (SQLException e) {
                        e.printStackTrace();
                }
            }
        }
}
```

上述代码按照访问数据库的步骤编写代码：

首先通过 Class.forName()加载 Oracle 驱动。

然后通过调用 DriverManager.getConnection()建立 Oracle 数据库连接，在获取连接时需要指明数据库连接 URL、用户名、密码。

通过连接对象的 createStatement()创建 Statement，调用 Statement 对象的 executeQuery()方法执行 SQL 语句，该方法返回一个 ResultSet 结果集对象。

ResultSet 结果集对象的 next()方法会将游标移动到下一条记录，然后通过调用getXXX()方法可以获取指定列中的数据，此处"getString(1)"表示获取第 1 列中的数据，通过循环遍历结果集得到所有的记录并输出。

最后调用 close()方法关闭所有创建的对象。

注意

　　JDBC4 已经不需要显式地调用 Class.forName()了，在 JDBC4 中调用 getConnection 的时候DriverManager 会自动去加载合适的驱动，但是在实际开发中为保证程序的正确性，建议不要省略。有关 ResultSet 结果集的详细介绍及使用，参见本章 9.3.1 节内容，此处只是进行简单演示，目的是使读者掌握访问数据库的整体步骤。

执行结果如下：

数据库连接成功!
查询成功!

| 学生编号:D00001 | 学生姓名：张飞 | 学生年龄: 20 | 学生性别:1 |
| 学生编号:D00002 | 学生姓名：关羽 | 学生年龄: 21 | 学生性别:1 |

学生编号:D00003	学生姓名：刘备	学生年龄：22	学生性别:1
学生编号:D00004	学生姓名：貂蝉	学生年龄：18	学生性别:0
学生编号:D00005	学生姓名：小乔	学生年龄：19	学生性别:0

注意　　本章所介绍内容和演示实例，都将通过 Oracle 驱动进行 JDBC 操作。在使用 JDBC 进行数据库查询操作时，不建议使用"select * from student"方式的 SQL 语句，应该在查询语句中指明具体列。

9.3　操作数据库

在 JDBC 中可以通过执行一般查询、参数查询和存储过程三种方式来执行 SQL 查询语句。这三种方式分别对应 Statement、PreparedStatement 和 CallableStatement 接口。

9.3.1　Statement

Statement 接口一般用于执行静态的 SQL 语句(静态的 SQL 语句在执行时不需要接收任何参数)，其主要功能是将 SQL 语句传送给数据库，并将 SQL 语句的执行结果返回。

提交的 SQL 语句可以是：

◇　SELECT 查询语句。

◇　SQL DML 语句，如 INSERT、UPDATE 或 DELETE。

◇　SQL DDL 语句，如 CREATE TABLE 和 DROP TABLE。

Statement 接口的常用方法及功能如表 9-4 所示。

表 9-4　Statement 的方法列表

方 法 名	功 能 说 明
void close()	关闭 Statement 对象
boolean execute(String sql)	执行给定的 SQL 语句，该语句可能返回多个结果
ResultSet executeQuery(String sql)	执行给定的 SQL 语句，该语句返回单个 ResultSet 对象
int executeUpdate(String sql)	执行给定 SQL 语句，该语句可能为 INSERT、UPDATE 或 DELETE 语句，或者不返回任何内容的 SQL 语句(如 SQL DDL 语句)
Connection getConnection()	获取生成此 Statement 对象的 Connection 对象
int getFetchSize()	获取结果集合的行数，该数是根据此 Statement 对象生成的 ResultSet 对象的默认获取大小
int getMaxRows()	获取由此 Statement 对象生成的 ResultSet 对象可以包含的最大行数

Statement 接口提供了三种执行 SQL 语句的方法：executeQuery()、executeUpdate()和execute()。使用哪一个方法由 SQL 语句所产生的内容决定：

◇　executeQuery()方法用于产生单个结果集的 SQL 语句，如 SELECT 语句。它是使用最多的执行 SQL 语句的方法。

- ◇ executeUpdate()方法用于执行 INSERT、UPDATE 或 DELETE 语句以及 SQL DDL 语句，如 CREATE TABLE 和 DROP TABLE。INSERT、UPDATE 或 DELETE 语句的效果是修改表中的行或列。executeUpdate()方法的返回值是一个整数，指示受影响的行数(即更新计数)。对于 CREATE TABLE 或 DROP TABLE 等语句，executeUpdate()方法的返回值总为零。
- ◇ execute()方法用于执行返回多个结果集、多个更新计数或二者的组合。此方法比较特殊，一般是在用户不知道执行 SQL 语句后会产生什么结果或可能有多种类型的结果产生时才会使用。

ResultSet 接口封装了 Statement 的 executeQuery()方法返回的结果集，即符合 SQL 语句中指定条件的所有行。ResultSet 维护了指向当前行的游标，并提供了许多方法用来操作结果集中的游标，同时提供了一套 getXXX()方法对结果集中的数据进行访问，其常用方法及使用说明如表 9-5 所示。

表 9-5 ResultSet 的方法列表

方 法 名	功 能 说 明
boolean absolute(int row)	将游标移动到第 row 条记录
boolean relative(int rows)	按相对行数(或正或负)移动游标
void beforeFirst()	将游标移动到结果集的开头(第一行之前)
boolean first()	将游标移动到结果集的第一行
boolean previous()	将游标移动到结果集的上一行
boolean next()	将游标从当前位置下移一行
boolean last()	将游标移动到结果集的最后一行
void afterLast()	将游标移动到结果集的末尾(最后一行之后)
boolean isAfterLast()	判断游标是否位于结果集的最后一行之后
boolean isBeforeFirst()	判断游标是否位于结果集的第一行之前
boolean isFirst()	判断游标是否位于结果集的第一行
boolean isLast()	判断游标是否位于结果集的最后一行
int getRow()	检索当前行编号
String getString(int x)	返回当前行第 x 列的值，类型为 String
int getInt(int x)	返回当前行第 x 列的值，类型为 int
Statement getStatement()	获取生成结果集的 Statement 对象
void close()	释放此 ResultSet 对象的数据库和 JDBC 资源
ResultSetMetaData getMetaData()	获取结果集的列的编号、类型和属性

ResultSet 维护指向当前数据行的游标。最初它位于第一行之前，每调用一次 next()方法，游标向下移动一行，从而按照从上至下的次序获取所有数据行。ResultSet 的 getXXX()方法用于对结果集中游标指向的行进行取值。在使用 getXXX()方法取值时，一定要注意数据库的字段数据类型和 Java 的数据类型之间的匹配。例如，对于数据库中的 int 或者

integer 的字段，对应的 Java 数据类型是 int，应该使用 ResultSet 类的 getInt()方法去读取。常用的 SQL 数据类型和 Java 数据类型之间的对应关系如表 9-6 所示。

表 9-6 SQL 数据类型和 Java 数据类型的对应关系

SQL 数据类型	Java 数据类型	对应的方法
integer/int	int	getInt()
smallint	short	getShort()
float	double	getDouble()
double	double	getDouble()
real	float	getFloat()
varchar/char/varchar2	java.lang.String	getString()
boolean	boolean	getBoolean()
date	java.sql.Date	getDate()
time	java.sql.Time	getTime()
blob	java.sql.Blob	getBlob()
clob	java.sql.Clob	getClob()

在使用 getXXX()方法进行取值时，可通过列名或列号标识要获取数据的列。例如：

```
String name = rs.getString("name");
String name = rs.getString(1);
```

ResultSet 中，列是从左至右编号的，并且从 1 开始。同时，用作 getXXX()方法的输入的列名不区分大小写。

用户不必关闭 ResultSet。当产生它的 Statement 关闭、重新执行或用于从多结果序列中获取下一个结果时，该 ResultSet 将被 Statement 自动关闭。

　　在使用 getXXX()方法来获得数据库表中的对应字段的数据时，尽可能使用序列号参数，这样可以提高效率。此外，不同类型的字段都可以通过 getString()方法获取其内容。

【示例 9.2】　定义一个类，使用 Statement 接口，实现对 Student 表的 CRUD 操作。

打开项目 ch09，创建一个名为 StatementDemo 的类，代码如下：

```
package com.dh.ch09;
import java.sql.Connection;
import java.sql.DriverManager;
import java.sql.ResultSet;
import java.sql.SQLException;
import java.sql.Statement;
public class StatementDemo {
    public static void main(String[] args) {
        Connection conn = null;
        Statement stmt = null;
```

```
ResultSet rs = null;
String selectSql = "SELECT sno,sname,age,sex FROM student";
String insertSql = "INSERT INTO student VALUES('D00006','周瑜','22','1')";
String updateSql = "UPDATE student SET age = age + 1 WHERE sno = 'D00006'";
String deleteSql = "DELETE FROM student WHERE sno = 'D00006'";
try {
        //加载 oracle 驱动
        Class.forName("oracle.jdbc.driver.OracleDriver");
        //建立数据库连接
        conn = DriverManager.getConnection(
                "jdbc:oracle:thin:@localhost:1521:orcl","dh_admin","admin123");
        System.out.println("数据库连接成功!");
        //创建 Statement 对象
        stmt = conn.createStatement();
        //获取查询结果集
        rs = stmt.executeQuery(selectSql);
        System.out.println("查询成功!");
        while(rs.next()){
                System.out.println("行号:" + rs.getRow()
                                        +"\t 学生编号:" + rs.getString(1)
                                + "\t 学生姓名： " + rs.getString(2)
                                + "\t 学生年龄： " + rs.getString(3)
                                + "\t 学生性别:" + rs.getString(4));
        }
        //执行添加 SQL 记录
        int count = stmt.executeUpdate(insertSql);
        System.out.println("添加了" + count + "行记录！");
        count = stmt.executeUpdate(updateSql);
        System.out.println("修改了" + count + "行记录！");
        count = stmt.executeUpdate(deleteSql);
        System.out.println("删除了" + count +"行记录！");
} catch (ClassNotFoundException e) {
        // TODO Auto-generated catch block
        e.printStackTrace();
} catch (SQLException ex) {
        // TODO Auto-generated catch block
        ex.printStackTrace();
}finally{
        try {
                //关闭结果集
```

```
                    if(rs != null){
                        rs.close();
                    }
                    //关闭载体
                    if(stmt != null){
                        stmt.close();
                    }
                    //关闭连接
                    if(conn != null){
                        conn.close();
                    }
            } catch (SQLException e) {
                // TODO Auto-generated catch block
                e.printStackTrace();
            }
        }
    }
}
```

　　上述代码中在执行查询时使用 Statement 的 executeQuery()方法，而在执行增、删、改时使用 executeUpdate()方法。executeQuery()方法返回一个结果集，而 executeUpdate()方法返回影响的行数。

　　执行结果如下：

```
数据库连接成功!
查询成功!
行号:1  学生编号:D00001    学生姓名：张飞    学生年龄：20    学生性别:1
行号:2  学生编号:D00002    学生姓名：关羽    学生年龄：21    学生性别:1
行号:3  学生编号:D00003    学生姓名：刘备    学生年龄：22    学生性别:1
行号:4  学生编号:D00004    学生姓名：貂蝉    学生年龄：18    学生性别:0
行号:5  学生编号:D00005    学生姓名：小乔    学生年龄：19    学生性别:0
添加了1行记录!
修改了1行记录!
删除了1行记录!
```

9.3.2　PreparedStatement

　　PreparedStatement 接口是 Statement 接口的子接口，它继承了 Statement 的所有功能。PreparedStatement 接口有两大特点：

　　　◆ 当使用 Statement 多次执行同一条 SQL 语句时，将会影响执行效率，此时可以使用 PreparedStatement 对象。如果数据库支持预编译，PreparedStatement 的对象中包含的 SQL 语句是预编译的，则当需要多次执行同一条 SQL 语句时，可以直接执行预编译好的语句，其执行速度要快于 Statement 对象。

✦ PreparedStatement 可用于执行动态的 SQL 语句。所谓动态的 SQL 语句，就
是可以在 SQL 语句中提供参数，这可大大提高程序的灵活性和执行效率。

可通过 Connection 的 prepareStatement()方法创建 PreparedStatement 对象。

创建用于 PreparedStatement 对象的动态 SQL 语句时，使用"？"作为动态参数的占位
符。例如：

```
String insertSql = "INSERT INTO student VALUES(?,?,?,?)";
PreparedStatement pstmt = conn.prepareStatement(insertSql);
```

在执行带参数的 SQL 语句前，必须对"？"进行赋值。PreparedStatement 接口中增添了
大量的 setXXX()方法，通过占位符的索引完成对输入参数的赋值，根据不同的数据类型
选择不同的 setXXX()方法。例如：

```
pstmt.setString(1, "D00006");
```

1. 编写 DBUtil 类

在示例 9.1 和示例 9.2 中访问数据库时，都执行相同的步骤，无非是执行的 SQL 语句
不同而已。因此，为了简化数据库访问操作，提高编码效率，就需要将数据库访问时共用
的基础代码进行封装，即编写一个数据库访问工具类 DBUtil。该类提供访问数据库时所
用到的连接、查询、更新、关闭等操作的基本方法，其他类通过调用 DBUtil 类就可以进
行数据库访问。

下述内容用于实现编写一个数据库访问工具类 DBUtil，其中连接数据库的参数信息
保存在属性文件中。

【示例 9.3】 在项目的根目录下创建一个 config 子目录，并添加一个属性文件
oracle.properties，该文件以"键/值"对形式保存连接 Oracle 数据库的配置信息，然后编写一
个 Config 类来读取配置文件里面的信息，最后测试是否能连通数据库。

(1) 打开项目 ch09，创建一个名为 oracle.properties 的文件，文件内容如下所示：

```
#oracle 数据库配置信息
driver = oracle.jdbc.driver.OracleDriver
url = jdbc:oracle:thin:@localhost:1521:orcl
user = dh_admin
pwd = admin123
```

(2) 为了读取属性文件中的数据，此时需要编写一个 Config 类，该类通过
java.util.Properties 中的 get()方法获取指定 key 所对应的值，代码如下：

```
package com.dh.ch09.util;
import java.io.FileInputStream;
import java.io.FileNotFoundException;
import java.io.IOException;
import java.util.Properties;
public class Config {
    private static Properties p = null;
    static{
```

```
                p = new Properties();
                try {
                        //加载从项目的根目录开始查找
                        p.load(new FileInputStream("config\\oracle.properties"));
                } catch (FileNotFoundException e) {
                        // TODO Auto-generated catch block
                        e.printStackTrace();
                } catch (IOException e) {
                        // TODO Auto-generated catch block
                        e.printStackTrace();
                }
        }
        /**
         * 根据 key 值获取对应的 value 值
         * @param key
         * @return
         */
        public static String getValue(String key) {
                return p.get(key).toString();
        }
}
```

(3) 编写数据库访问测试工具类 DBUtil，代码如下：

```
package com.dh.ch09;
import java.sql.Connection;
import java.sql.DriverManager;
import java.sql.PreparedStatement;
import java.sql.ResultSet;
import java.sql.SQLException;
public class DBUtil {
        Connection conn = null;
        PreparedStatement ps = null;
        ResultSet rs = null;
        /**
         * 得到数据库连接
         * @return
         * @throws ClassNotFoundException
         * @throws SQLException
         */
        public Connection   getConnection() throws ClassNotFoundException, SQLException{
                try {
```

```
                String driver = Config.getValue("driver");
                String url = Config.getValue("url");
                String user = Config.getValue("user");
                String pwd = Config.getValue("pwd");
                //指定驱动程序  JDBC4.0 以上可以不用显示声明
                Class.forName(driver);
                //建立数据库连接
                conn = DriverManager.getConnection(url,user,pwd);
                return conn;
        } catch (Exception e) {
                //如果连接过程出现异常，抛出异常信息
                throw new SQLException("驱动错误或连接失败!");
        }
}
/**
 * 释放资源
 */
public void closeAll(){
        try {
                //如果 rs 不为空，则关闭 rs
                if(rs != null){
                        rs.close();
                }
                //如果 ps 不为空，则关闭 ps
                if(ps != null){
                        ps.close();
                }
                //如果 conn 不为空，则关闭 conn
                if(conn != null){
                        conn.close();
                }
        } catch (SQLException e) {
                // TODO Auto-generated catch block
                e.printStackTrace();
        }
}
/**
 * 执行 SQL 语句，可以进行查询
 * @param preparedSql
 * @param param
```

```
     * @return
     */
    public ResultSet executeQuery(String preparedSql,String[] param){
        try {
                //得到 ProperedStatement 对象
                ps = conn.prepareStatement(preparedSql);
                if(param != null){
                        for (int i = 0; i < param.length; i++) {
                                //为预编译的 sql 设置参数
                                ps.setString(i+1, param[i]);
                        }
                }
                //执行 SQL 得到结果集
                rs = ps.executeQuery();
        } catch (Exception e) {
                e.printStackTrace();
        }
        return rs;
    }
    /**
     * 执行 sql 语句，进行新增、修改、删除操作，但不能进行查询操作
     * @param preparedSql
     * @param param
     * @return
     */
    public int executeUpdate(String preparedSql,String[] param){
        int count = 0;
        try {
                //得到 ProperedStatement 对象
                ps = conn.prepareStatement(preparedSql);
                if(param != null){
                        for (int i = 0; i < param.length; i++) {
                                //为预编译的 sql 设置参数
                                ps.setString(i+1, param[i]);
                        }
                }
                //执行 SQL 得到结果集处理记录数
                count = ps.executeUpdate();
        } catch (Exception e) {
                e.printStackTrace();
```

```
        }
        return count;
    }
}
```

上述代码中提供了数据库访问时所需的获取连接 getConnection()、关闭 closeAll()、查询 executeQuery()、更新 executeUpdate()。其中 executeQuery()和 executeUpdate()方法都带两个参数，第一个参数是 SQL 语句，第二个参数是参数数组。在这两个方法内部都会遍历参数数组并将参数的值设置到相应的参数中。

2．使用 DBUtil 类

【示例 9.4】 演示在 DBUtil 类的基础上，实现对 Student 表的动态 CRUD 操作。

打开项目 ch09，创建一个名为 PreparedStatementDemo 的类，代码如下：

```java
package com.dh.ch09;
import java.sql.ResultSet;
public class PreparedStatementDemo {
    public static void main(String[] args) {
        // TODO Auto-generated method stub
        String selectSql = "SELECT sno,sname,age,sex FROM student";
        String insertSql = "INSERT INTO student VALUES(?,?,?,?)";
        String updateSql = "UPDATE student SET age = age+1 WHERE sno = ?";
        String deleteSql = "DELETE FROM student WHERE sno = ?";
        //创建数据库工具对象
        DBUtil db = new DBUtil();
        try {
            //连接数据库
            db.getConnection();
            //添加记录
            int count = db.executeUpdate(insertSql,
                    new String[]{"D00006","周瑜","20","1"});
            System.out.println("添加了"+count+"行记录!");
            //修改记录
            count = db.executeUpdate(updateSql, new String[]{"D00006"});
            System.out.println("修改了"+count+"行记录!");
            //查询记录
            ResultSet rs = db.executeQuery(selectSql, null);
            while (rs.next()) {
                System.out.println("行号"+rs.getRow()
                            + "\t 学生编号:" + rs.getString(1)
                            + "\t 学生姓名:" + rs.getString(2)
                            + "\t 学生年龄:" + rs.getString(3)
                            + "\t 学生性别:" + rs.getString(4));
```

```
                }
                //删除记录
                count = db.executeUpdate(deleteSql, new String[]{"D00006"});
                System.out.println("删除了"+count + "行记录!");
        } catch (Exception e) {
                e.printStackTrace();
        }finally{
                //关闭数据库连接
                db.closeAll();
        }
    }
}
```

上述代码中，insertSql、updateSql 和 deleteSql 都带参数，因此在调用 DBUtil 中的 executeUpdate()方法执行这些语句时，需要将对应的参数值放到字符串数组中进行传递。例如：

```
int count = db.executeUpdate(insertSql,new String[]{"D00006","周瑜","20","1"});
```

DBUtil 中的 executeUpdate()方法会将这些值设置到相应的参数中。

执行结果如下：

```
添加了 1 行记录!
修改了 1 行记录!
行号1  学生编号:D00001        学生姓名:张飞学生年龄:20    学生性别:1
行号2  学生编号:D00002        学生姓名:关羽学生年龄:21    学生性别:1
行号3  学生编号:D00003        学生姓名:刘备学生年龄:22    学生性别:1
行号4  学生编号:D00004        学生姓名:貂蝉学生年龄:18    学生性别:0
行号5  学生编号:D00005        学生姓名:小乔学生年龄:19    学生性别:0
行号6  学生编号:D00006        学生姓名:周瑜学生年龄:21    学生性别:1
删除了 1 行记录!
```

9.3.3　CallableStatement

存储过程是数据库中预编译 SQL 语句。JDBC 提供了 CallableStatement 接口用于执行数据库中的存储过程。

CallableStatement 接口继承了 Statement 接口和 PreparedStatement 接口，它具有两者的特点：可以处理一般的 SQL 语句，也可以处理输入参数，同时它还定义了 OUT(输出)参数以及 INOUT(输入输出)参数的处理方法。

创建一个 CallableStatement 对象可以使用 Connection 类的 prepareCall()方法，并按照规定的格式书写调用存储过程的语句：

```
CallableStatement cstmt=conn.prepareCall("{call proc_name}");
```

其中，proc_name 是需要调用的存储过程的名称。如果存储过程有参数，则可使用占位符"?"代替，使用如下方式调用：

```
CallableStatement cstmt=conn.prepareCall("{call proc_name(?,?)}");
```

其中，占位符"?"是 IN、OUT 还是 INOUT 取决于存储过程的定义。CallableStatement
接口通过 setXXX()方法对 IN 参数进行赋值，对 OUT 参数，CallableStatement 提供方法进
行类型注册并检索其值。

1．OUT 参数类型注册的方法

在执行一个存储过程之前，必须先对其中的 OUT 参数进行类型注册，注册方式如下：

```
registerOutParamenter(int index,int sqlType);
```

其中，index 为对应参数的占位符，sqlType 为对应参数的类型，可以通过 java.sql.Types 的
静态常量来指定，如 Types.FLOAT、Types.INTEGER 等。例如：

```
cstmt.registerOutParameter(2,java.sql.Types.VARCHAR);
```

当使用 getXXX()方法获取 OUT 参数的值时，XXX 对应的 Java 类型必须与所注册的
SQL 类型相符。

2．查询结果的获取

由于 CallableStatement 允许执行带 OUT 参数的存储过程，所以它提供了完善的
getXXX()方法来获取 OUT 参数的值。除了 IN 参数与 OUT 参数外，还有一种 INOUT 参
数。INOUT 参数具有其他两种参数的全部功能，可以用 setXXX()方法对参数值进行设
置，再对这个参数进行类型注册，允许对此参数使用 getXXX()方法。执行完带此参数的
SQL 声明后，用 getXXX()方法可获取改变了的值。

如果存储过程有返回值，则使用下面的方式调用：

```
CallableStatement cstmt=conn.prepareCall("{?=call proc_name(?,?)}");
```

　　CallableStatement 一般用于执行存储过程，执行结果可能为多个 ResultSet，或多次修改记录
注意　或两者都有。所以对 CallableStatement，一般调用方法 execute()执行 SQL 语句。

【示例 9.5】 演示使用 CallableStatement 实现各种情形下存储过程的调用。

(1) 基于 Student 表创建如下存储过程：

```
--添加学生信息
CREATE OR REPLACE PROCEDURE add_student(sno student.sno%TYPE,
sname student.sname%TYPE,age    student.age%TYPE,sex    student.sex%TYPE DEFAULT 1)
IS
BEGIN
INSERT INTO student(sno,sname,age,sex)
VALUES(sno,sname,age,sex);
END;
--获取学生总数
CREATE OR REPLACE PROCEDURE get_count(
total OUT NUMBER)
IS
BEGIN
SELECT count(*) INTO total
```

```
FROM student ;
END;
--传递两个数，并分别通过参数1和参数2返回两个数的乘和除
CREATE OR REPLACE PROCEDURE add_sub(
num1 IN OUT NUMBER,num2 IN OUT NUMBER)
IS
temp NUMBER (4,2);--定义一个变量存放临时值
BEGIN
temp := num1*num2;
num2 := num1/num2;
num1 := temp;
END;
```

(2) 打开项目 ch09，创建一个名为 CallableStatementDemo 的类，代码如下：

```
package com.dh.ch09;
import java.sql.CallableStatement;
import java.sql.Connection;
public class CallableStatementDemo {
        public static void main(String args[]) throws ClassNotFoundException {
                String callSql1 = "{call add_student(?,?,?,?)}";
                String callSql2 = "{call get_count(?)}";
                String callSql3 = "{call add_sub(?,?)}";
                // 创建 DBUtil 对象
                DBUtil db = new DBUtil();
                try {
                        // 通过工具类获取数据库连接
                        Connection conn = db.getConnection();
                        System.out.println("数据库连接成功！");
                        // 创建 CallableStatement 对象，调用带 IN 参数的存储过程
                        CallableStatement cstmt = conn.prepareCall(callSql1);
                        // 为 IN 参数赋值
                        cstmt.setString(1, "D00008");
                        cstmt.setString(2, "赵云");
                        cstmt.setInt(3, 22);
                        cstmt.setString(4, "1");
                        // 执行查询
                        cstmt.execute();
                        // 调用带 OUT 参数的存储过程
                        cstmt = conn.prepareCall(callSql2);
                        // 注册 OUT 参数的类型
                        cstmt.registerOutParameter(1, java.sql.Types.INTEGER);
```

```
            // 执行
            cstmt.execute();
            int count = cstmt.getInt(1);
            System.out.println("总人数为:" + count);
            // 调用带 IN/OUT 参数的存储过程
            cstmt = conn.prepareCall(callSql3);
            // 为 IN 参数赋值
            cstmt.setInt(1, 10);
            cstmt.setInt(2, 5);
            // 注册 OUT 参数的类型
            cstmt.registerOutParameter(1, java.sql.Types.INTEGER);
            cstmt.registerOutParameter(2, java.sql.Types.INTEGER);
            cstmt.execute();
            // 通过参数索引获取返回值
            int multiply = cstmt.getInt(1);
            int divide = cstmt.getInt(2);
            System.out.println("两数相乘:" + multiply + ",两数相除:" + divide);
        } catch (Exception e) {
            e.printStackTrace();
        } finally
        {
            //关闭连接
            db.closeAll();
        }
    }
}
```

执行结果如下：

数据库连接成功！
总人数为:6
两数相乘:50,两数相除:2

 在 JDBC3.0 及以上版本中，使用 CallableStatement 的 setXXX()/getXXX()方法来设置参数/取值的时候，既可以使用索引，也可以使用参数名称。JDBC2.0 及以下的版本，只能使用索引。

9.4 集元数据

所谓"集元数据(Meta Data)"，就是有关数据库和表结构的信息，如数据库中的表、表的列、表的索引、数据类型、对 SQL 的支持程度等信息。JDBC 提供了获取这些信息的接口。

9.4.1　DatabaseMetaData

DatabaseMetaData 接口主要是用来得到关于数据库的信息，如数据库中所有表格的列表、系统函数、关键字、数据库产品名和数据库支持的 JDBC 驱动器名。DatabaseMetaData 对象是通过 Connection 接口的 getMetaData()方法获取的。

DatabaseMetaData 提供大量获取信息的方法，这些方法可分为两大类：一类返回值为 boolean 型，多用以检查数据库或驱动器是否支持某项功能；另一类则用以获取数据库或驱动器本身的某些特征值。其常用方法及使用说明如表 9-7 所示。

表 9-7　DatabaseMetaData 的方法列表

方 法 名	功 能 说 明
boolean supportsOuterJoins()	检查数据库是否支持外部连接
boolean supportsStoredProcedures()	检查数据库是否支持存储过程
String getURL()	该方法的功能是返回用于连接数据库的 URL 地址
String getUserName()	该方法的功能是获取当前用户名
String getDatabaseProductName()	该方法的功能是获取使用的数据库产品名
String getDatabaseProductVersion()	该方法的功能是获取使用的数据库版本号
String getDriverName()	该方法的功能是获取用以连接的驱动器名称
String getProductVersion()	该方法的功能是获取用以连接的驱动器版本号
ResultSet getTypeInfo()	该方法的功能是获取数据库中可能取得的所有数据类型的描述

【示例 9.6】　使用 DatabaseMetaData 获取当前数据库连接的相关信息。

打开项目 ch09，创建一个名为 DatabaseMetaDataDemo 的类，代码如下：

```
package com.dh.ch09;
import java.sql.Connection;
import java.sql.DatabaseMetaData;
public class DatabaseMetaDataDemo {
    public static void main(String args[]) throws ClassNotFoundException {
        // 创建 DBUtil 对象
        DBUtil db = new DBUtil();
        try {
            // 通过工具类获取数据库连接
            Connection conn = db.getConnection();
            System.out.println("数据库连接成功！");
            // 创建 DatabaseMetaData 对象
            DatabaseMetaData dmd = conn.getMetaData();
            System.out.println("数据库产品：" + dmd.getDatabaseProductName());
            System.out.println("数据库版本：" + dmd.getDatabaseProductVersion());
            System.out.println("驱动器：" + dmd.getDriverName());
```

```
                    System.out.println("数据库 URL： " + dmd.getURL());
        } catch (Exception e) {
                    e.printStackTrace();
        }finally{
                    // 关闭连接
                    db.closeAll();
        }
    }
}
```

执行结果如下：

数据库连接成功！

数据库产品：Oracle

数据库版本：Oracle Database 11g Enterprise Edition Release 11.2.0.1.0 - Production

With the Partitioning, OLAP, Data Mining and Real Application Testing options

驱动器：Oracle JDBC driver

数据库 URL：jdbc:oracle:thin:@localhost:1521:orcl

9.4.2 ResultSetMetaData

ResultSetMetaData 接口主要用来获取结果集的结构，如结果集的列的数量、列的名字等。可以通过 ResultSet 的 getMetaData()方法来获得对应的 ResultSetMetaData 对象。ResultSetMetaData 的常用方法及功能如表 9-8 所示。

表 9-8　ResultSetMetaData 的方法列表

方 法 名	功 能 说 明
int getColumnCount()	返回此 ResultSet 对象中的列数
String getColumnName(int column)	获取指定列的名称
int getColumnType(int column)	检索指定列的 SQL 类型
String getTableName(int column)	获取指定列的名称
int getColumnDisplaySize(int column)	指示指定列的最大标准宽度，以字符为单位
boolean isAutoIncrement(int column)	指示是否自动为指定列进行编号，这样这些列仍然是只读的
int isNullable(int column)	指示指定列中的值是否可以为 null
boolean isSearchable(int column)	指示是否可以在 where 子句中使用指定的列
boolean isReadOnly(int column)	指示指定的列是否明确不可写入

【示例 9.7】　使用 ResultSetMetaData 获取当前结果集的相关信息。

打开项目 ch09，创建一个名为 ResultSetMetaDataDemo 的类，代码如下：

```
package com.dh.ch09;
import java.sql.ResultSet;
```

```
import java.sql.ResultSetMetaData;
public class ResultSetMetaDataDemo {
        public static void main(String args[]) throws ClassNotFoundException {
                String selectSql = "SELECT sno,sname,age FROM student";
                // 创建 DBUtil 对象
                DBUtil db = new DBUtil();
                try {
                        // 通过工具类获取数据库连接
                        db.getConnection();
                        System.out.println("数据库连接成功！");
                        // 执行查询
                        ResultSet rs = db.executeQuery(selectSql, null);
                        // 获取结果集元数据
                        ResultSetMetaData rsmd = rs.getMetaData();
                        System.out.println("总共有：" + rsmd.getColumnCount() + "列");
                        for (int i = 1; i <= rsmd.getColumnCount(); i++) {
                                System.out.println("列" + i + ":" + rsmd.getColumnName(i) + ","
                                        + rsmd.getColumnTypeName(i) + "("
                                        + rsmd.getColumnDisplaySize(i) + ")");
                        }
                } catch (Exception e) {
                        e.printStackTrace();
                } finally{
                        // 关闭连接
                        db.closeAll();
                }
        }
}
```

执行结果如下：

```
数据库连接成功！
总共有：3 列
列 1:SNO,VARCHAR2(10)
列 2:SNAME,VARCHAR2(20)
列 3:AGE, VARCHAR2 (3)
```

9.5　事务操作

　　数据库中一些操作的集合通常是一个独立单元，而事务就是构成单一逻辑工作单位的操作集合。已提交事务是指成功执行完毕的事务，未能成功完成的事务称为中止事务，对中止事务造成的变更需要进行撤销处理，称为事务回滚。

事务具有如下四个特性：

◆ 原子性：事务中的全部操作是不可分割的，要么全部完成，要么均不执行。

◆ 一致性：事务执行之前和执行之后，数据库都必须处于一致性状态。

◆ 隔离性：事务的执行不受其他事务的干扰，事务执行的中间结果对其他事务必须是透明的。

◆ 持久性：对于任意已提交事务，系统必须保证该事务对数据库的改变不被丢失，即使数据库出现故障。

9.5.1 事务

在 JDBC 中，事务操作缺省会自动提交，即一条对数据库的更新操作成功后，系统将自动调用 commit()方法提交，否则将调用 rollback()方法来回滚。

为了能将多个 JDBC 语句组合成一个操作单元，以保证数据的一致性，可以禁止自动提交，之后把多个数据库操作作为一个事务，在操作完成后手动调用 commit()来进行整体提交，倘若其中一个操作失败，可以在异常捕获时调用 rollback()进行回滚。

利用 Connection 对象的 setAutoCommit()方法，可以开启或者关闭自动提交方式，它接收一个 boolean 类型的参数，如果为 false，表示关闭自动提交，如果为 true，则表示打开自动提交。可以使用 Connection 对象的 getAutoCommit()方法来检查自动提交方式是否打开。如果将自动提交功能关闭，就可以调用 Connection 的 commit()方法来提交所有更新，或者调用 rollback()方法来取消更新。

【示例 9.8】 通过对表的更新操作演示在 JDBC 中的事务控制。

打开项目 ch09，创建一个名为 TransactionDemo 的类，代码如下：

```
package com.dh.ch09;
import java.sql.Connection;
import java.sql.SQLException;
import java.sql.Statement;
import com.dh.ch09.util.DBUtil;
public class TransactionDemo {
    public static void main(String args[]) throws ClassNotFoundException {
        String insertSql1 = "INSERT INTO student VALUES('D00010','曹操',19,1)";
        String insertSql2 = "INSERT INTO student VALUES('D00011','大乔',20,0)";
        String insertSql3 = "INSERT INTO student VALUES('D00010','孙权',18,1)";
        // 创建 DBUtil 对象
        DBUtil db = new DBUtil();
        Connection conn = null;
        try {
            conn = db.getConnection();
            Statement stmt = conn.createStatement();
```

```
            // 获取并记录事务提交状态
            boolean autoCommit = conn.getAutoCommit();
            //关闭自动提交
            conn.setAutoCommit(false);
            // 添加批处理语句
            stmt.executeUpdate(insertSql1);
            stmt.executeUpdate(insertSql2);
            // 由于 Student 表的主键约束, 下述语句将抛出异常
            stmt.executeUpdate(insertSql3);
            // 如果顺利执行则在此提交
            conn.commit();
            // 恢复原有事务提交状态
            conn.setAutoCommit(autoCommit);
        } catch (Exception e) {
            //出现异常
            if (conn != null) {
                try {
                        //回滚
                        conn.rollback();
                    } catch (SQLException se) {
                        se.printStackTrace();
                    }
            }
            e.printStackTrace();
        }finally{
            // 关闭连接
            db.closeAll();
        }
    }
}
```

上述代码执行期间, 由于 Student 表的主键限制, 将会在执行:

```
stmt.executeUpdate(insertSql3);
```

语句时, 抛出主键约束异常, 从而使程序入口转到 catch 语句中, 通过调用:

```
conn.rollback();
```

撤销所有操作。对于运行结果, 可通过查询 Student 表的数据进行验证。

9.5.2　保存点

JDBC 还支持保存点操作, 通过保存点, 可以更好地控制事务回滚。

【示例 9.9】在 JDBC 中通过设置保存点, 控制事务的部分回滚。

打开项目 ch09，创建一个名为 SavepointDemo 的类，代码如下：

```java
package com.dh.ch09;
import java.sql.Connection;
import java.sql.SQLException;
import java.sql.Savepoint;
import java.sql.Statement;
public class SavepointDemo {
    public static void main(String args[]) throws ClassNotFoundException {
        String insertSql1 = "INSERT INTO student VALUES('D00010','曹操',19,1)";
        String insertSql2 = "INSERT INTO student VALUES('D00011','大乔',20,0)";
        // 创建 DBUtil 对象
        DBUtil db = new DBUtil();
        Connection conn = null;
        Savepoint s1 = null;
        try {
            conn = db.getConnection();
            Statement stmt = conn.createStatement();
            // 获取并记录事务提交状态
            boolean autoCommit = conn.getAutoCommit();
            // 关闭自动提交
            conn.setAutoCommit(false);
            // 添加批处理语句
            stmt.executeUpdate(insertSql1);
            // 设置保存点
            s1 = conn.setSavepoint();
            stmt.executeUpdate(insertSql2);
            // 回滚保存点
            if (true) {
                conn.rollback(s1);
            }
            // 如果顺利执行则在此提交
            conn.commit();
            // 恢复原有事务提交状态
            conn.setAutoCommit(autoCommit);
        } catch (Exception e)
        {
            // 如果出现异常，回滚
            if (conn != null) {
                try {
                    conn.rollback();
                } catch (SQLException se) {
```

```
                                 se.printStackTrace();
                         }
                  }
                  e.printStackTrace();
           }finally
           {
                  // 关闭连接
                  db.closeAll();
           }
     }
}
```

上述代码中，在执行第二条数据插入操作前通过如下语句设置了一个名为 s1 的保存点：

```
s1 = conn.setSavepoint();
```

并在程序执行期间，通过逻辑判断，使用语句

```
conn.rollback(s1);
```

对 s1 保存点到当前语句之间操作进行了部分回滚。通过查询 Student 表中的数据可以验证，第一条数据插入操作顺利完成，第二条操作并未奏效。

 如果使用 Oracle10g 提供的 class12.jar 驱动，则运行期间会抛出类似于 "java.lang.AbstractMethodError: oracle.jdbc.driver.T4CConnection" 的异常，此时可以将驱动程序包 更换为 Oracle10g 自带的 ojdbc14.jar 包。

本 章 小 结

通过本章的学习，学生应该能够学会：

◇ JDBC 是 Java 应用与数据库通信的基础。

◇ JDBC 包含一组类与接口，用于连接到任何数据库。

◇ JDBC 访问数据库的一般步骤是：加载 JDBC 驱动程序，建立数据库连接，创建 Statement 对象，执行 SQL 语句，处理返回结果，关闭创建的对象。

◇ JDBC 通过 ResultSet 维持查询结果集，并提供游标进行数据操作。

◇ 通过 Statement 实现静态 SQL 查询。

◇ 使用 PreparedStatement 实现动态 SQL 查询。

◇ 使用 CallableStatement 实现存储过程的调用。

◇ DatabaseMetaData 接口用于得到关于数据库的信息。

◇ ResultSetMetaData 接口主要用来获取结果集的结构。

◇ JDBC 默认的事务提交模式是自动提交。

◇ 通过 setAutoCommit()方法控制自动提交模式，使用 rollback()方法实现事务回滚。

本 章 练 习

1. 以下代码行的功能是_____。

```
Class.forName("Sun.jdbc.odbc.JdbcOdbcDriver");
```
    A. 为 MS-SQL 服务器数据库加载驱动程序

    B. 建立与指定数据库的连接

    C. 创建 ResultSet 对象

    D. 访问表中数据

2. 为维护不同数据库所创建的驱动器的列表，使用以下_____选项。

    A. JDBC 驱动器管理程序

    B. JDBC-ODBC 桥接

    C. JDBCODBC.dll

    D. 库例程

3. 以下代码片段来自 Java 源文件：

```
Class.forName("sun.jdbc.odbc.JdbcOdbcDriver");
Connection con = DriverManager.getConnection("jdbc:odbc:MyDataSource", "user1", "");
Statement stat=con.createStatement();
result=stat.executeQuery("Select * from Publishers");
```
    为得到 result 中的列数，以下代码正确的是_____。

    A. ResultMetaData rsmd=DatabaseMetaData.getMetaData();

        int columns=rsmd.getColumnCount();

    B. ResultSetMetaData rsmd=new ResultSetMetaData(result);

        int columns=rsmd.getColumnCount();

    C. ResultSetMetaData rsmd=result.getMetaData();

        int columns=rsmd.getColumnCount();

    D. DatabaseMetaData md=result.getMetaData();

        int columns=md.getColumnCount();

4. JDBC 连接 Oracle 数据库的驱动类是_____。

5. JDBC 连接 Oracle 数据库的连接字符串是_____。

6. 简述 JDBC 访问数据库的步骤。

7. 使用 JDBC 查询 dh_admin 用户的 student 表中所有学生的平均年龄、最大最小年龄、男生女生的个数信息。

第 10 章　Swing 图形界面⑴

本章目标

- 理解 Java Swing 的基本结构
- 掌握 Java 容器的使用方式
- 掌握 Java 常用布局的使用方式
- 掌握 Swing 的事件处理机制
- 掌握 Swing 常用组件的使用方式

10.1　Swing 概述

到目前为止，本书所编写的程序都是通过键盘接收输入，在控制台上显示结果。现代的程序早已不采用这种操作模式，网络程序更是如此。从本章开始，将介绍如何编写图形用户界面(GUI)的 Java 程序。

10.1.1　Swing 简介

在 Java 1.0 发布时，包含了一个用于基本 GUI 程序设计的类库，Sun 将它们称为抽象窗口工具箱(Abstract Windows Toolkit，AWT)。AWT 为 Java 应用程序提供基本的图形组件，使用 AWT 构建的 GUI 应程序运行在不同的平台上，会有不同的外观效果。因此，要想给予用户一致的、可预见性的界面操作方式，是相当困难的。

在 1996 年，Netscape 创建了一种称为 IFC(Internet Foundation Class)的 GUI 库，它采用了与 AWT 完全不同的工作方式。Netscape 的 IFC 组件在程序运行的所有平台上的外观和动作都一样。Sun 与 Netscape 合作完善了这种方式，创建名为 Swing 的 GUI 库。Swing 组件完全是用 Java 编写的，不需要使用那些当前平台所用的复杂 GUI 功能，因此，使用 Swing 构建的 GUI 应用程序运行在不同的平台上，显示一样的外观效果。

Swing 没有完全替代 AWT，而是基于 AWT 架构之上。Swing 仅仅提供了能力更加强大的用户界面组件。尤其在采用 Swing 编写的程序中，还需要使用基本的 AWT 处理事件。

Swing 的优点有以下几个方面：

◇ Swing 拥有一个丰富、便捷的用户界面元素集合。

◇ Swing 对低层平台依赖的很少，因此与平台相关的 bug 很少。

◇ Swing 给予不同平台的用户一致的感观效果。

10.1.2　Swing 结 构

Swing 组件位于 javax.swing 包中，javax 是一个 Java 扩展包。要有效地使用 GUI 组件，必须理解 javax.swing 和 java.awt 包中的继承层次，尤其是要理解 Component 类、Container 类和 JComponent 类，这 3 个类声明了大多数 Swing 组件的通用特性。如图 10-1 所示，Swing 组件的继承层次为：Object 类是 Java 类层次的父类；Component 类是 Object 类的子类；Container 类是 Component 类的子类；JComponent 类是 Container 的子类。

```
java.lang.Object
  └ java.awt.Component
      └ java.awt.Container
          └ javax.swing.JComponent
```

图 10-1　GUI 组件的继承层次

javax.swing 包中提供的 Swing 组件有很多，如图 10-2 所示。图中列举了部分 Swing
组件及其相互间的继承关系。

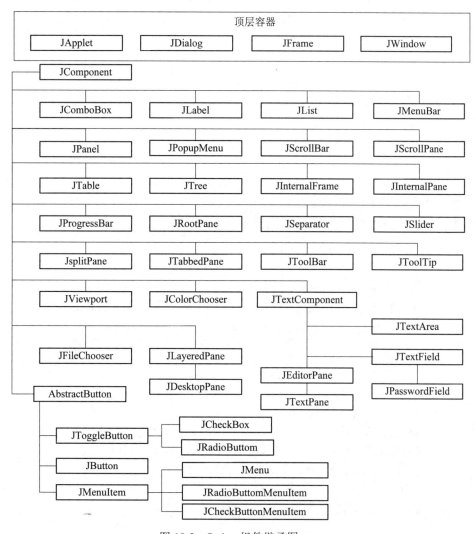

图 10-2　Swing 组件继承图

10.2　容器

容器(Container)是用来放置图形组件的一个对象，容器实际上是 Component 的子类，因此容器类对象本身也是一个组件，具有组件的性质，同时还具备容纳其他组件和容器的功能。

10.2.1　顶层容器

顶层容器就是不包含在其他容器中的容器。Swing 中常用的顶层容器有 **JFrame**。
JFrame 被称为窗口框架，它扩展了 java.awt.Frame 类，其常用方法及功能如表 10-1 所示。

表 10-1　JFrame 的方法列表

方　法	功　能　说　明
JFrame()	构造方法，用于创建一个初始时不可见的新窗体
JFrame(String title)	构造方法，用于创建一个初始不可见的具有指定标题的窗体
frameInit()	在构造方法中调用该方法来初始化窗体
add(Component comp)	添加组件
setLocation(int x,int y)	设置位置坐标，以像素为单位
setSize(int width,int height)	设置大小，以像素为单位
setVisible(boolean b)	设置是否可视，若参数是 true 则可视，若参数是 false 则隐藏
setContentPane(Container contentPane)	设置容器面板
setIconImage(Image image)	设置窗体左上角的图标
setDefaultCloseOperation(int operation)	设置窗体缺省的关闭操作，参数是常量，如 EXIT_ON_CLOSE
setTitle(String title)	设置标题

【示例 10.1】　通过 JFrame 创建可视化窗体，演示顶层容器(JFrame)的使用。

创建一个 Java 项目，命名为 ch10，创建一个名为 FrameDemo 的类，代码如下：

```java
package com.dh.ch10;
import javax.swing.JFrame;
public class FrameDemo extends JFrame {
    public FrameDemo() {
        super("我的窗口"); // 调用父类构造方法指定窗口标题
        this.setSize(300, 200); // 设定窗口宽度 300 像素，高度 200 像素
        this.setLocation(100, 100); // 设定窗口左上角坐标
        // 设定窗口关闭时的默认操作
        this.setDefaultCloseOperation(JFrame.EXIT_ON_CLOSE);
    }
    public static void main(String args[]) {
        FrameDemo frame = new FrameDemo();
        frame.setVisible(true); // 使窗口可见
    }
}
```

　　在上述代码中，MyFrame 继承 JFrame，在该类的构造方法中指定窗口标题为"我的窗口"，设置窗体的宽度和高度，设置窗体在显示器屏幕中的 x、y 轴坐标都为 100 像素。然后在 main()方法中先实例化一个 MyFrame 窗体对象，再通过 setVisible(true)方法让窗体显示。运行结果如图 10-3 所示。

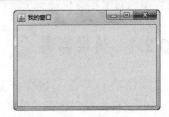

图 10-3　MyFrame 的运行结果

10.2.2 中间容器

中间容器不能作为顶层容器，它必须包含在其他容器中。例如，可以将中间容器放到 JFrame 顶层容器中。JPanel 是一个常用的中间容器，通常称为"面板"，它继承自 JComponent 类，其常用方法及功能如表 10-2 所示。

表 10-2　JPanel 的方法列表

方　　法	功 能 说 明
JPanel()	构造方法，用于创建一个默认布局为流布局的面板
JPanel((LayoutManager layout)	构造方法，用于创建一个指定布局的面板
add(Component comp)	添加组件
setLayout(LayoutManager mgr)	设置面板的布局

【示例 10.2】　通过中间容器 JPanel 创建带两个按钮的可视化窗体，演示中间容器 (JPanel)的使用。

打开项目 ch10，创建一个名为 PanelDemo 的类，代码如下：

```java
package com.dh.ch10;
import javax.swing.*;
public class PanelDemo extends JFrame {
    // 声明面板对象
    private JPanel jp;
    // 声明按钮对象
    private JButton b1;
    private JButton b2;
    public PanelDemo() {
        // 创建一个标题为"测试面板"的窗口
        super("测试面板");
        // 实例化面板对象
        jp = new JPanel();
        // 实例化一个按钮对象，该按钮上的文本为"Button 1"
        b1 = new JButton("Button 1");
        // 实例化一个按钮对象，该按钮上的文本为"Button 2"
        b2 = new JButton("Button 2");
        // 将按钮添加到面板中
        jp.add(b1);
        jp.add(b2);
        // 将面板添加到窗体框架中
        this.add(jp);
        this.setSize(300, 100);
        this.setLocation(100, 100);
        this.setDefaultCloseOperation(JFrame.EXIT_ON_CLOSE);
```

```
        }
    public static void main(String[] args) {
            PanelDemo sp = new PanelDemo();
            sp.setVisible(true);
        }
}
```

在上述代码中，先在类体内声明用到的各个组件，如面板对象 jp、按钮对象 b1 和 b2。然后在该类的构造方法中实例化各个组件(JButton 是按钮类，该类的详细介绍见本章后续小节)。运行结果如图 10-4 所示。

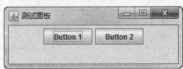

图 10-4　运行结果

10.3　布局

布局管理器用来管理组件在容器中的布局格式。当容器中容纳多个组件时，可以使用布局管理器将这些组件安排在一个容器中。布局管理器类位于 java.awt 包中。常用的布局管理器有 FlowLayout、BorderLayout、GridLayout、CardLayout 等。

10.3.1　FlowLayout

FlowLayout 称为"流布局"，将组件按从左到右的顺序流动地安排到容器中，直到占满上方的空间，则向下移动一行，继续流动。FlowLayout 是面板的默认布局，其常用的构造方法及功能如表 10-3 所示。

表 10-3　FlowLayout 的构造方法列表

方　　法	功 能 说 明
FlowLayout()	创建一个中间对齐、默认间距为 5 像素的新流布局管理器
FlowLayout(int align)	创建一个指定对齐方式、默认间距为 5 像素的新流布局管理器
FlowLayout(int align,int hgap,int vgap)	创建一个指定对齐方式、水平和垂直间距的新流布局管理器

【示例 10.3】　通过按钮在窗口的排列，演示流布局 FlowLayout 的使用。

打开项目 ch10，创建一个名为 FlowLayoutDemo 的类，代码如下：

```
package com.dh.ch10;
import java.awt.FlowLayout;
import javax.swing.*;
public class FlowLayoutDemo extends JFrame {
    private JPanel p;
    private JButton b1, b2, b3;
    public FlowLayoutDemo() {
            super("流布局");
```

```
        p = new JPanel();
        //创建一个流布局对象，对齐方式是左对齐，水平间距为 10 像素，垂直间距为 15 像素
        FlowLayout layout = new FlowLayout(FlowLayout.LEFT, 10, 15);
        //设置面板的布局
        p.setLayout(layout);
        b1 = new JButton("Button 1");
        b2 = new JButton("Button 2");
        b3 = new JButton("Button 3");
        p.add(b1);
        p.add(b2);
        p.add(b3);
        this.add(p);
        this.setSize(200, 150);
        this.setLocation(100, 100);
        this.setDefaultCloseOperation(JFrame.EXIT_ON_CLOSE);
    }
    public static void main(String[] args) {
        FlowLayoutDemo layout = new FlowLayoutDemo();
        layout.setVisible(true);
    }
}
```

在上述代码中，创建好流布局对象后，使用 setLayout()
方法将该布局对象设置到面板中。

运行结果如图 10-5 所示。

 采用流布局，当改变窗体的大小时，可以发现各组件的
位置随着窗体的变化而变化，而且各组件大小不变，保持原
来的"最合适"大小。

图 10-5　FlowLayout 运行结果

10.3.2　BorderLayout

BorderLayout 称为"边界布局"，它允许将组件有选择地放置到容器的中部、北部、
南部、东部或西部，如图 10-6 所示。

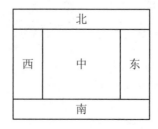

图 10-6　边界布局

BorderLayout 是窗体框架(JFrame)的默认布局，其常用的构造方法及功能如表 10-4 所示。

表 10-4   BorderLayout 构造方法列表

方　法	功　能　说　明
BorderLayout()	创建一个新的、无间距的边界布局管理器对象
BorderLayout(int hgap,int vgap)	创建一个新的、指定水平和垂直间距的边界局管理器

【示例 10.4】 通过按钮在窗口的排列，演示边界布局 BorderLayout 的使用。

打开项目 ch10，创建一个名为 BorderLayoutDemo 的类，代码如下：

```java
package com.dh.ch10;
import java.awt.BorderLayout;
import javax.swing.*;
public class BorderLayoutDemo extends JFrame {
    private JPanel p;
    private JButton b1, b2, b3, b4, b5;
    public BorderLayoutDemo() {
        super("边界布局");
        p = new JPanel();
        // 创建一个边界布局管理器对象，并将该布局设置到面板中
        p.setLayout(new BorderLayout());
        b1 = new JButton("Button 东");
        b2 = new JButton("Button 西");
        b3 = new JButton("Button 南");
        b4 = new JButton("Button 北");
        b5 = new JButton("Button 中");
        //将按钮放置到面板中指定位置
        p.add(b1, BorderLayout.EAST);
        p.add(b2, BorderLayout.WEST);
        p.add(b3, BorderLayout.SOUTH);
        p.add(b4, BorderLayout.NORTH);
        p.add(b5, BorderLayout.CENTER);
        this.add(p);
        this.setSize(300, 200);
        this.setLocation(100, 100);
        this.setDefaultCloseOperation(JFrame.EXIT_ON_CLOSE);
    }
    public static void main(String[] args) {
        BorderLayoutDemo f = new BorderLayoutDemo();
        f.setVisible(true);
    }
}
```

在上述代码中 p.setLayout(new BorderLayout());使用匿名的方式创建一个边界布局管理器对象，并将其设置到面板中。

因为边界布局管理器有五个位置，所以将组件添加到容器中时需要指明该组件所放置的位置。在 BorderLayout 类中定义了五个表明位置的常量，分别为：EAST(东)、WEST(西)、SOUTH(南)、NORTH(北)和 CENTER(中)。如果没有指明位置，则放置在中部(缺省位置)。

图 10-7　BorderLayout 运行结果

运行结果如图 10-7 所示。

 采用边界布局，当改变窗体的大小时，可以发现东西南北四个位置上的组件长度进行拉伸，而中间位置的组件进行扩展。

10.3.3　GridLayout

GridLayout 称为"网格布局"，它像表格一样，按行和列排列所有组件，且每个单元格大小都一样；在向表格里面添加组件的时候，它们将按照从左到右、从上到下的顺序加入。网格布局的常用构造方法及功能如表 10-5 所示。

表 10-5　GridLayout 构造方法列表

方　　法	功 能 说 明
GridLayout(int rows,int cols)	创建一个新的、指定行数和列数的网格布局管理器
GridLayout(int rows,int cols,int hgap,int vgap)	创建一个新的且指定行数、列数、水平间距和垂直间距的网格布局管理器

【示例 10.5】 通过按钮在窗口的排列，演示网格布局 GridLayout 的使用。

打开项目 ch10，创建一个名为 GridLayoutDemo 的类，代码如下：

```
package com.dh.ch10;
import java.awt.GridLayout;
import javax.swing.*;
public class GridLayoutDemo extends JFrame {
        private JPanel p;
        private JButton b1, b2, b3, b4;
        public GridLayoutDemo() {
                super("网格布局");
                // 创建一个 2 行 2 列的网格布局管理器对象，并将该布局设置到面板中
                p = new JPanel(new GridLayout(2, 2));
```

```
        b1 = new JButton("Button 1");
        b2 = new JButton("Button 2");
        b3 = new JButton("Button 3");
        b4 = new JButton("Button 4");
        // 将按钮放置到面板中
        p.add(b1);
        p.add(b2);
        p.add(b3);
        p.add(b4);
        this.add(p);
        this.setSize(300, 200);
        this.setLocation(100, 100);
        this.setDefaultCloseOperation(JFrame.EXIT_ON_CLOSE);
    }
    public static void main(String[] args) {
        GridLayoutDemo f = new GridLayoutDemo();
        f.setVisible(true);
    }
}
```

上述代码中，p = new JPanel(new GridLayout(2, 2));等价于下面语句

```
p = new JPanel();
p.setLayout(new GridLayout(2, 2));
```

在实例化面板对象时，将布局管理器作为参数，这样可以在实例化面板对象的同时，设置此面板的布局。

运行结果如图 10-8 所示。

图 10-8　GridLayout 运行结果

 采用网格布局，当改变窗体的大小时，可以发现 Button1、Button2、Button3、Button4 的大小随着窗体的变化而均匀变化。

10.3.4　CardLayout

CardLayout 称为"卡片布局"，它将加入到容器的组件看成一叠卡片，只能看到最上面的组件。通过调用 CardLayout 的一些方法，才能显示其中的组件。其常用方法及功能如表 10-6 所示。

表 10-6　CardLayout 的方法列表

方　　法	功　能　说　明
CardLayout()	构造方法，用于创建一个默认间距为 0 的新卡片布局管理器
CardLayout(int hgap,int vgap)	构造方法，用于创建一个指定水平和垂直间距的新卡片布局管理器
first(Container parent)	显示第一张卡片
last(Container parent)	显示最后一张卡片
previous(Container parent)	显示当前卡片的上一张卡片
next(Container parent)	显示当前卡片的下一张卡片
show(Container parent,String name)	显示指定名称的卡片

【示例 10.6】　通过按钮在窗口的排列，演示卡片布局 CardLayout 的使用。

打开项目 ch10，创建一个名为 CardLayoutDemo 的类，代码如下：

```java
package com.dh.ch10;
import javax.swing.*;
import java.awt.*;
public class CardLayoutDemo extends JFrame {
        private JPanel p;
        private JButton b1, b2, b3, b4;
        // 声明卡片布局管理器
        private CardLayout cl;
        public CardLayoutDemo() {
                super("卡片布局");
                // 实例化卡片布局管理器对象
                cl = new CardLayout();
                // 实例面板对象，其布局为卡片布局
                p = new JPanel(cl);
                b1 = new JButton("我爱看美剧");
                b2 = new JButton("我爱看韩剧");
                b3 = new JButton("我爱看日剧");
                b4 = new JButton("我爱看电影");
                // 将组件添加到面板中， 此时 add()带两个参数，分别是名称、组件
                p.add("1", b1);
                p.add("2", b2);
                p.add("3", b3);
                p.add("4", b4);
                this.add(p);
                // 显示最后一张卡片,此代码中最后一张卡片盛放的是 b4,结果显示"我爱看电影"
                // cl.last(p);
                // 显示名称是 2 的卡片，结果显示"我爱看韩剧"
```

```
        // cl.show(p, "2");
        this.setSize(200, 150);
        this.setLocation(100, 100);
        this.setDefaultCloseOperation(JFrame.EXIT_ON_CLOSE);
    }
    public static void main(String[] args) {
        CardLayoutDemo f = new CardLayoutDemo();
        f.setVisible(true);
    }
}
```

上述代码中使用 CardLayout 布局。需要注意的是：如果容器的布局是卡片布局，往容器中添加组件时 add()方法带两个参数，分别指明名称标识和组件对象。

运行结果如图 10-9 所示。

分别将代码中已注释的行// cl.last(p);和// cl.show(p, "2"); 取消注释，观察运行结果。

图 10-9　CardLayout 运行结果

 注 意　采用卡片布局，当改变窗体的大小时，可以发现卡片上的组件大小随着窗体的变化而变化，并始终占满整个窗口。

10.3.5　NULL 布局

在实际开发过程中，用户界面比较复杂，而且要求美观，此时单一使用 FlowLayout、BorderLayout、GridLayout 以及 CardLayout 这些布局很难满足要求。这时可以采用 NULL(空)布局，即容器不采用任何布局，而是通过设置每个组件在容器中的位置及大小来安排。使用 NULL 布局的步骤如下：

(1) 设置容器的布局为空，例如：

```
p.setLayout(null);//设置面板对象的布局为空
```

(2) 设置组件的位置及大小，例如：

```
b.setBounds(30,60,40,25);//设置按钮 x 轴坐标为 30，y 轴坐标为 60，宽度 40，高度 25(像素)
```

(3) 将组件添加到容器中

```
p.add(b);//将按钮添加到面板中
```

【示例 10.7】 通过按钮在窗口的位置，演示空布局 NULL 的使用。

打开项目 ch10，创建一个名为 NullDemo 的类，代码如下：

```
package com.dh.ch10;
import javax.swing.*;
public class NullDemo extends JFrame {
    private JPanel p;
    private JButton b1, b2;
    public NullDemo() {
```

```
        super("空布局");
        p = new JPanel();
        // 设置面板布局为空
        p.setLayout(null);
        b1 = new JButton("确定");
        b2 = new JButton("取消");
        // 设置按钮位置大小
        b1.setBounds(30, 60, 60, 25);
        b2.setBounds(100, 60, 60, 25);
        // 将按钮添加到面板中
        p.add(b1);
        p.add(b2);
        this.add(p);
        this.setSize(200, 150);
        this.setLocation(100, 100);
        this.setDefaultCloseOperation(JFrame.EXIT_ON_CLOSE);
    }
    public static void main(String[] args) {
        NullDemo f = new NullDemo();
        f.setVisible(true);
    }
}
```

在上述代码中，面板使用空布局，两个按钮在面板中的
位置和大小使用绝对位置进行固定。

运行结果如图 10-10 所示。

图 10-10　Null 布局运行结果

　NULL 布局一般用于组件之间位置相对固定，并且窗口不允许随便变换大小的情况，否则当窗口大小发生变化时，会因所有组件使用绝对位置而产生组件整体"偏移"的情况。

10.4　事件处理

对于图形用户界面的应用程序，要想实现用户界面的交互，必须通过事件处理。事件处理就是在事件驱动机制中，应用程序可以响应事件来执行一系列操作。事件驱动机制是在图形界面应用程序中由于用户操作(如单击鼠标或按下键盘某个键)而使程序代码或系统内部产生"事件"。这种基于事件驱动机制的事件处理是目前实现与用户交互的最好方式。

10.4.1　Java 事件处理机制

在图形用户界面中，当用户使用鼠标单击一个按钮、或在列表框进行选择、或者单击

窗口右上角的"×"(关闭按钮)等时，就会触发一个相应的事件。事件发生后，将被相应的事件监听器监听到，事件监听器捕获事件并调用相应的方法进行处理。这种处理机制其实是一种委派式的事件处理方式：组件将事件处理委托给特定的事件处理对象，当该组件发生指定的事件时，就通知所委托的事件处理对象，由此对象来处理这个事件。这个受委托处理事件的对象称为事件监听对象。每个组件均可以针对特定的事件指定一个或多个事件监听对象，由这些事件监听对象负责监听并处理事件。

Java 的事件处理机制如图 10-11 所示。

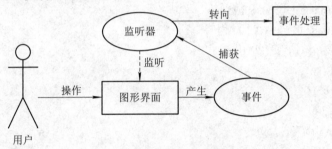

图 10-11　Java 事件处理机制

在 Java 事件体系结构中，以三种对象为中心来组成一个完整的事件模型：

◇ 事件(Event)：是一个描述事件源状态改变的对象，事件不是通过 new 运算符创建的，而是由用户操作触发的。事件可以是键盘事件、鼠标事件等。事件一般作为事件处理方法的参数，以便从中获取事件的相关信息。

◇ 事件源(Event Source)：产生事件的对象，事件源通常是 GUI 组件，例如单击按钮，则按钮就是事件源。

◇ 事件监听器(Event Listener)：当事件产生时，事件监听器用于对该事件进行响应和处理。监听器需要实现监听接口中定义的事件处理方法。

10.4.2　事件类

事件类用于封装事件处理所必需的基本信息，如事件源、事件信息等。所有的事件类都继承自 EventObject，Java 将所有组件可能发生的事件进行分类，具有共同特征的事件被抽象为一个事件类 AWTEvent。AWTEvent 是所有 AWT 事件的根事件类，此类及其子类取代了原来的 java.awt.Event 类，其常用方法及功能如表 10-7 所示。

表 10-7　AWTEvent 的常用方法列表

方　　法	功　能　说　明
int getID()	返回事件类型
String paramString()	返回此 Event 状态的字符串，此方法仅在进行调试的时候使用
Object getSource()	从 EventObject 类继承的方法，用于返回事件源的对象

常用的事件类包括 ActionEvent(动作事件)、MouseEvent(鼠标事件)、KeyEvent(键盘事件)等，其继承层次关系如图 10-12 所示。

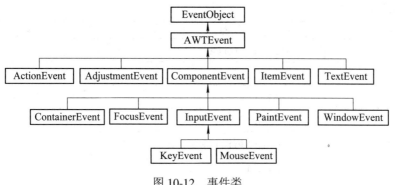

图 10-12 事件类

 注意 许多事件类是 Swing 组件和 AWT 组件(最早的图形组件，现已不提倡使用)所共有的，这样的事件类都在 java.awt.event 包中。javax.swing.event 包声明了 Swing 组件所特有的事件类。

表 10-8 列出了一些常用的事件类和对应的事件类功能说明，以及可以产生此类事件的组件，即事件源。

表 10-8 事件类列表

事件类	说　明	事件源
ActionEvent	动作事件，最常用的一个事件	按钮、列表、菜单项等
AdjustmentEvent	调节事件，当调节滚动条时会生成此事件	滚动条
ItemEvent	选项事件，当选择不同的选项时会生成此事件	列表、组合框等
FocusEvent	焦点事件，当组件获得或失去焦点时会生成此事件	能接受焦点的组件
KeyEvent	键盘事件，当敲击键盘时会生成此事件	能接受焦点的组件
MouseEvent	鼠标事件，当操作鼠标时会生成此事件	所有组件
WindowEvent	窗口事件，当窗口状态改变时会生成此事件	窗体

10.4.3 监听接口

监听接口中定义了抽象的事件处理方法，这些方法针对不同的操作进行不同的处理。在程序中，通常使用监听类实现监听接口中的事件处理方法。监听接口定义在 java.awt.event 包中，该包中提供了不同事件的监听接口，这些接口中定义了不同的抽象的事件处理方法。表 10-9 列出了常用的监听接口及其事件处理方法。

表 10-9 监听接口列表

监听接口	处理方法	功能说明
ActionListener	actionPerformed(ActionEvent e)	行为处理
AdjustmentListener	adjustmentValueChanged(AdjustmentEvent e)	调节值改变
ItemListener	itemStateChanged(ItemEvent e)	选项值状态改变
FocusListener	focusGained(FocusEvent e)	获得聚焦
	focusLost(FocusEvent e)	失去聚焦

续表

监听接口	处理方法	功能说明
KeyListener	keyPressed(KeyEvent e)	按下键盘
	keyReleased(KeyEvent e)	松开键盘
	keyTyped(KeyEvent e)	敲击键盘
MouseListener	mouseClicked(MouseEvent e)	鼠标单击
	mouseEntered(MouseEvent e)	鼠标进入
	mouseExited(MouseEvent e)	鼠标退出
	mousePressed(MouseEvent e)	鼠标按下
	mouseReleased(MouseEvent e)	鼠标松开
MouseMotionListener	mouseDragged(MouseEvent e)	鼠标拖动
	mouseMoved(MouseEvent e)	鼠标移动
WindowListener	windowActivated(WindowEvent e)	窗体激活
	windowClosed(WindowEvent e)	窗体关闭以后
	windowClosing(WindowEvent e)	窗体正在关闭
	windowDeactivated(WindowEvent e)	窗体失去激活
	windowDeiconified(WindowEvent e)	窗体非最小化
	windowIconified(WindowEvent e)	窗体最小化
	windowOpened(WindowEvent e)	窗体打开后

10.4.4　事件处理步骤

Java 中进行事件处理的步骤如下：

(1) 创建监听类，在事件处理方法中编写事件处理代码。

(2) 创建监听对象。

(3) 利用组件的 addXXXListener()方法将监听对象注册到组件上。

这里需要注意监听类、事件处理方法和监听对象这三个概念的区别与联系：

✧ 监听类：是一个扩展监听接口的类，它可以扩展一个或多个监听接口。例如，定义一个名为 MyListener 的监听类，该监听类扩展 ActionListener，代码如下：

```
class MyListener implements ActionListener {...}
```

✧ 事件处理方法：是监听接口中已经定义好的相应的事件处理方法，在创建监听类时，需要重写这些事件处理方法，将事件处理的代码放入相应的方法中。例如：

```
class MyListener implements ActionListener {
        // 重写 ActionListener 接口中的事件处理方法 actionPerformed()
        public void actionPerformed(ActionEvent e) {
            ...
```

```
        }
}
```

❖ 监听对象：是监听类的一个实例对象，具有监听功能。这样，将此监听对象
注册到组件上，当该组件上发生相应的事件时，将会被此监听对象捕获并调
用相应的方法进行处理。例如：

```
MyListener listener = new MyListener(); //创建一个监听对象
button.addActionListener(listener); // 注册监听
```

【示例 10.8】 通过创建监听类，实现单击按钮改变面板的背景颜色的功能。

打开项目 ch10，创建一个名为 ColorChange 的类，代码如下：

```
package com.dh.ch10;
import java.awt.Color;
import java.awt.event.*;
import javax.swing.*;
public class ColorChange extends JFrame {
        JPanel p;
        JButton btnRed, btnGreen, btnYellow;
        public ColorChange() {
                super("动作事件测试");
                p = new JPanel();
                btnRed = new JButton("面板变红色");
                btnGreen = new JButton("面板变绿色");
                btnYellow = new JButton("面板变黄色");
                p.add(btnRed);
                p.add(btnGreen);
                p.add(btnYellow);
                // 创建一个监听对象
                ButtonListener bl = new ButtonListener();
                // 给按钮注册监听对象
                btnRed.addActionListener(bl);
                btnGreen.addActionListener(bl);
                btnYellow.addActionListener(bl);
                this.add(p);
                this.setSize(300, 200);
                this.setLocation(100, 100);
                this.setDefaultCloseOperation(JFrame.EXIT_ON_CLOSE);
        }
        // 创建扩展 ActionListener 的监听类
        public class ButtonListener implements ActionListener {
                // 重写 ActionListener 接口中的事件处理方法 actionPerformed()
                public void actionPerformed(ActionEvent e) {
                        Object source = e.getSource();// 获取事件源
```

```
            // 判断事件源，进行相应的处理
            if (source == btnRed) {
                // 设置面板的背景颜色是红色
                p.setBackground(Color.red);
            } else if (source == btnGreen) {
                // 设置面板的背景颜色是绿色
                p.setBackground(Color.green);
            } else {
                // 设置面板的背景颜色是黄色
                p.setBackground(Color.yellow);
            }
        }
    }
    public static void main(String[] args) {
        ColorChange cf = new ColorChange();
        cf.setVisible(true);
    }
}
```

上述代码中，要注意以下几点：

◆ ButtonListener 扩展 ActionListener 监听接口，是一个监听类。

◆ ButtonListener 定义在 ColorChange 类体内，是一个内部类。内部类可以直接访问其所在外部类的其他成员，如 btnRed、btnGreen、btnYellow 等。

◆ actionPerformed()方法是动作事件的处理方法，该方法先获取事件源(用户操作的按钮)，再进行相应的处理。

◆ java.awt.Color 是一个基于标准 RGB 的颜色类，其内部定义了一些颜色常量。例如 Color.red 或 Color.RED 都表示红色。

◆ 通过调用 setBackground()方法可以设置面板的背景颜色。

◆ 在 ColorChange 的构造方法中创建一个 ButtonListener 类的对象 bl，该对象就是监听对象。调用按钮的 addActionListener()注册监听对象，此时监听对象将监视按钮是否被单击。如果用户进行单击按钮的操作，监听对象会自动调用其 actionPerformed()方法进行处理，处理过程如图 10-13 所示。

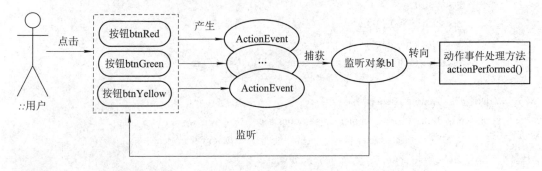

图 10-13 事件产生及处理过程

◇　一个监听对象可以对多个组件进行监听，此处 bl 监听 btnRed、btnGreen 和 btnYellow 这三个按钮。

运行结果如图 10-14 所示，单击不同的按钮，可观察到面板颜色的变化。

在事件处理的方式上，除了采用上面的这种通过定义事件监听器类的方式外，还可以采用另外一种匿名的方式，即无需给事件监听器类进行命名，只需在注册的同时实现监听器接口及其方法即可。

图 10-14　颜色改变

【示例 10.9】　通过匿名监听类的方式实现单击按钮改变面板的背景颜色的功能。

打开项目 ch10，创建一个名为 ColorChange2 的类，代码如下：

```
package com.dh.ch10;
import java.awt.Color;
import java.awt.event.*;
import javax.swing.*;
public class ColorChange2 extends JFrame {
    JPanel p;
    JButton btnRed, btnGreen, btnYellow;
    public ColorChange2() {
        super("动作事件测试 2");
        p = new JPanel();
        btnRed = new JButton("面板变红色");
        btnGreen = new JButton("面板变绿色");
        btnYellow = new JButton("面板变黄色");
        p.add(btnRed);
        p.add(btnGreen);
        p.add(btnYellow);
        // 使用匿名监听类的方式注册监听对象
        btnRed.addActionListener(new ActionListener(){
            public void actionPerformed(ActionEvent e) {
                p.setBackground(Color.red);
            }
        });
        btnGreen.addActionListener(new ActionListener(){
            public void actionPerformed(ActionEvent e) {
                p.setBackground(Color.green);
            }
        });
        btnYellow.addActionListener(new ActionListener(){
            public void actionPerformed(ActionEvent e) {
```

```
                    p.setBackground(Color.yellow);
                }
        });
        this.add(p);
        this.setSize(300, 200);
        this.setLocation(100, 100);
        this.setDefaultCloseOperation(Jframe.EXIT_ON_CLOSE);
    }
    public static void main(String[] args) {
        ColorChange2 cf = new ColorChange2();
        cf.setVisible(true);
    }
}
```

上述代码在给按钮注册监听对象时，直接新建一个 ActionListener，因接口不能直接
实例化，所以在新建的同时必须实现该接口中的 actionPerformed() 方法。这种方式没有给
监听类进行命名，也没有给监听对象命名，因此称为匿名处理方式。

10.4.5　键盘事件

大多数窗体程序都是通过处理键盘事件来处理键盘输入的。键盘事件 KeyEvent 的处
理也是应用程序中常见的，例如用户敲击键盘的回车键下移光标位置等。

【示例 10.10】定义一个类，模拟用 W、A、S、D 键控制按钮来回走动的功能。

打开项目 ch10，创建一个名为 KeyDemo 的类，代码如下：

```
package com.dh.ch10;
import javax.swing.*;
import java.awt.event.*;
public class KeyDemo extends JFrame implements KeyListener {
    private JPanel p;
    private JButton b;
    public KeyDemo() {
        super("键盘控制按钮移动");
        p = new JPanel();
        b = new JButton("用 W A S D 键控制");
        p.add(b);
        // 注册键盘监听
        b.addKeyListener(this);
        this.add(p);
        this.setSize(200, 150);
        this.setLocation(100, 100);
        this.setDefaultCloseOperation(JFrame.EXIT_ON_CLOSE);
```

```
        }
        // 敲击键盘的事件处理方法
        public void keyTyped(KeyEvent e) {

        }
        // 键盘按下的事件处理方法
        public void keyPressed(KeyEvent e) {
                // 获取按下键盘的码值
                int key = e.getKeyCode();
                // 获得按钮当前的 x,y 轴坐标
                int x = b.getX();
                int y = b.getY();
                switch (key) {
                case KeyEvent.VK_D:
                        //按 D 键，x 轴坐标增加
                        b.setLocation(x + 5, y);
                        break;
                case KeyEvent.VK_A:
                        //按 A 键，x 轴坐标减少
                        b.setLocation(x - 5, y);
                        break;
                case KeyEvent.VK_W:
                        //按 W 键，y 轴坐标减少
                        b.setLocation(x, y - 5);
                        break;
                case KeyEvent.VK_S:
                        //按 S 键，y 轴坐标增加
                        b.setLocation(x, y + 5);
                        break;
                default:
                        break;
                }
        }
        // 键盘松开的事件处理方法
        public void keyReleased(KeyEvent e) {
        }
        public static void main(String[] args) {
                KeyDemo f = new KeyDemo();
                f.setVisible(true);

        }
}
```

在上述代码中，KeyDemo 类扩展 KeyListener 接口，该接口中有 3 个事件处理方法，分别为：keyTyped()、keyPressed()和 keyReleased()。在 keyPressed()方法中加入处理代码，其他两个方法虽无处理代码，但必须保留。因为扩展接口时，类必须重写接口中的所有方法，哪怕有些方法不需要，也必须重写。

键盘事件 KeyEvent 类中对每个键盘按键都定义了一个常量与之对应，VK_D 代表键盘按钮 D，VK_A 代表键盘按钮 A，VK_W 代表键盘按钮 W，VK_S 代表键盘按钮 S。

图 10-15　KeyDemo 执行结果

KeyEvent 类中常用的两个方法如下：

✧　int getKeyCode()：获取键盘按键码值。

✧　char getKeyChar()：获取键盘按键上的字符。

执行结果如图 10-15 所示。

操作键盘的方向键，观察按钮位置的变化。

10.4.6　鼠标事件

鼠标事件 MouseEvent 有两个监听接口 MouseListener 和 MouseMotionListener。MouseListener 专门用于监听鼠标的按下、松开、单击等操作，而 MouseMotionListener 用于监听鼠标移动和拖动方面的操作。

【示例 10.11】　实现点拖鼠标在面板中画图的功能。

打开项目 ch10，创建一个名为 MouseDemo 的类，代码如下：

```java
package com.dh.ch10;
import java.awt.*;
import java.awt.event.*;
import javax.swing.*;
public class MouseDemo extends JFrame implements MouseMotionListener {
        private JPanel p;
        private JButton btn;
        int x, y;
        public MouseDemo() {
                super("画板");
                p = new JPanel();
                // 注册鼠标监听
                p.addMouseMotionListener(this);
                btn = new JButton("重新画图");
                btn.addActionListener(new ActionListener() {
                        @Override
                        public void actionPerformed(ActionEvent arg0) {
                                //清空画板
```

```
                        p.getGraphics().clearRect(0, 0,
                            p.getWidth(), p.getHeight());
                    }
            });
            p.add(btn);
            this.add(p);
            this.setSize(400,300);
            this.setLocation(100, 100);
            this.setDefaultCloseOperation(JFrame.EXIT_ON_CLOSE);
    }
    // 重写JFrame的paint()方法，此方法用于在窗体中画图
    public void paint(Graphics g) {
            // 设置画笔的颜色
            g.setColor(Color.blue);
            // 画一个实心圆
            g.fillOval(x, y, 10, 10);
    }
    // 鼠标移动的处理方法
    public void mouseMoved(MouseEvent e) {
    }
    // 鼠标拖动的处理方法
    public void mouseDragged(MouseEvent e) {
            // 获取鼠标当前的坐标
            x = e.getX();
            y = e.getY();
            // 重画，repaint()触发paint()
            this.repaint();
    }
    public static void main(String[] args) {
            MouseDemo f = new MouseDemo();
            f.setVisible(true);
    }
}
```

在上述代码中，p.getGraphics().clearRect(0, 0, p.getWidth(), p.getHeight());的目的是清空画板中的图像，paint()方法用于在窗体中画图，repaint()方法是用来调用 paint()方法达到连续画图的效果。

执行结果如图 10-16 所示。

图 10-16　MouseDemo 运行结果

10.4.7　适 配 器

在示例 10.10 和示例 10.11 中，扩展监听接口时，有些事件处理方法是不需要的，但必须重写。出于简化代码的目的，java.awt.event 包中又提供了一套抽象适配器类，分别实现每个具有多个事件处理方法的监听接口。这样继承适配器后，可以仅重写需要的事件处理方法。适配器类如表 10-10 所示。

表 10-10　适配器类列表

适 配 器 类	实 现 接 口
FocusAdapter	FocusListener
KeyAdapter	KeyListener
MouseAdapter	MouseListener
MouseMotionAdapter	MouseMotionListener
WindowAdapter	WindowListener

【示例 10.12】　通过使用 MouseAdapter 实现在窗口中用鼠标抓按钮的功能来演示适配器的使用。

打开项目 ch10，创建一个名为 MouseAdapterDemo 的类，代码如下：

```java
package com.dh.ch10;
import java.awt.event.*;
import javax.swing.*;
//继承 MouseAdapter 适配器类
public class MouseAdapterDemo extends MouseAdapter {
    JFrame f;
    JPanel p;
    JButton b;
    public MouseAdapterDemo() {
        f = new JFrame("抓到按钮有奖");
        p = new JPanel();
        b = new JButton("来抓我呀");
        b.addMouseListener(this);
        p.add(b);
        f.add(p);
        f.setSize(400,300);
        f.setLocation(100, 100);
        f.setDefaultCloseOperation(JFrame.EXIT_ON_CLOSE);
        f.setVisible(true);
    }
    // 重写鼠标进入的事件处理方法
    public void mouseEntered(MouseEvent e) {
        // 产生随机数，作为新坐标
```

```
            int x = (int) (Math.random() * 380);
            int y = (int) (Math.random() * 250);
            b.setLocation(x, y);
        }
    public static void main(String args[]) {
            new MouseAdapterDemo();
        }
}
```

在上述代码中，使用 MouseAdapter 而不使用 MouseListener，这样只需重写需要的事件处理方法 mouseEntered()方法，MouseListener 接口中的其他 4 个鼠标事件处理方法无需重写，使用适配器简化了程序代码。

执行结果如图 10-17 所示。

图 10-17　MouseAdapterDemo 执行结果

10.5　常用组件

任何一个复杂的 GUI 都是由最基本的组件在布局的统一控制下组合而成的。在 Java 中，常用的组件有：按钮、标签、图标、文本组件、复选框、单选按钮、列表框、组合框等。

10.5.1　按钮

JButton 类提供了一个能够被单击的按钮功能，当单击按钮时，按钮将处于"下压"形状，松开后又恢复原状。在按钮中可以显示图标、字符串或两者同时显示。JButton 类的常用方法及功能如表 10-11 所示。

表 10-11　JButton 的方法列表

方　　法	功　能　说　明
JButton(String str)	构造方法，用于创建一个指定文本的按钮组件
JButton(Icon i)	构造方法，用于创建一个指定图标的按钮组件
JButton(String str,Icon icon)	构造方法，用于创建一个指定文本和图标的按钮组件
String getText()	获取按钮上的文本内容
void setText(String str)	设置按钮上的文本内容
void setIcon(Icon icon)	设置按钮上的图标

10.5.2 标签

JLabel 类可以显示文字或图标，它没有边界，也不响应用户输入。可以利用标签标识组件，起到提示的作用。例如，使用标签标识文本框、文本域等这种不带标签的组件。

JLabel 类的常用方法及功能如表 10-12 所示。

表 10-12 JLabel 的方法列表

方 法	功 能 说 明
JLabel(Icon icon)	构造方法，用于创建一个指定图标的标签对象
JLabel(String text)	构造方法，用于创建一个指定文本的标签对象
JLabel(String text, Icon icon, int horizontalAlignment)	构造方法，用于创建一个指定文本、图标和对齐方式的标签对象
void setText(String txt)	设置标签中的文本内容
void setIcon(Icon icon)	设置标签中的图标
String getText()	获取标签中的文本内容

10.5.3 图标

Icon 组件用于加载图片，加载的图片文件格式一般限于 gif 和 jpg 文件。Icon 是一个接口，ImageIcon 类实现该接口，创建一个 ImageIcon 类的对象时只需将图片文件名作为参数，就会打开文件并得到图形。

【示例 10.13】演示 Icon 组件的使用。

打开项目 ch10，创建一个名为 IconDemo 的类，代码如下：

```java
package com.dh.ch10;
import javax.swing.*;
public class IconDemo extends JFrame {
    private JPanel p;
    private JButton b;
    private JLabel lbl;
    public IconDemo() {
        super("图片");
        p = new JPanel();
        Icon icon1 = new ImageIcon("images\\cry.gif");
        lbl = new JLabel(icon1);
        Icon icon2 = new ImageIcon("images\\cool.gif");
        b = new JButton("保存", icon2);
        p.add(lbl);
        p.add(b);
        this.add(p);
        this.setSize(450, 350);
```

```
            this.setLocation(100, 100);
            this.setDefaultCloseOperation(JFrame.EXIT_ON_CLOSE);
    }
    public static void main(String[] args) {
            IconDemo f = new IconDemo();
            f.setVisible(true);
    }
}
```

在上述代码中，使用 ImageIcon 实例化图片对象时，图片文件名包含路径(相对路径)，"\\"是转义字符，代表"\"。图片 cool.gif 和 cry.gif 都在项目的 images 文件夹下，如图 10-18 所示。

运行结果如图 10-19 所示。

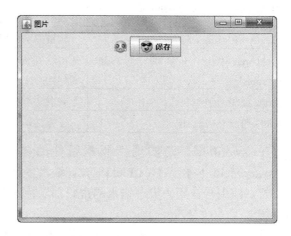

图 10-18　images 目录存放图片　　　　　图 10-19　IconDemo 运行结果

10.5.4　文本组件

在 Java 中，文本组件主要用于实现文本串的输入。常用的文本组件有：

◇ 文本框(JTextField)。

◇ 文本域(JTextArea)。

◇ 密码框(JPasswordField)。

其中，文本框只能接收单行的文本输入，而文本域可以接收多行的文本输入，这两个类都继承于 JTextComponent 类。JTextComponent 是抽象类，此类定义了文本组件的通用方法及特性，不能直接构造该抽象类的对象。

JTextField 是实现文本框组件的类，该类与 java.awt.TextField 具有源代码兼容性，并具有建立字符串的方法。此字符串用作针对被激发的操作事件的命令字符串。JTextField 类的常用方法及功能如表 10-13 所示。

JTextArea 是实现文本域组件的类，是一个显示纯文本的多行区域，该组件中可以编辑多行多列文本，具有换行能力。其常用的方法及功能如表 10-14 所示。

表 10-13 JTextField 的方法列表

方　　法	功　能　说　明
JTextField(int cols)	构造方法，用于创建一个空文本的、指定长度的文本框
JTextField(String str)	构造方法，用于创建一个指定文本的文本框
JTextField(String s, int cols)	构造方法，用于创建一个指定文本的、指定长度的文本框
String getText()	获取文本框中的文本内容
void setText(String str)	设置文本框中的文本内容

表 10-14 JTextArea 的方法列表

方　　法	功　能　说　明
JTextArea(int rows,int columns)	构造方法，用于创建一个空文本、指定行数和列数的文本域
JTextArea(String text)	构造方法，用于创建一个指定文本的文本域
JTextArea(String text,int rows,int columns)	构造方法，用于添加组件创建一个指定文本、指定行数和列数的文本域
String getText()	获取文本域中的文本内容
void setText(String str)	设置文本域中的文本内容

　　JPasswordField 是实现密码框组件的类，可以提供让用户输入密码的功能。JPasswordField 继承于 JTextField，允许编辑单行文本，其视图指示键入内容，但不显示原始字符，即用户在密码框中输入的密码都以特殊符号显示。其常用方法及功能如表 10-15 所示。

表 10-15 JPasswordField 的方法列表

方　　法	功　能　说　明
JPasswordField (int cols)	构造方法，用于创建一个空的、指定长度的密码框
JPasswordField (String str)	构造方法，用于创建一个指定密码信息的密码框
JPasswordField (String s, int cols)	构造方法，用于创建一个指定密码信息的、指定长度的密码框
char[] getPassword()	获取密码框中的密码，以字符型数组形式返回
setEchoChar(char c)	设置密码框中的反射字符为指定字符，JDK1.6 中密码框的缺省反射字符为 "."

　　【示例 10.14】 实现一个用户登录界面，登录信息包括用户名和密码。

　　打开项目 ch10，创建一个名为 Login 的类，代码如下：

```java
package com.dh.ch10;
import java.awt.event.*;
import javax.swing.*;
public class Login extends JFrame {
    private JPanel p;
```

```java
private JLabel lblName, lblPwd;
private JTextField txtName;
private JPasswordField txtPwd;
private JButton btnOk, btnCancle;
public Login() {
        super("用户登录界面");
        p = new JPanel();
        p.setLayout(null);
        lblName = new JLabel("用户名");
        lblPwd = new JLabel("密      码");
        txtName = new JTextField(20);
        txtPwd = new JPasswordField(20);
        btnOk = new JButton("确定");
        btnCancle = new JButton("取消");
        //注册确定按钮的事件处理
        btnOk.addActionListener(new ActionListener(){
                @Override
                public void actionPerformed(ActionEvent e) {
                        //获取用户输入的用户名
                        String strName=txtName.getText();
                        //获取用户输入的密码
                        String strPwd=new String(txtPwd.getPassword());
                        //在控制台显示用户输入的信息
                        System.out.println("用户名:"+strName+"\n 密码:"+strPwd);
                }
        });
        //注册取消按钮的事件处理
        btnCancle.addActionListener(new ActionListener(){
                @Override
                public void actionPerformed(ActionEvent e) {
                        //清空文本框中的文本
                        txtName.setText("");
                        txtPwd.setText("");
                }
        });
        lblName.setBounds(30, 30, 60, 25);
        txtName.setBounds(95, 30, 120, 25);
        lblPwd.setBounds(30, 60, 60, 25);
        txtPwd.setBounds(95, 60, 120, 25);
        btnOk.setBounds(60, 90, 60, 25);
```

```
                btnCancle.setBounds(125, 90, 60, 25);
                p.add(lblName);
                p.add(txtName);
                p.add(lblPwd);
                p.add(txtPwd);
                p.add(btnOk);
                p.add(btnCancle);
                this.add(p);
                this.setSize(250, 170);
                this.setLocation(300, 300);
                // 设置窗体不可改变大小
                this.setResizable(false);
                this.setDefaultCloseOperation(JFrame.EXIT_ON_CLOSE);
        }
        public static void main(String[] args) {
                Login f = new Login();
                f.setVisible(true);
        }
}
```

在上述代码中，面板使用空布局，需要设置各组件的坐标和大小。

运行结果如图 10-20 所示。

在图 10-20 中输入用户名和密码，单击"确定"按钮，则在控制台显示"用户名:dhadmin 密码:123456"；单击"取消"按钮，则清空文本框中的文本。

图 10-20　Login 运行结果

10.5.5　复选框

复选框(JCheckBox)可以控制选项是否被选中。在复选框上单击时，可以改变复选框的状态。复选框可以被单独使用或作为一组使用，即可以有一个或者多个选项同时选中。其常用的方法及功能如表 10-16 所示。

表 10-16　JCheckBox 的方法列表

方　　法	功　能　说　明
JCheckBox(String str)	构造方法，用于创建一个指定文本的、没有被选中的复选框
JCheckBox(String str, boolean state)	构造方法，用于创建一个指定文本的、显示是否被选中的复选框。其中如果 state 为 true，则复选框在初始化时状态为被选中，否则相反
void setSelected(boolean state)	设置复选框的选中状态，true 为选中，false 为未被选中
boolean isSelected()	确定复选框是否被选中，返回 true 为选中，返回 false 为未被选中

10.5.6　单选按钮

单选按钮(JRadioButton)可被选择或取消选择，并可为用户显示其状态。单选按钮一般成组出现，与按钮组(ButtonGroup)对象配合使用，一次只能选择其中的一个按钮，即这一组按钮中只能有一个被选中。

使用单选按钮时，要创建一个 ButtonGroup 对象并用其 add()方法将 JRadioButton 对象包含到此组中。ButtonGroup 对象为逻辑分组，而不是物理分组，因此仍要将 JRadioButton 对象添加到容器对象中。

JRadioButton 类中的常用方法及功能如表 10-17 所示。

表 10-17　JRadioButton 的方法列表

方　　法	功　能　说　明
JRadioButton(String str)	构造方法，用于创建一个指定文本的、没有被选中的单选按钮
JRadioButton(String str,boolean state)	构造方法，用于创建一个指定文本的、没有被选中的单选按钮
void setSelected(boolean state)	设置单选按钮的选中状态：true 为选中，false 为未被选中
boolean isSelected()	确定单选按钮是否被选中：true 为选中，false 为未被选中

【示例 10.15】　演示复选框和单选按钮的使用，并在控制台显示选中的内容。

打开项目 ch10，创建一个名为 CheckRadioDemo 的类，代码如下：

```java
package com.dh.ch10;
import java.awt.*;
import java.awt.event.*;
import javax.swing.*;
public class CheckRadioDemo extends JFrame {
    private JPanel p, p1, p2, p3;
    private JLabel lblSex, lblLike;
    private JRadioButton rbMale, rbFemale;
    private ButtonGroup bg;
    private JCheckBox ckbRead, ckbNet, ckbSwim, ckbTour;
    private JButton btnOk, btnCancle;
    public CheckRadioDemo() {
        super("复选框和单选按钮");
        p = new JPanel(new GridLayout(3, 1));
        lblSex = new JLabel("性别:");
        lblLike = new JLabel("爱好:");
        // 创建单选按钮
        rbMale = new JRadioButton("男", true);
        rbFemale = new JRadioButton("女");
```

```
        // 创建按钮组
        bg = new ButtonGroup();
        // 将 rb1 和 rb2 两个单选按钮添加到按钮组中,这两个单选按钮只能选中其一
        bg.add(rbMale);
        bg.add(rbFemale);
        // 创建复选框
        ckbRead = new JCheckBox("阅读");
        ckbNet = new JCheckBox("上网");
        ckbSwim = new JCheckBox("玩游戏");
        ckbTour = new JCheckBox("打篮球");
        btnOk = new JButton("确定");
        btnCancle = new JButton("取消");
        // 注册确定按钮的监听
        btnOk.addActionListener(new ActionListener() {
                @Override
                public void actionPerformed(ActionEvent e) {
                        String strSex = "男";
                        if (rbFemale.isSelected()) {
                                strSex = "女";
                        }
                        String strLike = "";
                        if (ckbRead.isSelected()) {
                                strLike += "阅读、";
                        }
                        if (ckbNet.isSelected()) {
                                strLike += "上网、";
                        }
                        if (ckbSwim.isSelected()) {
                                strLike += "玩游戏、";
                        }
                        if (ckbTour.isSelected()) {
                                strLike += "打篮球、";
                        }
                        System.out.println("性别: " + strSex);
                        System.out.println("爱好: " + strLike);
                }
        });
        // 注册取消按钮的监听
        btnCancle.addActionListener(new ActionListener() {
                @Override
```

```
            public void actionPerformed(ActionEvent e) {
                //设置"男"单选按钮选中
                rbMale.setSelected(true);
                //设置所有复选框不被选中
                ckbRead.setSelected(false);
                ckbNet.setSelected(false);
                ckbSwim.setSelected(false);
                ckbTour.setSelected(false);
            }
        });
        // 与性别相关的组件添加到 p1 子面板中
        p1 = new JPanel(new FlowLayout(FlowLayout.LEFT));
        p1.add(lblSex);
        p1.add(rbMale);
        p1.add(rbFemale);
        p.add(p1);
        // 与爱好相关的组件添加到 p2 子面板中
        p2 = new JPanel(new FlowLayout(FlowLayout.LEFT));
        p2.add(lblLike);
        p2.add(ckbRead);
        p2.add(ckbNet);
        p2.add(ckbSwim);
        p2.add(ckbTour);
        p.add(p2);
        //按钮添加到 p3 子面板中
        p3=new JPanel();
        p3.add(btnOk);
        p3.add(btnCancle);
        p.add(p3);
        this.add(p);
        this.setSize(300, 200);
        this.setLocation(100, 100);
        this.setDefaultCloseOperation(JFrame.EXIT_ON_CLOSE);
    }
    public static void main(String[] args) {
        CheckRadioDemo f = new CheckRadioDemo();
        f.setVisible(true);
    }
}
```

在上述代码中，混合使用网格布局和流布局。其中，面板 p 是网格布局，为 3 行 1

列；p1、p2 和 p3 这三个子面板是流布局，分别放在不同的行中；其他的组件在创建后放在相应的子面板中。注意使用 JRadioButton 创建单选按钮时，将单选按钮添加到 ButtonGroup 中实现单选规则。

运行结果如图 10-21 所示。

选择性别和爱好，如图 10-22 所示。

图 10-21　CheckRadioDemo 初始界面

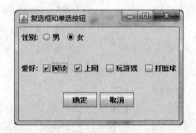

图 10-22　CheckRadioDemo 运行结果

单击"确定"按钮，则在控制台显示：

性别：女

爱好：阅读、上网、

单击"取消"按钮，则界面又恢复到图 10-21 所示的初始状态。

10.5.7　列表框

JList 类提供列表框功能，在列表框中可以提供多个选择项，允许用户选择一个或多个(按住"Ctrl"键才能选中多个)。JList 类的常用方法及功能见如表 10-18 所示。

表 10-18　JList 的方法列表

方　　法	功 能 说 明
JList()	构造方法，用于创建一个没有选项的列表框
JList(Object[] listData)	构造方法，用于创建一个列表框，其选项列表为对象数组中的元素
JList(Vector<?> listData)	构造方法，用于创建一个列表框，其选项列表为泛型集合中的元素
int getSelectedIndex()	获得选中选项的下标，此时用户选择一个选项
Object getSelectedValue()	获得列表中用户选中的选项的值
Object[] getSelectedValues()	以对象数组的形式返回所有被选中选项的值
setSelectionMode(int selectionMode)	设置列表的选择模式。三种选择模式如下：ListSelectionModel.SINGLE_SELECTION，单选；ListSelectionModel.SINGLE_INTERVAL_SELECTION 一次只能选择一个连续间隔；ListSelectionModel.MULTIPLE_INTERVAL_SELECTION 多选(默认)

10.5.8　组合框

JComboBox 类提供组合框功能，它是一个文本框和下拉列表的组合。用户可以在下拉列表选项中选择一个不同的选项或在文本框内键入选择项。其常用方法及功能如表10-19 所示。

表 10-19　JComboBox 的方法列表

方　　法	功　能　说　明
JComboBox ()	构造方法，用于创建一个没有选项的组合框
JComboBox (Object[] listData)	构造方法，用于创建一个组合框，其选项列表为对象数组中的元素
JComboBox (Vector<?> listData)	构造方法，用于创建一个组合框，其选项列表为泛型集合中的元素
int getSelectedIndex()	获得组合框中用户选中选项的下标
Object getSelectedValue()	获得组合框中用户选中选项的值
void addItem(Object obj)	添加一个新的选项
void removeAllItems()	从项列表中移除所有项

【示例 10.16】　演示列表框和组合框的使用。

打开项目 ch10，创建一个名为 ListComboDemo 的类，代码如下：

```
package com.dh.ch10;
import javax.swing.*;
import javax.swing.event.ListSelectionEvent;
import javax.swing.event.ListSelectionListener;
public class ListComboDemo extends JFrame {
    private JPanel p;
    private JLabel lblProvince, lblCity;
    private JList listProvince;
    private JComboBox cmbCity;
    String[] provinces = new String[] { "北京", "上海", "山东", "江苏" };
    public ListComboDemo()
    {
        super("列表框和组合框");
        p = new JPanel();
        lblProvince = new JLabel("省份");
        lblCity = new JLabel("城市");
        // 创建列表框，并设置其选项是listProvince数组中的省份
        listProvince = new JList(provinces);
```

```
// 设置列表框只能单选
listProvince.setSelectionMode(ListSelectionModel.SINGLE_SELECTION);
// 在列表框中注册列表选择监听
listProvince.addListSelectionListener(new ListSelectionListener()
{
        @Override
        public void valueChanged(ListSelectionEvent arg0) {
                // TODO Auto-generated method stub
                // 获取用户选中的选项下标
                int i = listProvince.getSelectedIndex();
                // 清空组合框中的选项
                cmbCity.removeAllItems();
                // 根据用户选择的不同省份，组合框中添加不同的城市
                switch (i) {
                case 0:
                        cmbCity.addItem("北京");
                        break;
                case 1:
                        cmbCity.addItem("上海");
                        break;
                case 2:
                        cmbCity.addItem("济南");
                        cmbCity.addItem("青岛");
                        cmbCity.addItem("烟台");
                        cmbCity.addItem("潍坊");
                        cmbCity.addItem("威海");
                        cmbCity.addItem("临沂");
                        cmbCity.addItem("淄博");
                        break;
                case 3:
                        cmbCity.addItem("南京");
                        cmbCity.addItem("苏州");
                        cmbCity.addItem("无锡");
                        cmbCity.addItem("徐州");
                        cmbCity.addItem("泰州");
                        break;
                }
        }
});
// 创建一个没有选项的组合框
```

```
            cmbCity = new JComboBox();
            p.add(lblProvince);
            p.add(listProvince);
            p.add(lblCity);
            p.add(cmbCity);
            this.add(p);
            this.setSize(200, 220);
            this.setDefaultCloseOperation(JFrame.EXIT_ON_CLOSE);
        }
        public static void main(String[] args)
        {
            ListComboDemo f = new ListComboDemo();
            f.setVisible(true);
        }
}
```

上述代码中 ListSelectionListener 监听接口在 javax.swing.event 包中，用于监听列表选择的选项改变，其事件处理方法是 valueChanged()。

运行结果如图 10-23 所示。

图 10-23　ListComboDemo 运行结果

【示例 10.17】　实现一个计算器，用户单击按钮或键盘都能进行运算。

打开项目 ch10，创建一个名为 Calculator 的类，代码如下：

```
package com.dh.ch10;
import java.awt.*;
import javax.swing.*;
import java.awt.event.*;
public class Calculator extends JFrame {
        // 声明一个文本框控件，用于显示计算结果
        private JTextField txtResult;
        private JPanel p;
        // 定义一个字符串数组，将计算器中按钮的文字都放在该数组中
        private String name[] = { "7", "8", "9", "+", "4", "5", "6", "-",
```

```java
            "1", "2",            "3", "*", "0", ".", "=", "/" };
    // 声明一个按钮数组，该数组的长度以字符串数组的长度为准
    private JButton button[] = new JButton[name.length];
    // 定义一个存放计算结果的变量，初始为 0
    private double result = 0;
    // 存放最后一个操作符，初始为"="
    private String lastCommand = "=";
    // 标识是否为开始
    private boolean start = true;
    public Calculator() {
            super("计算器");
            // 实例化文本框控件
            txtResult = new JTextField(20);
            // 设置文本框不是焦点状态
            txtResult.setFocusable(false);
            // 将文本框控件放置在窗体框架的上方(北部)
            this.add(txtResult, BorderLayout.NORTH);
            // 实例化面板对象，同时设置此面板布局为 4 行 4 列的网格布局
            p = new JPanel(new GridLayout(4, 4));
            // 循环实例化按钮对象数组
            // 实例化按钮监听对象
            ButtonAction ba = new ButtonAction();
            // 实例化键盘监听对象
            KeyAction ka = new KeyAction();
            for (int i = 0; i < button.length; i++) {
                    button[i] = new JButton(name[i]);
                    // 注册监听
                    button[i].addActionListener(ba);
                    button[i].addKeyListener(ka);
                    p.add(button[i]);
            }
            this.add(p, BorderLayout.CENTER);
            this.setSize(200, 150);
            this.setLocation(100, 100);
            this.setDefaultCloseOperation(JFrame.EXIT_ON_CLOSE);
    }
    // 计算
    public void calculate(double x) {
            if (lastCommand.equals("+"))
                    result += x;
```

```
            else if (lastCommand.equals("-"))
                    result -= x;
            else if (lastCommand.equals("*"))
                    result *= x;
            else if (lastCommand.equals("/"))
                    result /= x;
            else if (lastCommand.equals("="))
                    result = x;
            // 将结果显示在文本框
            txtResult.setText("" + result);
    }
// 单击按钮监听
private class ButtonAction implements ActionListener {
        public void actionPerformed(ActionEvent e) {
                String input = e.getActionCommand();
                // 单击操作符号按钮
                if (input.equals("+") || input.equals("-") || input.equals("*")
                                || input.equals("/") || input.equals("=")) {
                        if (start) {
                                if (input.equals("-")) {
                                        txtResult.setText(input);
                                        start = false;
                                } else
                                        lastCommand = input;
                        } else {
                                calculate(Double.parseDouble(txtResult.getText()));
                                lastCommand = input;
                                start = true;
                        }
                } else {
                        if (start) {
                                txtResult.setText("");
                                start = false;
                        }
                        txtResult.setText(txtResult.getText() + input);
                }
        }
}
// 键盘监听
private class KeyAction extends KeyAdapter {
```

```java
            public void keyTyped(KeyEvent e)
            {
                    char key = e.getKeyChar();
                    // 敲击的键盘是数字
                    if (key == '0' || key == '1' || key == '2' || key == '3'
                                    || key == '4' || key == '5' || key == '6'
                                    || key == '7'     || key == '8' || key == '9'
                                    || key == '9') {
                            if (start) {
                                    txtResult.setText("");
                                    start = false;
                            }
                            txtResult.setText(txtResult.getText() + key);
                    }
                    // 敲击的键盘是操作符号
                    else if (key == '+' || key == '-' || key == '*'
                                    || key == '/' || key == '=')
                    {
                            if (start)
                            {
                                    if (key == '-')
                                    {
                                            txtResult.setText(String.valueOf(key));
                                            start = false;
                                    } else
                                            lastCommand = String.valueOf(key);
                            } else
                            {
                                    calculate(Double.parseDouble(txtResult.getText()));
                                    lastCommand = String.valueOf(key);
                                    start = true;
                            }
                    }
            }
    public static void main(String[] args) {
            Calculator f = new Calculator();
            f.setVisible(true);
    }
}
```

上述代码不仅要对单击按钮的行为事件进行处理，还要对敲击键盘的键盘事件进行处理。因此，创建了两个监听类，分别监听单击按钮的行为事件和敲击键盘的事件。进行事件处理时"数字"和"操作符"需要分别处理，其中"-"有两种意思："负"和"减"，在算式开始时代表负号，否则是减法符号。

运行结果如图 10-24 所示。

图 10-24　计算器运行结果

本　章　小　结

通过本章的学习，学生应该能够学会：

◇　尽管 Swing 独立于 AWT，但它是依照基本的 AWT 类实现的。

◇　Container 对象可用于将组件组合在一起。

◇　Swing 中的容器有顶级容器和中间容器两种。

◇　布局管理器类包括：FlowLayout、BorderLayout、GridLayout、CardLayout。

◇　事件用于实现用户界面交互，是 GUI 编程的重要组成部分。

◇　Java 最新的事件处理方法是基于委派事件模型。

◇　事件包含三个组件：事件对象、事件源、事件处理程序。

◇　事件是一个描述事件源状态改变的对象，事件不是通过新建运算符创建的，是由用户操作触发的。

◇　一个事件源可能会生成不同类型的事件。

◇　可以将同一事件发送到多个监听器对象。

◇　监听类是实现监听接口的类，监听对象是监听类的实例化对象。

◇　java.awt.event 包中常用的事件类为：ActionEvent、AdjustmentEvent、ItemEvent、FocusEvent、KeyEvent、MouseEvent、MouseEvent、WindowEvent。

◇　java.awt.event 包中常用的监听接口包括：ActionListener、AdjustmentListener、ItemListener、FocusListener、KeyListener、MouseListener、MouseListener、WindowListener。

◇　在组件中注册监听器的方法是：addXXXListener()。

◇　适配器是实现相关监听接口的类，目的是简化程序代码。

◇　常用控件有：

① 文本组件：JTextField、JTextArea、JPasswordField。

② 标签：JLabel。

③ 按钮：JButton。

④ 图标：Icon 接口、ImageIcon 类。

⑤ 复选框：JCheckBox。

⑥ 单选按钮：JRadioButton，使用 ButtonGroup 实现单选规则。

⑦ 列表：JList。

⑧ 组合框：JComboBox。

本 章 练 习

1. Swing 组件位于_____包中。

    A. java.swing

    B. java.awt

    C. javax.swing

    D. java.util

2. 下面_____布局管理器是居中放置组件，当同一行超出容器宽度后才会从新行开始放置组件。

    A. 流布局

    B. 网络布局

    C. 边界布局

    D. 卡片布局

3. 使用边界布局管理器时，_____区域会自动垂直调整大小，而不在水平方向上调整。

    A. 上或下

    B. 左或右

    C. 中间

    D. 任何区域

4. 利用边界布局，向容器中间添加一个组件，其中容器用 cont 表示，组件用 comp 表示，书写代码的方式是_____。

    A. comp.add(BorderLayout.CENTER,cont);

    B. comp.add(cont,BorderLayout.CENTER);

    C. cont.add(BorderLayout.CENTER,comp);

    D. cont.add(comp,BorderLayout.CENTER);

5. 窗体和面板容器的默认布局分别是_____。

    A. 边界布局、流布局

    B. 流布局、边界布局

    C. 边界布局、卡片布局

    D. 卡片布局、空布局

6. 下面不是容器的组件是_____。

    A. JPanel

    B. JFrame

    C. JScrollPane

    D. JList

7. 下面代码中，设置容器的布局为空的正确语句是_____。

    A. set(null)

    B. set(NULL)

C.　setLayout(null)

    D.　setLayout(NULL)

8．JButton 的父类是____。

    A.　Container

    B.　JComponent

    C.　Button

    D.　AbstractButton

9．事件监听接口中的方法的返回值是_____。

    A.　int

    B.　String

    C.　void

    D.　Object

10．在 Java 中，要处理 Button 类对象的事件，以下_____是可以处理这个事件的接口。

    A.　FocusListener

    B.　ComponentListener

    C.　WindowListener

    D.　ActionListener

11．要判断关闭窗口的事件，应该添加_____监听器。

    A.　鼠标监听器

    B.　鼠标移动监听器

    C.　窗口监听器

    D.　以上监听器均可

12．下述代码中，如果单击 TEST 按钮，标准的输出消息是_____。

```java
public class Exercise extends JFrame{
    public Exercise(){
        super("事件测试");
        Button b=new Button("TEST");
        b.addMouseListener(new Tester());
        this.add(b);
        this.setSize(200, 150);
        this.setDefaultCloseOperation(JFrame.EXIT_ON_CLOSE);
        this.setVisible(true);
    }
}
class Tester implements MouseListener{
    public void actionPerformed(ActionEvent e){
            System.out.println("按钮发生动作");
        }
        public void mouseClicked(MouseEvent e){
```

```
                System.out.println("按钮被单击");
        }
        public    void mousePressed(MouseEvent e){ }
        public    void mouseReleased(MouseEvent e){ }
        public    void mouseEntered(MouseEvent e){ }
        public    void mouseExited(MouseEvent e){ }
}
```

    A. "按钮发生动作"

    B. "按钮被单击"

    C. "按钮发生动作"和"按钮被单击"

    D. 以上都不对

13. 下面_____方法用于获取事件源。

    A. getEvent()

    B. getCommond()

    C. getText()

    D. getSource()

14. 简述适配器和监听接口的区别。

15. 编写一个包含一个文本区域和三个按钮的界面程序，如图 10-25 所示，单击不同的按钮，在文本域中追加不同的文本。

图 10-25　按钮测试

第 11 章　Swing 图形界面(2)

本章目标

- 掌握菜单的创建及事件处理
- 掌握工具栏的创建
- 理解对话框的种类及创建
- 学会使用文件对话框打开和保存文件
- 了解使用 JDialog 创建自己的对话框的方法
- 掌握 JTable 组件的使用方式

11.1 菜单

菜单是 GUI 图形界面的重要组成部分，菜单通过减少用户可以同时看到的组件的数目来简化 GUI。菜单通常是由菜单栏(JMenuBar)、菜单(JMenu)和菜单项(JMenuItem)来组合实现的。通常菜单栏中可以添加一个或多个菜单，每个菜单中又可以添加一个或多个菜单项，每个菜单项代表允许用户选择的某些功能。

菜单可以嵌套，即一个菜单中不仅可以添加菜单项，也可以添加另外一个菜单对象。菜单的嵌套通常称为"多级菜单"。

11.1.1 菜单栏对象

JMenuBar 类用于创建一个菜单栏对象，该组件显示一个顶级菜单选项列表，每个选项都连接着下拉菜单。菜单栏是一个可以添加到任何位置的组件，在正常情况下，显示在框架的顶部。

菜单栏对象可以通过 JFrame 类的 setJMenuBar()方法将其添加到框架的顶部，例如：

```
frame.setJMenuBar(menuBar);
```

 在 Swing GUI 中，菜单只能添加到提供了 setJMenuBar()方法的对象。JFrame 和 JDialog 就注意 是这样的两个类。

11.1.2 菜单对象

JMenu 类用于创建一个菜单对象。菜单对象中可以添加菜单项、分隔线和子菜单，组成一个下拉列表形式的菜单。JMenu 类中的常用方法及功能如表 11-1 所示。

表 11-1 JMenu 类方法列表

方 法 名	功 能 说 明
JMenu()	构造方法，用于创建一个新的、无文本的菜单对象
JMenu(String str)	构造方法，用于创建一个新的、指定文本的菜单对象
JMenu(String str, boolean bool)	构造方法，用于创建一个新的、指定文本的、指定是否分离式的菜单对象
add(Component c)	将组件添加到菜单末尾
addSeparator()	将分隔线追加到菜单的末尾

11.1.3 菜单项对象

JMenuItem 类用于创建一个菜单选项对象，其本质上是位于列表中的按钮。当用户选择菜单项时，执行与菜单项关联的操作。JMenuItem 类中的常用方法及功能如表 11-2 所示。

表 11-2 JMenuItem 类方法列表

方 法 名	功 能 说 明
JMenuItem ()	构造方法,用于创建一个新的、无文本和图标的菜单对象
JMenuItem(Icon icon)	构造方法,用于一个新的、指定图标的菜单对象
JMenuItem(String text)	构造方法,用于创建一个新的、指定文本的菜单对象
JMenuItem(String text, Icon icon)	构造方法,用于创建一个新的、指定文本和指定图标的菜单对象。菜单项对象可以添加到菜单对象中
addActionListener(ActionListener l)	从 AbstractButton 类中继承的方法,将监听对象添加到菜单项中

11.1.4 菜单示例

创建菜单的步骤如下:

(1) 创建一个 JMenuBar 菜单栏对象,将其添加到窗体中。

(2) 创建若干个 JMenu 菜单对象,将其放置到 JMenuBar 对象中,或按要求放到其他 JMenu 对象中。

(3) 创建若干个 JMenuItem 菜单项对象,将其放置到相应的 JMenu 对象中。

【示例 11.1】 通过一个三级菜单,演示菜单的使用。

创建一个 Java 项目,命名为 ch11,创建一个名为 MenuDemo 的类,代码如下:

```java
package com.dh.ch11;
import javax.swing.*;
public class MenuDemo extends JFrame {
    private JPanel p;
    // 声明菜单栏
    private JMenuBar menuBar;
    // 声明菜单
    private JMenu menuFile, menuEdit, menuHelp, menuNew;
    // 声明菜单选项
    private JMenuItem miSave, miExit, miCopy, miPost,
                miAbout, miC, miJava,miEmpty;
    public MenuDemo() {
        super("菜单");
        p = new JPanel();
        // 创建菜单栏对象
        menuBar = new JMenuBar();
        // 将菜单栏设置到窗体中
        this.setJMenuBar(menuBar);
        // 创建菜单
        menuFile = new JMenu("文件");
        menuEdit = new JMenu("编辑");
```

```
            menuHelp = new JMenu("帮助");
            menuNew = new JMenu("新建");
            // 将菜单添加到菜单栏
            menuBar.add(menuFile);
            menuBar.add(menuEdit);
            menuBar.add(menuHelp);
            // 将新建菜单添加到文件菜单中
            menuFile.add(menuNew);
            // 在菜单中添加分隔线
            menuFile.addSeparator();
            // 创建菜单选项
            miSave = new JMenuItem("保存");
            miExit = new JMenuItem("退出");
            miCopy = new JMenuItem("复制");
            miPost = new JMenuItem("粘贴");
            miAbout = new JMenuItem("关于");
            miC = new JMenuItem("C++");
            miJava = new JMenuItem("JAVA");
            miEmpty = new JMenuItem("空白文档");
            // 将菜单项添加到菜单中
            menuFile.add(miSave);
            menuFile.add(miExit);
            menuEdit.add(miCopy);
            menuEdit.add(miPost);
            menuHelp.add(miAbout);
            menuNew.add(miC);
            menuNew.add(miJava);
            menuNew.add(miEmpty);
            this.add(p);
            this.setSize(300, 250);
            this.setLocation(100, 100);
            this.setDefaultCloseOperation(JFrame.EXIT_ON_CLOSE);
    }
    public static void main(String[] args) {
            MenuDemo f = new MenuDemo();
            f.setVisible(true);
    }
}
```

在上述代码中使用 setJMenuBar()方法将菜单栏设置到窗体顶部，使用 add()方法添加菜单和菜单项。

执行结果如图 11-1 所示。

图 11-1　MenuDemo 运行结果

11.1.5　弹 出 式 菜 单

JPopupMenu 弹出式菜单是一种不固定在菜单栏中、随处浮动的菜单。建立浮动菜单的步骤与建立一般菜单的步骤相似，但是弹出菜单没有标题。JPopupMenu 类中的常用方法及功能如表 11-3 所示。

表 11-3　JPopupMenu 类方法列表

方 法 名	功 能 说 明
JPopupMenu()	构造方法，用于创建一个新的、无文本的菜单对象
JPopupMenu(String label)	构造方法，用于创建一个新的、指定文本的菜单对象
add(Component c)	将组件添加到菜单末尾
addSeparator()	将分隔线追加到菜单的末尾

【示例 11.2】　自定义一个弹出式菜单，演示弹出式菜单的使用。

打开项目 ch11，创建一个名为 PopupMenuDemo 的类，代码如下：

```java
package com.dh.ch11;
import javax.swing.*;
import java.awt.event.*;
public class PopupMenuDemo extends JFrame {
    private JPanel p;
    // 声明弹出菜单
    private JPopupMenu popMenu;
    // 声明菜单选项
    private JMenuItem miUndo, miCopy, miPost, miCut;
    public PopupMenuDemo() {
        super("弹出菜单");
        p = new JPanel();
        // 创建弹出菜单对象
        popMenu = new JPopupMenu("弹出");
        // 创建菜单选项
```

```
        miUndo = new JMenuItem("撤销");
        miCopy = new JMenuItem("复制");
        miPost = new JMenuItem("粘贴");
        miCut = new JMenuItem("剪切");
        // 将菜单选项添加到菜单中
        popMenu.add(miUndo);
        popMenu.addSeparator();
        popMenu.add(miCopy);
        popMenu.add(miPost);
        popMenu.add(miCut);
        // 注册监听
        p.addMouseListener(new MouseAction());
        this.add(p);
        this.setSize(300, 200);
        this.setLocation(100, 100);
        this.setDefaultCloseOperation(JFrame.EXIT_ON_CLOSE);
    }
    public static void main(String[] args) {
        PopupMenuDemo f = new PopupMenuDemo();
        f.setVisible(true);
    }
    // 鼠标监听类
    private class MouseAction extends MouseAdapter {
        // 重写鼠标点击事件处理方法
        public void mouseClicked(MouseEvent e) {
            // 如果单击鼠标右键
            if (e.getButton() == MouseEvent.BUTTON3) {
                int x = e.getX();
                int y = e.getY();
                // 在面板鼠标所在位置显示弹出菜单
                popMenu.show(p, x, y);
            }
        }
    }
}
```

上述代码中使用 **JPopupMenu** 创建弹出菜单，再在弹出菜单中添加菜单选项。使用鼠标监听，当鼠标在面板中单击右键时显示弹出菜单。**JPopupMenu** 中的show()方法用于显示弹出菜单。

执行结果如图 11-2 所示。

图 11-2　PopupMenuDemo 运行结果

11.2　工具栏

工具栏是在程序中提供快速访问常用命令的按钮栏。在 Swing 中，用于实现工具栏功能的类是 JToolBar，其常用的方法及功能如表 11-4 所示。

表 11-4　JToolBar 类方法列表

方　法　名	功　能　说　明
JToolBar()	构造方法，用于创建默认方向为 HORIZONTAL(水平)的工具栏
JToolBar(int orientation)	构造方法，用于创建一个具有指定方向的新工具栏
JToolBar(String name)	构造方法，用于创建一个具有指定名称的新工具栏
JToolBar(String name, int orientation)	构造方法，用于创建一个指定名称和方向的新工具栏
addSeparator()	将分隔线添加到工具栏的末尾
setMargin(Insets m)	设置工具栏边框和它的按钮之间的空白

【示例 11.3】　自定义一个工具栏，演示工具栏的使用。

打开项目 ch11，创建一个名为 ToolBarDemo 的类，代码如下：

```java
package com.dh.ch11;
import javax.swing.*;
import java.awt.*;
public class ToolBarDemo extends JFrame {
    private JPanel p;
    //声明工具栏
    private JToolBar toolBar;
    private JButton btnCopy,btnPost,btnCut;
    public ToolBarDemo() {
        super("工具栏");
        p = new JPanel();
        //创建工具栏
        toolBar=new JToolBar();
        //将工具栏对象添加到窗体的上方(北面)
        this.add(toolBar,BorderLayout.NORTH);
        //创建按钮对象，按钮上有图片
        btnCopy = new JButton(new ImageIcon("images\\copy.jpg"));
        btnPost = new JButton(new ImageIcon("images\\paste.jpg"));
        btnCut = new JButton(new ImageIcon("images\\cut.jpg"));
        //设置按钮的工具提示文本
        btnCopy.setToolTipText("复制");
        btnPost.setToolTipText("粘贴");
```

```
        btnCut.setToolTipText("剪切");
        //将按钮添加到工具栏中
        toolBar.add(btnCopy);
        toolBar.add(btnPost);
        toolBar.add(btnCut);
        this.add(p);
        this.setSize(200, 150);
        this.setLocation(100, 100);
        this.setDefaultCloseOperation(JFrame.EXIT_ON_CLOSE);
    }
    public static void main(String[] args) {
        ToolBarDemo f = new ToolBarDemo();
        f.setVisible(true);
    }
}
```

在上述代码中，使用 JToolBar 创建工具栏，在工具栏中可以加入按钮控件。工具栏的特殊之处在于可以把它移动到任何地方，可以将它拖拽到窗体的四个边上或脱离出来。

运行结果如图 11-3 所示。

图 11-3 ToolBarDemo 执行结果

11.3 对话框

11.3.1 标准对话框

GUI 中包含了一组标准的对话框，用于显示消息或获取信息。在 Swing 中，这些标准对话框包含在 JOptionPane 组件中。JOptionPane 类中提供了四种用于显示不同对话框的静态方法，如表 11-5 所示。

表 11-5 JOptionPane 中的四种方法

方 法 名	功 能 说 明
showConfirmDialog	显示确认对话框，等待用户确认(OK/Cancle)
showInputDialog	显示输入对话框，等待用户输入信息。以字符串形式返回用户输入的信息
showMessageDialog	显示消息对话框，等待用户单击 OK
showOptionDialog	显示选择对话框，等待用户在一组选项中选择。将用户选择的选项下标值返回

1. 消息对话框

JOptionPane 中用于显示消息对话框的方法如下：

◇ void showMessageDialog(Component parentComponent,Object message)：显示一个标题是"Message"的、指定信息的消息对话框。

◇ void showMessageDialog(Component parentComponent,Object message,String title,int messageType)：显示一个指定信息、标题和消息类型的消息对话框。

参数说明：

◇ parentComponent：父组件。如果为 null，对话框将显示在屏幕中央，否则根据父组件所在窗体来确定位置。

◇ message：信息内容。

◇ title：标题。

◇ messageType：消息类型。在对话框中，左边显示的图标取决于消息类型，不同的消息类型显示不同的图标。在 JOptionPane 中提供了有五种消息类型：ERROR_MESSAGE(错误)、INFORMATION_MESSAGE(通知)、WARNING_MESSAGE(警告)、QUESTION_MESSAGE(疑问)、PLAIN_MESSAGE(普通)。

2．输入对话框

JOptionPane 中用于显示输入对话框的方法如下：

◇ String showInputDialog(Object message)：显示一个 QUESTION_MESSAGE 类型的、指定提示信息的输入对话框。

◇ String showInputDialog(Component parentComponent,Object message)：在指定父组件上显示一个 QUESTION_MESSAGE 类型的、指定提示信息的输入对话框。

◇ String showInputDialog(Component parentComponent,Object message,String title,int messageType)：在指定父组件上显示一个指定提示信息、标题和消息类型的输入对话框。

3．确认对话框

JOptionPane 中用于显示确认对话框的方法如下：

◇ int showConfirmDialog(Component parentComponent,Object message)：显示一个指定提示信息的、选项类型为 YES_NO_CANCEL_OPTION、标题为"Select an Option"的确认对话框。

◇ int showConfirmDialog(Component parentComponent,Object message,String title,int optionType)：显示一个指定提示信息、选项类型和标题的确认对话框。参数 optionType 代表选项类型，它决定对话框中有哪几个按钮选项。

◇ JOptionPane 类中提供了四种选项类型：DEFAULT_OPTION、YES_NO_OPTION、YES_NO_CANCEL_OPTION 和 OK_CANCEL_OPTION。

4．选项对话框

JOptionPane 中用于显示选项对话框的方法如下：

int showOptionDialog(Component parentComponent,Object message,String title,int optionType, int messageType,Icon icon,Object[ ] options, Object initialValue)：

该法可创建一个指定各参数的选项对话框。

【示例 11.4】 创建几个对话框，演示各种标准对话框的使用。

打开项目 ch11，创建一个名为 OptionPaneDemo 的类，代码如下：

```java
package com.dh.ch11;
import javax.swing.*;
import java.awt.event.*;
public class OptionPaneDemo extends JFrame implements ActionListener {
        private JPanel p;
        private JButton btnInput, btnMsg, btnConfirm, btnOption;
        private JTextField txtResult;
        public OptionPaneDemo() {
                super("标准对话框");
                p = new JPanel();
                btnInput = new JButton("输入");
                btnMsg = new JButton("消息");
                btnConfirm = new JButton("确认");
                btnOption = new JButton("选项");
                txtResult = new JTextField(20);
                // 注册监听
                btnInput.addActionListener(this);
                btnMsg.addActionListener(this);
                btnConfirm.addActionListener(this);
                btnOption.addActionListener(this);
                p.add(btnInput);
                p.add(btnMsg);
                p.add(btnConfirm);
                p.add(btnOption);
                p.add(txtResult);
                this.add(p);
                this.setSize(300, 150);
                this.setLocation(100, 100);
                this.setDefaultCloseOperation(JFrame.EXIT_ON_CLOSE);
        }
        public void actionPerformed(ActionEvent e) {
                // 获取事件源
                Object source = e.getSource();
                if (source == btnInput) {
                        String strIn = JOptionPane.showInputDialog(btnInput, "请输入姓名：");
                        txtResult.setText(strIn);
                }
```

```
            if (source == btnMsg) {
                JOptionPane.showMessageDialog(btnMsg, "这是一个消息对话框",
                        "提示", JOptionPane.INFORMATION_MESSAGE);
            }
            if (source == btnConfirm) {
                int r = JOptionPane.showConfirmDialog(btnConfirm,
                        "您确定要删除吗？", "删除", JOptionPane.YES_NO_OPTION);
                if (r == JOptionPane.YES_OPTION) {
                    txtResult.setText("删除！");
                }
            }
            if (source == btnOption) {
                Object[] options = { "Red", "Green", "Blue" };
                int sel = JOptionPane.showOptionDialog(btnOption,
                        "选择颜色：","选择", JOptionPane.DEFAULT_OPTION,
                        JOptionPane.WARNING_MESSAGE,null,options,  options[0]);
                if (sel != JOptionPane.CLOSED_OPTION) {
                    txtResult.setText("颜色: " + options[sel]);
                }
            }
        }
    public static void main(String[] args) {
            OptionPaneDemo f = new OptionPaneDemo();
            f.setVisible(true);
        }
}
```

在上述代码中，使用 **JOptionPane** 的四个不同的方法显示不同的对话框。因为四个按钮注册同一个监听对象，所以事件处理时，先使用 getSource()方法获取事件源，再根据不同的事件源进行不同的处理。执行结果如图 11-4 所示。

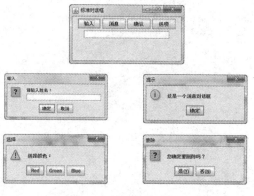

图 11-4 标准对话框

11.3.2 自定义对话框

在 11.3.1 节中，介绍了使用 JOptionPane 类显示标准对话框，本节将讲述手工创建对话框。

JDialog 对话框类可实现一个对话框对象，其常用方法及功能如表 11-6 所示。

表 11-6 JDialog 的方法列表

方　　法	功 能 说 明
JDialog()	构造方法，用于创建一个无拥有者、无标题、无模式的对话框
JDialog(Frame owner)	构造方法，用于创建一个指定拥有者窗体、无标题、无模式的对话框
JDialog(Frame owner,String title)	构造方法，用于创建一个指定拥有者窗体、指定标题的无模式对话框
JDialog(Frame owner,String title, boolean modal)	构造方法，用于创建一个指定拥有者窗体、标题的模式对话框
add(Component c)	添加组件到对话框中

实现一个对话框，通常需要继承 JDialog 类。与继承 JFrame 相似，其具体过程如下：

(1) 继承 JDialog 类，在构造方法中传入参数。

(2) 在对话框中添加用户界面组件。

(3) 添加事件处理。

(4) 设置对话框大小。

【示例 11.5】 演示使用模式对话框添加新用户到数据库的功能。

打开项目 ch11，创建一个名为 DialogDemo 的类，代码如下：

```
package com.dh.ch11;
import javax.swing.*;
import java.awt.event.*;
import java.awt.*;
import java.sql.SQLException;
public class DialogDemo extends JFrame implements ActionListener {
    private JMenuBar menuBar;
    private JMenu menuManage;
    private JMenuItem miAddUser;
    // 声明一个滚动面板
    private JScrollPane sp;
    private JTextArea txtContent;
    // 声明对话框
    private UserDialog userDialog;
    public DialogDemo() {
        super("对话框");
```

```
            menuBar = new JMenuBar();
            this.setJMenuBar(menuBar);
            menuManage = new JMenu("用户管理");
            menuBar.add(menuManage);
            miAddUser = new JMenuItem("添加新用户");
            menuManage.add(miAddUser);
            // 注册监听
            miAddUser.addActionListener(this);
            txtContent = new JTextArea(20, 30);
            // 实例化一个滚动面板，置入文本域
            sp = new JScrollPane(txtContent);
            // 将滚动面板添加到窗体中
            this.add(sp);
            this.setSize(300, 200);
            this.setLocation(100, 100);
            this.setDefaultCloseOperation(JFrame.EXIT_ON_CLOSE);
        }
        // 重写事件处理方法
        public void actionPerformed(ActionEvent e) {
            // 判断是否实例化对话框
            if (userDialog == null) {
                    userDialog = new UserDialog(this);
            }
            // 显示对话框
            userDialog.setVisible(true);
        }
        public static void main(String[] args) {
            DialogDemo f = new DialogDemo();
            f.setVisible(true);
        }
        // 创建一个对话框类
        class UserDialog extends JDialog implements ActionListener {
            JPanel p;
            JLabel lblName, lblPwd,lblRepwd, lblType;
            JTextField txtName;
            JPasswordField txtPwd;
            JPasswordField txtRepwd;
            JComboBox cmbType;
            JButton btnOK, btnCancle;
            public UserDialog(JFrame f) {
```

```
                super(f, "添加新用户", true);
                p = new JPanel(new GridLayout(5, 2));
                lblName = new JLabel("用户名");
                lblPwd = new JLabel("密码");
                lblRepwd = new JLabel("确认密码");
                lblType = new JLabel("类型");
                txtName = new JTextField(10);
                txtPwd = new JPasswordField(10);
                txtRepwd = new JPasswordField(10);
                String str[] = { "教师", "学生", "管理员" };
                cmbType = new JComboBox(str);
                btnOK = new JButton("确定");
                btnCancle = new JButton("取消");
                // 注册监听
                btnOK.addActionListener(this);
                btnCancle.addActionListener(this);
                p.add(lblName);
                p.add(txtName);
                p.add(lblPwd);
                p.add(txtPwd);
                p.add(lblRepwd);
                p.add(txtRepwd);
                p.add(lblType);
                p.add(cmbType);
                p.add(btnOK);
                p.add(btnCancle);
                this.add(p);
                // 设置合适的大小
                this.pack();
        }
        // 重写事件处理方法
        public void actionPerformed(ActionEvent e) {
                // 单击确定按钮时
                if (e.getSource() == btnOK) {
                        // 获取用户名文本栏的信息
                        String strName = txtName.getText();
                        // 获取密码栏中的信息
                        String strPwd = new String(txtPwd.getPassword());
                        // 获取确认密码栏中的信息
                        String strRepwd = new String(txtRepwd.getPassword());
```

```java
// 验证
if (strName.equals("")) {
        JOptionPane.showMessageDialog(btnOK,
                "用户名不能为空！");
        return;
}
if (strPwd.equals("")) {
JOptionPane.showMessageDialog(btnOK, "密码不能为空！");
        return;
}
if (strPwd.length() < 6 || strPwd.length() > 10) {
        JOptionPane.showMessageDialog(btnOK,
                "密码长度应在6~10之间！");
        return;
}
if (strRepwd.equals("")) {
        JOptionPane.showMessageDialog(btnOK,
                "确认密码不能为空！");
        return;
}
 if (strRepwd.length()<6||strRepwd.length()>10) {
        JOptionPane.showMessageDialog(btnOK,
                "确认密码的密码长度应在6~10之间！");
        return;
}
if (!strRepwd.equals(strPwd)) {
        JOptionPane.showMessageDialog(btnOK,
                "密码和确认密码输入不一致！");
        return;
}
String strType = cmbType.getSelectedItem().toString();
// 数据库访问
DBUtil db = new DBUtil();
try {
        db.getConnection();
        String sql = "INSERT INTO USERDETAIL
                VALUES(?,?,?)";
        if (db.executeUpdate(sql, new String[] {
                strName, strPwd, strType }) == 1) {
                // 以追加的方式在文本域中显现信息
```

```
                                    txtContent.append("新用户添加成功！\n\n");
                            } else {
                                    txtContent.append("新用户添加失败！
                                            请检查数据是否正确，再重新添加！\n\n");
                            }
                    } catch (Exception ex) {
                            ex.printStackTrace();
                    }finally{
                            db.closeAll();
                    }
                    // 隐藏对话框
                    this.setVisible(false);
            }
            // 单击取消按钮时
            if (e.getSource() == btnCancle) {
                    // 清空文本栏
                    txtName.setText("");
                    txtPwd.setText("");
                    // 隐藏
                    this.setVisible(false);
            }
        }
    }
}
```

上述代码实现了向数据库中添加新用户的功能。UserDialog 是一个继承 JDialog 的内部类，该类的应用和窗体类似，也有组件和事件处理。

在 dhadmin 用户中创建一个 UserDetail 表，其 SQL 语句如下：

```
CREATE TABLE USERDETAIL(
     USERNAME VARCHAR2(20) PRIMARY KEY,--用户名
     PASSWORD VARCHAR2(10) NOT NULL,--密码
     ROLE       VARCHAR2(20) NOT NULL--权限
);
```

执行结果如图 11-5 所示。

单击"添加新用户"菜单，弹出如图 11-6 所示的对话框。当输入的用户名为空、密码为空或长度不符合要求时，会弹出提示对话框进行提示。

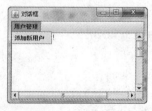

图 11-5　主窗口界面

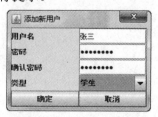

图 11-6　对话框界面

输入用户名、密码，选择类型，单击"确定"按钮，则将新用户数据插入到
UserDetails 表中，结果如图 11-7 所示。

		USERNAME	PWD	USERROLE	
▶	1	张三 ⋯	zhangsan	学生	⋯
	2	yangjx ⋯	yangjx	教师	⋯
	3	admin ⋯	admin123	管理员	⋯

图 11-7　添加用户后的结果显示

11.3.3　文件对话框

JFileChooser 类可用于显示打开和保存文件对话框，为用户选择文件提供了一种简
单的机制，使文件操作变得更加简单、方便。JFileChooser 类的常用方法及功能如表
11-7 所示。

表 11-7　JFileChooser 的方法列表

方　　法	功　能　说　明
JFileChooser()	构造方法，用于创建一个默认路径的文件对话框
JFileChooser(String currentDirectoryPath)	构造方法，用于创建一个指定路径的文件对话框
int showOpenDialog(Component parent)	显示打开文件对话框
int showSaveDialog(Component parent)	显示保存文件对话框
File getSelectedFile()	获取选中的文件对象
File getCurrentDirectory()	获取当前文件路径

【示例 11.6】 模拟实现记事本功能。

打开项目 ch11，创建一个名为 Note 的类，代码如下：

```
package com.dh.ch11;
import javax.swing.*;
import java.awt.event.*;
import java.io.*;
public class Note extends JFrame implements ActionListener {
        private JMenuBar menuBar;
        private JMenu menuFile, menuHelp;
        private JMenuItem miNew, miOpen, miSave, miExit, miAbout;
        private JScrollPane sp;
        private JTextArea txtContent;
        public Note() {
                super("记事本");
                menuBar = new JMenuBar();
                this.setJMenuBar(menuBar);
                menuFile = new JMenu("文件");
                menuHelp = new JMenu("帮助");
```

```
                menuBar.add(menuFile);
                menuBar.add(menuHelp);
                miNew = new JMenuItem("新建");
                miOpen = new JMenuItem("打开");
                miSave = new JMenuItem("保存");
                miExit = new JMenuItem("退出");
                miAbout = new JMenuItem("关于");
                menuFile.add(miNew);
                menuFile.add(miOpen);
                menuFile.add(miSave);
                menuFile.addSeparator();
                menuFile.add(miExit);
                menuHelp.add(miAbout);
                // 注册监听
                miNew.addActionListener(this);
                miOpen.addActionListener(this);
                miSave.addActionListener(this);
                miExit.addActionListener(this);
                miAbout.addActionListener(this);
                txtContent = new JTextArea(20, 30);
                sp = new JScrollPane(txtContent);
                this.add(sp);
                this.setSize(400, 300);
                this.setLocation(100, 100);
                this.setDefaultCloseOperation(JFrame.EXIT_ON_CLOSE);
        }
        public void actionPerformed(ActionEvent e) {
                Object source = e.getSource();
                if (source == miNew) {
                        // 清空文本域中的内容
                        txtContent.setText("");
                }
                if (source == miOpen) {
                        // 清空文本域中的内容
                        txtContent.setText("");
                        // 调用打开文件方法
                        openFile();
                }
                if (source == miSave) {
                        // 调用保存文件方法
                        saveFile();
```

```
        }
        if (source == miExit) {
                // 系统退出
                System.exit(0);
        }
        if (source == miAbout) {
                JOptionPane.showMessageDialog(this,
                        "版本：V20141110\n 作者：121 项目组\n
                        版权：青岛誉金电子科技有限公司",
                        "关于",JOptionPane.WARNING_MESSAGE);
        }
}
// 打开文件的方法
private void openFile() {
        // 文件输入流，用于读文件
        FileReader fread = null;
        // 缓冲流
        BufferedReader bread = null;
        // 实例化一个文件对话框对象
        JFileChooser fc = new JFileChooser();
        // 显示文件打开对话框
        int rVal = fc.showOpenDialog(this);
        // 如果单击确定(Yes/OK)
        if (rVal == JFileChooser.APPROVE_OPTION) {
                // 获取文件对话框中用户选中的文件名
                String fileName = fc.getSelectedFile().getName();
                // 获取文件对话框中用户选中的文件所在的路径
                String path = fc.getCurrentDirectory().toString();
                try {
                        // 创建一个文件输入流，用于读文件
                        fread = new FileReader(path + "/" + fileName);
                        // 创建一个缓冲流
                        bread = new BufferedReader(fread);
                        // 从文件中读一行信息
                        String line = bread.readLine();
                        // 循环读文件中的内容，并显示到文本域中
                        while (line != null) {
                                txtContent.append(line + "\n");
                                // 读下一行
                                line = bread.readLine();
                        }
```

```
                            } catch (Exception e) {
                                    e.printStackTrace();
                            }finally{
                                    try {
                                            if(bread != null){
                                                    bread.close();
                                            }
                                            if (fread != null) {
                                                    fread.close();
                                            }
                                    } catch (IOException e) {
                                            // TODO Auto-generated catch block
                                            e.printStackTrace();
                                    }
                            }
                    }
            }
            // 保存文件的方法
            private void saveFile() {
                    //输出流
                    FileWriter fwriter = null;
                    // 实例化一个文件对话框对象
                    JFileChooser fc = new JFileChooser();
                    // 显示文件保存对话框
                    int rVal = fc.showSaveDialog(this);
                    // 如果单击确定(Yes/OK)
                    if (rVal == JFileChooser.APPROVE_OPTION) {
                            // 获取文件对话框中用户选中的文件名
                            String fileName = fc.getSelectedFile().getName();
                            // 获取文件对话框中用户选中的文件所在的路径
                            String path = fc.getCurrentDirectory().toString();
                            try {
                                    // 创建一个文件输出流，用于写文件
                                    fwriter = new FileWriter(path + "/" + fileName);
                                    // 将文本域中的信息写入文件中
                                    fwriter.write(txtContent.getText());
                            } catch (Exception e) {
                                    e.printStackTrace();
                            }finally{
                                    try {
                                            if (fwriter != null) {
```

```
                                    fwriter.close();
                                }
                            } catch (IOException e) {
                                // TODO Auto-generated catch block
                                e.printStackTrace();
                            }
                        }
                    }
                }
                public static void main(String[] args) {
                    Note f = new Note();
                    f.setVisible(true);
                }
            }
```

上述代码实现了记事本的读文件和写文件的功能。在读/写文件时，通过使用文件打开对话框或文件保存对话框进行提示，增强了界面的友好性。

执行结果如图 11-8 所示。

单击"文件→打开"菜单项，弹出文件打开对话框，如图 11-9 所示。

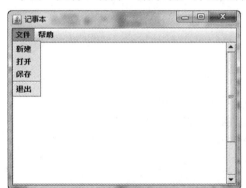

图 11-8　记事本窗口　　　　　　　　　图 11-9　文件打开对话框

单击"文件→保存"菜单，弹出文件保存对话框，如图 11-10 所示。

图 11-10　文件保存对话框

11.3.4　颜色对话框

JColorChooser 是颜色选择器类，用于提供一个用于用户操作和选择颜色的控制器窗格，在此窗格中可以选取颜色值。其常用的构造方法及功能如表 11-8 所示。

表 11-8　JColorChooser 的构造方法列表

方　　法	功　能　说　明
JColorChooser()	创建一个初始颜色为白色的颜色选择器对象
JColorChooser(Color initialColor)	创建一个指定初始颜色的颜色选择器对象
JColorChooser(ColorSelectionModel model)	创建一个指定 ColorSelectionModel 颜色选择器对象

JColorChooser 是一个组件，而不是对话框，但该类中提供了一个用于创建颜色对话框的静态方法。该对话框包含颜色选择器组件，方法如下：

```
static JDialog createDialog(Component c,String title,boolean modal,
    JColorChooser chooser,ActionListener okListener,ActionListener cancelListener)
```

参数说明：

◇　c：对话框的父组件。

◇　title：对话框的标题。

◇　modal：是否是模式对话框，值为 true 则是模式对话框形式。

◇　chooser：颜色选择器对象。

◇　okListener：对话框中确定按钮的事件监听处理对象。

◇　cancelListener：对话框中取消按钮的事件监听处理对象。

【示例 11.7】　通过改变窗体背景色，演示 JColorChooser 工具的使用。

打开项目 ch11，创建一个名为 ColorChooserDemo 的类，代码如下：

```
package com.dh.ch11;
import javax.swing.*;
import java.awt.event.*;
public class ColorChooserDemo extends JFrame implements ActionListener {
    private JPanel p;
    private JButton b;
    // 声明颜色选取器
    private JColorChooser ch;
    // 声明一个存放颜色的对话框
    private JDialog colorDialog;
    public ColorChooserDemo() {
        super("颜色对话框");
        p = new JPanel();
        b = new JButton("改变面板背景颜色");
        b.addActionListener(this);
        // 示例化颜色选取器对象
        ch = new JColorChooser();
```

```
            // 创建一个颜色对话框，颜色选取器对象作为其中的一个参数
            colorDialog = JColorChooser.createDialog(this, "选取颜色", true,           ch, null, null);
            p.add(b);
            this.add(p);
            this.setSize(200, 150);
            this.setLocation(100, 100);
            this.setDefaultCloseOperation(JFrame.EXIT_ON_CLOSE);
        }
        public void actionPerformed(ActionEvent e) {
            // 显示颜色对话框
            colorDialog.setVisible(true);
            // 设置面板背景颜色为用户选取的颜色
            p.setBackground(ch.getColor());
        }
        public static void main(String[] args) {
            ColorChooserDemo f = new ColorChooserDemo();
            f.setVisible(true);
        }
    }
}
```

在上述代码中，使用 JColorChooser 创建颜色选择器和颜色对话框对象，用户可以在颜色对话框中选择不同的颜色来改变面板的背景颜色。通过 getColor()方法可以获取颜色选择器中的颜色值，该方法返回一个 Color 类型的值。

执行结果如图 11-11 所示。

单击按钮，弹出颜色对话框，如图 11-12 所示。

图 11-11 ColorChooserDemo 执行结果

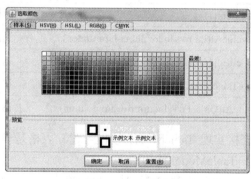

图 11-12 颜色对话框

11.4 JTable

11.4.1 表 格

JTable 类用于创建一个表格对象，以及显示和编辑常规二维单元表。其构造方法如表 11-9 所示。

表 11-9　JTable 的构造方法列表

方　　法	功　能　说　明
JTable()	创建一个默认模型的表格对象
JTable(int numRows, int numColumns)	创建一个默认模型的、指定行数和列数的表格对象
JTable(Object[][] rowData, Object[]columnNames)	创建一个默认模型的、显示二维数组数据的表格，且可以显示列的名称
JTable(TableModel dm)	创建一个指定表格模型的表格对象
JTable(TableModel dm, TableColumnModel cm)	创建一个指定表格模型、列模型的表格对象
JTable(Vector rowData, Vector columnNames)	创建一个以 Vector 为输入来源的数据表格，显示列名

11.4.2　表格模型

TableModel 表格模型是一个接口，此接口定义在 javax.swing.table 包中。在该接口中定义了许多表格操作方法，如表 11-10 所示。

表 11-10　TableModel 接口中的方法

方　　法	功　能　说　明
void addTableModelListener(TableModelListener l)	注册 TableModelEvent 监听
Class getColumnClass(int columnIndex)	返回列数据类型的类名称
int getColumnCount()	返回列数量
String getColumnName(int columnIndex)	返回指定下标列的名称
int getRowCount()	返回行数
Object getValueAt(int rowIndex,int columnIndex)	返回指定单元格(cell)的值
boolean isCellEditable(int row,int column)	返回单元格是否可编辑
void removeTableModelListener(TableModelListener l)	移除一个监听
void setValueAt(Object aValue,int row,int column)	设置指定单元格的值

若要直接实现 TableModel 接口来建立表格是非常复杂的，因此 Java 中提供了两个类分别实现了 TableModel 接口：

　◇　AbstractTableModel：是一个抽象类，实现了大部分的 TableModel 方法。使用此抽象类可以弹性地构造出自己的表格模式。

　◇　DefaultTableModel：继承 AbstractTableModel 的类，是默认的表格模式类。

11.4.3　表格列模型

TableColumnModel 是一个有关表格列模型的接口，该接口中的方法如表 11-11 所示。TableColumnModel 接口通常不需要直接实现，通过调用 JTable 对象中的 getColumnModel()

方法可以获取 TableColumnModel 对象，然后再利用此对象对字段进行设置。

表 11-11　TableColumnModel 接口中的方法

方　　法	功 能 说 明
void addColumn(TableColumn aColumn)	添加一个新列
TableColumn getColumn(int columnIndex)	获取指定下标的列
int getColumnCount()	获得表格的列数
int getSelectedColumnCount()	获取选中的列数

11.4.4　表格选择模式

ListSelectionModel 是一个有关表格选择模式的接口。此接口中定义了三个有关表格不同选择模式的常量，如表 11-12 所示。

表 11-12　ListSelectionModel 接口中的常量

常　　量	功 能 说 明
static final int SINGLE_SELECTION	单一选择模式
static final int SINGLE_INTERVAL_SELECTION	连续区间选择模式
static final int MULTIPLE_INTERVAL_SELECTION	多重选择模式

SINGLE_INTERVAL_SELECTION 和 MULTIPLE_INTERVAL_SELECTION 这两种模式在使用时应配合 Shift 键或 Ctrl 键。

ListSelectionModel 接口通常不需要直接实现，通过调用 JTable 对象的 getSelectionModel() 方法可以获取 ListSelectionModel 对象，然后再利用此对象的 setSelectionModel()方法对选择模式进行设置。

当用户选择表格内的数据时会产生 ListSelectionEvent 事件，要处理此事件就必须实现 ListSelectionListener 监听接口。该接口中定义了一个事件处理方法，如下：

void valueChanged(ListSelectionEvent e)

选取的单元格数据改变时，会自动调用此方法进行处理。

【示例 11.8】 演示使用 JTable 显示 Student 表中的数据。

打开项目 ch11，创建一个名为 TableDemo 的类，代码如下：

```
package com.dh.ch11;
import java.awt.*;
import java.awt.event.*;
import javax.swing.*;
import javax.swing.table.*;
import java.sql.*;
import java.util.*;
public class TableDemo extends JFrame implements ActionListener {
    private JButton b_shanchu, b_shuaxin;
```

```java
// 默认表格模式
private DefaultTableModel model = new DefaultTableModel();
// 表格
private JTable table = new JTable(model);
private JPanel p_main, p_button;
private JScrollPane sp_table;
public TableDemo() {
        // 创建一个滚动面板，包含表格
        sp_table = new JScrollPane(table);
        //设置表格选择模式为单一选择
        table.setSelectionMode(ListSelectionModel.SINGLE_SELECTION);
        b_shanchu = new JButton("删除");
        b_shuaxin = new JButton("刷新");
        // 注册监听
        b_shanchu.addActionListener(this);
        b_shuaxin.addActionListener(this);
        p_button = new JPanel();
        p_button.add(b_shanchu);
        p_button.add(b_shuaxin);
        p_main = new JPanel(new BorderLayout());
        p_main.add(sp_table, BorderLayout.CENTER);
        p_main.add(p_button, BorderLayout.SOUTH);
        // 调用 chaKan()，在表格中显示学生信息
        this.chaKan();
        this.setContentPane(p_main);
        this.setTitle("学生表");
        this.setBounds(100, 0, 400, 400);
        this.setDefaultCloseOperation(JFrame.EXIT_ON_CLOSE);
}
// 事件处理方法
public void actionPerformed(ActionEvent e) {
        Object obj = e.getSource();
        if (obj == b_shanchu) {
                shanChu();
        } else if (obj == b_shuaxin) {
                chaKan();
        }
}
// 查看学生表，并显示到表格中
private void chaKan() {
```

```
// 查询 student 表
String sql = "select sno as 学号,sname as 姓名,age as 年龄,
  (case when sex='0' then '女' when sex='1' then '男' end) as 性别
  from student";
// 数据库访问
DBUtil db = new DBUtil();
try {
        db.getConnection();
        ResultSet rs = db.executeQuery(sql, null);
        ResultSetMetaData rsmd = rs.getMetaData();
        // 获取列数
        int colCount = rsmd.getColumnCount();
        // 存放列名
        Vector<String> title = new Vector<String>();
        // 列名
        for (int i = 1; i <= colCount; i++) {
                title.add(rsmd.getColumnLabel(i));
        }
        // 表格数据
        Vector<Vector<String>> data = new Vector<Vector<String>>();
        int rowCount = 0;
        while (rs.next()) {
                rowCount++;
                // 行数据
                Vector<String> rowdata = new Vector<String>();
                for (int i = 1; i <= colCount; i++) {
                        rowdata.add(rs.getString(i));
                }
                data.add(rowdata);
        }
        if (rowCount == 0) {
                model.setDataVector(null, title);
        } else {
                model.setDataVector(data, title);
        }
} catch (Exception ee) {
        ee.printStackTrace();
        System.out.println(ee.getMessage());
        JOptionPane.showMessageDialog(this,
            "系统出现异常错误。请检查数据库。系统即将退出!!! ","错误", 0);
```

```
                } finally {
                        db.closeAll();
                }
        }
        public void shanChu() {
                int index[] = table.getSelectedRows();
                if (index.length == 0) {
                        JOptionPane.showMessageDialog(this, "请选择要删除的记录",
                                "提示",JOptionPane.PLAIN_MESSAGE);
                }else {
                        try {
                                int k = JOptionPane.showConfirmDialog(this,
                                        "您确定要从数据库中删除所选的数据吗 ？ ",
                                        "删除", JOptionPane.YES_NO_OPTION,
                                        JOptionPane.QUESTION_MESSAGE);
                                if (k == JOptionPane.YES_OPTION) {
                                        DBUtil db = new DBUtil();
                                        try {
                                                db.getConnection();
                                                String sno = table.getValueAt(index[0],
                                                                0).toString();
                                                String sql = "delete student where sno=?";
                                                int count = db.executeUpdate(sql,
                                                                new String[] { sno });
                                                if (count == 1) {
                                                        JOptionPane.showMessageDialog(this,
                                                        "删除操作成功完成!","成功",
                                                        JOptionPane.PLAIN_MESSAGE);
                                                        chaKan();
                                                } else {
                                                        JOptionPane.showMessageDialog(this,
                                                                "抱歉！ 删除数据失败!","失败:", 0);
                                                }
                                        } catch (Exception e) {
                                                e.printStackTrace();
                                        } finally {
                                                db.closeAll();
                                        }
                                }
                        } catch (Exception ee) {
```

```
                    JOptionPane.showMessageDialog(this,
                        "抱歉!删除数据失败!【系统异常!】", "失败:",0);
                }
            }
        }
    public static void main(String[] args) {
            TableDemo f = new TableDemo();
            f.setVisible(true);
        }
}
```

上述代码将 student 表中的数据填充到 JTable 中显示,并实现了数据的单行选择。
执行结果如图 11-13 所示。

图 11-13　TableDemo 执行结果

在图 11-13 中选中一行,单击"删除"按钮,如图 11-14 所示,弹出确认对话框,选择"是"按钮,删除当前选中的记录。

图 11-14　删除数据

本 章 小 结

通过本章的学习,学生应该能够学会:

◇ 菜单组件之间的层次关系是：菜单选项添加到菜单中，菜单添加到菜单栏(或上级菜单)，菜单栏添加到窗体容器中。

◇ JPopupMenu 是一种不固定在菜单栏中的、随处浮动的弹出式菜单。

◇ 标准对话框有消息对话框、确认对话框、输入对话框以及选项对话框 4 种。

◇ 通过继承 JDialog 类可以实现一个对话框。

◇ JFileChooser 类可用于显示打开和保存文件对话框。

◇ JColorChooser 类可用于创建选择颜色的对话框。

◇ 用 JTable 创建表格时需要表格模型进行修饰，表格模型可以用默认模型或自定义模型。

本 章 练 习

1. 用于创建菜单项的类是_____。

   A. JMenuItem

   B. JPopupMenu

   C. JMenu

   D. JMenuBar

2. 下面选项中，用于显示确认对话框的方法是_____。

   A. showMessageDialog()

   B. showConfirmDialog()

   C. showInputDialog()

   D. showOptionDialog()

3. 下面_____组件用于以行或列的形式显示数据。

   A. Jtree   B. JScrollPane

   C. Jtable   D. JFrame

4. JTable 的父类是_____。

   A. Jcomponent   B. JContainer

   C. Component   D. Container

5. 下面_____组件用于以层次结构显示数据。

   A. Jtree   B. JScrollPane

   C. Jtable   D. JFrame

6. 用于文件打开或保存时显示的对话框类是_____，该类中的_____方法用于显示一个文件打开对话框，_____方法用于显示一个文件保存对话框。

7. _____类是颜色选择器。

8. 简述实现一个自定义的对话框的步骤。

第 12 章　线程知识

本章目标

- 理解线程的基本概念
- 理解 Java 的线程模型
- 掌握 Java 线程的状态和状态转换
- 掌握线程的创建和使用
- 掌握线程优先级的使用
- 理解多线程的概念
- 掌握 Java 的多线程实现
- 掌握线程的同步技巧
- 掌握线程的通信方式
- 理解死锁的概念

12.1　线程

线程(Thread)是程序中的执行路径，在 Java 虚拟机中由内核对象和堆栈两部分组成，是操作系统或Java虚拟机调度的运行单元。线程在多任务处理中起着举足轻重的作用。

12.1.1　线程概述

线程(轻量级程序)类似于一个程序，有开始、执行、结束，它是运行在程序内部的一个比进程还要小的单元。使用线程的主要应用在于可以在一个程序中同时运行多个任务。每个 Java 程序都至少有一个线程，即主线程。当一个 Java 程序启动时，JVM 会创建主线程，并在该线程中调用程序的 main()方法。

多线程就是同时有多个线程在执行。在多 CPU 的计算机中，多线程的实现是真正的物理上的同时执行；而对于单 CPU 的计算机而言，实现的只是逻辑上的同时执行，在每个时刻，真正执行的只有一个线程，由操作系统进行线程管理调度，但由于 CPU 的速度很快，让人感到像是多个线程在同时执行。

进程是指一种"自包容"的运行程序，有自己的地址空间。如图 12-1 所示，Windows任务管理器显示了当前正在运行的进程。

线程是进程内部单一的一个顺序控制流。基于进程的特点，允许计算机同时运行两个或更多的程序。基于线程的多任务处理环境中，线程是最小的处理单位。多线程程序在更低的层次中引入多任务处理。

多进程与多线程是多任务的两种类型。多线程与多进程的主要区别在于：线程是一个进程中一段独立的控制流，一个进程可以拥有若干个线程。在多进程设计中各个进程之间的数据块是相互独立的，一般彼此不影响，要通过信号、管道等进行交流；而在多线程设计中，各个线程不一定独立，同一任务中的各个线程共享程序段、数据段等资源。

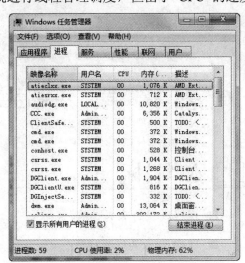

图 12-1　Windows 中的进程

多线程比多进程更便于共享资源，而 Java 提供的同步机制解决了线程之间的数据完整性问题，使得多线程设计更易发挥作用。在 Java 程序设计中，动画设计以及多媒体应用都会广泛地使用到多线程。

引入线程的优点是：

✧　充分利用 CPU 资源。

✧　简化编程模型。

✧　简化异步事件处理。

◇ 使 GUI 更有效率。

◇ 节约成本。

12.1.2 Java 线程模型

Java 的线程模型是面向对象的。在 Java 中建立线程有两种方法：一种是继承 Thread 类；另一种是实现 Runnable 接口，并通过 Thread 和实现 Runnable 的类来建立线程。

Java 通过 Thread 类将线程所必需的功能都封装了起来。要想建立一个线程，必须要有一个线程执行函数，这个线程执行函数对应 Thread 类的 run()方法。Thread 类还有一个 start()方法，这个方法负责启动线程，当调用 start()方法后，如果线程启动成功，将自动调用 Thread 类的 run()方法。因此，任何继承 Thread 的类都可以通过 Thread 类的 start()方法来建立线程。如果想运行自己的线程执行函数，那就要重写 Thread 类的 run()方法。

Java 线程模型中还提供了一个标识某个 Java 类是否可作为线程类的接口——Runnable。该接口只有一个抽象方法 run()，也就是 Java 线程模型的线程执行函数。

这两种方法从本质上说是一致的，即都是通过 Thread 类来建立线程，并运行 run()方法，但由于 Java 不支持多继承，因此，这个线程类如果继承了 Thread，就不能再继承其他类了。通过实现 Runnable 接口的方法来建立线程，可以在必要的时候继承和业务有关的类，形成清晰的数据模型。

12.2 线程使用

每个 Java 程序至少包含一个线程——主线程，其他线程都是通过 Thread 构造器或实例化继承类 Thread 的类来创建的。

【示例 12.1】 演示通过 Thread 类获取程序的主线程。

创建一个 Java 项目，命名为 ch12，创建一个名为 MainThread 的类，代码如下：

```
package com.dh.ch12;
class MainThread {
    public static void main(String args[]) {
        // 调用 Thread 类的 currentThread()方法获取当前线程
        Thread t = Thread.currentThread();
        System.out.println("主线程是: " + t);
    }
}
```

上述代码中，通过调用 Thread 类的静态方法 currentThread()获取了当前线程，由于是在 main()方法内，所以此线程即为主线程。

12.2.1 创建线程

在 Java 中创建线程有两种方法：使用 Thread 类和使用 Runnable 接口。在使用

Runnable 接口时需要建立一个 Thread 实例。因此，无论是通过 Thread 类还是 Runnable 接口建立线程，都必须建立 Thread 类或其子类的实例。

1. Thread

Thread 类的常用方法及使用说明如表 12-1 所示。

表 12-1　Thread 类的方法列表

方　法　名	功　能　说　明
Thread()	构造缺省的线程对象
Thread(Runnable target)	使用传递的 Runnable 构造线程对象
Thread(Runnable target,String name)	使用传递的 Runnable 构造名为 name 的线程对象
Thread(ThreadGroup group,Runnable target,String name)	使用传递的 Runnable 在 group 线程组内构造名为 name 的线程对象
final String getName()	返回线程的名称
final boolean isAlive()	如果线程是激活的，则返回 true
final void setName(String name)	将线程的名称设置为由 name 指定的名称
set\getPriority()	设置得到线程优先级
final void join()	等待线程结束
static void sleep(long millis)	用于将线程挂起一段时间，单位为毫秒
void run()	线程运行
void start()	调用 run( )方法启动线程，开始线程的执行
void stop()	停止线程(已经不建议使用)
void interrput()	中断线程
static int activeCount()	返回激活的线程数
static void yield()	使正在执行的线程临时暂停，并允许其他线程执行

可以通过直接实例化 Thread 或其子类对象来创建线程。Thread 子类需要重写 run()方法，并在 run()方法内部定义线程的功能语句。

【示例 12.2】　通过创建 Thread 类的子类，演示线程的创建。

打开项目 ch12，创建一个名为 ThreadDemo 的类，代码如下：

```
package com.dh.ch12;
class Thread1 extends Thread {
    public void run() {
        // 获取当前线程的名字
        System.out.println(Thread.currentThread().getName());
    }
}
class Thread2 extends Thread {
    public Thread2(String name){
```

```
            super(name);
        }
        public void run() {
            // 获取当前线程的名字
            System.out.println(Thread.currentThread().getName());
        }
}
public class ThreadDemo {
        public static void main(String[] args) {
            Thread1 thread1 = new Thread1();
            // 构造名为 thread2 的线程对象
            Thread2 thread2 = new Thread2("thread2");
            thread1.start();
            thread2.start();
            // 获取主线程的名字
            System.out.println("["+Thread.currentThread().getName()+"]");
        }
}
```

可能的执行结果：

```
Thread-0
[main]
thread2
```

上述代码定义了两个线程类 Thread1 和 Thread2，；它们都继承 Thread 类，并重写了 run()方法，输出自己的名字。在创建 thread1 对象时并未指定线程名，因此，所输出的线程名是系统的默认值，如"Thread-0"。而对于输出结果，不仅不同机器之间的结果可能不同，而且在同一机器上多次运行同一程序也可能生成不同结果，这是因为线程的执行次序是不定的，由操作系统控制，除非使用同步机制强制按特定的顺序执行。

　Thread 类的 start()方法将调用 run()方法，该方法用于启动并运行线程。但是，start()方法不能多次调用。换句话说，不能调用两次 thread1.start()方法，否则会抛出一个 IllegalThreadState Exception 异常。

2．Runnable

创建线程的另一种方式是实现 Runnable 接口。Runnable 接口中只有一个 run()方法，它为非 Thread 子类的类提供了一种激活方式。一个类实现 Runnable 接口后，并不代表该类是个"线程"类，不能直接运行，必须通过使用 Thread 类的实例才能创建并运行线程。

通过 Runnable 接口创建线程的步骤如下：

(1) 定义实现 Runnable 接口的类，并实现该接口中的 run()方法。

(2) 建立一个 Thread 对象，并将实现 Runnable 接口的类的对象作为参数传入 Thread 类的构造方法。

(3) 通过 Thread 类的 start()方法启动线程，并运行。

【示例 12.3】 通过实现 Runnable 接口，演示线程的创建。

打开项目 ch12，创建一个名为 RunnableDemo 的类，代码如下：

```
package com.dh.ch12;
//RenWu 类实现 Runnable 接口
class RenWu implements Runnable {
    // 重写 run 方法
    public void run() {
        // 获取当前线程的名字
        System.out.println("当前线程："+Thread.currentThread().getName());
        for (int i = 0; i < 30; i++) {
            System.out.print("A");
        }
    }
}
public class RunnableDemo {
    public static void main(String[] args) {
        // 创建一个 RenWu 对象
        RenWu rw = new RenWu();
        // 将实现 Runnable 的类的实例传入构造函数
        Thread thread = new Thread(rw);
        thread.start();
        // 获取主线程的名字
        System.out.println("主线程：["
                            + Thread.currentThread().getName() + "]");
        for (int i = 0; i < 30; i++) {
            System.out.print("C");
        }
    }
}
```

可能的执行结果如下：

```
主线程：[main]
CCCCCCCCCCCCCCCCCCCCCCCCCCCCCC当前线程：Thread-0
AAAAAAAAAAAAAAAAAAAAAAAAAAAAAA
```

　　直接调用 Thread 类或 Runnable 对象的 run()方法是无法启动线程的，这只是一个简单的方法调用，必须通过 Thread 的 start()方法才能启动线程。

12.2.2　线程状态

线程的状态分为 7 种：born(新生状态)、runnable(就绪状态)、running(运行状态)、waiting(等待状态)、sleeping(睡眠状态)、blocked(阻塞状态)、dead(死亡状态)。图 12-2 展示了线程的状态和状态之间的转换。

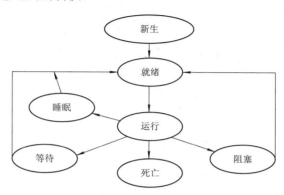

图 12-2　线程状态转换

1. born

当使用 new 来新建一个线程时，一个新的的线程就诞生了。除非在构造函数中调用了 start()方法，否则这个新线程将作为一个新对象呆在内存中，基本上什么事情也不做。当对这个线程调用了 start()方法，或者这个线程的状态由 born 改变为 runnable 后，调度程序就可以把处理器分配给这个线程。

线程处于等待状态时，可以通过 Thread 类的方法来设置线程的各种属性，如线程的优先级(setPriority)、线程名(setName)和线程的类型(setDaemon)等。

2. runnable、running

把处理器分配给一个处于 runnable 的线程之后，这个线程的状态就变成了 running。如果一个处于 running 状态的线程能够运行到结束或因某个未捕获异常而使线程终止时，它的状态就会变为 dead。否则，这个线程的命运就取决于当前是否还有其他线程等待处理器运行。如果这个线程在当前所有处于 runnable 状态的线程中具有最高优先级，那么它就会继续执行，除非这个线程被运行程序的平台划分为时间片。当线程被划分为时间片时，一个处于 running 状态的线程将分配到一个固定间隔的处理器时间。具有相同优先级的线程的时间片调度将导致这些线程被轮流执行。如果正在执行的线程的代码包含了 yield()方法，那么这个处于 running 状态的线程将停止运行，并把处理器交给其他线程。

可以通过 Thread 类的 isAlive()方法来判断线程是否处于运行状态。当线程处于 running 状态时，isAlive()返回 true；当 isAlive()返回 false 时，可能线程处于等待状态，也可能处于停止状态。

【示例 12.4】演示线程的创建、运行和停止三个状态之间的切换。

打开项目 ch12，创建一个名为 LifeCycle1 的类，代码如下：

```
package com.dh.ch12;
class LifeThread1 extends Thread {
        public void run() {
                int i = 0;
                while ((++i) < 1000)
                        ;
```

```
        }
    }
public class LifeCycle1 {
    public static void main(String[] args) throws Exception {
        LifeThread1 thread1 = new LifeThread1();
        System.out.println("等待状态[isAlive: "
                + thread1.isAlive() + "]");
        thread1.start();
        System.out.println("运行状态[isAlive: "
                + thread1.isAlive() + "]");
        // 等线程 thread1 结束后再继续执行
        thread1.join();
        System.out.println("线程结束[isAlive: "
                + thread1.isAlive() + "]");
    }
}
```

执行结果如下:

```
等待状态[isAlive: false]
运行状态[isAlive: true]
线程结束[isAlive: false]
```

3. blocked

在线程试图执行某个不能立即完成的任务,并且该线程必须等待其他任务完成才能继续时,该线程进入阻塞状态(blocked)。例如,在线程发出输入/输出请求时,操作系统将阻塞该线程的执行,直至完成 I/O 操作;操作完成时,该线程便回到就绪状态,可以再次调度该线程,使其执行。

4. sleeping

在线程执行的过程中,可以通过 sleep()方法使线程暂时停止执行,使线程进入 sleep 状态。在使用 sleep 方法时有以下两点需要注意:

◇ sleep()方法的参数是毫秒。

◇ sleep()方法声明了 InterruptedException 异常。

另外,还可以使用 suspend()和 resume()方法挂起和唤醒线程,但这两个方法可能会导致不安全因素,尽量不要使用这两个方法来操作线程。

 如果一个线程包含了很长的循环,则在循环的每次迭代之后把这个线程切换到 sleep 状态是一种很好的策略,这可以保证其他线程不必等待很长时间才能轮到处理器执行。

5. waiting

如果某个线程的执行条件还未满足,则可以调用 wait()方法,使其进入等待状态。一旦线程处于等待状态,在另一个线程对其等待对象调用 notify()或 notifyAll()方法时,线程就回到就绪状态。

如果对某个线程调用 interrupt()方法，则该线程会根据线程状态抛出 InterruptedException 异常。对异常进行处理，可以再次调度该线程。

6．dead

线程在下列情况下会结束：

✧ 线程到 run()方法的结尾。

✧ 线程抛出一个未捕获异常或 Error。

✧ 调用 interrupt()方法中断线程。

✧ 调用 join()方法等待线程结束。

✧ 调用 stop()方法直接停止线程。

【示例 12.5】 通过使用线程中的方法实现按钮在水平方向上来回移动。

打开项目 ch12，创建一个名为 ButtonMove 的类，代码如下：

```java
package com.dh.ch12;
import java.awt.event.*;
import javax.swing.*;
public class ButtonMove extends JFrame implements Runnable
    {
    JPanel p;
    JButton btnStart, btnStop, btnMove;
    Thread t;
    int movex = 5;
    public ButtonMove() {
            super("线程控制按钮走动");
            p = new JPanel(null);
            btnStart = new JButton("开始");
            btnStop = new JButton("停止");
            btnMove = new JButton("左右移动");
            btnStart.setBounds(60, 30, 60, 25);
            btnStop.setBounds(130, 30, 60, 25);
            btnMove.setBounds(0, 100, 100, 25);
            p.add(btnStart);
            p.add(btnStop);
            p.add(btnMove);
            this.add(p);
            this.setSize(400, 300);
            this.setDefaultCloseOperation(JFrame.EXIT_ON_CLOSE);
            // 注册监听
            btnStart.addActionListener(new ActionListener()
            {
                @Override
```

```java
            public void actionPerformed(ActionEvent e) {
                // 创建线程对象
                t = new Thread(ButtonMove.this);
                // 线程启动
                t.start();
            }
        });
        btnStop.addActionListener(new ActionListener() {
            @Override
            public void actionPerformed(ActionEvent e) {
                if (t.isAlive()) {
                    // 线程停止
                    t.stop();
                }
            }
        });
    }

    // 实现 run()方法
    public void run() {
        while (t.isAlive()) {
            // 获取按钮 x 轴坐标,并增加 movex
            int x = btnMove.getX() + movex;
            // 获取按钮 y 轴坐标
            int y = btnMove.getY();
            if (x <= 0) {
                // 最小值
                x = 0;
                // 换方向
                movex = -movex;
            } else if (x >= this.getWidth() - btnMove.getWidth()) {
                // 最大值
                x = this.getWidth() - btnMove.getWidth();
                // 换方向
                movex = -movex;
            }
            // 设置按钮坐标为新的坐标
            btnMove.setLocation(x, y);
            try {
                // 休眠 100毫秒
```

```
                        t.sleep(100);
                } catch (InterruptedException e) {
                        e.printStackTrace();
                }
            }
        }
    public static void main(String[] args) {
            ButtonMove f = new ButtonMove();
            f.setVisible(true);
        }
    }
}
```

上述代码中，当点击"开始"按钮时，新
建一个线程，其参数是"ButtonMove.this"。因
ButtonMove 类实现 Runnable 接口，所以将该类
的实例对象作为线程的参数，然后调用 start()方
法启动该线程。线程运行时，通过调用 sleep()
方法，使线程周期性地完成指定工作，如改变
按钮坐标。当点击"停止"按钮时，调用 stop()
方法停止线程。

运行结果如图 12-3 所示。

图 12-3　ButtonMove 运行结果

 　　在 Thread 类中有两个方法可以判断线程是否通过 interrupt 方法被终止：一个是静态的方法
注意　interrupted()，另一个是非静态的方法 isInterrupted()。

12.2.3　线程优先级

线程的优先级表示该线程的重要程度。当有多个线程同时处于可执行状态并等待获得
CPU 时间时，线程调度系统根据各个线程的优先级来决定 CPU 分配时间，优先级高的线
程有更大的机会获得 CPU 时间。

每个线程都有一个优先级。默认情况下优先级通过静态常量 Thread.NORM_
PRIORITY 定义，该常量的值为 5。每个新线程均继承创建线程的优先级。线程的优先级
可以通过 setPriority()/getPriority() 方法设置和获取，可将线程的优先级设置为
MIN_PRIORITY(1)和 MAX_PRIORITY(10)之间的值。

【示例 12.6】 演示线程优先级的设置及使用。

打开项目 ch12，创建一个名为 PriorityDemo 的类，代码如下：

```
package com.dh.ch12;
//定义线程类
class MyThread extends Thread {
    MyThread(String name) {
```

```
                super(name);
        }
        public void run() {
                System.out.println(this.getName());
                try {
                        sleep(2000);
                } catch (InterruptedException e) {
                        throw new RuntimeException(e);
                }
                System.out.println(this.getName() + " 结束!");
        }
}
public class PriorityDemo {
        public static void main(String args[]) throws InterruptedException {
                MyThread thread1 = new MyThread("吃饭");
                MyThread thread2 = new MyThread("睡觉");
                MyThread thread3 = new MyThread("打豆豆");
                // 设置优先级为最大,10
                thread1.setPriority(Thread.MAX_PRIORITY);
                thread2.setPriority(Thread.MAX_PRIORITY - 1);
                thread3.setPriority(Thread.MAX_PRIORITY - 2);
                thread1.start();
                thread2.start();
                thread3.start();
        }
}
```

可能的执行结果如下:

```
吃饭
睡觉
打豆豆
睡觉 结束!
打豆豆 结束!
吃饭 结束!
```

当线程睡眠后, 优先级就失效了。若想保证优先级继续有效, 可考虑使用 join()方法解决。

注意　　　线程优先级高并不一定先执行, 因为它是高度依赖于操作系统的。线程优先级不能保证线程的执行次序, 应尽量避免使用线程优先级作为构建任务执行顺序的绝对标准。

12.3　多线程

12.3.1　多线程概述

线程的最主要功能是多任务处理，即多线程。多线程也就是在主线程中有多个线程在运行，多个线程的执行是并发的，在逻辑上"同时"，而不管是否是物理上的"同时"。多线程和传统的单线程在程序设计上的最大区别在于：各个线程的控制流彼此独立，使得各个线程之间的代码是乱序执行的，由此带来的线程调度、同步等问题是需要重点留意的。

【示例 12.7】　通过多线程实现窗口中标签文字的左右移动和颜色不断变化，并且文本框中文字同时在不断改变。

打开项目 ch12，创建一个名为 MultiThreadDemo 的类，代码如下：

```
package com.dh.ch12;
import java.awt.*;
import javax.swing.*;
public class MultiThreadDemo extends JFrame {
        JPanel p;
        JLabel lbl;
        JButton btn;
        JTextField jtxt;
        String s[] = { "您好", "欢迎", "121 工程", "软件外包","莅临访问" };
        public MultiThreadDemo() {
                super("多线程");
                p = new JPanel(null);
                lbl = new JLabel("跑马灯欢迎词");
                // 设置字体
                lbl.setFont(new Font("宋体", Font.BOLD, 12));
                lbl.setBounds(30, 30, 120, 30);
                jtxt = new JTextField(s[0]);
                // 设置字体
                jtxt.setFont(new Font("黑体", Font.ITALIC, 16));
                jtxt.setBounds(30, 60, 120, 30);
                p.add(lbl);
                p.add(jtxt);
                this.add(p);
                this.setSize(300, 200);
                this.setDefaultCloseOperation(JFrame.EXIT_ON_CLOSE);
                // 创建子线程 ColorChange，并启动
                new ColorChange().start();
                // 创建子线程 TextChange，并启动
```

```
                new TextChange().start();
        }
// 定义子线程，让标签字的颜色不断变化，并且左右移动
class ColorChange extends Thread {
        public void run() {
                int movex = 5;
                while (this.isAlive()) {
                        // 随机产生颜色的 3 个基数 0~255
                        int r = (int) (Math.random() * 256);
                        int g = (int) (Math.random() * 256);
                        int b = (int) (Math.random() * 256);
                        // 设置标签的前景颜色，即文字的颜色
                        lbl.setForeground(new Color(r, g, b));
                        /* 让标签左右移动*/
                        // 获取按钮 x 轴坐标,并增加 movex
                        int x = lbl.getX() + movex;
                        // 获取按钮 y 轴坐标
                        int y = lbl.getY();
                        if (x <= 30) {
                                // 最小值
                                x = 30;
                                // 换方向
                                movex = -movex;
                        } else if (x >= 260 - lbl.getWidth()) {
                                // 最大值
                                x = 260 - lbl.getWidth();
                                // 换方向
                                movex = -movex;
                        }
                        // 设置按钮坐标为新的坐标
                        lbl.setLocation(x, y);
                        try {
                                Thread.sleep(100);
                        } catch (InterruptedException e) {
                                e.printStackTrace();
                        }
                }
        }
}
// 定义子线程，让文本不断变化
class TextChange extends Thread
```

```
    {
            public void run()
            {
                    int i = 0;
                    while (this.isAlive())
                    {
                            jtxt.setText(s[i++]);
                            try {
                                    Thread.sleep(1000);
                            } catch (InterruptedException e) {
                                    e.printStackTrace();
                            }
                            if (i == s.length) {
                                    i = 0;
                            }
                    }
            }
    }
    public static void main(String[] args) {
            MultiThreadDemo f = new MultiThreadDemo();
            f.setVisible(true);
    }
}
```

上述代码注意以下几点：

◆ setFont()方法用于设置控件中显示文本的字体。

◆ Font 是一个字体类，其构造方法 Font(String name, int style, int size)带三个参数，分别指明字体的名称、样式和大小。

◆ 使用 Math.random()可以产生[0,1)的随机数。例如，(int) (Math.random() * 256) 表示 0～255 之间的整数。

◆ Color 是一个基于标准 RGB 的颜色类，其构造方法 Color(int r, int g, int b)可以根据指定的红绿蓝分量创建一个颜色对象。

◆ setForeground()用于设置标签的前景颜色，即显示文本的颜色。

◆ ColorChange 和 TextChange 是两个子线程，它们都继承 Thread，分别用于完成不同的任务，实现一个程序中的多线程应用。

图 12-4　多线程运行结果

运行结果如图 12-4 所示。

12.3.2　线 程 同 步

在 Java 中，提供了线程同步的概念以保证某个资源在某一时刻只能由一个线程访问，保证共享数据及操作的完整性。

Java 使用监控器(也称对象锁)实现同步。每个对象都有一个监控器，使用监控器可以保证一次只允许一个线程执行对象的同步语句，即在对象的同步语句执行完毕前，其他试图执行当前对象的同步语句的线程都将处于阻塞状态，只有线程在当前对象的同步语句执行完毕后，监控器才会释放对象锁，并让最高优先级的阻塞线程处理它的同步语句。

也可以这样理解对象锁。当拨打公共信息服务台时，接话员(共享对象)可以被多个客户访问(提供服务)，但每一次接话员只能为一个客户服务。当其为某个客户服务时，其状态为"忙碌"(获取了对象锁)，其他客户只能等待。当接话员为当前的客户服务结束时，其状态就变成"空闲"(释放了对象锁)。现在就可以继续为其他客户服务了。

【示例 12.8】 通过多线程演示不使用同步机制可能出现的情况。

打开项目 ch12，创建一个名为 NoSyn 的类，代码如下：

```java
package com.dh.ch12.nosyn;
class Share {
        void print(String str) {
                System.out.print("[" + str);
                try {
                        Thread.sleep(1000);
                } catch (InterruptedException e) {
                }
                System.out.println("]");
        }
}
class Caller implements Runnable {
        String str;
        Share share;
        Thread thread;
        public Caller(Share share, String str) {
                this.share = share;
                this.str = str;
                // 实例化线程
                thread = new Thread(this);
                thread.start();
        }
        public void run() {
                share.print(str);
        }
```

```
}
public class NoSyn {
        public static void main(String args[]) throws InterruptedException {
                Share share = new Share();
                Caller call1 = new Caller(share, "吃饭");
                Caller call2 = new Caller(share, "睡觉");
                Caller call3 = new Caller(share, "打豆豆");
        }
}
```

可能的运行结果如下：

```
[吃饭[睡觉[打豆豆]
]
]
```

上述代码中，Share 类为资源类，其实例为 3 个线程共享，并在线程内部调用 Share 类的 print 方法。通过运行结果看到，print()方法通过调用 sleep()方法允许执行转换到另一个线程，结果导致 3 个字符串混合输出。

为避免这种情况，需保证其在某一时刻只有一个线程访问 print()方法。在 Java 中，使用 synchronized 关键字来实现对象锁。当对象用 synchronized 修饰时，表明该对象在任意时刻只能由一个线程访问。使用 synchronized 有如下两种方式：

◇ 修饰方法，使调用该方法的线程均能获得对象的锁。

◇ 放在代码块中，修饰对象，当前代码获得对象的锁。

1．同步方法

实现同步最简单的方式是使用 synchronized 关键字修饰需要同步的方法，此时一旦一个线程进入一个实例的任何同步方法，其他线程将不能进入同一实例的所有同步方法，但该实例的非同步方法仍然能够被调用。

针对示例 12.8，只需要将 synchronized 加到 print 方法前面即可，代码的调整如下：

```
class Share {
        synchronized void print(String str) {
                System.out.print("[" + str);
                try {
                        Thread.sleep(1000);
                } catch (InterruptedException e) {
                }
                System.out.println("]");
        }
}
```

此时程序的可能输出结果如下：

```
[睡觉]
[打豆豆]
```

[吃饭]

2. 同步块

实现同步的另一种有效的做法是使用同步块，即只需要将对该实例的访问语句放入一个同步块中，形式如下：

```
synchronized(object){
// 需要同步的语句
}
```

使用同步块，可以确保只有当前线程能获得被同步对象的对象锁，并可以访问对象的方法。

针对示例 12.8，使用同步块调整代码，如下所示：

```
class Caller implements Runnable {
    String str;
    Share share;
    Thread thread;
    public Caller(Share share, String str) {
        this.share = share;
        this.str = str;
        // 实例化线程
        thread = new Thread(this);
        thread.start();
    }
    public void run() {
        // 同步 share 对象
        synchronized (share) {
            share.print(str);
        }
    }
}
```

此时程序运行产生与同步方法相同的结果。

注意

synchronized 锁定的是对象，而不是方法或代码块；synchronized 也可以修饰类，当用 synchronized 修饰类时，表示这个类的所有方法都是 synchronized 的。

12.3.3 线程通信

线程同步会造成其他线程无法访问共享资源，这降低了对共享资源的访问效率。对于"生产/消费"模型，往往会出现"供大于求"或"求大于供"的现象，而此现象的出现就是因为生产者和消费者"沟通"不足引起的。可以使用线程通信使"生产/消费"达到一个较合理的状态，即在没有产品的时候，及时通知生产，而在生产过剩的情况下及时通知消费。

在 Java 中可以通过调用 Object 类定义的 wait()、notify()和 notifyAll()方法，使线程之间相互通知事件的发生。要执行这些方法，必须拥有相关对象的锁。

◆ 调用 wait()方法可以让线程等待，并释放对象锁，直到 interrupt()方法中断它或者另一个线程调用 notify()或 notifyAll()通知它。wait()方法也可以带一个参数，用于指明等待的时间。使用此种方式不需要 notify()或 notifyAll()的唤醒。此方法只能在一个同步方法中调用。

◆ 调用 notify()方法时可以随机选择一个在该对象调用 wait()方法的线程，解除它的阻塞。

◆ 调用 notifyAll()方法可以唤醒等待该对象的所有线程，但唤醒时无法控制唤醒哪个线程，唤醒过程完全由系统来控制。

notify()方法和 notifyAll()方法只能在同步方法或同步块内部使用。

 注 意   wait()方法和 sleep()方法都可以使线程进入等待状态，但 wait()方法与 sleep()方法的区别是：wait()方法调用时会释放对象锁，而 sleep()方法不会。

【示例 12.9】 通过生产/消费模型演示线程通信机制的应用。

打开项目 ch12，创建一个名为 WaitDemo 的类，代码如下：

```java
package com.dh.ch12;
class Product {
    int n;
    // 为 true 时表示有值可取，为 false 时表示需要放入新值
    boolean valueSet = false;
    // 消费方法
    synchronized void get() {
        // 如果没有值，则等待新值放入
        if (!valueSet) {
            try {
                wait();
            } catch (Exception e) {
            }
        }
        System.out.println(Thread.currentThread().getName()
            + "-Get:" + n);
        // 将 valueSet 设置为 false，表示值已取
        valueSet = false;
        // 通知等待线程，放入新值
        notify();
    }
    // 生产方法
    synchronized void put(int n) {
        // 如果有值，则等待线程取值
```

```
                if (valueSet) {
                        try {
                                wait();
                        } catch (Exception e) {
                        }
                }
                this.n = n;
                // 将 valueSet 设置为 true，表示值已放入
                valueSet = true;
                System.out.println(Thread.currentThread().getName()
                        + "-Put:" + n);
                // 通知等待线程，进行取值操作
                notify();
        }
}
class Producer implements Runnable {
        Product product;
        Producer(Product product) {
                this.product = product;
                new Thread(this, "Producer").start();
        }
        public void run() {
                int k = 0;
                // 生产 5 次
                for (int i = 0; i < 5; i++) {
                        product.put(k++);
                }
        }
}
class Consumer implements Runnable {
        Product product;
        Consumer(Product product) {
                this.product = product;
                new Thread(this, "Consumer").start();
        }
        public void run() {
                // 消费 5 次
                for (int i = 0; i < 5; i++) {
                        product.get();
                }
```

```
        }
}
public class WaitDemo {
        public static void main(String args[]) {
                // 共享的生产/消费实例
                Product product = new Product();
                // 指定生产线程
                Producer producer = new Producer(product);
                // 指定消费线程
                Consumer consumer = new Consumer(product);
        }
}
```

执行结果如下：

Producer-Put:0

Consumer-Get:0

Producer-Put:1

Consumer-Get:1

Producer-Put:2

Consumer-Get:2

Producer-Put:3

Consumer-Get:3

Producer-Put:4

Consumer-Get:4

上述代码描述了典型的生产/消费模型。其中，Product 类是资源类，用于为生产者和消费者提供资源；Producer 是生产者，产生队列输入；Consumer 是消费者，从队列中取值。

定义 Product 类时，使用 synchronized 修饰 put()和 get()方法，确保当前实例在某一时刻只有一种状态：要么生产，要么消费。在 put()和 get()方法内部，通过信号量 valueSet 的取值，利用 wait()和 notify()方法的配合实现线程间的通信，确保生产和消费的相互依赖关系。

main()方法中，通过声明 Product 类的实例，并将声明的实例传入生产线程和消费线程，使两个线程在产生"资源竞争"的情况下，保持良好的生产消费关系。

12.3.4 死 锁

通过对象锁，可以很方便地实现数据同步，而对象锁引起的等候很容易导致另外一种问题——"死锁"。

所谓死锁，是指两个或多个线程都在等待对方释放对象资源而进入的一种不可"调节"的状态。在程序设计中，死锁是无法测知或避开的。尽管这种情况并非经常出现，但一旦碰到，程序的调试将变得异常艰难。

最常见的死锁模式是：线程 A 拥有 obj1 上的对象锁，为完成任务同时需要获取 obj2

上的对象锁，而此时线程 B 正好拥有 obj2 的对象锁，其为完成任务需要获取 obj1 上的对象锁，此时两个线程在对象资源上既无法获取(对方线程未执行完毕)也无法释放(自身线程未执行完毕)，程序进入无限期的等待，死锁就发生了。

【示例 12.10】 通过使用资源竞争模型演示死锁的产生。

打开项目 ch12，创建一个名为 DeadLockDemo 的类，代码如下：

```java
package com.dh.ch12;
public class DeadLockDemo implements Runnable {
    private boolean flag;
    // 使用 obj1 和 obj2 模拟两个对象资源
    static Object obj1 = new Object();
    static Object obj2 = new Object();
    public void run() {
        String name = Thread.currentThread().getName();
        System.out.println(name + " flag : " + flag);
        /*
         * 如果 flag 为 true，首先获取 obj1 资源，等待 500 毫秒后，获取 obj2 资源
         * 如果 flag 为 false，首先获取 obj2 资源，等待 500 毫秒后，获取 obj1 资源
         */
        if (flag) {
            synchronized (obj1) {
                try {
                    System.out.println(name + " 休眠 500 毫秒 ,等待 obj2 ");
                    Thread.sleep(500);
                } catch (InterruptedException e) {
                    e.printStackTrace();
                }
                synchronized (obj2) {
                    System.out.println("获取 obj2 ");
                }
            }
        } else {
            synchronized (obj2) {
                try {
                    System.out.println(name + " 休眠 500 毫秒 ,等待 obj1 ");
                    Thread.sleep(500);
                } catch (InterruptedException e) {
                    e.printStackTrace();
                }
                synchronized (obj1) {
                    System.out.println("获取 obj1 ");
```

```
                    }
                }
            }
        }
        public static void main(String[] args) {
            DeadLockDemo obj1 = new DeadLockDemo();
            DeadLockDemo obj2 = new DeadLockDemo();
            /*
             * 构造资源竞争模型
             */
            // 将 flag 设置为 true，为执行 if 语句
            obj1.flag = true;
            // 将 flag 设置为 false，为执行 else 语句
            obj2.flag = false;
            Thread thread1 = new Thread(obj1);
            Thread thread2 = new Thread(obj2);
            thread1.start();
            thread2.start();
        }
}
```

执行结果如下：

```
Thread-0 flag : true
Thread-0 休眠 500 毫秒 ,等待 obj2
Thread-1 flag : false
Thread-1 休眠 500 毫秒 ,等待 obj1
// 进入无休止的等待
```

上述代码中线程 thread1 在获取了 obj1 资源后等待 500 毫秒，几乎同时(计算机执行速度快)thread2 在获取了 obj2 资源后等待 500 毫秒，当睡眠时间到达后，thread1 为继续执行需要获得 obj2 的对象锁，而与此同时 thread2 正好拥有 obj2 的对象锁，thread2 也为执行需要等待 obj1 对象锁的释放，thread1 和 thread2 进入 "僵持" 阶段。当死锁产生后，除非中断(牺牲)某个线程，否则死锁不可排解。

　　　死锁是多线程编程的产物，我们无法彻底避免，只能尽可能的预防。譬如，在获取多个对象锁时，尽量在所有线程中都以相同的顺序获取，不要滥用同步机制，避免无谓的同步控制等。

本 章 小 结

通过本章的学习，学生应该能够学会：

✧ 线程(Thread)是独立于其他线程运行的程序执行单元。

◇ 线程的主要应用在于可以在一个程序中同时运行多个任务。

◇ 通过继承 Thread 类或实现 Runnable 接口创建线程类。

◇ Java 线程有新建、就绪、运行、睡眠、等待、阻塞、死亡 7 个状态。

◇ 通过设置线程的优先级控制线程的执行次序。

◇ Java 程序启动时，一个线程立刻运行，该线程通常称为程序的主线程。

◇ Java 引用"监视器"的概念实现线程同步。

◇ 通过同步块和同步方法等两种方式来实现同步。

◇ Java 线程之间可以通过 wait()、notify() 和 notifyAll() 方法实现通信。

◇ 线程同步可能导致死锁的产生。

本 章 练 习

1. 下面_____是线程类。

    A. Runnable

    B. Thread

    C. ThreadGroup

    D. Throwable

2. 要建立一个线程，可以从下面_____接口继承。

    A. Runnable

    B. Thread

    C. Run

    D. Throwable

3. 下面让线程休眠 1 分钟的正确方法是_____。

    A. sleep(1)

    B. sleep(60)

    C. sleep(1000)

    D. sleep(60000)

4. 列举让线程处于不运行状态的方法。

5. 线程同步的关键字是_____。

6. 简述多线程的概念。

7. 使用线程实现图片的循环播放。

8. 使用线程实现根据用户传入的时间间隔打印当前时间，时间格式为"年-月-日 时：分：秒"。

9. 用代码来模拟铁路售票系统，实现通过四个售票点发售某日某次列车的 100 张车票，一个售票点用一个线程表示。

第 13 章　网络编程 Socket

本章目标

- 理解计算机网络编程的概念
- 理解 TCP/IP 协议规范
- 理解 UDP 协议规范
- 理解域名与 DNS 的概念
- 掌握基于 URL 的网络编程
- 掌握基于 TCP 的 C/S 网络编程
- 掌握基于 Socket 的底层网络编程
- 掌握基于 Socket 的多线程通信

13.1　网络基础

随着计算机技术的发展，基于网络的应用已成为时代发展的重要标志。通过网络可以将分布在不同区域的计算机、外设、数据资源等用通信线路互联成一个规模大、功能强、资源共享的网络系统，使众多的终端可以方便地互相传递信息，共享硬件、软件、数据信息等资源。

13.1.1　网络类型

按照不同的分类方式来划分，计算机网络可以分为不同的类型。

按照网络的地理位置可以分为：

 ◇ 局域网(LAN)：一般限定在较小的区域内，即小于 10km 的范围内，通常采用有线的方式连接起来。

 ◇ 城域网(MAN)：是在一个城市范围内所建立的计算通信网，一般用作主干网，通过它可以将主机、数据库、LAN、存储设备等连接起来，范围一般为 10～100 km。

 ◇ 广域网(WAN)：是一种跨地区的数据通信网络，特点是范围大，应用广。

目前局域网和广域网是网络的热点。局域网是组成其他两种类型网络的基础，城域网一般都加入了广域网。广域网的典型代表是 Internet 网。

按照服务方式可以分为：

 ◇ 客户机/服务器网络(Client/Server)：服务器是指专门提供服务的高性能计算机或专用设备，客户机是用户计算机。此种服务方式是客户机向服务器发出请求并获得服务的一种网络形式，多台客户机可以共享服务器提供的各种资源。客户机/服务器是最常用、最重要的一种网络类型，网络安全性容易得到保证，计算机的权限、优先级易于控制，监控容易实现，网络管理能够规范化。

 ◇ 对等网(Peer-to-Peer)：不要求文件服务器，每台客户机都可以与其他每台客户机对话，共享彼此的信息资源和硬件资源，组网的计算机一般类型相同。这种网络方式灵活方便，但是较难实现集中管理与监控，安全性较低，较适合于部门内部协同工作。

目前较为流行的网络编程模型是客户机/服务器(C/S)结构，即通信双方一方作为服务器等待客户提出请求并予以响应，客户则在需要服务时向服务器提出申请。服务器一般作为守护进程始终运行，监听网络端口，一旦有客户请求，就会启动一个服务进程来响应该客户，同时自己继续监听服务端口，使后来的客户也能及时得到服务。

13.1.2　TCP/IP 协议

通信协议即网络(包括互联网)中传递、管理信息的一些规范。如同人与人之间相互交流是需要遵循一定的语言规范一样，计算机之间的相互通信需要共同遵守一定的规则，这些规则就称为网络协议。常见的协议有：TCP/IP 协议、IPX/SPX 协议、NetBEUI 协议等。IPX/SPX 一般用于局域网中。如果访问 Internet，则必须在网络协议中添加 TCP/IP 协议。

　　TCP/IP 是 "Transmission Control Protocol/Internet Protocol" 的简写，中文译名为 "传输控制协议/互联网络协议"。TCP/IP 是一种网络通信协议，它规范了网络上的所有通信设备，尤其是一个主机与另一个主机之间的数据往来格式以及传送方式。TCP/IP 是 Internet 的基础协议，也是一种电脑数据打包和寻址的标准方法。在数据传送中，可以形象地理解为有两个信封，TCP 和 IP 就像是信封，要传递的信息被划分成若干段，每一段塞入一个 TCP 信封，并在该信封面上记录有分段号的信息，再将 TCP 信封塞入 IP 大信封，发送上网。在接收端，TCP 软件包收集信封，抽出数据，按发送前的顺序还原，并加以校验，若发现差错，TCP 将会要求重发。因此，TCP/IP 在 Internet 中几乎可以无差错地传送数据。对普通用户来说，并不需要了解网络协议的整个结构，仅需了解 IP 的地址格式，即可与世界各地进行网络通信。

1．IP

　　IP(互联网络协议)是 TCP/IP 的关键部分，也是网络层中最重要的协议。IP 协议提供了能适应各种各样网络硬件的灵活性，对底层网络硬件几乎没有任何要求，任何网络只要可以从一个地点向另一个地点传送二进制数据，就可以使用 IP 协议加入 Internet。

　　IP 协议的主要功能是在相互连接的网络之间传递 IP 数据包，主要包括两部分：寻址和路由、分段和重组。

　　IP 协议是一个无连接、不可靠的协议。在向另一台计算机传输数据之前，它不交换控制信息，数据包只是传送到目的主机，并且假设能被正确地处理。由于 IP 协议并不重新传输已丢失的数据包或监测受损害的数据，所以 IP 协议是不可靠的。这种功能可以通过 TCP 来实现。

2．TCP

　　尽管计算机通过安装 IP 软件，从而保证了计算机之间可以发送和接收数据，但 IP 协议还不能解决数据分组在传输过程中可能出现的问题。因此，若要解决可能出现的问题，连上 Internet 的计算机还需要安装 TCP 协议来提供可靠的并且无差错的通信服务。

　　TCP 协议被称作一种端对端协议，主要实现端对端连接和可靠的传输功能。

　　IP 协议保证计算机发送和接收分组数据，而 TCP 协议则提供一个可靠的、可流控的、全双工的信息流传输服务。

　　综上所述，虽然 IP 和 TCP 这两个协议的功能不尽相同，也可以分开单独使用，但它们是在同一时期作为一个协议来设计的，并且在功能上也是互补的。只有两者的结合，才能保证 Internet 在复杂的环境下正常运行。凡是要连接到 Internet 的计算机，都必须同时安装和使用这两个协议，因此在实际中常把这两个协议统称作 TCP/IP 协议。

13.1.3 UDP 协议

　　UDP 协议的全称是用户数据包协议，在网络中它与 TCP 协议一样用于处理数据包，是一种无连接的协议。它主要作用于不要求分组顺序到达的传输中(分组传输顺序的检查与排序由应用层完成),提供面向事务的简单的不可靠信息的传送服务。UDP 有不提供数据包分组、组装和不能对数据包进行排序的缺点。也就是说,当报文发送之后,无法得知是否安全完整到达目的地。但是由于 UDP 的特性——它不属于连接型协议,因而具有资源消耗小、处理速度快的优点,所以通常音频、视频和普通数据在传送时使用 UDP 比较多,比如我们聊天用的 QQ 就使用了 UDP 协议。

UDP 报头由 4 个域组成,其中每个域各占 2 个字节,具体如下:源端口号、目标端口号、数据报长度、校验值。端口号的有效范围是 0~65 535。一般来说,大于 49 151 的端口号都代表动态端口。数据报长度是指包括报头和数据部分在内的总字节数。校验值用来保证数据的安全,它首先在数据发送方通过特殊的算法计算得出,在传递到接收方之后还需要再重新计算。

13.1.4 IP 地址

为了实现各主机间的通信,每台主机都必须有一个唯一的网络地址(Internet 的网络地址是指连入 Internet 网络的计算机的地址编号),通过网络地址唯一地标识一台计算机,这个地址就叫作 IP(Internet Protocol)地址,即用 Internet 协议语言表示的地址。

IP 地址是一个 32 位的二进制地址,为了便于记忆,将它们分为 4 组,每组 8 位,由小数点分开,用四个字节来表示。用点分开的每个字节的数值范围是 0~255,如 202.116.0.1,此种书写方法叫作点数表示法。

通过 IP 地址可以确认网络中的任何一个网络和计算机,而要识别其他网络或其中的计算机,则是根据这些 IP 地址的分类来确定的。一般将 IP 地址按节点计算机所在网络规模的大小分为 A、B、C 三类,每个类别的网络标识和主机标识各有规则。

1．A 类地址

A 类地址的表示范围为 0.0.0.0~126.255.255.255,默认网络掩码为 255.0.0.0。

A 类地址分配给规模特别大的网络使用。A 类网络用第一组数字表示网络本身的地址,后面三组数字作为连接于网络上的主机的地址。A 类网络分配给具有大量主机(直接个人用户)而局域网络个数较少的大型网络,如 IBM 公司的网络。

2．B 类地址

B 类地址的表示范围为 128.0.0.0~191.255.255.255,默认网络掩码为 255.255.0.0。

B 类地址分配给一般的中型网络。B 类网络用第一、二组数字表示网络的地址,后面两组数字代表网络上的主机地址。

3．C 类地址

C 类地址的表示范围为 192.0.0.0~223.255.255.255,默认网络掩码为 255.255.255.0。

C 类地址分配给小型网络,如一般的局域网和校园网,它可连接的主机数量是最少的,采用把所属的用户分为若干的网段进行管理。C 类网络用前三组数字表示网络的地址,最后一组数字作为网络上的主机地址。

实际上,还存在着 D 类地址和 E 类地址。但这两类地址用途比较特殊:D 类地址称为广播地址，供特殊协议向选定的节点发送信息时使用；E 类地址保留给将来使用。

13.1.5　端口

端口(PORT)，可以认为是计算机与外界通信交流的出口。其中，硬件领域的端口又称接口，如 USB 端口、串行端口等。软件领域的端口一般指网络中面向连接服务和无连接服务的通信协议端口，是一种抽象的软件结构，包括一些数据结构和 I/O(基本输入输出)缓冲区。在这里，特指软件领域中的端口。

可以这样理解 TCP/IP 协议中的端口：如果把 IP 地址比作一间房子，端口就是出入这间房子的门，一个 IP 地址的端口可以有 65 536(即 256 × 256)个。端口是通过端口号来标记的，端口号只有整数，范围是从 0 到 65 535。

按端口号的范围可以分为 3 大类：

- ✧ 公认端口(Well Known Ports)：从 0 到 1023，它们紧密绑定(binding)于一些服务，通常这些端口明确表明了某种服务的协议。例如，80 端口实际上总是 HTTP 通信。
- ✧ 注册端口(Registered Ports)：从 1024 到 49151，它们松散地绑定于一些服务。也就是说，有许多服务绑定于这些端口，这些端口同样用于许多其他目的。例如，8080 是 Tomcat 的缺省服务端口。
- ✧ 动态和/或私有端口(Dynamic and/or PrivatePorts)：从 49152 到 65535。理论上，不应为服务分配这些端口。

表 13-1 列举了一些常用的端口及其对应的服务。

表 13-1　常用端口

端　口　号	服　务
7	Echo 服务端口
21	FTP 服务端口
23	Telnet 服务端口
25	SMTP 服务端口
80	HTTP 服务端口

　　　　自己在建立的网络服务时，应尽量避免使用公认端口的端口值。这样可以防止出现端口的占用或者被恶意程序入侵。

13.1.6　域名与 DNS

1. 域名

由于 IP 地址是数字标识，使用时难以记忆和书写，因此在 IP 地址的基础上又发展出一种符号化的地址方案来代替数字型 IP 地址。每一个符号化的地址都与特定的 IP 地址对应，如 www.baidu.com，这样网络上的资源访问起来就容易多了。这个与网络上的数字型 IP 地址相对应的字符型地址就被称为域名。

域名(Domain Name)是由一串用点分隔的名字组成的 Internet 上某一台计算机或计算机组的名称，用于在数据传输时标识计算机的电子方位(有时也指地理位置)。域名一般由若干个字母、数字及"-"、"."符号构成，并按一定的层次和逻辑排列(目前也有一些国家在开发其他语言的域名，如中文域名)。域名不仅便于记忆，而且即使在 IP 地址发生变化的情况下，通过改变解析对应关系，域名仍可保持不变。

按照级别，常用的域名分为：

◇ 国际域名：也叫国际顶级域名。这是使用最早也最广泛的域名，如表示工商企业的.com，表示网络提供商的.net，表示非营利组织的.org 等。

◇ 国内域名：也叫国内顶级域名，即按照国家的不同分配不同后缀，这些域名即为该国的国内顶级域名。目前 200 多个国家和地区都按照 ISO3166 国家代码分配了顶级域名，如中国是 cn，美国是 us，日本是 jp 等。

◇ 二级域名：指顶级域名之下的域名。在国际顶级域名下，它是指域名注册人的网上名称，如 ibm、yahoo、microsoft 等；在国家顶级域名下，它是表示注册企业类别的符号，如 com、edu、gov、net 等。

◇ 三级域名：一般应用于中小企业及个人注册使用。

在实际使用和功能上，国际域名与国内域名没有任何区别，都是互联网上的具有唯一性标识。例如：baidu(www.baidu.com)网址由两部分组成，标号"baidu"是这个域名的主体，而最后的标号"com"则是该域名的后缀，代表的是一个国际域名，是顶级域名，前面的 www.是网络名，baidu.com 为 www 的域名。

2. DNS

在 Internet 上，域名与 IP 地址之间是一对一(或多对一)的。域名虽然便于人们记忆，但机器之间只能互相认识 IP 地址，它们之间的转换工作称为域名解析。域名解析需要由专门的域名解析服务器来完成。DNS(Domain Name Server)就是进行域名解析的服务器。通过 DNS 服务可以将用户输入的域名解析为与之相关 IP 地址，从而唯一确定该域名所绑定的域层次结构中的计算机和网络服务。

13.2　网络 API

API 是应用程序接口 Application Programming Interface 的简写，是提供可访问网络底层服务的函数或组件。Java 通过网络 API 使用网络上的各种资源和数据，与服务器建立各种传输通道，实现数据的传输。

Java 中有关网络方面的功能都定义在 java.net 包中。

13.2.1　InetAddress 类

地址是网络通信的基础。在 Java 中，使用 InetAddress 类来封装前面介绍的 IP 地址和该地址的域名。InetAddress 类内部隐藏了地址数字，它不需要用户了解如何实现地址的细节。

InetAddress 类无构造方法，不能直接创建其对象，但可以通过该类的静态方法创建一个 InetAddress 对象或 InetAddress 数组。其常用方法及功能如表 13-2 所示。

表 13-2　InetAddress 类的方法列表

方 法 名	功 能 说 明
public static InetAddress getLocalHost()	获得本地机的 InetAddress 对象。当查找不到本地机器的地址时，抛出一个 UnknownHostException 异常
public static InetAddress getByName (String host)	获得由 host 指定的 InetAddress 对象，host 是计算机的域名(或 IP)。如果找不到主机，则会抛出 UnknownHostException 异常
public static InetAddress[] getAllByName(String host)	获得具有相同名字的一组 InetAddress 对象。如果找不到主机，则会抛出 UnknownHostException 异常
public static InetAddress getByAddress (byte[] addr)	获取 addr 所封装的 IP 地址对应的 InetAddress 对象。如果找不到主机，则会抛出 UnknownHostException 异常
public String getCanonicalHostName()	从域名服务中获得标准的主机名
public bytes[] getHostAddress()	获得主机 IP 地址
public String getHostName()	获得主机名
public String toString()	获得主机名和 IP 地址的字符串

【示例 13.1】　通过 InetAddress 类获取本机的地址信息和指定域名的地址信息，并将结果打印到控制台。

创建一个 Java 项目，命名为 ch13，创建一个名为 InetAddressDemo 的类，代码如下：

```java
package com.dh.ch13;
import java.net.*;
public class InetAddressDemo {
    public static void main(String para[]) throws UnknownHostException {
        InetAddress IP0 = InetAddress.getLocalHost();// 获取本机地址信息
        System.out.println("IP0.getCanonicalHostName()= " + IP0.getCanonicalHostName());
        System.out.println("IP0.getHostAddress()= " + IP0.getHostAddress());
        System.out.println("IP0.getHostName()= " + IP0.getHostName());
        System.out.println("IP0.toString()= " + IP0.toString());
        System.out.println("===================================");
        // 获取指定域名地址信息
        InetAddress IP1 = InetAddress.getByName("www.baidu.com");
        System.out.println("IP1.getCanonicalHostName()= " + IP1.getCanonicalHostName());
        System.out.println("IP1.getHostAddress()= " + IP1.getHostAddress());
        System.out.println("IP1.getHostName()= " + IP1.getHostName());
        System.out.println("IP1.toString()= " + IP1.toString());
        System.out.println("===================================");
        // 比较两个 InetAddress
        InetAddress IP2 = InetAddress.getByAddress(IP1.getAddress());
        System.out.println("IP2.getCanonicalHostName()= " + IP2.getCanonicalHostName());
        System.out.println("IP2.getHostAddress()= " + IP2.getHostAddress());
        System.out.println("IP2.getHostName()= " + IP2.getHostName());
```

```
            if (IP2.equals(IP1))
                    System.out.println("IP2 equals IP1");
            else
                    System.out.println("IP2 not equals IP1");
        }
}
```

执行结果如下：

```
IP0.getCanonicalHostName()= yangjx
IP0.getHostAddress()= 192.168.2.55
IP0.getHostName()= yangjx
IP0.toString()= yangjx/192.168.2.55
===============================
IP1.getCanonicalHostName()=61.135.169.121
IP1.getHostAddress()=61.135.169.121
IP1.getHostName()= www.baidu.com
IP1.toString()= www.baidu.com/61.135.169.121
===============================
IP2.getCanonicalHostName()=61.135.169.121
IP2.getHostAddress()=61.135.169.121
IP2.getHostName()=61.135.169.121
IP2 equals IP1
```

 在获得 Internet 上的域名所对应的地址信息时，需保证运行环境能访问 Internet，否则将抛

注 意 出 UnknownHostException 异常。

13.2.2 URL 类

URL 是 Uniform Resource Locator(统一资源定位器)的缩写，它表示 Internet 上某一资源的地址。通过 URL 可以访问 Internet 上的各种网络资源，如最常见的 WWW、FTP 站点。浏览器通过解析给定的 URL 可以在网络上查找相应的文件或其他资源。

URL 是最为直观的一种网络定位方法，符合人们的语言习惯，容易记忆。为了处理方便，Java 将 URL 封装成 URL 类，可以通过 URL 对象记录下完整的 URL 信息。

例如，http://www.myweb.com:8080/index.htm 是一个合法的 URL。一个完整的 URL 由协议名、主机名(主机 IP)、端口号和文件路径四部分组成。

- ❖ 协议名(protocol)：指明获取资源所使用的传输协议，如 http、ftp 等，使用冒号(:)来将它与其他部分相隔离，如上例中的 http。
- ❖ 主机名(host)：指定获取资源的域名，此部分由左边的双斜线(//)和右边的单斜线(/)或可选冒号(:)限制。如上例中的 www.myweb.com。
- ❖ 端口(port)：指定服务的端口号，是可选的参数，由左边的冒号(:)和右边的斜线(/)限制，如上例中的 8080。
- ❖ 文件路径(file)：指定访问的文件名及路径，如上例中的 index.htm。

URL 类的常用方法及功能如表 13-3 所示。

表 13-3　URL 类的方法列表

方 法 名	功 能 说 明
public URL(String spec)	构造方法，根据指定的 spec 来创建一个 URL 对象
public URL(String protocol, String host, int port, String file)	构造方法，根据指定的协议、主机名、端口号、文件路径及文件名创建一个 URL 对象
public URL(String protocol, String host, String file)	构造方法，根据指定的协议、主机名、路径及文件名创建 URL 对象
public String getProtocol()	获取该 URL 的协议名
public String getHost()	获取该 URL 的主机名
public int getPort()	获取该 URL 的端口号，如果没有设置端口，则返回 −1
public String getFile()	获取该 URL 的文件名
public String getRef()	获取该 URL 在文件中的相对位置
public String getQuery()	获取该 URL 的查询信息
public String getPath()	获取该 URL 的路径
public String getRef()	获得该 URL 的锚

　　类 URL 的构造方法都声明抛出异常 MalformedURLException，因此构造 URL 对象时，需要对此异常进行处理。

【示例 13.2】 根据指定的路径构造 URL 对象，获取当前 URL 对象的相关属性信息，并将结果打印到控制台。

打开项目 ch13，创建一个名为 URLDemo 的类，代码如下：

```
package com.dh.ch13;
import java.net.*;
public class URLDemo {
    public static void main(String[] args) throws Exception {
        URL Aurl = new URL("http://java.sun.com/docs/books/");
        URL tuto = new URL(Aurl, "tutorial.intro.html#DOWNLOADING");
        System.out.println("protocol=" + tuto.getProtocol());
        System.out.println("host =" + tuto.getHost());
        System.out.println("filename=" + tuto.getFile());
        System.out.println("port=" + tuto.getPort());
        System.out.println("ref=" + tuto.getRef());
        System.out.println("query=" + tuto.getQuery());
        System.out.println("path=" + tuto.getPath());
    }
}
```

执行结果如下：

```
protocol=http
host =java.sun.com
```

filename=/docs/books/tutorial.intro.html

port=-1

ref=DOWNLOADING

query=null

path=/docs/books/tutorial.intro.html

当得到一个 URL 对象后，可以通过调用 URL 的 openStream()方法读取指定的 WWW 资源，其与指定的 URL 建立连接并返回 InputStream 类的对象来从这一连接中读取数据。

【示例 13.3】根据指定的路径构造 URL 对象，从当前 URL 对象中读取相关数据，并将结果打印到控制台。

打开项目 ch13，创建一个名为 URLReader 的类，代码如下：

```java
package com.dh.ch13;
import java.io.*;
import java.net.*;
public class URLReader {
        public static void main(String[] args) throws Exception {        // 构建一 URL 对象
                URL baidu = new URL("http://www.baidu.com/");
                // 获取输入流，构造一个 BufferedReader 对象
                BufferedReader br = new BufferedReader(new InputStreamReader(baidu.openStream()));
                String inputLine;
                // 循环读取并打印数据
                while ((inputLine = br.readLine()) != null)System.out.println(inputLine);
                // 关闭输入流
                br.close();
        }
}
```

执行结果是指定网址资源对应文件的 HTML 源码。

13.2.3 URLConnection 类

通过 URL 的方法 openStream()，只能从网络上读取数据，如果需要输出数据，则要用到 URLConnection 类。URLConnection 是一个抽象类，代表与 URL 指定的数据源的动态连接。URLConnection 类提供比 URL 类更强的服务器交互控制，其允许用 POST 或 PUT 和其他 HTTP 请求方法将数据送回服务器。其常用方法及功能如表 13-4 所示。

表 13-4　URLConnection 类的方法列表

方 法 名	功 能 说 明
public int getContentLength()	获得文件的长度
public String getContentType()	获得文件的类型
public long getDate()	获得文件创建的时间
public long getLastModified()	获得文件最后修改的时间
public InputStream getInputStream()	获得输入流，以便读取文件的数据
public OutputStream getOutputStream()	获得输出流，以便输出数据

【示例 13.4】　使用 URLConnection 类从 Web 服务器上读取文件的信息，并将结果打印到控制台。

打开项目 ch13，创建一个名为 URLConnectionDemo 的类，代码如下：

```
package com.dh.ch13;
import java.io.*;
import java.net.*;
public class URLConnectionDemo {
    public static void main(String[] args) throws Exception {
        // 构建一 URL 对象
        URL baidu = new URL("http://www.baidu.com/");
        //由 URL 对象获取 URLConnection 对象
        URLConnection uc=baidu.openConnection();
        //由 URLConnection 获取输入流，并构造 BufferedReader 对象
        BufferedReader br =new BufferedReader(
                new InputStreamReader(uc.getInputStream()));
        String inputLine;
        // 循环读取并打印数据
        while ((inputLine = br.readLine()) != null)
                System.out.println(inputLine);
        br.close();// 关闭输入流
    }
}
```

执行结果与示例 13.3 一致。实际上，类 URL 的方法 openStream()是通过 URLConnection 来实现的，它等价于 openConnection().getInputStream()。

13.3　Socket 网络通信

套接字(Socket)允许程序将网络连接当成一个流，可以向这个流中写字节，也可以从这个流中读取字节。套接字屏蔽了网络的底层细节，如媒体类型、信息包的大小、网络地址、信息的重发等。

套接字一般分为以下三种类型：

(1) 流式套接字(SOCK-STREAM)：该类套接字提供了面向连接的、可靠的、数据无错且无重复的数据发送服务，而且发送的数据是按顺序接收的。这对数据的稳定性、正确性和发送/接收顺序要求严格的应用十分适用。TCP 使用该类接口。

(2) 数据报式套接字(SOCK-DGRAM)：该类套接字提供了面向无连接的服务，不提供正确性检查，也不保证个数据包的发送顺序。UDP 使用该类套接字。

(3) 原始套接字(SOCK-RAW)：该类套接字一般不会出现在高级网络接口中，因为它是直接针对协议的较低层(如 IP、TCP、UDP 等)直接访问的。使用原始套接字存在网络应用程序的兼容性问题，一般不推荐使用。

TCP/IP 套接字用于在主机和 Internet 之间建立可靠的、双向的、持续的、点对点的流式连接。一个套接字可以用来建立 Java 的输入/输出系统到其他驻留在本地机或 Internet 上的任何机器的程序的连接。

Java 中有两类套接字：一种是服务器套接字(ServerSocket)；另一种是客户端套接字(Socket)。ServerSocket 类设计成在等待客户建立连接之前不做任何事的"监听器"。Socket 类为建立连接服务器套接字以及启动协议交换而设计。利用 Socket 类的方法，就可以实现两台计算机之间的通信。

13.3.1 Socket 类

Socket 是网络上运行的两个程序间双向通信的一端，它既可以接收请求，也可以发送请求，利用它可以较为方便地在网络上传递数据。其常用方法及功能如表 13-5 所示。

表 13-5 Socket 类的方法列表

方 法 名	功 能 说 明
public Socket(String host ,int port)	创建一个到主机 host、端口号为 port 的套接字，并连接到远程主机
public Socket (InetAddress host, int port)	创建一个套接字，使用 host 中封装的主机信息，端口号为 port，并连接到主机
public InetAddress getInetAddress()	返回连接到远程主机的地址，如果连接失败则返回以前连接的主机
public int getPort()	返回 Socket 连接到远程主机的端口号
public int getLocalPort()	返回本地连接终端的端口号
public InputStream getInputStream()	返回一个输入流，利用这个流就可以从套接字读取数据
public OutputStream getOutputStream()	返回一个输出流，可以在应用程序中写数据到套接字的另一端
public synchronized void close()	关闭当前 Socket 连接

　　　　在创建 Socket 时如果发生错误，将产生 IOException 异常，所以在创建 Socket 时必须捕获或抛出异常。另外，在选择端口号时，最好选择一个大于 1023 的数以防止发生冲突。

一般情况下，Socket 的工作步骤如下：

(1) 根据指定地址和端口创建一个 Socket 对象。

(2) 调用 getInputStream()方法或 getOutputStream()方法打开连接到 Socket 的输入/出流。

(3) 客户端与服务器根据一定的协议交互，直到关闭连接。

(4) 关闭客户端的 Socket。

下述代码片段是一个典型的创建客户端 Socket 的过程。

```
try {
    // 127.0.0.1 是 TCP/IP 协议中默认的本机地址
    Socket socket = new Socket("127.0.0.1", 1210);
} catch (IOException ioe) {
    System.out.println("Error:" + ioe);
```

```
} catch(UnknownHostException uhe) {
    System.out.println("Error:" + uhe);
}
```

13.3.2　ServerSocket 类

ServerSocket 是服务器套接字，运行在服务器上，并监听特定端口的 TCP 连接。当远程客户端的 Socket 请求与服务器指定端口建立连接时，服务器将验证客户端程序的请求，验证通过后将接收客户端的请求，建立两者之间的连接。一旦客户端与服务器建立了连接，两者之间就可以相互传送数据。

ServerSocket 类中包含了创建 ServerSocket 对象的构造方法，在指定端口监听的方法，建立连接后发送和接收数据的方法。其常用方法及功能如表 13-6 所示。

表 13-6　ServerSocket 类的方法列表

方 法 名	功 能 说 明
public ServerSocket(int port)	构造方法，根据指定端口创建 ServerSocket 实例
public Socket accept()	这是一个阻塞方法，它停止执行代码流，并等待下一个客户端的连接。当客户端请求连接时，accept()方法返回一个 Socket 对象
public void close()	关闭当前 ServerSocket 实例
public InetAddress getInetAddress()	返回当前 ServerSocket 实例的地址信息
public int getLocalPort()	返回当前 ServerSocket 实例的服务端口

 　　在创建 ServerSocket 时如果发生错误，将产生 IOException 异常，在程序中必须对之作出处理。另外，在选择端口号时，最好选择一个大于 1023 的数以防止发生冲突。

一般情况下，ServerSocket 的工作步骤如下：

(1) 根据指定端口创建一个新的 ServerSocket 对象。

(2) 调用 ServerSocket 的 accept()方法，在指定的端口监听到来的连接请求。accept() 一直处于阻塞状态，直到有客户端试图建立连接。这时 accept()方法返回连接客户端与服务器的 Socket 对象。

(3) 调用 getInputStream()方法或 getOutputStream()方法建立与客户端交互的输入/输出流。

(4) 服务器与客户端根据一定的协议交互，直到关闭连接。

(5) 关闭服务器端的 Socket。

(6) 回到第(2)步，继续监听下一次连接。

下述代码片段是一个典型的创建服务器端 ServerSocket 的过程。

```
ServerSocket server = null;
try {
    // 创建一个 ServerSocket 在端口 1210 监听客户请求
    server = new ServerSocket(1210);
```

```
} catch (IOException e) {
        System.out.println("can not listen to :" + e);
}
Socket socket = null;
try {    //accept()是一个阻塞方法，一旦有客户请求，它就会返回一个 Socket 对象用于同客户进行交互
        socket = server.accept();
} catch (IOException e) {
        System.out.println("Error:" + e);
}
```

13.3.3   C/S 实例

前面提到 Socket 通常用来实现 C/S 结构。使用 Socket 进行 Client/Server 程序设计的一般过程如下：

(1) Server 端 Listen(监听)某个端口是否有连接请求。

(2) Client 端向 Server 端发出 Connect(连接)请求。

(3) Server 端向 Client 端发回 Accept(接收)消息并建立连接。

(4) 通过 getInputStream()和 getOutStream()方法来得到对应的输入/输出流，Server 端和 Client 端都可以相互读/写数据。

(5) 关闭 Server 端和 Client 端的 Socket。

Socket 交互编程模型如图 13-1 所示。

图 13-1   Socket 交互编程模型

【**示例 13.5**】演示基于 Socket 通信，实现客户端和服务器交互的 C/S 结构。

首先创建客户端程序。打开项目 ch13，创建一个名为 Client 的类，代码如下：

```java
package com.dh.ch13;
import java.io.*;
import java.net.*;
public class Client {
    public static void main(String args[]) {
        PrintWriter out = null;
        BufferedReader in  = null;
        Socket socket   =  null;
        try {
            // 创建一个套接字，连接服务器
            socket = new Socket("127.0.0.1", 1210);
            // 创建一个往套接字中写数据的管道，即输出流，给服务器发送信息
            out = new PrintWriter(socket.getOutputStream());
            out.println("大家好，我是 SOCKET 客户端！");
            out.flush();
            // 创建一个从套接字重读数据的管道，即输入流，读服务器的返回信息
            in = new BufferedReader(new InputStreamReader(
                        socket.getInputStream()));
            System.out.println(in.readLine());
        } catch (UnknownHostException e) {
            e.printStackTrace();
        } catch (IOException e) {
            e.printStackTrace();
        }finally{
            //关闭连接
            try{
                if(out != null) {
                    out.close();
                }
                if(in != null){
                    in.close();
                }
                if(socket != null){
                    socket.close();
                }
            }catch(Exception ex){
                ex.printStackTrace();
            }
```

```
                }
            }
        }
```

上述代码中注意以下几点:

◇ 创建一个 Socket 套接字,并指明连接服务器的 IP 地址和端口。

◇ 调用 Socket 对象的 getOutputStream()方法获取套接字的输出流,往 Socket 中写信息,写的信息将发送到服务器。

◇ 调用 Socket 对象的 getInputStream()方法获取套接字的输入流,从 Socket 中读信息,读的数据就是服务器返回的数据。

◇ 调用 close()方法关闭流以及套接字,在关闭 Socket 之前,应将与 Socket 相关的所有的输入/输出流全部关闭,以释放所有的资源。

注意   *获取套接字的输入流和输出流,都是站在内存立场上考虑的,而不是套接字的立场。例如,getInputStream()方法获取套接字的输入流,用于读取 Socket 数据,并将数据存入到内存中。*

然后创建服务器端,用于接收客户端数据输入。打开项目 ch13,创建一个名为 Server 的类,代码如下:

```java
package com.dh.ch13;
import java.io.*;
import java.net.*;
public class Server {
    public static void main(String args[]) {
        ServerSocket serverSocket = null;
        Socket socket   = null;
        BufferedReader in = null;
        PrintWriter out = null;
        try {
            // 创建服务器套接字
            serverSocket = new ServerSocket(1210);
            System.out.println("Server start...");
            // 接收一个套接字
            socket = serverSocket.accept();
            // 创建一个从套接字重读数据的管道,即输入流,读客户的信息
            in = new BufferedReader(new InputStreamReader(
                    socket.getInputStream()));
            System.out.println("客户端传过来的信息:"+ in.readLine());
            // 创建一个往套接字中写数据的管道,即输出流,给客户发送返回信息
            out = new PrintWriter(socket.getOutputStream());
            out.println("您好,SERVERSOCKET 服务器已收到,您中大奖了,
                    奖励重新再发一次");
```

```
                out.flush();
        } catch (IOException e) {
                e.printStackTrace();
        }finally{
                try {
                        // 关闭连接
                        if(in != null){
                                in.close();
                        }
                        if(out != null){
                                out.close();
                        }
                        if(socket != null){
                                socket.close();
                        }
                        if(serverSocket != null){
                                serverSocket.close();
                        }
                } catch (Exception ex) {
                        // TODO: handle exception
                        ex.printStackTrace();
                }
        }
    }
}
```

服务器端代码需要注意以下几点：

✧ 创建 ServerSocket 服务器套接字，并指明监听的端口号。

✧ 调用服务器套接字的 accept()方法，接收客户端发送的套接字。

✧ 调用 Socket 对象的 getInputStream()方法获取套接字的输入流，从 Socket 中读信息，读的数据就是客户发来的数据。

✧ 调用 Socket 对象的 getOutputStream()方法获取套接字的输出流，往 Socket 中写信息，写的信息将返回给客户端。

✧ 调用 close()方法关闭套接字以及服务器套接字。

从代码中可以看到，客户端程序先写信息，再读信息；而服务器先读信息，再写信息。客户端与服务器之间按如下步骤实现一次交互：

(1) 客户端写信息，发送给服务器。

(2) 服务器读信息。

(3) 服务器写信息，返回给客户端。

(4) 客户端读信息。

运行程序时，先运行服务器端应用程序，服务器端先显示如下提示：

Server start...

然后运行客户端应用程序，此时服务器端又会显示：

大家好，我是 SOCKET 客户端！

客户端应用程序显示：

您好，SERVERSOCKET 服务器已收到,您中大奖了，奖励重新再发一次

以上程序是 C/S 结构的典型工作模式，只不过在这里 Server 只能接收一个请求，接收完后 Server 就退出了。实际的应用中总是让它不停地循环接收，一旦有客户请求，Server 就会接收，并进行交互。

13.3.4 多线程 Socket 通信

在实际应用中，服务器可以接收来自其他多个客户端的请求，提供相应的服务。为了使服务器能为多个客户提供服务，需要在服务器端程序中利用多线程实现多客户机制。

【示例 13.6】 演示基于线程，实现多客户端和服务器的 Socket 通信。

在多客户端和服务器通信的模型中，客户端代码无需任何调整；对于 Server 部分，需要定义线程处理 Socket 通信。

打开项目 ch13，创建一个名为 Server2 的类，代码如下：

```java
package com.dh.ch13;
import java.io.*;
import java.net.*;
public class Server2 extends Thread{
    // 服务器套接字
    ServerSocket serverSocket ;
    public Server2(){
        try {
            serverSocket = new ServerSocket(1210);
        } catch (IOException e) {
            e.printStackTrace();
        }
        //启动服务器线程
        this.start();
        System.out.println("Server start...");
    }
    public void run(){
        Socket socket = null;
        BufferedReader in = null;
        PrintWriter out   = null;
        while(this.isAlive()){
```

```
        try {
                // 接收一个套接字
                socket = serverSocket.accept();
                // 创建一个从套接字重读数据的管道，即输入流，读客户的信息
                in = new BufferedReader(new InputStreamReader(
                                socket.getInputStream()));
                System.out.println(in.readLine());
                // 创建一个往套接字中写数据的管道，即输出流，给客户发送返回信息
                out = new PrintWriter(socket.getOutputStream());
                out.println("您好，SERVERSOCKET 服务器已收到，
                                您中大奖了----奖励重新再买一次。");
                out.flush();
        } catch (IOException e) {
                e.printStackTrace();
        }finally{
                try {
                        // 关闭
                        if(in != null){
                                in.close();
                        }
                        if(out != null){
                                out.close();
                        }
                        if(socket != null){
                                socket.close();
                        }
                } catch (Exception ex) {
                        ex.printStackTrace();
                }
        }
    }
    public static void main(String args[]) {
        new Server2();
    }
}
```

上述代码服务器是一个多线程应用，在循环中等待客户请求，一旦接收到 Socket 请求，就与该 Socket 进行通信。

运行时，依然先启动服务器端，然后运行多个客户端，查看服务器端的输出结果。

13.3.5　聊天室

Socket 通信的典型应用就是聊天室。

【示例 13.7】　演示多人聊天程序。

首先编写客户端的代码。打开项目 ch13，创建一个名为 ChatClient 的类，代码如下：

```java
package com.dh.ch13;
import java.awt.*;
import java.awt.event.*;
import java.io.*;
import java.net.*;
import javax.swing.*;
public class ChatClient extends JFrame {
    Socket socket;
    PrintWriter out;
    BufferedReader in;
    JPanel p;
    JScrollPane sp;
    JTextArea txtContent;
    JLabel lblName,lblSend;
    JTextField txtName,txtSend;
    JButton btnSend;
    public ChatClient() {
        super("客户聊天");
        txtContent = new JTextArea();
        // 设置文本域只读
        txtContent.setEditable(false);
        sp = new JScrollPane(txtContent);
        lblName = new JLabel("姓名：");
        txtName = new JTextField(5);
        lblSend = new JLabel("请输入：");
        txtSend = new JTextField(20);
        btnSend = new JButton("发送");
        p = new JPanel();
        p.add(lblName);
        p.add(txtName);
        p.add(lblSend);
        p.add(txtSend);
        p.add(btnSend);
        this.add(p, BorderLayout.SOUTH);
        this.add(sp);
```

```
                this.setSize(500, 400);
                this.setDefaultCloseOperation(JFrame.EXIT_ON_CLOSE);
                try {
                        // 创建一个套接字
                        socket = new Socket("127.0.0.1", 1218);
                        // 创建一个往套接字中写数据的管道，即输出流，给服务器发送信息
                        out = new PrintWriter(socket.getOutputStream());
                        // 创建一个从套接字读数据的管道，即输入流，读服务器的返回信息
                        in = new BufferedReader(new InputStreamReader(
                                        socket.getInputStream()));
                } catch (UnknownHostException e) {
                        e.printStackTrace();
                        System.out.println("没有找到主机或主机未打开。");
                } catch (IOException e) {
                        e.printStackTrace();
                }
                // 注册监听
                btnSend.addActionListener(new ActionListener() {
                        public void actionPerformed(ActionEvent e) {
                                // 获取用户输入的文本
                                String strName=txtName.getText();
                                String strMsg = txtSend.getText();
                                if (!strMsg.equals("")) {
                                        // 通过输出流将数据发送给服务器
                                        out.println(strName+" 说："+strMsg);
                                        out.flush();
                                        // 清空文本框
                                        txtSend.setText("");
                                }
                        }
                });
                // 启动线程
                new GetMsgFromServer().start();
        }
        // 接收服务器的返回信息
        class GetMsgFromServer extends Thread {
                public void run() {
                        while (this.isAlive()) {
                                try {
                                        String strMsg = in.readLine();
```

```
                               if (strMsg != null) {
                                       // 在文本域中显示聊天信息
                                       txtContent.append(strMsg+"\n");
                               }
                               Thread.sleep(50);
                       } catch (Exception e) {
                               e.printStackTrace();
                       }
               }
           }
       }
       public static void main(String args[]) {
               ChatClient f = new ChatClient();
               f.setVisible(true);
       }
}
```

上述代码在构造方法中先创建客户端图形界面，然后创建一个 Socket 连接服务器，并获取 Socket 的输入流和输出流，用于对 Socket 中的数据进行读/写。当用户点击"发送"按钮时，将用户在文本框中输入的数据通过输出流写到 Socket 中，并发送给服务器。启动 GetMsgFromServer 线程，通过输入流循环接收服务器发送的返回信息。

然后编写聊天室服务器端代码。打开项目 ch13，创建一个名为 ChatServer 的类，代码如下：

```
package com.dh.ch13;
import java.io.*;
import java.net.*;
import java.util.*;
public class ChatServer {
       ServerSocket serverSocket;
       ArrayList<BufferedReader> ins=new ArrayList<BufferedReader>();
       ArrayList<PrintWriter> outs=new ArrayList<PrintWriter>();
       LinkedList<String> msgList=new LinkedList<String>();
       public ChatServer(){
               try {
                       serverSocket=new ServerSocket(1218);
               } catch (IOException e) {
                       e.printStackTrace();
               }
               //创建 AcceptSocketThread 线程，并启动
               new AcceptSocketThread().start();
               //创建 SendMsgToClient 线程，并启动
```

```
                new SendMsgToClient().start();
                System.out.println("Server Start...");
        }
//接收客户端套接字线程
class AcceptSocketThread extends Thread{
        public void run(){
                while(this.isAlive()){
                        try {
                                //接收套接字
                                Socket socket=serverSocket.accept();
                                if(socket!=null){
                                        BufferedReader in=new BufferedReader(
                                new InputStreamReader(socket.getInputStream()));
                                        ins.add(in);
                                        outs.add(
                                        new PrintWriter(socket.getOutputStream()));
                                        //开启一个线程接收客户端的聊天信息
                                        new GetMsgFromClient(in).start();
                                }
                        } catch (IOException e) {
                                e.printStackTrace();
                        }
                }
        }
}
// 接收客户的聊天信息的线程
class GetMsgFromClient extends Thread {
        BufferedReader in;
        public GetMsgFromClient(BufferedReader in){
                        this.in=in;
        }
        public void run() {
                while (this.isAlive()) {
                        try {
                                String strMsg = in.readLine();
                                if (strMsg != null) {
                                        msgList.addFirst(strMsg);
                                }
                        } catch (Exception e) {
                                e.printStackTrace();
```

```
                }
            }
        }
    }
    //给所有客户发送聊天信息的线程
    class SendMsgToClient extends Thread{
        public void run(){
            while(this.isAlive()){
                try {
                    if(!msgList.isEmpty()){
                        String s=msgList.removeLast();
                        for(int i=0;i<outs.size();i++){
                            outs.get(i).println(s);
                            outs.get(i).flush();
                        }
                    }
                } catch (Exception e) {
                    e.printStackTrace();
                }
            }
        }
    }
    public static void main(String args[]) {
        new ChatServer();
    }
}
```

上述代码中，服务器端应用程序有多个线程：AcceptSocketThread 线程用于循环接收客户端发来的 Socket 连接，并将与该 Socket 通信的输入流和输出流保存到 ArrayList 集合中；GetMsgFromClient 线程用于接收客户端发来的聊天信息，并将信息保存到 LinkedList 集合中。SendMsgToClient 线程用于将 LinkedList 集合中的聊天信息发给所有客户端。如此实现多人聊天，所有客户端都能看到大家发送的聊天信息。

在局域网环境中，需要指定其中的一台机器作为服务器并运行服务器端应用程序；其他机器运行客户端应用程序，在运行前还需要将 "127.0.0.1" 改为服务器的真正 IP。

运行时，依然先运行服务器端，然后运行客户端。图 13-2 是客户端"张飞"的界面。

客户端"关羽"的界面如图 13-3 所示。

客户端"刘备"的界面如图 13-4 所示。

图 13-2　客户端"张飞"

图 13-2　客户端"关羽"

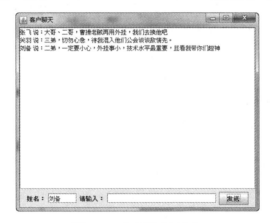

图 13-4　客户端"刘备"

本 章 小 结

通过本章的学习，学生应该能够学会：

✧ IP 协议是一个无连接、不可靠的协议。

✧ TCP 协议是一个面向连接、可靠的协议。

✧ UDP 协议是一个面向无连接、不可靠的协议。

✧ 域名是由一串用点分隔的名字组成的 Internet 上某一台计算机或计算机组的名称。

✧ DNS(Domain Name Server)是进行域名解析的服务器。

✧ URL(Uniform Resource Locator)是一致资源定位器的简称。

✧ URL 的组成：协议名://机器名＋端口号＋文件名＋内部引用。

✧ URLConnection 是一个抽象类，代表与 URL 指定的数据源的动态连接。

✧ 网络上的两个程序通过 Socket 实现双向通信和数据交换。

✧ Socket 和 ServerSocket 分别用来表示双向连接的客户端和服务端。

✧ 在创建 Socket 或 ServerSocket 时必须捕获或声明异常。

◇ 在 Socket 对象使用完毕时，要将其关闭，并且遵循一定的关闭次序。

本 章 练 习

1. 下面合法的 IP 地址是＿＿＿＿。
   A. 192.168.0.1
   B. 192.168.0.256
   C. 192.168.-1.255
   D. 202.102.56.27.1
2. HTTP 服务的端口是＿＿＿＿。
   A. 21
   B. 23
   C. 25
   D. 80
3. 套接字包括＿＿＿＿。
   A. 端口号
   B. IP 地址
   C. 端口号和 IP 地址
   D. 都不是
4. 等待客户机请求连接，服务器可以使用的类是＿＿＿＿。
   A. Socket
   B. ServerSocket
   C. Server
   D. URL
5. ServerSocket 的 accept()方法返回的对象类型是＿＿＿＿。
   A. Socket
   B. ServerSocket
   C. Server
   D. URL
6. TCP 用于＿＿＿＿。
   A. 根据地址或域名来识别 Internet 上的机器
   B. 确保数据包按照发送的顺序到达
   C. A 和 B
   D. 都不是
7. 用来封装计算机 IP 地址和域名的类是＿＿＿＿＿。
8. 使用 Socket 进行客户端和服务器通信，具体要求如下：
(1) 客户端向服务器发送"我是***"，其中***是用户姓名，如"我是张三"。
(2) 服务器接收用户名并在控制台中显示；服务器统计接收信息的个数，向客户端返回"您是第*个访问服务器的人！"(*是统计数)。

第14章　Java 高级应用拓展

本章目标

- 理解 Java 的类加载机制和反射机制
- 掌握枚举、注解的概念
- 理解国际化和本地化的概念
- 掌握数字、货币、日期的格式化
- 理解正则表达式的定义元素
- 掌握常用的正则表达式

14.1 类加载

类加载器是一个特殊的类，负责在运行时寻找和加载类文件。Java 允许使用不同的类加载器，甚至自定义类加载器。Java 程序包含很多类文件，每一个都与单个 Java 类相对应，这些类文件随时需要随时加载。类加载器从源文件(通常是.class 或 .jar 文件)获得不依赖平台的字节码，然后将它们加载到 JVM 内存空间，所以它们能被解释和执行。默认状态下，应用程序的每个类由 java.lang.ClassLoader 加载。因为它可以被继承，所以可以自由地加强其功能。

14.1.1 认识 Class

Java 程序在运行时，运行时系统一直对所有的对象进行运行时类型标识，这项信息记录了每个对象所属的类。JVM 通常使用运行时类型信息定位正确方法去执行，用来保存这些类型信息的类是 Class 类。Class 类封装一个对象和接口运行时的状态，当装载类时，Class 类型的对象自动创建。

JVM 为每种类型管理一个独一无二的 Class 对象，即每个类(型)都有一个 Class 对象。运行程序时，JVM 首先检查所要加载的类对应的 Class 对象是否已经加载，如果没有加载，JVM 就会根据类名查找 .class 文件，并将其 Class 对象载入。

Class 无公共构造方法，其对象是在加载类时由 JVM 以及通过调用类加载器中的 defineClass 方法自动构造的，因此不能显式地声明一个 Class 对象。每个类都有一个 class 属性，可以直接以类.class 方式访问，也可以通过实例访问，但实例获得 class 对象必须要调用 getClass()方法才可以。Class 常用方法及使用说明如表 14-1 所示。

表 14-1 Class 类的方法列表

方 法 名	功 能 说 明
static Class forName(String name)	返回指定类名的 Class 对象
Object newInstance()	调用缺省构造方法，返回该 Class 对象的一个实例
getName()	返回此 Class 对象所表示的实体(类、接口、数组、基本类型或 void)名称
Class [] getInterfaces()	获取当前 Class 对象的接口
ClassLoader getClassLoader()	返回该类的类加载器
Class getSuperclass()	返回该类的父类

【示例 14.1】 通过继承关系演示 Class 类的使用。

首先定义 Person 类及其子类 Student 类，创建一个 Java 项目，命名为 ch14，在 com.dh.ch14.reflection 包下创建一个名为 Person 的类，代码如下：

```
package com.dh.ch14.reflection;
public class Person {
    String name;
```

```
    // 如果使用 Class 的 newInstance()构造对象，则需要提供缺省构造方法
    public Person() {
    }
    public Person(String name) {
            this.name = name;
    }
}
```

在 com.dh.ch14.reflection 包下创建一个名为 Student 的类，代码如下：

```
package com.dh.ch14.reflection;
public class Student extends Person {
    int age;
    public Student() {
    }
    public Student(String name, int age) {
            super(name);
            this.age = age;
    }
}
```

然后编写测试代码，使用 Class 类实现 Student 对象的创建。打开项目 ch14，创建一个名为 ClassDemo 的类，代码如下：

```
package com.dh.ch14.reflection;
/**
* 演示 Class 类
*/
public class ClassDemo {
    public static void main(String[] args) {
            String className = "com.dh.ch14.reflection.Student";
            // 调用 forName()方法可能抛出异常，需要放到 try 内部
            try {   // 调用静态方法 forName()获得字符串对应的 Class 对象
            Class c1 = Class.forName(className);
            // 构造一个对象，构造类中必须提供相应的缺省构造函数
            Object obj = c1.newInstance();
            // 通过类.class，获取 Class 实例
            System.out.println(Student.class);
            // 通过具体对象，获取 Class 实例
            System.out.println(obj.getClass().getName());
            if (obj.getClass() == Student.class) {
                    System.out.println("The class is student class!");
            }
            System.out.println("-----------");
```

```
                        // 获取当前 Class 对象父类的 Class 对象
                        Class superClass = c1.getSuperclass();
                        Object obj2 = superClass.newInstance();
                        System.out.println(obj2.getClass().getName());
                        System.out.println("-----------");
                        // 继续获取父类的 Class 对象
                        Class furtherClass = superClass.getSuperclass();
                        Object obj3 = furtherClass.newInstance();
                        System.out.println(obj3.getClass().getName());
            } catch (Exception e) {
                        System.out.println(e);
            }
        }
}
```

执行结果如下：

```
class com.dh.ch14.reflection.Student
com.dh.ch14.reflection.Student
The class is student class!
-----------
com.dh.ch14.reflection.Person
-----------
java.lang.Object
```

JVM 为每种类型管理一个独一无二的 Class 对象。因此可以使用＝＝操作符来比较类对象。通过运行结果分析可以确定，obj.getClass()和 Student.class 事实上是 JVM 管理的同一个 Class 对象。

 　　调用 Class.forName(name)方法时，由于指定的类名可能不存在，因此需要将其放到 try…
注　意　catch 语句块中。

14.1.2　使用 ClassLoader

类装载器用来把类(class)装载进 JVM。JVM 规范定义了两种类型的类装载器：启动内装载器 (bootstrap)和用户自定义装载器(user-defined class loader)。

JVM 在运行时会产生 3 个类加载器组成的初始化加载器层次结构，如图 14-1 所示。

◇　Bootstrap(启动类加载器)是用 C++ 编写的，是 JVM 自带的类装载器，负责装载 Java 平台核心类库，如 java.lang.*

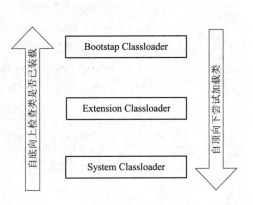

图 14-1　加载器层次化结构

等，在 Java 中看不到它，是 null；

✧ Extension(扩展类加载器)主要负责 jdk_home/lib/ext 目录下的 jar 包或-Djava.ext.dirs 指定目录下的 jar 包的装入工作。

✧ System(系统类加载器)主要负责 java -classpath/-Djava.class.path 所指的目录下的类与 jar 包的装入工作。

Java 提供了抽象类 ClassLoader，所有用户自定义类装载器都实例化自 ClassLoader 的子类。ClassLoader 是一个特殊的用户自定义类装载器，由 JVM 的实现者提供，如不特殊指定，其将作为系统缺省的装载器。

【示例 14.2】 演示类加载机制的层次关系，并将结果打印到控制台。

打开项目 ch14，创建一个名为 ClassLoaderDemo 的类，代码如下：

```java
package com.dh.ch14.reflection;
public class ClassLoaderDemo {
    public static void main(String[] args) {
        ClassLoader classloader;
        //获取系统缺省的 ClassLoader
        classloader = ClassLoader.getSystemClassLoader();
        System.out.println(classloader);
        while (classloader != null) {
            //取得父的 ClassLoader
            classloader = classloader.getParent();
            System.out.println(classloader);
        }
        try {
            Class cl = Class.forName("java.lang.Object");
            classloader = cl.getClassLoader();
            System.out.println("java.lang.Object's loader is   "
                                    + classloader);
            cl = Class.forName(
                    "com.dh.ch14.reflection.ClassLoaderDemo");
            classloader = cl.getClassLoader();
            System.out.println("ClassLoaderDemo's loader is   "
                                    + classloader);
        } catch (Exception e) {
            System.out.println("Check name of the class");
        }
    }
}
```

执行结果如下：

```
//表示系统类装载器实例化自类 sun.misc.Launcher$AppClassLoader
sun.misc.Launcher$AppClassLoader@1d16e93
```

//表示系统类装载器的 parent 实例化自类 sun.misc.Launcher$ExtClassLoader

sun.misc.Launcher$ExtClassLoader@1db9742

//表示系统类装载器 parent 的 parent 为 bootstrap，无法直接获取

null

//表示类 Object 是由 bootstrap 装载的

java.lang.Object's loader is   null

//表示用户类是由系统类装载器装载的

ClassLoaderDemo's loader is   sun.misc.Launcher$AppClassLoader@1d16e93

ClassLoader 加载类时，首先检查缓存中是否有该类：

◇ 若有则直接返回。

◇ 若无，则请求父类加载。

◇ 如果父类无法加载，则从 bootstap classloader 加载。

然后加载指定类，搜索的顺序是：

(1) 寻找 class 文件(从与此 classloader 相关的类路径中寻找)。

(2) 从文件载入 class。

(3) 找不到则抛出 ClassNotFoundException。

14.1.3　使用 instanceof

instanceof 关键字用于判断一个引用类型变量所指向的对象是否是一个类(或接口、抽象类、父类)的实例。在 5.3 节已经介绍过，这里做几点补充：

◇ 子类对象 instanceof 父类，返回 true。

◇ 父类对象 instanceof 子类，返回 false。

◇ 如果两个类不在同一继承家族中，则使用 instanceof 时会出现错误。

◇ 数组类型也可以使用 instanceof 来比较。

【示例 14.3】 通过继承关系演示 instanceof 关键字的使用。

打开项目 ch14，在 com.dh.ch14.reflection 包下创建一个名为 InstanceofDemo 的类，代码如下：

```
package com.dh.ch14.reflection;
public class InstanceofDemo {
    public static void typeof(Object obj) {
        if (obj instanceof Student) {
            System.out.println("Student!");
        }
        if (obj instanceof Person) {
            System.out.println("Person!");
        }
    }
    public static void main(String[] args) {
```

```
                Person bobj1 = new Person("tom");
                Student dobj1 = new Student("jack",23);
                typeof(bobj1);
                // typeof 的两条 if 语句都执行
                typeof(dobj1);
                Person bobj2 = new Person("rose");
                Person bobj3 = new Student("white",25);
                typeof(bobj2);
                // typeof 的两条 if 语句都执行
                typeof(bobj3);
                String str[] = new String[2];
                // 数组类型也可以使用 instanceof 来比较
                if (str instanceof String[]) {
                        System.out.println("true！");
                }
        }
}
```

由于 Student 类是 Person 类的子类，所以在 typeof(dobj1)判定过程中两个 if 语句都将执行。执行结果如下：

```
Person!
--------
Student!
Person!
--------
Person!
--------
Student!
Person!
--------
true！
```

14.2　反射

Reflection(反射)是 Java 被视为动态语言的关键，反射机制允许程序在执行期借助于 Reflection API 取得任何类的内部信息，包括方法、类型、属性、方法参数等，并能直接操作任意对象的内部属性及方法。

Java 反射机制主要提供了以下功能：

♦　在运行时判断任意一个对象所属的类。

♦　在运行时构造任意一个类的对象。

♦　在运行时判断任意一个类所具有的成员变量和方法。

◆ 在运行时调用任意一个对象的方法。

◆ 生成动态代理。

Java 的这一能力在 Web 应用中也许用得不是很多，但是在商业 Java 组件开发过程中，其身影无处不在。反射机制是如今很多流行框架的实现基础，其中包括 Spring、Hibernate 等。

先来看一个代码片段：

```
Class c = Class.forName("java.lang.Object");
//获取当前类对象的所有方法
Method method[] = c.getDeclaredMethods();
for (int i = 0; i < method.length; i++) {
    System.out.println(method[i].toString());
}
```

上述代码将输出 Object 类定义的所有方法。Java 通过 Reflection API 来完成反射机制，在 java.lang.reflect 包中有 Field、Method、Constructor 三个类分别用于描述类的属性、方法和构造方法。

14.2.1 Constructor 类

Constructor 类用于表示类的构造方法，通过调用 Class 对象的 getConstructors()方法就能获取当前类的构造方法的集合。Constructor 类的常用方法及使用说明如表 14-2 所示。

表 14-2 Constructor 类的方法列表

方 法 名	功 能 说 明
String getName()	返回构造方法的名称
Class [] getParameterTypes()	返回当前构造方法的参数类型
int getModifiers()	返回修饰符的整型标识

【示例 14.4】 使用 getConstructors()方法获取指定类的构造方法信息。

打开项目 ch14，创建一个名为 ConstructorReflectionDemo 的类，代码如下：

```
package com.dh.ch14.reflection;
import java.lang.reflect.*;
public class ConstructorReflectionDemo {
    public static void main(String[] args) {
        String name = "java.util.Date";
        try {
            Class cl = Class.forName(name);
            System.out.println("class " + name + "{");
            getConstructors(cl);
            System.out.println("}");
        } catch (ClassNotFoundException e) {
```

```
                System.out.println("Check name of the class!");
        }
    }
    public static void getConstructors(Class cl) {
        // 返回声明的所有构造方法包括私有的和受保护的，但不包括超类构造方法
        Constructor[] constructors = cl.getDeclaredConstructors();
        for (int i = 0; i < constructors.length; i++) {
            Constructor c = constructors[i];
            // 返回构造方法的名称
            String name = c.getName();
            // 通过 Modifier 类获取修饰符
            System.out.print("    " + Modifier.toString(c.getModifiers()));
            System.out.print(" " + name + "(");
            // 获取构造方法的参数
            Class[] paramTypes = c.getParameterTypes();
            // 打印构造方法的参数
            for (int j = 0; j < paramTypes.length; j++) {
                if (j > 0){
                    System.out.print(", ");
                }
                System.out.print(paramTypes[j].getName());
            }
            System.out.println(");");
        }
    }
}
```

上述代码引入了 Modifier 类，通过调用 Modifier.toString(int mod) 方法，返回预定义的对应的修饰符字符串。可通过下述代码查看各修饰符的对应值：

```
System.out.println(Modifier.PUBLIC);
```

在 main()方法中传入 java.util.Date 类来获取 Date 类的构造方法定义。执行结果如下：

```
class java.util.Date{
    public java.util.Date(long);
    public java.util.Date(int, int, int);
    public java.util.Date(int, int, int, int, int);
    public java.util.Date(int, int, int, int, int, int);
    public java.util.Date(java.lang.String);
    public java.util.Date();
}
```

通过上述程序的运行结果与 Date 类的 API 进行对照，通过反射操作，获取了 Date 类的所有构造方法的定义及参数信息。

14.2.2 Method 类

Method 类提供关于类或接口上某个方法的信息，它是用来封装反射类方法的一个类。Method 类的常用方法及使用说明如表 14-3 所示。

表 14-3 Method 类的方法列表

方 法 名	功 能 说 明
String getName()	返回方法的名称
Class [] getParameterTypes()	返回当前方法的参数类型
int getModifiers()	返回修饰符的整型标识
Class getReturnType()	返回当前方法的返回类型

【示例 14.5】 使用 getMethods()方法获取指定类所有方法的信息。

打开项目 ch14，创建一个名为 MethodReflectionDemo 的类，代码如下：

```
package com.dh.ch14.reflection;
import java.lang.reflect.*;
public class MethodReflectionDemo {
    public static void main(String[] args) {
        String name = "java.util.Date";
        try {
            Class cl = Class.forName(name);
            System.out.println("class " + name + "\n{");
            getMethods(cl);
            System.out.println("}");
        } catch (ClassNotFoundException e) {
            System.out.println("Check name of the class!");
        }
        System.exit(0);
    }
    public static void getMethods(Class cl) {
        // 返回声明的所有方法包括私有的和受保护的，但不包括超类方法
        Method[] methods = cl.getDeclaredMethods();
        // 返回公共方法，包括从父类继承的公共方法
        // Method[] methods = cl.getMethods();
        for (int i = 0; i < methods.length; i++) {
            Method method = methods[i];
            // 获取当前方法的返回类型
            Class retType = method.getReturnType();
            // 获取方法名
            String name = method.getName();
```

```
            System.out.print("     " +
                    Modifier.toString(method.getModifiers()));
            System.out.print(" " + retType.getName() + " "
                    + name + "(");
            // 打印参数信息
            Class[] paramTypes = method.getParameterTypes();
            for (int j = 0; j < paramTypes.length; j++) {
                if (j > 0) {
                        System.out.print(", ");
                }
                System.out.print(paramTypes[j].getName());
            }
            System.out.println(");");
        }
    }
}
```

在这里，Method 类的 getDeclaredMethods()方法将返回包括私有和受保护的所有方法，但不包括父类方法；getMethods()方法返回的方法列表包括从父类继承的公共方法。

在 main()方法中传入 java.util.Date 类来获取 Date 类的方法列表。执行结果如下：

```
class java.util.Date
{
    public boolean equals(java.lang.Object);
    public java.lang.String toString();
    public int hashCode();
    ...
}
```

14.2.3　Field 类

Field 类是提供有关类或接口的属性的信息。Field 类的常用方法及其使用说明如表 14-4 所示。

表 14-4　Field 类的方法列表

方　法　名	功　能　说　明
String getName()	返回方法的名称
Class [] getType()	返回当前属性的参数类型

【示例 14.6】　使用 getFields()方法获取指定类或接口定义的属性信息。

打开项目 ch14，创建一个名为 FieldReflectionDemo 的类，代码如下：

```
package com.dh.ch14.reflection;
import java.lang.reflect.*;
```

```
public class FieldReflectionDemo {
        public static void main(String[] args) {
                String name = "java.util.Date";
                try {
                        Class cl = Class.forName(name);
                        System.out.println("class " + name + "\n{");
                        getFields(cl);
                        System.out.println("}");
                } catch (ClassNotFoundException e) {
                        e.printStackTrace();
                }
                System.exit(0);
        }
        public static void getFields(Class cl) {
                // 返回声明的所有属性包括私有的和受保护的，但不包括超类属性
                Field[] fields = cl.getDeclaredFields();
                // 返回公共属性，包括从父类继承的公共属性
                // Field[] fields = cl.getFields();
                for (int i = 0; i < fields.length; i++) {
                        Field field = fields[i];
                        Class type = field.getType();
                        String name = field.getName();
                        System.out.print("    " +
                                Modifier.toString(field.getModifiers()));
                        System.out.println(" " + type.getName() + " "
                                + name + ";");
                }
        }
}
```

在这里，Field 类的 getDeclaredFields()方法将返回包括私有和受保护的所有属性定义，但不包括父类的属性；getFields()方法返回的属性列表将包括从父类继承的公共属性。

在 main()方法中传入 java.util.Date 类来获取 Date 类的属性列表。执行结果如下：

```
class java.util.Date
{
        private static final sun.util.calendar.BaseCalendar gcal;
        private static sun.util.calendar.BaseCalendar jcal;
        private transient long fastTime;
        private transient sun.util.calendar.BaseCalendar$Date cdate;
        private static int defaultCenturyStart;
        private static final long serialVersionUID;
```

```
        private static final [Ljava.lang.String; wtb;
        private static final [I ttb;
}
```

14.3　枚举

在开发过程中经常遇到这种情况，需要给汽车限制汽车颜色的取值。

【示例 14.7】　在不适用枚举的情况下，演示限制汽车颜色的取值。

打开项目 ch14，在 com.dh.ch14.en.noenum 包下，创建一个名为 Car 的类，代码如下：

```
package com.dh.ch14.en.noenum;
public class Car {
        private int color;
        public void setColor(int color) {
                this.color = color;
        }
        public int getColor() {
                return color;
        }
}
```

为限制汽车颜色的取值，通常通过定义常量接口或者常量类加以限制，在 com.dh.ch14.en.noenum 包下，创建一个名为 CarColor 的接口，代码如下：

```
package com.dh.ch14.en.noenum;
public interface CarColor {
        int RED = 0;
        int BLACK = 1;
        int WHITE = 2;
}
```

编写一个测试类 CarColorTest，代码如下：

```
package com.dh.ch14.en.noenum;
public class CarColorTest {
        public static void main(String[] args) {
                Car ford = new Car();
                ford.setColor(CarColor.BLACK);
                System.out.println(ford.getColor());
                // 超出定义的范围,无效
                ford.setColor(1000);
                System.out.println(ford.getColor());
        }
}
```

在这里 CarColor 类是一个自己定义的"枚举类"，它从形式上限制了汽车颜色的取值范围，但在实际应用过程中，用户可以将任意的 int 值指定给汽车类实例，如上述代码中的 ford.setColor(1000)，这样就会产生 BUG。使用 JDK5.0 的枚举可以很方便地解决上述问题。

枚举类型是 JDK5.0 的新特征。枚举最简单的形式就是一个命名常量的列表。

14.3.1 枚举定义

使用关键字 enum 来定义一个枚举类，其定义格式如下：

```
enum 枚举名 {
    //...
}
```

【示例 14.8】 演示枚举的声明和使用。

首先，打开项目 ch14，在 com.dh.ch14.en 包下，创建一个名为 CarColor1 的枚举，代码如下：

```
package com.dh.ch14.en;
public enum CarColor1 {
    RED,BLACK,WHITE
}
```

上述代码中的 RED、BLACK 称为枚举常量，它们全部被隐式声明为 public static final 成员，且类型就是声明的枚举类型。

枚举一旦被定义，就可以创建该类型的变量。枚举变量的声明和使用方法类似于操作基本类型，但不能使用 new 实例化一个枚举。

然后，在 com.dh.ch14.en 包下，创建一个名为 CarColorDemo1 的测试类，代码如下：

```
package com.dh.ch14.en;
public class CarColorDemo1 {
    public static void main(String[] args) {
        CarColor1 c1;
        c1 = CarColor1.RED;
        System.out.println("c1 的值是：" + c1);
        c1 = CarColor1.BLACK;
        switch (c1) {
        case RED:
            System.out.println("c1 的颜色是红色");
            break;
        case BLACK:
            System.out.println("c1 的颜色是黑色");
            break;
        case WHITE:
            System.out.println("c1 的颜色是白色");
            break;
        }
```

```
    }
}
```

执行结果如下：

```
c1 的值是：RED
c1 的颜色是黑色
```

> 枚举使用的一条普遍规则是：任何使用常量的地方都可以使用枚举，如 switch 语句的判断条件。如果只有单独一个值(例如某人的身高、体重)，则最好把这个任务留给常量。但是，如果定义了一组值，而这些值中的任何一个都可以用于特定的数据类型，那么使用枚举最适合。

14.3.2　Java 枚举是类类型

Java 的枚举是类类型，它具有与其他类几乎相同的特性。在枚举类型中有构造方法、方法和属性。但是，枚举类的构造方法只是在构造枚举值的时候被调用。每一个枚举常量是它的枚举类的一个对象，建立每个枚举常量时都要调用该构造方法。

【示例 14.9】 演示带构造方法的枚举类的使用。

首先，打开项目 ch14，在 com.dh.ch14.en 包下，创建一个名为 CarColor2 的枚举，代码如下：

```java
package com.dh.ch14.en;
public enum CarColor2 {
    RED(0), BLACK(1), WHITE(2);
    private int value;
    CarColor2(int value) {
        this.value = value;
    }
    int getValue() {
        return value;
    }
}
```

枚举 CarColor2 中增加了三个内容：第一个是属性 value，表示各颜色对应的值；第二个是 CarColor2 构造方法，传递 value 的值；第三个是方法 getValue，返回颜色值。

> 在定义枚举类的构造方法时，不能定义 public 构造方法；定义枚举值时，最后一个枚举值末尾用分号结束。

所有枚举类型自动包括两个预定义的方法，如表 14-5 所示。

表 14-5　枚举类型预定义方法列表

方 法 名	功 能 说 明
public static enumtype []values()	返回一个包含全部枚举值的数组
public static enumtype valueOf(String str)	返回带指定名称的指定枚举类型的枚举常量

使用 values 方法，结合 for each 语句，可以很方便地完成枚举值的遍历。

然后，在 com.dh.ch14.en 包下，创建一个名为 CarColorDemo2 的测试类，使用 for each 语句遍历枚举值，代码如下：

```
package com.dh.ch14.en;
public class CarColorDemo2 {
        public static void main(String[] args) {
                // 输出所有枚举常量对应的值
                for (CarColor2 c2 : CarColor2.values())
                        System.out.println(c2 + "的值是： " + c2.getValue());
        }
}
```

执行结果如下：

```
RED 的值是： 0
BLACK 的值是： 1
WHITE 的值是： 2
```

枚举 CarColor2 中只包括一个属性、一个构造方法，实际上枚举能够以更复杂的形式体现。

【示例 14.10】 演示复杂的枚举类型使用。

打开项目 ch14，在 com.dh.ch14.en 包下，创建一个名为 Color 的枚举，代码如下：

```
package com.dh.ch14.en;
public enum Color {
        RED(255, 0, 0), BLUE(0, 0, 255), BLACK, GREEN(0, 255, 0);
        // 构造枚举值，比如 RED(255,0,0)
        Color(int rv, int gv, int bv) {
                redValue = rv;
                greenValue = gv;
                blueValue = bv;
        }
        // 缺省构造方法
        Color() {
                redValue = 0;
                greenValue = 0;
                blueValue = 0;
        }
        // 自定义的 public 方法
        public String toString() {
                return super.toString() + "[" + redValue + "," + greenValue + "," + blueValue + "]";
        }
        // 自定义属性
        private int redValue;
        private int greenValue;
        private int blueValue;
}
```

在枚举 Color 中，BLACK 没有给定参数，意味着调用缺省构造方法初始化其属性值。

 枚举使用有两个限制：首先，枚举不能继承另一个类；其次，枚举本身不能被继承。每个
注 意 枚举常量都是定义它的类的一个实例。

14.3.3 枚举继承自 Enum

所有枚举类都继承自 java.lang.Enum，此类定义了所有枚举都可以使用的方法，如表
14-6 所示。

表 14-6 Enum 类的方法列表

方 法 名	功 能 说 明
final int ordinal()	返回枚举值在枚举类中的顺序值，这个顺序根据枚举值声明的顺序而定
final int compareTo(enumtype e)	Enum 实现了 java.lang.Comparable 接口，因此可以比较
boolean equals(Object other)	比较两个枚举引用的对象是否相等

【示例 14.11】 演示 ordinal()、compareTo()和 equals()方法的使用。

打开项目 ch14，在 com.dh.ch14.en 包下，创建一个名为 CarColorDemo3 的类，代码
如下：

```
package com.dh.ch14.en;
public class CarColorDemo3 {
        public static void main(String[] args) {
                CarColor2 c1, c2, c3;
                for (CarColor2 c : CarColor2.values()) {
                        System.out.println(c + ":" + c.ordinal());
                }
                c1 = CarColor2.RED;
                c2 = CarColor2.BLACK;
                c3 = CarColor2.RED;
                if (c1.compareTo(c2) < 0) {
                        System.out.println(c1 + "在" + c2 + "之前");
                }
                if (c1.equals(c3)) {
                        System.out.println(c1 + "等于" + c3);
                }
                if (c1 == c3) {
                        System.out.println(c1 + "==" + c3);
                }
        }
}
```

上述代码中，equals()方法可以比较一个枚举常量和任何其他对象，但只有这两个对象属于同一个枚举类型且值是同一个常量时，二者才会相等。比较两个枚举引用是否相等时可使用"=="。

执行结果如下：

```
RED:0
BLACK:1
WHITE:2
RED 在 BLACK 之前
RED 等于 RED
RED==RED
```

14.4 注解

注解是 JDK5.0 的新增特性，它能够将补充信息嵌入到源文件中。注解不能改变程序的操作，通常在开发和配置期间用于为工具(工具类等)提供运行信息或决策依据。注解在比如 Spring、Hibernate3、Struts2、iBatis3、JPA、JUnit 等框架中都得到了广泛应用，通过使用注解，代码的灵活性大大提高。

14.4.1 注解定义

Java 的注解基于接口机制的建立。下面语句声明了一个注解：

```
@Retention(RetentionPolicy.RUNTIME)
public @interface Anno1 {
    String comment();
    int order();
}
```

注解通过@interface 声明，注解的成员由未实现的方法组成(如 comment()和 order())，注解体的成员会在使用此注解时实现。例如：

```
@Anno1(comment="方法功能描述",order =1)
public void func(){...   }
```

在使用@Anno1 注解过程中，通过为 comment 和 order 指定具体值，为方法 func()添加了功能信息描述和序号。

在定义注解时，可以使用 default 语句为注解成员指定缺省值，一般形式如下：

```
type member() default value;
```

这里的 value 必须与 type 指定的类型一致。下述代码声明了包括缺省值的注解：

```
@Retention(RetentionPolicy.RUNTIME)
public @interface Anno1 {
    String comment();
    int order() default 1;
}
```

在注解的定义过程中，还可以为其指定保留策略，用于指导 JVM 决策在哪个时间点上删除当前注解。在 java.lang.annotation.RetentionPolicy 中提供了三种策略，如表 14-7 所示。

表 14-7 注解保留策略

策 略 值	功 能 说 明
SOURCE	注解只在源文件中保留，在编译期间删除
CLASS	注解只在编译期间存在于.class 文件中
RUNTIME	最长注解持续期，运行时可以通过 JVM 来获取

保留策略通过使用 Java 的内置注解@Retention 来指定，如上述代码中的：

@Retention(RetentionPolicy.RUNTIME)

通过指定保留策略，在程序运行期间就可以通过 JVM 获取注解所关联方法的描述信息。

14.4.2 注解使用

注解大多是为其他工具(工具类等)提供运行信息或决策依据而设计的，任何 Java 程序都可以通过使用反射机制来查询注解实例的信息。

JDK5.0 在 java.lang.reflect 包中新增了一个 AnnotatedElement 接口，用于在反射过程中提供注解操作支持。AnnotatedElement 方法如表 14-8 所示。

表 14-8 AnnotatedElement 的方法列表

方 法 名	功 能 说 明
Annotation getAnnotation(Class annotype)	返回调用对象的注解
Annotation getAnnotations()	返回调用对象的所有注解
Annotation getDeclareedAnnotations()	返回调用对象的所有非继承注解
Boolean isAnnotationPresent(Class annotype)	判断与调用对象关联的注解是由 annoType 指定的

【示例 14.12】 演示通过反射机制获取指定方法的注解信息。

打开项目 ch14，在 com.dh.ch14.anno 包下，创建一个名为 AnnoDemo1 的类，代码如下：

```
package com.dh.ch14.anno;
import java.lang.reflect.Method;
public class AnnoDemo1 {
    @Anno1(comment = "不带参数的方法")
    public static void func() {
    }
    public static void getAnnotation() {
        AnnoDemo1 demo1 = new AnnoDemo1();
        try {
            Class c = demo1.getClass();
```

```
                    // 获取方法 func 的封装对象
                    Method mth = c.getMethod("func");
                    // 从方法 func 封装对象中获取 Anno1 注解信息
                    Anno1 anno = mth.getAnnotation(Anno1.class);
                    System.out.println(anno.comment() + ":" + anno.order());
            } catch (NoSuchMethodException exc) {
                    System.out.println("方法未发现.");
            }
        }
    public static void main(String args[]) {
            getAnnotation();
    }
}
```

执行结果如下：

不带参数的方法:1

上述示例使用反射来获得并显示与方法 func 关联的 Anno1 注解的值。这里有三点需要特别注意：

(1) 在下述语句中：

Anno1 anno = mth.getAnnotation(Anno1.class);

返回的结果是一个 Anno1 类型的对象，也就是注解对象。

(2) 注解成员值的获取是使用方法调用的语法来取得的，即上述代码中的：

System.out.println(anno.comment() + ":" + anno.order());

(3) 在 Anno1 的定义过程中为 order 指定了缺省值为 1，这意味着使用@Anno1 时，如果不为 order 指定新值，其值即为缺省值。

 为能使用反射机制获取注解的相关信息，必须将注解的保留策略设置为 RetentionPolicy. RUNTIME。

现在调整 AnnoDemo1 中的方法 func，为其增加一个参数，调整后如下：

@Anno1(comment = "带一个参数的方法", order = 2)
public static void func2(int num) {
}

针对上述情况，为获得带参数方法的 Method 对象，需指定代表这些参数类型的类对象，作为 getMethod 方法的参数。

【示例 14.13】 演示通过反射机制获取带参数方法的注解信息。

打开项目 ch14，在 com.dh.ch14.anno 包下，创建一个名为 AnnoDemo2 的类，代码如下：

package com.dh.ch14.anno;
import java.lang.reflect.Method;
public class AnnoDemo2 {
    @Anno1(comment = "带一个参数的方法", order = 2)

```
        public static void func2(int num) {
        }
        public static void getAnnotation2() {
                AnnoDemo1 demo1 = new AnnoDemo1();
                try {
                        Class c = demo1.getClass();
                        // 获取带参数的 func 的封装对象
                        Method mth = c.getMethod("func2",int.class);
                        // 从方法 func 封装对象中获取 Anno1 注解信息
                        Anno1 anno = mth.getAnnotation(Anno1.class);
                        System.out.println(anno.comment() + ":" + anno.order());
                } catch (NoSuchMethodException exc) {
                        System.out.println("方法未发现.");
                }
        }
        public static void main(String args[]) {
                getAnnotation2();
        }
}
```

执行结果如下：

```
带一个参数的方法:2
```

上述代码中，func 带有一个 int 参数。为了获得这个方法的 Method 对象信息，必须按下列代码格式调用 getMethod：

```
Method mth = c.getMethod("func2",int.class);
```

这里，int.class 代表 int 类型作为附加参数被传递。

Java 8 包含了对注解 API 的重大更新：允许我们把同一个类型的注解使用多次，只需要给该注解标注一下 @Repeatable 即可。

14.4.3　注解内置

Java 中还提供了其他内置注解，其功能如下：

◇　@Retention：指定其所修饰的注解的保留策略，只能作为一个注解的注解。

◇　@Document：此注解是一个标记注解，用于指示一个注解将被文档化，其只能用作一个注解的注解。

◇　@Target：用来限制注解的使用范围，只能作为一个注解的注解。其使用格式如下：

```
@Target({应用类型 1，应用类型 2，…})
```

其中，应用类型如下：

> TYPE：类、接口、注解或枚举类型。

> FIELD：属性，包括枚举常量。

> METHOD：方法。

> PARAMETER：参数。

> CONSTRUCTOR：构造方法。

> LOCAL_VARIABLE：局部变量。

> ANNOTATION_TYPE：注解类。

> PACKAGE：包。

◇ @Override：该注解仅应用于方法，用来指明被其注解的方法必须重写超类中的方法，否则会发生编译错误。

◇ @Inherited：该注解使父类的注解能被其子类继承，它是一个标记注解，只能作为一个注解的注解。

◇ @Deprecated：该注解用于声明元素已经过时。

◇ @SuppressWarnins：该注解允许开发人员控制编译器警告的发布。例如，泛型使所有的类型安全操作成为可能，如果没有使用泛型而存在类型安全问题，则编译器将会抛出警告。其使用格式为

@SuppressWarnins(参数名)

其中，参数表如下：

> deprecated:过时的类或方法。

> finally:finally 子句无法正常完成。

> fallthrough:switch 程序块中没有使用 break。

> serial:类缺少 serialVersionUID。

> unchecked:未经检查的类型转换。

> unused:定义了但从未使用。

> all:以上全部情况。

14.5 国际化和本地化

随着 Internet 时代和全球化时代的到来，万维网(World Wide Web)的迅猛发展推动了国际业务的发展。软件全球化也将成为其中的一条支流。国际化(多国语言)是应用服务得以推广的基础。

14.5.1 国际化概述

软件全球化，首先就要使程序能支持多国语言。如果应用是面向多种语言的，则编程时就不得不设法解决国际化问题，包括操作界面的风格问题、提示和帮助的语言问题、界面定制的个性化问题等。

国际化是设计和编写应用程序以便可以在全球或多国环境中使用的过程。国际化程序

能够支持不同的语言以及不同格式的日期、时间、货币和其他值，而无须修改软件。这通常涉及"软编码"或将文本组件同程序代码分离并且可能涉及可插入代码模块。

国际化(因 internationalization 一词开始的 I 和最后的 N 之间有 18 个字母故简写为 I18N)软件在设计阶段就应该使其具备支持多种语言的功能。这样，当需要在应用中添加对一种新语言或国家的支持时，就不需要对已有的软件重构。

本地化则是设计和编写能够处理特定区域、国家或地区、语言、文化、企业或政治环境的应用程序的过程。从某种意义上说，为特定地区编写的所有应用程序都本地化了，这些应用程序大多数只支持一种语言环境。本地化(localization)通常缩写为 L10N。

可以这样理解国际化，如下述代码：

```
public static void main(String[] args)
{
        System.out.println("Hello.");
        System.out.println("How are you.");
        System.out.println("Goodbye.");
}
```

上述代码会向懂英语的人输出英文问候消息，而面对一个不懂英语的日本人进行同样的问候时，则不得不重新调整代码中的问候语句。

可以这样理解，国际化意味着一个软件可同时支持多种语言，而本地化需要为不同用户提供不同版本的软件，其区别如图 14-2 所示。

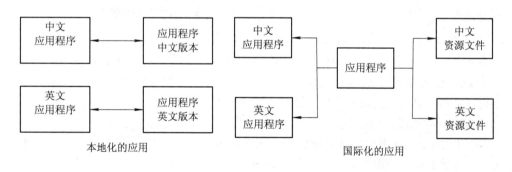

图 14-2　本地化与国际化的区别

从图 14-2 可以看出，实现国际化的思路就是抽取具备"语言"特性的描述到资源文件中，需要时再根据实际情况关联即可。

由于 Java 语言具有平台无关、可移植性好等特点，并且提供了强大的类库，Java 语言本身采用 Unicode 编码，所以使用 Java 语言可以方便地实现国际化。从设计角度来说，只要把程序中与语言和文化有关的部分分离出来，加上特殊处理，就可以部分解决国际化问题。在界面风格的定制方面，把可以参数化的元素，如字体、颜色等抽取到资源文件或数据库中，以便为用户提供友好的界面。如果某些部分包含无法参数化的元素，则不得不分别设计，通过"硬编码"来解决具体问题。

在 Java 中，为解决国际化问题，可能利用到的主要的类都是由 java.util 包提供的。该类包中相关的类有 Locale、ResourceBundle、ListResourceBundle、PropertyResourceBundle 等。

14.5.2 Locale

在 Java 中，语言环境(Locale)仅仅是一个标识符，Locale 类是用来标识本地化消息的重要工具类。该类包含对主要地理区域的地域化特征的封装。其特定对象表示某一特定的地理、政治或文化区域。通过设定 Locale 可为特定的国家或地区提供符合当地文化习惯的字体、符号、图标和表达格式。一个 Locale 可实例代表一种特定的语言和地区，可以通过 Locale 对象中的信息来输出其对应语言和地区的时间、日期、数字等格式。其常用方法及使用说明如表 14-9 所示。

表 14-9 Locale 类的方法列表

方 法 名	功 能 说 明
Local(String language)	构造 language 指定的语言的 Locale 对象
Local(String language,String country)	构造 language 指定的语言和 country 指定的国家的 Locale 对象
String getCountry()	返回国家(地区)代码
String getDisplayCountry()	返回国家(地区)名称
String getLanguage()	返回语言代码
String getDisplayLanguage()	返回语言名称
Static Locale getDefault()	获取当前系统信息的对应的 Locale 对象
Static void setDefault(Locale new)	重新设置缺省的 Locale 对象

根据构造方法，要声明一个完整的 Locale 对象，至少要提供 language 和 country 参数，而这两个参数的指定是有限制的。譬如，要定义一个中国内地的 Locale 对象，则 language 应取 "zh"，country 应取 "CN"，需执行：

```
Locale locale = new Locale("zh","CN");
```

在这里 language 指定的参数参照 ISO-639 标准，它以两个小写字母来表示某种语言。表 14-10 列举了本章使用的 ISO-639 语言列表。

表 14-10 ISO-639 语言列表

语 言	英 文 名 称	编 码
汉语	Chinese	zh
英语	English	en
日本语	Japanese	ja
德语	German	de

country 指定的参数参照 ISO-3166 标准，它以两个大写字母来表示国家(地区)。完整的国家编码列表可以参考 http://www.unicode.org/unicode/onlinedat/countries.html。如表 14-11 所示，列举了本章使用的 ISO-3166 国家(地区)列表。

表 14-11　ISO-3166 国家(地区)列表

国家(地区)	英 文 名 称	编　　码
中国	China	CN
英国	Great Britain	GB
日本	Japan	JP
美国	United States	US
德国	Germany	DE

为方便记忆和使用，在 Locale 类中还通过静态常量定义了一些常用的 Locale 对象，如 Locale.CHINA、Locale.JAPAN 等，而 Locale. SIMPLIFIED_CHINESE 则只设置了语言，并没有指定区域信息。可以通过执行如下语句：

```
System.out.println(Locale.CHINA);
System.out.println(Locale.US);
```

获取静态常量中保存的语言信息和国家信息。

【示例 14.14】　通过使用 Locale 获取本地信息，并演示 Locale 类的使用。

打开项目 ch14，在 com.dh.ch14.i18n 包下，创建一个名为 LocaleDemo 的类，代码如下：

```java
package com.dh.ch14.i18n;
import java.util.Locale;
public class LocaleDemo {
    public static void main(String[] args) {
        // 获取缺省 Locale 信息
        Locale locale = Locale.getDefault();
        // 语言代码
        System.out.println("Language        : " + locale.getLanguage());
        // 国家代码
        System.out.println("Country         : " + locale.getCountry());
        // 语言显示名称
        System.out.println("DisplayLanguage : " + locale.getDisplayLanguage());
        // 国家显示名称
        System.out.println("DisplayCountry  : " + locale.getDisplayCountry());
        System.out.println("locale : " + locale);
        Locale newLocale = new Locale("en", "US");
        // 重设缺省 Locale 信息
        Locale.setDefault(newLocale);
        locale = Locale.getDefault();
        System.out.println("Language        : "+locale.getLanguage());
        System.out.println("Country         : "+locale.getCountry());
        System.out.println("DisplayLanguage: "+locale.getDisplayLanguage());
        System.out.println("DisplayCountry : "+locale.getDisplayCountry());
```

```
            System.out.println("locale : " + locale);
    }
}
```

执行结果如下：

```
Language        : zh
Country         : CN
DisplayLanguage : 中文
DisplayCountry  : 中国
locale : zh_CN
Language        : en
Country         : US
DisplayLanguage : English
DisplayCountry  : United States
locale : en_US
```

在使用 Locale 时，指定的语言及国家信息需要在本地系统支持才能通过，可以调用 Locale.getAvailableLocales()方法来取得当前系统支持的本地化信息。

【示例 14.15】 获取当前系统能够支持的本地化信息并输出。

打开项目 ch14，在 com.dh.ch14.i18n 包下，创建一个名为 LocaleDemo2 的类，代码如下：

```
package com.dh.ch14.i18n;
import java.util.Locale;
public class LocaleDemo2
{
        public static void main(String[] args) {
                // 获取系统支持的语言国家列表
                Locale locales[]=Locale.getAvailableLocales();
                for (Locale locale : locales ){
                        System.out.println(locale);
                }
        }
}
```

14.6　格式化处理

全世界使用的日期有各种各样的顺序和符号，数字和货币也是如此。在编程语言中，如果靠自己手工来处理这些情形，几乎不可能。借助于 Java 提供的 Locale 类，能够处理每个受支持语言环境的所有的不同格式。依赖 Locale 类，Java 中提供了一系列格式器 (Formatter)来完成数字、货币、日期的格式化。

14.6.1 数字格式化

在不同的国家，数字表示是不一样的，如中国的"8888.8"在德国却表示为"8.888,8"，因此对数字表示应根据不同的 Locale 来格式化。

在 java.text 包中提供了一个 NumberFormat 类，用于完成对数字、百分比进行格式化和字符串对象解析。NumberFormat 提供了大量的静态方法用于获取使用指定 Locale 对象封装的 NumberFormat 实例。其中常用方法及使用说明如表 14-12 所示。

表 14-12 NumberFormat 的方法列表

方 法 名	功 能 说 明
static NumberFormat getNumberInstance()	返回与当前系统信息相关的缺省的数字格式器对象
static NumberFormat getNumberInstance(Locale l)	返回指定 Locale 为 l 的数字格式器对象
static NumberFormat getPercentInstance()	返回与当前系统信息相关的缺省的百分比格式器对象
static NumberFormat getPercentInstance(Locale l)	返回指定 Locale 为 l 的百分比格式器对象
static NumberFormat getCurrencyInstance()	返回与当前系统信息相关的缺省的货币格式器对象
static NumberFormat getCurrencyInstance (Locale l)	返回指定 Locale 为 l 的货币格式器对象
String format(double number)	将数字 number 格式化为字符串返回
Number parse(String source)	将指定的字符串解析为 Number 对象

【示例 14.16】 演示使用 NumberFormat 实现数字格式化处理。

打开项目 ch14，在 com.dh.ch14.i18n 包下，创建一个名为 NumberFormatDemo 的类，代码如下：

```
package com.dh.ch14.i18n;
import java.text.NumberFormat;
import java.util.Locale;
public class NumberFormatDemo
{
        public static void main(String args[])
        {
                // 需要格式化的数据
                double value = 123456.789;
                // 设定三个 Locale
                Locale cnLocale = new Locale("zh", "CN");
                Locale usLocale = new Locale("en", "US");
                // 德国
                Locale deLocal3 = new Locale("de", "DE");
                NumberFormat dNf = NumberFormat.getNumberInstance();
```

```
        NumberFormat pNf = NumberFormat.getPercentInstance();
        // 得到三个 local 对应的 NumberFormat 对象
        NumberFormat cnNf = NumberFormat.getNumberInstance(cnLocale);
        NumberFormat usNf = NumberFormat.getNumberInstance(usLocale);
        NumberFormat deNf = NumberFormat.getNumberInstance(deLocal3);
        // 将上边的 double 数据格式化输出
        System.out.println("Default Percent Format:" + pNf.format(value));
        System.out.println("Default Number Format:"+dNf.format(value));
        System.out.println("China Number Format:"+cnNf.format(value));
        System.out.println("United Number Format:"+usNf.format(value));
        System.out.println("German Number Format:"+deNf.format(value));
        String str1 = "123456.789";
        String str2 = "123456.789a";
        String str3 = "a123456.789a";
        try {
                System.out.println(dNf.parse(str1).doubleValue());
                System.out.println(dNf.parse(str2).doubleValue());
                // 下述语句抛出异常
                System.out.println(dNf.parse(str3).doubleValue());
        } catch (Exception e)
        {
                System.out.println(e);
        }
    }
}
```

执行结果如下：

```
Default Percent Format:12,345,679%
Default Number Format:123,456.789
China Number Format:123,456.789
United Number Format:123,456.789
German Number Format:123.456,789
123456.789
123456.789
java.text.ParseException: Unparseable number: "a123456.789a"
```

上述代码中声明了中文、英文和德语的三个 Locale 对象，并使用相应的 NumberFormat 对指定的数据格式化输出。

parse()方法的返回类型是 Number，如果给定的数字文本格式不正确，则该方法会抛出 ParseException 异常。例如，要转换的字符串为"a123456.789a"，则会抛出异常。但是，任何跟在数字之后的字符将被忽略，如"123456.789a"则会顺利转换。

14.6.2 货币格式化

NumberFormat 除了能对数字、百分比格式化外，还可以对货币数据格式化，货币格式化通常是在钱数前面加上类似于"￥"、"＄"的货币符号来区分货币类型。

可以使用 NumberFormat 的静态方法 getCurrencyInstance()方法来获取格式器。

【示例 14.17】 使用 NumberFormat 实现货币格式化处理。

打开项目 ch14，在 com.dh.ch14.i18n 包下，创建一个名为 CurrencyFormatDemo 的类，代码如下：

```java
package com.dh.ch14.i18n;
import java.text.NumberFormat;
import java.util.Locale;
public class CurrencyFormatDemo {
    public static void main(String args[]) {
        // 需要格式化的数据
        double value = 123456.784;
        // 设定 Locale
        Locale cnLocale = new Locale("zh", "CN");
        Locale usLocale = new Locale("en", "US");
        // 得到 local 对应的 NumberFormat 对象
        NumberFormat cnNf = NumberFormat.getCurrencyInstance(cnLocale);
        NumberFormat usNf = NumberFormat.getCurrencyInstance(usLocale);
        // 将上边的 double 数据格式化输出
        System.out.println("China Currency Format:"+cnNf.format(value));
        System.out.println("United Currency Format:"+usNf.format(value));
    }
}
```

执行结果如下：

```
China Currency Format:￥123,456.78
United Currency Format:$123,456.78
```

通过执行结果可以看出，在以货币格式输出时，在数据前面添加了相应的货币符号，并且在人民币和美元的表示中都精确到了"分"，以确保数据有意义。

14.6.3 日期格式化

就像数字和货币一样，在日期格式上不同的国家也有不同的日期和时间格式。例如，中文环境下的日期格式为"xxxx 年 xx 月 xx 日"，而英文环境下可能就是"yyyy-mm-dd"。因此对日期和时间也需要根据不同的 Locale 来格式化。

在 Java 中，日期和时间的格式化是通过 DateFormat 来完成的，其使用方式跟 NumberFormat 类似。DateFormat 常用方法及使用说明如表 14-13 所示。

表 14-13　DateFormat 的方法列表

方　法　名	功　能　说　明
static DateFormat getDateInstance()	返回缺省样式的日期格式器
static DateFormat getDateInstance(int style)	返回缺省指定样式的日期格式器
static DateFormat getDateInstance(int style, Locale aLocale)	返回缺省指定样式和 Locale 信息的日期格式器
static DateFormat getTimeInstance()	返回缺省样式的时间格式器
static DateFormat getTimeInstance(int style)	返回缺省指定样式的时间格式器
static DateFormat getTimeInstance(int style, Locale aLocale)	返回缺省指定样式和 Locale 信息的时间格式器
static DateFormat getDateTimeInstance()	返回缺省样式的日期时间格式器
static DateFormat getDateTimeInstance(int dateStyle, int timeStyle)	返回缺省指定样式的日期时间格式器
static DateFormat getDateTimeInstance(int dateStyle, int timeStyle, Locale aLocale)	返回缺省指定样式和 Locale 信息的日期时间格式器

表 14-13 中提及的日期(时间)样式(dateStyle，timeStyle)是 DateFormat 中定义好的静态常量，用于控制输出日期、时间的显示形式。常用的样式控制有：

◇ DateFormat.FULL：在 zh_CN 的 Locale 下，此格式的日期格式取值类似于"2010 年 3 月 22 日 星期一"，时间格式取值类似于"下午 01 时 26 分 14 秒 CST"。

◇ DateFormat.LONG：在 zh_CN 的 Locale 下，此格式的日期格式取值类似于"2010 年 3 月 22 日"，时间格式取值类似于"下午 01 时 26 分 14 秒"。

◇ DateFormat.DEFAULT：在 zh_CN 的 Locale 下，此格式的日期格式取值类似于"2010-3-22"，时间格式取值类似于"13:26:14"。

◇ DateFormat.SHORT：在 zh_CN 的 Locale 下，此格式的日期格式取值类似于"10-3-22"，时间格式取值类似于"下午 1:26"。

【示例 14.18】　使用 DateFormat 实现日期时间格式化处理。

打开项目 ch14，在 com.dh.ch14.i18n 包下，创建一个名为 DateFormatDemo 的类，代码如下：

```
package com.dh.ch14.i18n;
import java.text.DateFormat;
import java.util.Date;
import java.util.Locale;
public class DateFormatDemo {
    public static void main(String[] args) {
        Date now = new Date();
        Locale cnLocale = new Locale("zh", "CN");
        Locale usLocale = new Locale("en", "US");
```

```
            System.out.println("中文格式：");
            print(now, cnLocale);
            System.out.println("英文格式：");
            print(now, usLocale);
        }
    public static void print(Date date, Locale locale) {
        // 得到对应 Locale 对象的日期格式化对象
        DateFormat df1 = DateFormat.getDateTimeInstance(DateFormat.FULL,
                    DateFormat.FULL, locale);
        DateFormat df2 = DateFormat.getDateTimeInstance(DateFormat.LONG,
                    DateFormat.LONG, locale);
        DateFormat df3 = DateFormat.getDateTimeInstance(
                    DateFormat.DEFAULT,DateFormat.DEFAULT, locale);
        DateFormat df4 = DateFormat.getDateTimeInstance(DateFormat.SHORT,
                    DateFormat.SHORT, locale);
        // 格式化日期输出
        System.out.println(df1.format(date));
        System.out.println(df2.format(date));
        System.out.println(df3.format(date));
        System.out.println(df4.format(date));
    }
}
```

执行结果如下：

```
中文格式：
2010 年 3 月 22 日 星期一 下午 01 时 35 分 33 秒 CST
2010 年 3 月 22 日 下午 01 时 35 分 33 秒
2010-3-22 13:35:33
10-3-22 下午 1:35
英文格式：
Monday, March 22, 2010 1:35:33 PM CST
March 22, 2010 1:35:33 PM CST
Mar 22, 2010 1:35:33 PM
3/22/10 1:35 PM
```

在 Java 中还提供了更加简便的日期格式器，即 DateFormat 的子类 SimpleDateFormat。通过使用 SimpleDateFormat，可以更加灵活地格式化日期(时间)。

SimpleDateFormat 的使用很简单，通过预定义的模式字符构造特定的模式串，然后根据模式串来创建 SimpleDateFormat 格式器对象，从而通过此格式器完成指定日期时间的格式化。例如："D" 表示一年中的第几天，"d" 表示一月中的第几天，"E" 代表星期中的第几天等，其他可以使用的模式字符可参看 Java 提供的 API 帮助文档。表 14-14 列举了本书使用的日期模式字符。

表 14-14　部分日期模式字符

模 式 字 符	功 能 说 明
D	一年中的第几天
d	一月中的第几天
E	星期中的第几天
y	年
H	小时(0~23)
h	小时(0~11)，使用 AM/PM 区分上下午
M	月份
m	分钟
S	毫秒
s	秒

通过模式字符可以构建控制日期、时间格式的模式串。在 zh_CN 的 Locale 下自定义模式串及其对应的日期、时间格式示例如表 14-15 所示。

表 14-15　日期模式串示例

格 式 串	输 出 实 例
yyyy.MM.dd G 'at' HH:mm:ss	2010.03.22 公元 at 13:57:47
h:mm a	1:58 下午
yyyy 年 MM 月 dd 日 HH 时 mm 分 ss 秒	2010 年 03 月 22 日 13 时 50 分 02 秒
EEE, d MMM yyyy HH:mm:ss	星期一, 22 三月 2010 13:58:52
yyyy-MM-dd HH:mm:ss	2010-03-22 13:50:02

 如果需要在模式串中使用的字符(字符串)不被 SimpleDateFormat 解释，则可以在模式串中将其用单引号括起来。

【示例 14.19】 使用 SimpleDateFormat 实现日期时间格式化处理。

打开项目 ch14，在 com.dh.ch14.i18n 包下，创建一个名为 SimpleDateFormatDemo 的类，代码如下：

```
package com.dh.ch14.i18n;
import java.text.SimpleDateFormat;
import java.util.Date;
public class SimpleDateFormatDemo {
    public static void main(String[] args) {
        Date now = new Date();
        SimpleDateFormat sdf1 = new SimpleDateFormat("yyyy-MM-dd HH:mm:ss");
        System.out.println(sdf1.format(now));
        SimpleDateFormat sdf2 =
            new SimpleDateFormat("yyyy 年 MM 月 dd 日 HH 时 mm 分 ss 秒");
```

```
                System.out.println(sdf2.format(now));
            SimpleDateFormat sdf3 =
                new SimpleDateFormat("现在是 yyyy 年 MM 月 dd 日，是今年的第 D 天");
                System.out.println(sdf3.format(now));
        }
}
```

执行结果如下：

```
2010-03-22 14:05:29
2010 年 03 月 22 日 14 时 05 分 29 秒
现在是 2010 年 03 月 22 日，是今年的第 81 天
```

注意　SimpleDateFormat 一般不用于国际化处理，其提出是为了以特定模式输出日期(时间)，更方便本地化使用。

14.7　消息格式化

对于固定消息(常量文本)的应用，可以使用 ResourceBundle 处理，但要处理动态消息(变量文本)。例如，要在用户每次登录系统的时候向其提示当前系统日期和时间，此条信息的日期时间部分是不固定的，而且还要根据用户的本地化消息输出不同的格式。

java.text 包中提供了 MessageFormat 类可以实现消息的动态处理。此类接收一个带占位符的字符串，然后根据实际情况使用实际的值类替换字符串中的占位符。占位符的格式如下：

{n[,formatType][,formatStyle]}

其中，n 代表占位符的索引，取值是从 0 到 9；formatType 表示格式类型，可以标识数字、日期、时间；formatStyle 表示格式的样式。常用占位符类型和样式如表 14-16 所示。

表 14-16　占位符类型和样式的方法列表

类　型	样　式	功 能 说 明
number	integer	整数类型
	currency	货币类型
	percent	百分比类型
	#.##	小数类型
date	full	完整格式日期
	long	长格式日期
	medium	中等格式日期
	short	短格式日期
time	full	完整格式时间
	long	长格式时间
	medium	中等格式时间
	short	短格式时间

不同于其他 Format 类，MessageFormat 对象是使用构造方法创建的。使用 Message-Format 一般步骤是：

(1) 构造字符串，其中动态变化的部分使用占位符代替，最多可以设置 10 个占位符，每个占位符可以重复出现多次。

(2) 使用上一步构造的字符串作为 MessageFormat 构造方法的参数，构造 Message-Format 对象。

(3) 调用 MessageFormat 对象的 setLocale()方法设置它的 Locale 属性。

(4) 创建一个对象数组，并按照占位符的索引填充此数组。

(5) 将对象数组传递给 MessageFormat 的 format()方法。

【示例 14.20】 使用 MessageFormat 实现消息格式化处理。

打开项目 ch14，在 com.dh.ch14.i18n 包下，创建一个名为 MessageFormat1 的类，代码如下：

```java
package com.dh.ch14.i18n;
import java.text.MessageFormat;
import java.util.Date;
import java.util.Locale;
public class MessageFormat1 {
        public static void main(String[] args) {
                // 使用占位符构造模式串
                String pattern = "{0},你好! 现在是  {1}";
                // 构造 MessageFormat 对象
                MessageFormat formatter = new MessageFormat(pattern);
                Locale locale = Locale.getDefault();
                formatter.setLocale(locale);
                // formatter.applyPattern(pattern);
                Date now = new Date();
                // 构造模式串所需的对象数组
                Object[] msgParams = { "张飞", now };
                // 根据传递的参数，对应替换模式串中的占位符
                System.out.println(formatter.format(msgParams));
        }
}
```

执行结果如下：

张飞,你好! 现在是 14-11-21 下午 2:58

向 format()方法传递的值必须放到 Object[]数组中，MessageFormat 对象根据数组的下标值来对应占位符的数字进行替换。例如，本例中，占位符{0}被"同学"替换，{1}被"now"对象替换。实际应用中，还可以定义占位符的样式，即占位符后面可以跟一个类型和一种风格。

【示例 14.21】 通过为占位符设置样式，实现消息的格式化处理。

打开项目 ch14，在 com.dh.ch14.i18n 包下，创建一个名为 MessageFormat2 的类，代码如下：

```java
package com.dh.ch14.i18n;
import java.text.MessageFormat;
import java.util.Date;
import java.util.Locale;
public class MessageFormat2 {
    public static void main(String[] args) {
        // 对同一个占位符进行不同的格式化
        String pattern = "{0} ,你好!今天是{1,date,long}，现在是{1,time,hh:mm:ss}";
        MessageFormat formater = new MessageFormat(pattern);
        Locale locale = Locale.getDefault();
        formater.setLocale(locale);
        Date now = new Date();
        Object[] msgs = { "张飞", now };
        System.out.println(formater.format(msgs));
    }
}
```

执行结果如下：

张飞 ,你好!今天是 2014 年 11 月 21 日,现在是 14:36:13

上述代码中，两次用到占位符{1}是因为程序中需要的数据来自同一个 Date 对象，但指明了不同的类型和风格，这样在程序执行时还是用"now"对象来替换所有占位符{1}，而不管模式串中有多少个相同的占位符。另外，在第三个占位符中使用了时间格式化串"hh:mm:ss"。更多格式信息可参考前面介绍的 SimpleDateFormat。

结合前面介绍的资源文件，可以将消息文本写进资源文件中，从而更方便更灵活地实现国际化应用程序。

14.8 字符集

14.8.1 ASCII

ASCII 编码是美国标准信息交换码，这种编码方式针对的是英文字符。ASCII 编码使用一个字节对字符进行编码，而且字节的最高位都为 0，因此 ASCII 编码的字符集大小是 128 个。英文字母仅有 26 个，再加上其他一些常用符号，总大小也不会超过 128 个。例如，字符"a"被编码为 0x61，字符"b"被编码为 0x62 等。

14.8.2 ISO8859-1

ISO8859-1 是西欧语系国家通用的字符集编码。ISO8859-1 使用一个字节对字符进行编码，编码值范围是 0x00～0xFF。其中，0x00～0x1F 用作控制字，0x20～0x7F 表示字母、数字和符号这些图形字符，0xA0~0xFF 作为附加部分使用。由于 ASCII 编码只使用了一个字节中的低 7 位，编码范围仅为 0~127，虽然可以容纳英文字符和其他一些符号，但是不能包含除英文以外的其他西欧语言的字母，因此 ASCII 编码在西欧国家并不通用。针对这个问题，ISO(国际化标准组织)在 ASCII 编码的基础上进行了扩充，制定了 ISO8859-1 编码，ISO8859-1 编码使用了一个字节的全部 8 位，编码范围是 0~255，能包含西欧语系的所有字母和符号。

14.8.3　GB2312、GBK 和 BIG5

GB2312 码是中华人民共和国国家汉字信息交换使用码，全称为《信息交换使用汉字编码字符集－基本集》，由国家标准总局发布。GB2312 收录了简化汉字、符号、字母、日文假名等共计 7445 个字符，其中汉字占 6763 个。GB2312 的编码范围是 0x2121~0x777E，与 ASCII 有重叠，通常方法是将 GB2312 码的两个字节的最高位置 1 以示区别。

GBK 是 GB2312-80 的扩展，包含了 20 902 个汉字，编码范围是 0x8140~0xFEFE。GB18030-2000(GBK2K)在 GBK 的基础上增加了藏、蒙等少数民族的字符，GBK2K 从根本上解决了字位不够、字形不足的问题。现在国内的 PC 平台必须支持 GB18030，对嵌入式产品暂不作要求。所以手机、MP3 一般只支持 GB2312。

BIG5 码被称为大五码，是中国港台地区使用的字符编码方式，共计收入 13 868 个字。

从 ASCII、GB2312、GBK 到 GB18030，这些编码方法是向下兼容的，即同一个字符在这些方案中总是有相同的编码，后面的标准支持更多的字符。在这些编码中，英文和中文可以统一地处理。

14.8.4　Unicode

ISO 将全世界所有的符号进行统一编码，称为 Unicode 编码。Unicode 编码的字符占用两个字符(也有四字符的)的大小。对于 ASCII 码表示的字符，Unicode 只是简单地在 ASCII 码原来的一个字节码值上增加一个所有位全为 0 的字节。Unicode 使用两个字节编码，因此能表示的字符集最大为 65 536。另外，Unicode 中还保留两千多个数值未用于字符编码。由于 Unicode 编码的空间有限，只能包含各个地区常用的字符而非所有字符，因此，在相当长的一段时间里，本地化字符编码和 Unicode 编码将共存。

定长编码便于计算机处理(注意 GB2312/GBK 不是定长编码)，而 Unicode 又可以用来表示所有字符，所以在很多软件内部使用 Unicode 编码来进行处理，比如 java。

14.8.5　UTF-8 和 UTF-16

UTF-8 和 UTF-16 编码仍然属于 Unicode 编码，它们在 Unicode 编码的基础上进行了转换或扩展。例如，在 Windows XP 和 Windows 2000 操作系统中，Unicode 编码指的就是 UTF-16 编码。

UTF-8 编码将 Unicode 编码中不同范围的字符采用不同的字节进行编码，对于 ASCII 编码的字符仍使用一个字节进行编码，UTF-8 编码完全兼容 ASCII 编码。与 Unicode 相比较，UTF-8 编码使得英文文档的占用空间减小为原来的一半，因此 UTF-8 颇受英语系国家的青睐。除此之外，UTF-8 编码中不会出现值为 0x0000 的数据，这样就避免了和某些程序语言产生冲突，而 UTF-8 编码的补充位使得数据能够被方便地检测出传输过程中是否发生错误。

UTF-16 编码在 Unicode 的基础上进行了一些细节上的扩充，增加了对 Unicode 编码没有包括的字符的表示方式。Unicode 是 UTF-16 的子集，UTF-16 对 Unicode 的扩充并没有影响 Unicode 编码中的原有字符。Unicode 编码将 0xD800～0xDFFF 区间的数值保留，被称为代理区间。该区间共包含 2048 个数值，其中 0xD800～0xD6FF 是高半代理区，0xDC00～0xDFFF 是低半代理区。UTF-16 编码就是在 Unicode 编码的基础上利用代理区扩充字符编码的机制。UTF-16 编码从两个区域分别取一个编码，组成一个 4 字节的代理对来表示一个编码字符，就能够在 Unicode 的基础上扩充 1024×1024 个字符。UTF-16 足够用来编码全球的所有字符，微软从 Windows2000 开始支持 UTF-16 编码。

14.9　正则表达式

在程序开发中，经常需要进行匹配、查找、替换、判断字符串等操作，而这些操作有时又比较复杂，如果用纯编码方式解决，往往会浪费程序员的时间及精力。正则表达式是一种强大而灵活的文本处理工具，在程序设计语言中有着广泛的应用，特别是用来处理字符串的匹配、查找、替换、判断等操作。

14.9.1　正则表达式概述

正则表达式(Regular Expressions)是一种描述字符串集的通用标准，它是以字符串集中各字符串的共有特征为依据的。正则表达式提供了一种紧凑的、动态的语言，能够以一种完全通用的方式来解决各种字符串处理问题。正则表达式最早出现于 Perl。目前，各操作系统及大部分程序设计语言都支持正则表达式。

正则表达式主要用于：

◇ 搜索与替换：特定模式字符串的查找与替换。

◇ 验证：检查某个字符串是否符合特定的匹配模式，如 Email、HTTP 地址、FTP 地址、身份证号码等的验证；

◇ 解析：从一个文本中获取有用的字符串信息，如从 HTML 文件中提取超链接。

14.9.2　模式

模式(Pattern)是正则表达式中最重要的部分，其规定了正则表达式的匹配法则和规范。正则表达式常用的模式定义元素有：元字符、字符类、转义字符、限定符、反义、逻辑或、分组。

1. 元字符

元字符(Meta Charactor)是能够匹配一个位置或某个字符串的一个字符。元字符分为两类：匹配位置的元字符和匹配字符的元字符。

匹配位置的元字符有 3 个，即 ^ 、$ 和 \b，用来指示匹配开始的位置，其作用如表 14-17 所示。

表 14-17　匹配位置的元字符

字符	作　　用	示　　例
^	指示从行的开始位置开始匹配	例如：^java 匹配以"java"开始的行
$	匹配到行的结束位置	例如：^java$匹配以"java"开始和结尾的行
\b	匹配单词的开始或结束位置	例如：\bjava 匹配以"java"开始的字符串，而"java"之前必须是单词的分界处

匹配字符的元字符有 7 个，其作用如表 14-18 所示。

表 14-18　匹配字符的元字符

字符	作　　用	示　　例
.	匹配除换行符之外的任意字符	例如：^..c 匹配第 3 个字符是 c 的行，"abc"匹配成功
\w	匹配单字字符(a 到 z、A 到 Z、0 到 9 及下划线)	例如：^..\w 匹配第 3 个字符是单字字符的行，"abc"匹配成功
\W	匹配非单字字符	例如：^..\W 匹配第 3 个字符不是单字字符的行，"ab%"匹配成功
\s	匹配空白字符(如空格、制表符、换行符等)	例如：^..\s 匹配第 3 个字符是空白字符的行，"ab cd"匹配成功
\S	匹配非空白字符	例如：^..\S 匹配第 3 个字符是空白字符的行，"abcd"匹配成功
\d	匹配数字字符(0 到 9)	例如：^..\S 匹配第 3 个字符是数字字符的行，"ab3d"匹配成功
\D	匹配非数字字符	例如：^..\S 匹配第 3 个字符不是数字字符的行，"abdd"匹配成功

2. 字符类

元字符只能匹配一个位置或字符集合中的一个字符。如果要匹配字符集合(如[0,1,2,3,4])，则需要定义匹配的字符集合。字符类就是方括号中的一个字符集，只匹配括号内的任意字符。

下述正则表达式匹配 HTML 文本中的"<H1>"、"<H2>"、"<H3>"、"<H4>"或"<H5>"。

```
<H[12345]>
```

在使用字符类进行匹配时，对于连续的字符(如 a～z、0～9 等)，如果全部在括号中列举很不方便，则此时可以使用范围符"-"来定义字符的范围。例如，上述正则表达式可以定义为

```
<H[1-5]>
```

而对于 8 位的电话号码，可以定义为

```
\b[0-9][0-9][0-9][0-9][0-9][0-9][0-9][0-9]\b
```

3．转义字符

如果需要在正则表达式中匹配字符串中的"^"和"$"等字符，则需要使用转义字符"\"(反斜杠)来解决这一问题。例如：

◇ \.可以匹配字符"."。

◇ \\可以匹配字符"\"。

以下正则表达式匹配"www.baidu.com"。

```
www\.baidu\.com
```

常用需要转义的字符有：.、$、^、{、[、|、]、*、+、?、\。除上述字符，其他字符都不需要进行转义。

4．限定符

一个元字符只能匹配一个字符，如果需要零个、一个或多个字符，则可以使用限定符。限定符用于指定允许特定字符或字符集自身重复出现的次数，有 *、+、?、{n}、{n,} 和 {n, m} 共 6 种。常用的限定符及作用如表 14-19 所示。

表 14-19　常 用 限 定 符

限定符	作　　用	示　　例
*	匹配前面的子表达式零次或多次	例如：zo*能匹配"z"以及"zoo"，*等价于{0,}
+	匹配前面的子表达式一次或多次	例如：zo+能匹配"zo"以及"zoo"，但不能匹配"z"，+等价于{1,}
?	匹配前面的子表达式零次或一次	例如：do[es]?可以匹配"do"或"does"中的"doe"，?等价于{0,1}
{n}	匹配确定的 n 次，n 是一个非负整数	例如：o{2}能匹配"food"中的两个"oo"
{n,}	至少匹配 n 次，n 是一个非负整数	例如：o{2,}能匹配"fooooood"中的所有"o"，但不能匹配"Tom"中的"o"，o{1,}等价于o+
{n,m}	最少匹配 n 次且最多匹配 m 次，m 和 n 均为非负整数，其中 n<=m	例如：o{1,3}将匹配"foooooood"中的前三个"o"，o{0,1}等价于o?

引入限定符后，对于 8 位的电话号码，可以定义为

```
\b\d{8}\b
```

下述正则表达式限制数字型字符串的整数位最多为 3 位，小数位为 2 位。

```
^\d{0,3}\.\d{2}\b
```

如果在限定符之后再添加一个字符"?"，则表示尽可能少的重复字符"?"之前的限定符号，此种匹配方式称为懒惰匹配。如果不加"?"，则缺省为贪婪匹配，即匹配最长的字符串。

以下正则表达式匹配以字母 a 开头、b 结尾的最长字符串。

```
a.*b
```

下述正则表达式匹配以字母 a 开头、b 结尾的最短字符串，是一种懒惰匹配。

```
a.*?b
```

对于字符串 "aabab"，使用正则表达式 a.*b 的匹配结果为 "aabab"；使用 a.*?b 的匹配结果为 "aab" 和 "ab"，而不会匹配 "aabab"。

5. 反义

在使用正则表达式时，如果需要匹配不在字符集指定范围内的字符，则可以使用反义字符 "^"(脱字符)进行声明。

下述正则表达式匹配文件名最后一个字母不为数字字符的所有的 Java 文件名。

```
.*[^0-9]\.java$
```

6. 逻辑或

在正则表达式中，可以使用字符 "|"(或)，该字符表示如果字符串匹配了正则表达式中字符 "|" 的左边或右边的规则，则该字符串匹配该正则表达式。

以下正则表达式匹配两种固定电话号码形式：一种是 4 位区位+7 位号码，另一种是 3 位区位+8 位号码。

```
0\d{2}-\d{8}|0\d{3}-\d{7}
```

例如，010-88996677 和 0532-8899567 都是与该正则表达式匹配的电话号码。

　　注意　在使用字符 "|" 匹配表达式时，首先匹配字符 "|" 左侧部分，当左侧部分不匹配时，才匹配右侧部分。

7. 分组

可以使用 "(" 和 ")" 把一个正则表达式的全部或部分分成一个或多个组。分组之后，可以将字符 "(" 和字符 ")" 之中的表达式看成一个整体来处理。

以下正则表达式匹配出现 "java" 至少一次的字符串，此处将 "java" 看成一个整体来进行匹配。

```
(java)+
```

下述正则表达式则可以匹配 IP(IPV4)地址：

```
(\d{1,3}\.){3}\d{1,3}
```

　　注意　除上述常用规则外，正则表达式还有反向引用、零宽度断言、负向零宽度断言递归匹配等特殊的规范，感兴趣的读者可以参考正则表达式的相关技术文档。

8. 优先级

正则表达式存在元字符、限定符等操作符或表达式。在匹配过程中，正则表达式需遵循操作符或表达式的优先级：相同优先级的从左到右进行运算，不同优先级的运算先高后低。各种操作符的优先级顺序如表 14-20 所示。

表 14-20　优先级顺序

操作符或表达式	说　　明
\	转义符
(), (?:), (?=), []	圆括号和方括号
*, +, ?, {n}, {n,}, {n,m}	限定符
^, $, \元字符	位置和顺序
		"或" 操作

14.9.3　常用正则表达式

本节列举了典型的正则表达式。

1．手机号码验证

目前国内的手机号码为以 13、18、158 或 159 开头、长度为 11 的数字型字符串。因此在验证手机号码时需要分情况进行验证。

实现验证手机号码的正则表达式如下：

`\b0?(1[38]\d{9})|(15[89]\d{8})\b`

其中：

◇　\b 匹配单词的边界，即单词的开始或结束位置。

◇　0?表示数字 0 可有可无，用于匹配手机号码前面加数字 0 的情况。

◇　(1[38]\d{9})匹配以 13、18 开头的手机号码，(15[89]\d{8})匹配以 158、159 开头的手机号码。

2．身份证验证

中国境内公民身份证号码为 15 位或 18 位，从左至右为：6 位地址码、6 位或 8 位出生日期、3 位顺序码和 1 位校验码(18 位身份证)。

对 15 位身份证号码验证的正则表达式为：

`^\d{8}((0\d)|(1[0-2]))((3[01])|([0-2]\d))\d{3}$`

其中：

◇　(0\d)|(1[0-2])验证身份证号码中出生日期部分的 2 位月份在 01～12 范围之内。

◇　(3[01])|([0-2]\d) 验证身份证号码中出生日期部分的 2 位日期在 01～31 范围之内。

对 18 位身份证号码验证的正则表达式为

`^\d{6}((1[89])|(2\d))\d{2}((0\d)|(1[0-2]))((3[01])|([0-2]\d))\d{3}(\d|X)$`

其中：

◇　((1[89])|(2\d))\d{2} 验证身份证号码中出生日期部分的 4 位年份，格式为 18XX、19XX 和 2XXX。

◇　(0\d)|(1[0-2])验证身份证号码中出生日期部分的 2 位月份在 01～12 范围之内。

◇　(3[01])|([0-2]\d) 验证身份证号码中出生日期部分的 2 位日期在 01～31 范围之内。

◇　d{3}(\d|X)验证 3 位顺序码和 1 位校验码，其中校验码可以是数字或大写的"X"。

3．Email 验证

电子邮件是最常用的网络应用之一。Email 地址由以下几部分组成：最开始是由字母和数字组成的用户名，紧接着是一个"@"符号，后面是一个网址。网址通常至少由两部分组成：域名及域名的后缀。它们使用"."隔开。

对 Email 验证的正则表达式为

\w+@\w+(\.\w+)+

其中：

    ❖ \w + 用于匹配用户名。

    ❖ @匹配 Email 中的字符 "@"。

    ❖ \.匹配字符 "."。

    ❖ (\.\w+) + 匹配域名及域名后缀组成的字符串。

14.10　Java 中应用正则表达式

在 Java 中使用正则表达式，需要引入 Java 的 java.util.regex 包。java.util.regex 包主要由三个类所组成：Pattern、Matcher 和 PatternSyntaxException。

    ❖ Pattern 对象表示一个已编译的正则表达式。

    ❖ Matcher 是一个靠着输入的字符串来解析这个模式和完成匹配操作的对象。

    ❖ PatternSyntaxException 对象是一个未检查异常，指示正则表达式中的一个语法错误。

一个正则表达式编译成为一个 Pattern 类的对象，这个 Pattern 对象通过调用 matcher()方法来产生一个 Matcher 对象；然后通过调用该 Matcher 实例编译正则表达式，从而对目标字符串进行匹配。

14.10.1　Pattern 类

Pattern 对象表示一个已编译的正则表达式。Pattern 类没有提供公共的构造方法。要构建一个模式，首先必须调用 compile()静态方法，它将返回一个 Pattern 对象。这个方法接受正则表达式作为第一个参数。Pattern 类的常用方法及功能如表 14-21 所示。

表 14-21　Pattern 类的方法列表

方 法 名	功 能 说 明
static Pattern compile(String regex)	将给定的表达式 regex 编译并赋值给一个 Pattern 对象
static Pattern compile(String regex , int flags)	根据指定表达式 regex 和模式标记为 flags 编译并赋值给一个 Pattern 对象
int flags()	返回当前 Pattern 模式类的 flag 参数
public Matcher matcher(CharSequence input)	使用指定的参数 input 生成一个匹配器 Matcher 对象
public static Matcher matcher(String regex, CharSequence input)	利用给定的正则表达式对 input 字符串进行匹配
public String pattern()	返回该 Pattern 对象所编译的正则表达式的字符串形式
public String[] split(CharSequence input)	将 input 按照 Pattern 里所包含的正则表达式进行分割
public String toString()	返回该 Pattern 的字符串形式

在使用 compile()方法构造 Pattern 对象时，可以指定模式标记(flags 参数)。模式标记是可以影响正则表达式的匹配行为的标记参数。模式标记通过 Pattern 类中的静态常量定义。常用的模式标记及功能如表 14-22 所示。

表 14-22　Pattern 类的模式标记

常 量 名	功 能 说 明
Pattern.CASE_INSENSITIVE	匹配字符时与大小写无关，该标志默认只考虑 US ASCII 字符
Pattern.UNICODE_CASE	当与 CASE_INSENSITIVE 结合时，使用 Unicode 字母匹配
Pattern.MULTILINE	启用多行模式
Pattern.CANON_EQ	启用规范等价
Pattern.DOTALL	在 dotall 模式中，表达式.匹配所有字符，包括行终结符，缺省情况下，表达式不匹配行终结符
Pattern.UNIX_LINES	启用 Unix 行模式

【示例 14.22】　演示 Pattern 类的使用。

打开项目 ch14，在 com.dh.ch14.regular 包下，创建一个名为 PatternDemo 的类，代码如下：

```java
package com.dh.ch14.regular;
import java.util.regex.Pattern;
public class PatternDemo {
    public static void main(String[] args) {
        String regex = ":T";
        String input = "one:two:Three:four";
        // 使用":T"构造 Pattern 对象，并指定大小写无关
        Pattern p = Pattern.compile(regex,Pattern.CASE_INSENSITIVE);
        // 使用 split 方法分割字符串
        String[] items = p.split(input);
        for (String s : items) {
            System.out.println(s);
        }
        //区分大小写
        p = Pattern.compile(regex);
        // 使用 split 方法分割字符串
        items = p.split(input);
        for (String s : items) {
            System.out.println(s);
        }
    }
}
```

执行结果如下：

```
one
wo
hree:four
one:two
```

hree:four

14.10.2　Matcher 类

　　Matcher 类是一个依靠输入的字符串来解析模式和完成匹配操作的对象。与 Pattern 相似，Matcher 也没有定义公共的构造方法，需要通过调用 Pattern 对象的 matcher()方法来获得一个 Matcher 对象。Matcher 类的常用方法及功能如表 14-23 所示。

表 14-23　Matcher 类的方法列表

方　法　名	功　能　说　明
public Matcher matcher(CharSequence input)	使用指定的 input 生成一个匹配器对象
public int end()	返回查找到的字符串在目标串的最后一个位置
public boolean lookingAt()	检测目标字符串是否以子字符串开头
public boolean find()	查找输入字符串中与该模式匹配的下一个子字符串
public boolean find(int start)	从目标串的指定位置查找输入字符串中与该模式匹配的下一个子字符串
public boolean matches()	判断整个字符串是否匹配，如果匹配则返回 true，否则返回 false
public Pattern pattern()	返回该匹配器对象对应的 Pattern 对象
public String replaceAll(String replacement)	使用给定的字符串来替换目标串中与现有 Pattern 模式匹配的全部字符串
public String replaceFirst(String replacement)	使用给定的字符串来替换目标串中与现有 Pattern 模式匹配的第一个字符串
public Matcher reset()	重新设置匹配器对象
public Matcher reset(CharSequence input)	使用新的目标串 input 重新设置匹配器对象
public int start()	返回查找到的字符串在目标串的开始位置
public Matcher appendReplacement (StringBuffer sb, String replacement)	实现非结尾处的增加和替换
public StringBuffer appendTail (StringBuffer sb)	将最后一次匹配后剩余的字符串添加到一个 StringBuffer 对象中

　　【示例 14.23】 演示 Matcher 类的使用。

　　打开项目 ch14，在 com.dh.ch14.regular 包下，创建一个名为 MatcherDemo 的类，代码如下：

```
package com.dh.ch14.regular;
import java.util.regex.Matcher;
import java.util.regex.Pattern;
public class MatcherDemo {
    public static void main(String[] args) {
        /*
```

```java
 * 演示 start 和 end 方法的使用
 */
String regex = "\\bTom\\b";
String input = "Tom Tom Tom Tome";
Pattern pattern = Pattern.compile(regex);
// 获得一个匹配器对象
Matcher matcher = pattern.matcher(input);
int index = 0;
while (matcher.find()) {
        index++;
        System.out.print(index + " Match :");
        System.out.print("start at: " + matcher.start());
        System.out.println(",end at: " + matcher.end());
}
/*
 * 演示 lookingAt 和 matches 方法的使用
 */
regex = "foo";
input = "fooooooo";
pattern = Pattern.compile(regex);
matcher = pattern.matcher(input);
System.out.println("------------------");
System.out.println(input + " lookingAt() " + regex + " is:" + matcher.lookingAt());
System.out.println(input + " matches() " + regex + " is:" + matcher.matches());
/*
 * 演示 replaceAll 和 replaceFirst 方法的使用
 */
regex = "dog";
input = "The dog catch a cat. All dogs.";
String replace = "cat";
pattern = Pattern.compile(regex);
matcher = pattern.matcher(input);
String str1 = matcher.replaceAll(replace);
String str2 = matcher.replaceFirst(replace);
System.out.println("------------------");
System.out.println(str1);
System.out.println(str2);
/*
 * 演示 appendReplacement 和 appendTail 方法的使用
 */
```

```
                regex = "a*b";
                input = "aabfooaabfooabfoob";
                replace = "-";
                pattern = Pattern.compile(regex);
                matcher = pattern.matcher(input);
                StringBuffer sb = new StringBuffer();
                System.out.println("------------------");
                while (matcher.find()) {
                        matcher.appendReplacement(sb, replace);
                }
                matcher.appendTail(sb);
                System.out.println(sb.toString());
        }
}
```

执行结果如下：

```
1 Match :start at: 0,end at: 3
2 Match :start at: 4,end at: 7
3 Match :start at: 8,end at: 11
------------------
fooooooo lookingAt() foo is:true
fooooooo matches() foo is:false
------------------
The cat catch a cat. All cats.
The cat catch a cat. All dogs.
------------------
-foo-foo-foo-
```

matches()和 lookingAt()方法都尝试该模式匹配输入序列。然而不同的是，matches()要求匹配整个输入字符串，而 lookingAt()则检测目标串是否以字串开头。

14.10.3　应用实例

基于 Java，使用正则表达式进行操作的一般步骤是：

（1）构造一个 Pattern 对象，如：

```
Pattern pattern = Pattern.compile("[a-z]*");
```

（2）构造一个 Matcher 对象，如：

```
Matcher matcher = patter.matcher(str);
```

（3）根据匹配结果进行判断、替换、查找等操作，如：

```
boolean flag = matcher.matches();
```

【示例 14.24】 演示基于 Java，使用正则表达式对用户注册信息中的手机号码、身份证号以及 Email 进行初始验证。

打开项目 ch14，在 com.dh.ch14.regular 包下，创建一个名为 RegexDemo 的类，代码如下：

```java
package com.dh.ch14.regular;
import java.util.regex.Matcher;
import java.util.regex.Pattern;
import javax.swing.*;
import java.awt.event.*;
public class RegexDemo {
    // 验证手机号码
    public static boolean verifyPhoneno(String input) {
        boolean ck = false;
        String regex = "\\b0?(1[38]\\d{9})|(15[89]\\d{8})\\b";
        Pattern pattern = Pattern.compile(regex);
        Matcher matcher = pattern.matcher(input);
        if (matcher.matches()) {
            ck = true;
        }
        return ck;
    }
    //验证身份证号
    public static boolean verifyID(String input) {
        boolean ck = false;
        // 15 位身份证号正则表达式
        String regex15 = "^\\d{8}((0\\d)|(1[0-2]))((3[01])|([0-2]\\d))\\d{3}$";
        // 18 位身份证号正则表达式
        String regex18 = "^\\d{6}((1[89])|(2\\d))\\d{2}((0\\d)|(1[0-2]))
                ((3[01])|([0-2]\\d))\\d{3}(\\d|X)$";
        Pattern pattern = Pattern.compile(regex15);
        Matcher matcher = pattern.matcher(input);
        // 分别判断 15 位和 18 位身份证号
        if (matcher.matches()) {
            ck = true;
        } else {
            pattern = Pattern.compile(regex18);
            matcher = pattern.matcher(input);
            if (matcher.matches()) {
                ck = true;
            }
        }
        return ck;
```

```
        }
        //验证 Email
        public static boolean verifyEmail(String input) {
                boolean ck = false;
                String regex = "\\w+@\\w+(\\.\\w+)+";
                Pattern pattern = Pattern.compile(regex);
                Matcher matcher = pattern.matcher(input);
                if (matcher.matches()) {
                        ck = true;
                }
                return ck;
        }
        public static void main(String[] args) {
                new FrmRegist().setVisible(true);
        }
}
class FrmRegist extends JFrame implements ActionListener {
        private JPanel p;
        private JLabel lblName, lblPwd, lblID, lblPhone, lblEmail;
        private JTextField txtName, txtID, txtPhone, txtEmail;
        private JPasswordField txtPwd;
        private JButton btnOk;
        public FrmRegist() {
                super("登录");
                p = new JPanel();
                p.setLayout(null);
                lblName = new JLabel("用户名");
                lblPwd = new JLabel("密    码");
                lblID = new JLabel("身份证");
                lblPhone = new JLabel("手机号码");
                lblEmail = new JLabel("Email");
                txtName = new JTextField(20);
                txtPwd = new JPasswordField(20);
                txtPwd.setEchoChar('*');
                txtID = new JTextField(20);
                txtPhone = new JTextField(20);
                txtEmail = new JTextField(20);
                btnOk = new JButton("确定");
                lblName.setBounds(30, 30, 60, 25);
                txtName.setBounds(95, 30, 120, 25);
```

```
        lblPwd.setBounds(30, 60, 60, 25);
        txtPwd.setBounds(95, 60, 120, 25);
        lblID.setBounds(30, 90, 60, 25);
        txtID.setBounds(95, 90, 120, 25);
        lblPhone.setBounds(30, 120, 60, 25);
        txtPhone.setBounds(95, 120, 120, 25);
        lblEmail.setBounds(30, 150, 60, 25);
        txtEmail.setBounds(95, 150, 120, 25);
        btnOk.setBounds(60, 180, 60, 25);
        btnOk.addActionListener(this);
        p.add(lblName);
        p.add(txtName);
        p.add(lblPwd);
        p.add(txtPwd);
        p.add(lblID);
        p.add(txtID);
        p.add(lblPhone);
        p.add(txtPhone);
        p.add(lblEmail);
        p.add(txtEmail);
        p.add(btnOk);
        this.add(p);
        this.setSize(250, 250);
        this.setLocation(300, 300);
        // 设置窗体不可改变大小
        this.setResizable(false);
        this.setDefaultCloseOperation(JFrame.EXIT_ON_CLOSE);
    }
    public void actionPerformed(ActionEvent e) {
        Object source = e.getSource();
        if (source == btnOk) {
            String name = txtName.getText();
            String pwd = new String(txtPwd.getPassword());
            String id = txtID.getText();
            String phone = txtPhone.getText();
            String email = txtEmail.getText();
            if (name.equals("")) {
                JOptionPane.showMessageDialog(btnOk, "姓名不能为空");
                return;
            }
```

```
            if (pwd.equals("")) {
                    JOptionPane.showMessageDialog(btnOk, "密码不能为空");
                    return;
            }
            //验证身份证号
            if (!RegexDemo.verifyID(id)) {
                    JOptionPane.showMessageDialog(btnOk, "身份证号不合法");
                    return;
            }
            //验证电话号码
            if (!RegexDemo.verifyPhoneno(phone)) {
                    JOptionPane.showMessageDialog(btnOk, "手机号码不合法");
                    return;
            }
            //验证邮箱
            if (!RegexDemo.verifyEmail(email)) {
                    JOptionPane.showMessageDialog(btnOk, "Email 不合法");
                    return;
            }
            JOptionPane.showMessageDialog(btnOk, "验证通过！");
        }
    }
}
```

执行程序，如图 14-3 所示，输入正确的信息，将提示"验证通过"，否则提示相应错误信息。

对于字符串，最常用的操作就是匹配、替换和查找，java.lang.String 通过模拟 Pattern 类和 Matcher 类的部分方法，也可以支持正则表达式。表 14-24 展示了部分支持正则表达式的 String 方法及与其等价的 Pattern 类或 Matcher 类的方法。

图 14-3　注册信息验证

表 14-24　String 的等价方法

String 方法名	等价方法
public boolean matches(String regex)	Pattern.matches(regex, str)
public String[] split(String regex, int limit)	Pattern.compile(regex).split(str, n)
public String replaceFirst(String regex, String replacement)	Pattern.compile(regex).matcher(str).replaceFirst(repl)
public String replaceAll(String regex, String replacement)	Pattern.compile(regex).matcher(str).replaceAll(repl)

本 章 小 结

通过本章的学习，学生应该能够学会：

◆ Class 类的实例表示正在运行的 Java 应用程序中的类和接口。

◆ JVM 为每种类型管理一个独一无二的 Class 对象，可以使用 "==" 操作符来比较类对。

◆ ClassLoader 是 JVM 将类装入内存的中间类。

◆ instanceof 关键字用于判断一个引用类型变量所指向的对象是否是一个类的实例。

◆ 反射是 Java 被视为动态(或准动态)语言的一个关键性质。

◆ 利用 Java 反射机制可以获取类的相关定义信息：属性、方法、访问修饰符。

◆ Constructor 类用于表示类中的构造方法，Method 类提供关于类或接口上某个方法的信息，Field 类提供有关类或接口的属性信息。

◆ 枚举是一个命名常量的列表，Java 枚举是类类型，继承自 Enum。

◆ 注解能将补充的信息补充到源文件中而不会改变程序的操作。

◆ 可通过反射机制获取注解的相关信息。

◆ Java 是一个全面支持国际化的语言，使用 Unicode 处理所有字符串。

◆ Java 通过类 Locale 设定语言及国家。

◆ NumberFormat 用于进行数字、货币格式化。

◆ DateFormat、SimpleDateFormat 用于格式化日期和时间。

◆ MessageFormat 用于格式化消息字符串。

◆ 在国际化应用程序中可以事先将信息资源包装在资源包中，程序根据 Locale 定位资源包内容，从而实现资源和程序的分离。

◆ GB2312 码是中华人民共和国国家汉字信息交换使用码。

◆ GBK 码是 GB2312 的扩展，向下兼容 GB2312、ASCII 码。

◆ 正则表达式主要用来处理字符串，如匹配字符串、查找字符串、替换字符串等。

◆ 一个正则表达式就是由普通字符(例如字符 a 到 z)以及特殊字符(称为元字符)组成的文字模式。

◆ 正则表达式常用的定义元素有元字符、字符类、转义字符、限定符、反义、逻辑或、分组等。

◆ 正则表达式作为一个模板，将某个字符模式与所搜索的字符串进行匹配。

◆ Java 提供了 Pattern 和 Matcher 类进行正则表达式匹配。

本 章 练 习

1. 假设 Person 类没有默认构造方法，下列不能运行通过的选项是_____(选择两项)。

    A. Class clazz = Class.class;

    B. Class clazz = Class.forName("java.lang.Class");

    C. Class<Person> clazz = new Class<Person>();

    D. Person person =(Person) clazz.newInstance()

当类(型)被加载到 JVM 后，对于每种数据类型，在 Java JVM 中会有_____个 Class 对象与之对应。

    A. 1   B. 2   C. 3   D. 4

在正则表达式中_____符号用于匹配单个字符。

    A. .   B. ?   C. *   D. +

在正则表达式的符号中，下面_____符号优先级最高。

    A. ^   B. *   C. \   D. $

下面_____符号用于匹配一次或多次。

    A. _   B. ?   C. *   D. +

2. NumberFormat 类在_____包中。

3. 在 Java 中还提供了一个_____类，它是 DateFormat 的子类，利用它可以更加灵活地格式化日期。

4. 将属性文件转换成对应的 Unicode 编码的命令是_____。

5. 指定至少有一位数字，但不超过两个数字的正则表达式是_____。

6. 能不能直接通过 new 来创建某种类型的 Class 对象？为什么？

7. 简述 Class.forName 的作用。

8. 简述类在什么情况下被加载。

9. 简要描述一下 Field、Method、Constructor 的功能。

10. 简要介绍一下什么是拆箱和装箱，并列举常用的包装类。

11. 给定 "we should seize everyday"，统计这句话中字母的个数和空格数。(提示：使用 Character。)

12. 定义一枚举类，当输入 1～7 中的任意一个数值时，打印对应的星期几。(例如：输入 1 时，会打印"星期一"。)

13. 简述注解的优点。

14. 在 java.util.regex 包中有哪三个公共的类？描述一下它们的作用。

15. 这里是三个预定义的字符类：\d、\s 和\w。描述一下它们各表示什么，并使用方括号的形式将它们重写。

16. 对于\d、\s 和\w，写出两个简单的表达式，匹配它们相反的字符集。

实践篇

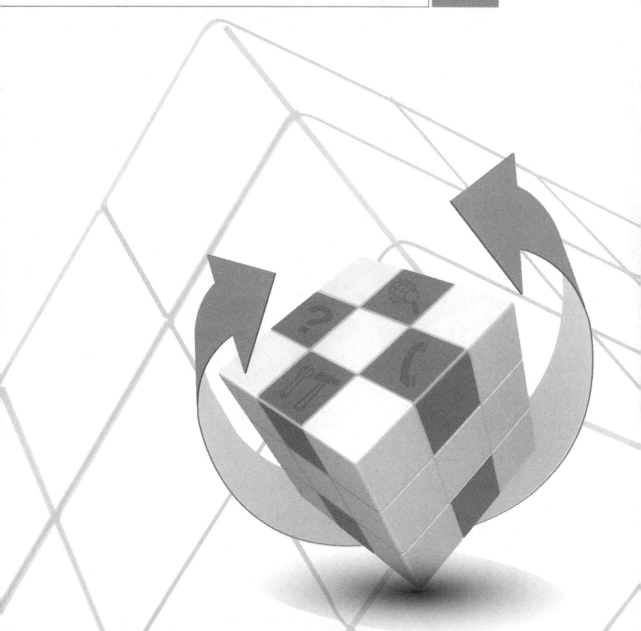

实践 1　初识 Java

实践指导

实 践 1.1

在 Windows 下安装和配置 Java 开发环境。

【分析】

(1) JDK 是整个 Java 的核心，搭建 Java 开发环境的第一步就是下载并安装 JDK。

(2) JDK 可以在 Oracle 官方网站 http://www.oracle.com 下载，本书所用 JDK 下载地址为：http://www.oracle.com/technetwork/java/javase/downloads/jdk8-downloads-2133151.html。

【参考解决方案】

1．安装 JDK

从 Oracle 官方网站 http://www.oracle.com 下载 JDK 安装文件 jdk-8u25-windows-i586.exe (运行在 WIN7 32 位系统)。如果是 64 位系统，则用 jdk-8u25-windows-x64.exe。运行安装文件，如图 S1-1 所示。

单击"下一步"按钮，出现如图 S1-2 所示的对话框。

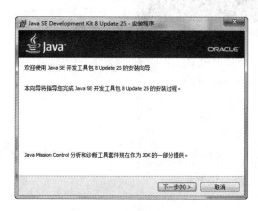 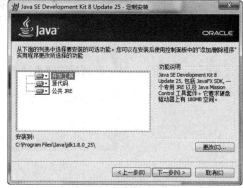

图 S1-1　JDK 安装界面　　　　　　　　图 S1-2　JDK 安装界面

单击"更改"按钮，更改安装目录，然后点击"确定"按钮，如图 S1-3 所示。

单击"下一步"按钮进行安装，安装画面如图 S1-4 所示。

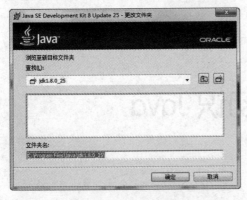

图 S1-3　JDK 安装界面　　　　　　　图 S1-4　JDK 安装界面

安装 jre 时，可以"更改"安装目录，如图 S1-5 所示。
单击"下一步"按钮，出现安装界面，如图 S1-6 所示。

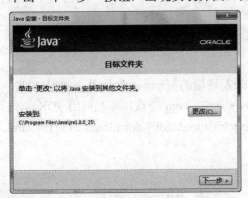

图 S1-5　JDK 安装界面　　　　　　　图 S1-6　JDK 安装界面

安装完毕，出现提示画面，如图 S1-7 所示。

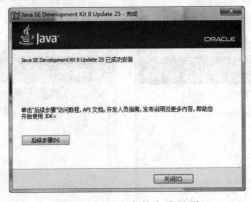

图 S1-7　JDK 安装完成界面

单击"完成"按钮，这样 JDK 安装完毕。

2. 配置 Java 环境变量

右键单击"我的电脑→属性"，如图 S1-8 所示。
出现如图 S1-9 所示的控制面板主页。

图 S1-8 选择"属性"命令　　　　　　　　图 S1-9 控制面板主页

选择"高级系统设置",出现如图 S1-10 所示的对话框。

选择"高级"选项卡,单击"环境变量"按钮,弹出 "环境变量"对话框,如图 S1-11 所示。

图 S1-10 "系统属性"对话框　　　　　　图 S1-11 "环境变量"对话框

在系统变量中单击"新建"按钮,建立"JAVA_HOME"变量,输入 JDK 的安装根目录,如图 S1-12 所示。

图 S1-12 "新建系统变量"对话框

单击"确定"后,再继续新建"CLASSPATH"变量,并设置值为".;%JAVA_HOME%/lib /dt.jar;%JAVA_HOME%/lib/tools.jar"(Java 类、包的路径),如图 S1-13 所示。

单击"确定"后,选中系统变量"Path",将 JDK 的 bin 路径设置进去,如图 S1-14 所示。

 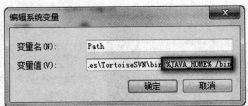

图 S1-13 "新建系统变量"对话框 图 S1-14 "编辑系统变量"对话框

Path 环境变量中通常已经存在一些值,可以使用";"跟前面的路径隔开,再把路径
"%JAVA_HOME% /bin"附加上。

实践 1.2

配置 Eclipse IDE 开发环境,编写、运行 Java 程序。

【分析】

Eclipse 是著名的跨平台的集成开发环境(IDE),最初主要用来做 Java 语言开发,目前
也有人通过插件使其作为其他语言(比如 C++和 PHP)的开发工具。Eclipse 本身只是一个框
架平台,但是众多插件的支持使得 Eclipse 拥有其他功能相对固定的 IDE 工具很难具有的
灵活性。Eclipse 是一个开放源代码的可扩展开发平台,许多软件开发商以 Eclipse 为框架
开发自己的 IDE。本教材中所有代码都在 Eclipse 环境下开发。

Eclipse 发行版本如表 S1-1 所示。本书采用最新版 Luna。

表 S1-1 Eclipse 版本

版 本 代 号	发 行 日 期	平 台 版 本
Callisto(卡利斯托)	2006 年 6 月 30 日	3.2
Europa(欧罗巴)	2007 年 6 月 29 日	3.3
Ganymede(盖尼米得)	2008 年 6 月 25 日	3.4
Galileo(伽利略)	2009 年 6 月 26 日	3.5
Helios(太阳神)	2010 年 6 月 23 日	3.6
Indigo(靛蓝)	2011 年 6 月 24 日	3.7
Juno(朱诺)	2012 年 6 月 27 日	4.2
Kepler(开普勒)	2013 年 6 月 26 日	4.3
Luna(月神)	2014 年 6 月 25 日	4.4

(1) 在使用 Eclipse 之前,需要安装并配置好 JDK。

(2) Eclipse 安装文件可以从 Eclipse 官方网站 http://www.eclipse.org/downloads 下载。
本书所用 Eclipse 下载地址如下:

http://www.eclipse.org/downloads/download.php?file=/technology/epp/downloads/rele
ase/luna/SR1/eclipse-jee-luna-win32.zip

(3) 以一个简单的 Java 程序 HelloWorld.java 为例说明如何使用 Eclipse 开发 Java 应
用程序。

【参考解决方案】

1．获取 Eclipse 并安装

从 Eclipse 官方网站 http://www.eclipse.org/downloads 下载 Eclipse 安装文件 eclipse-jee-luna-win32.zip，直接解压即可使用，如图 S1-15 所示。

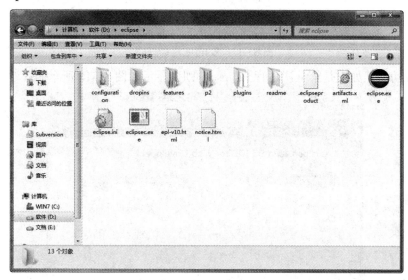

图 S1-15　Eclipse 目录

2．选择工作区

点击 eclipse.exe 启动开发环境，第一次运行 Eclipse，启动向导会让您选择 Workspace (工作区)，如图 S1-16 所示。

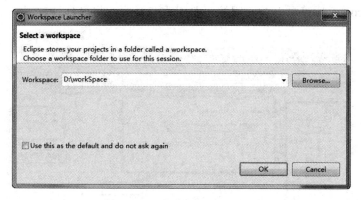

图 S1-16　选择 Eclipse 工作区

在 Workspace 中输入某个路径，例如 D:\workSpace"，这表示接下来的代码和项目设置都将保存到该工作目录下。勾选 "Use this as the default and do not ask again" 即设置为默认状态，以后打开 Eclipse 就不会出现该提示框，除非打开多个 Eclipse。

上述步骤做完后，单击 "OK" 按钮进行启动。

3．Eclipse 进行启动

启动时，Eclipse 会显示如图 S1-17 所示的画面。

图 S1-17　Eclipse 启动画面

启动成功后，如果是第一次运行 Eclipse，则会显示如图 S1-18 所示的欢迎页面。

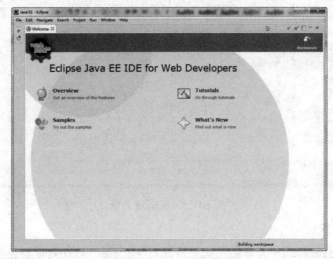

图 S1-18　第一次运行 Eclipse

单击 Welcome 标签页上的关闭按钮关闭欢迎画面，将显示开发环境布局界面，如图 S1-19 所示。

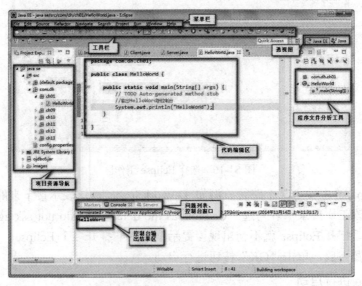

图 S1-19　Eclipse 开发环境

开发环境分为如下几个部分：

✧ 顶部为菜单栏、工具栏。

✧ 右上角为 IDE 的透视图，用于切换 Eclipse 不同的视图外观。通常根据开发项目的需要切换不同的视图，如普通的 Java 项目则选择 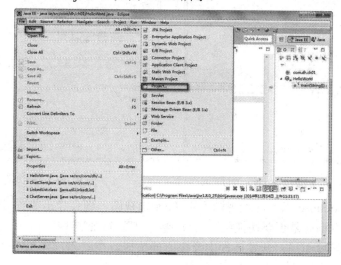，而 Java EE 项目则选择 ，。此外，还有许多其他透视图，可以点击 显示。

✧ 左侧为项目资源导航，主要有包资源管理器。

✧ 右侧为程序文件分析工具，主要有大纲、任务列表。

✧ 底部为显示区域，主要有编译问题列表、控制台输出结果区等。

✧ 中间区域为代码编辑区。

4. 新建 Java 项目

选择"File→New→Project"菜单项，或直接在项目资源管理器空白处右键单击，在弹出菜单中选择"New→Project"，如图 S1-20 所示。

图 S1-20 选择"创建项目"命令

弹出"New Project"向导对话框，选择"Java Project"选项并单击"Next"按钮，如力 S1-21 所示。

图 S1-21 选择一个向导

在弹出的创建项目对话框中输入项目名称，并选择相应的 JRE，单击"Next"按钮，如图 S1-22 所示。

进入项目设置对话框，在该对话框中不需要做任何改动，直接单击"Finish"按钮，如图 S1-23 所示。

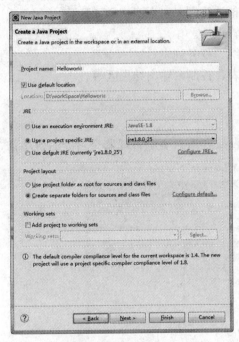

图 S1-22　创建一个 java 项目

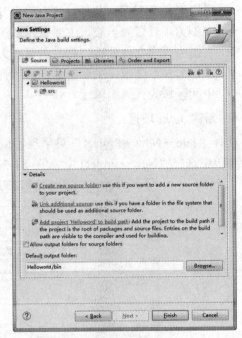

图 S1-23　Java 项目设置

此时，如果 Eclipse 当前的透视图不是 Java 透视图，则会弹出如图 S1-24 所示的提示对话框。该对话框询问是否要切换到"Java 透视图"。Java 透视图是 Eclipse 专门为 Java 项目设置的开发环境布局，开发过程中会更方便快捷。在图 S1-24 中，直接单击"Yes"按钮。

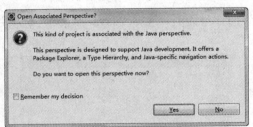

图 S1-24　完成项目创建

5．新建类

在 HelloWorld 项目中的 src 节点上单击右键，在弹出菜单中依次选择"New→Class"，如图 S1-25 所示。

弹出新建类对话框，然后在"Name："中输入"HelloWorld"，选中"public static void main(String[] args)"选项，然后单击"Finish"按钮，如图 S1-26 所示。

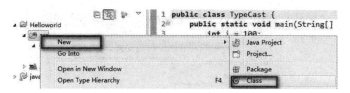

图 S1-25　选择"新建类"命令

图 S1-26　设置类名称

6．编写 Java 代码

新建类后，Eclipse 会自动打开新建类的代码编辑窗口，如图 S1-27 所示，在 main() 中输入代码如下：

```java
System.out.println("HelloWorld!");
```

```java
 1
 2  public class HelloWorld {
 3
 4      public static void main(String[] args) {
 5          // TODO Auto-generated method stub
 6          System.out.println(" HelloWorld!");
 7      }
 8
 9  }
10
```

图 S1-27　输出 HelloWorld 代码

单击工具栏中的存盘按钮，或者按"Ctrl + S"保存代码。

7．运行程序

单击工具栏上的运行按钮 ，选择"Run As→Java Application"项或者选择"HelloWorld(1)"(这个是系统自动识别出来的，效果一样)，运行 HelloWorld.java 程序，如图 S1-28 所示。

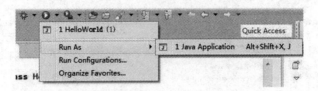

图 S1-28　运行 HelloWorld.java

8．查看运行结果

程序运行后，会在 Eclipse 底部的"Console"选项卡中输出运行的结果，如图 S1-29 所示。

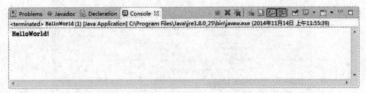

图 S1-29　HelloWorld.java 运行结果

 知识拓展

1．在 Eclipse 中调试 Java 代码

1）设置断点

单击需要设置断点的行的左侧边框，会出现一个蓝色的断点标识，如图 S1-30 所示。

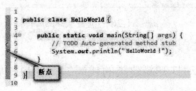

图 S1-30　设置断点

2）调试程序

单击工具栏上的调试按钮 ，选择"Debug As→Java Application"项或者是 "1HelloWorld(1)"，如图 S1-31 所示。

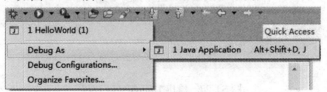

图 S1-31　启动程序调试

此时弹出一个对话框，询问是否切换到 Debug 透视图，选择"Yes"按钮，如图 S1-32 所示。

程序调试界面如图 S1-33 所示。

单击调试工具栏中的 按钮，观察"Variables"窗口中的局部变量的变化以及 Console 窗口输出的变化，对代码进行调试并运行。

图 S1-32　确认切换到调试视图

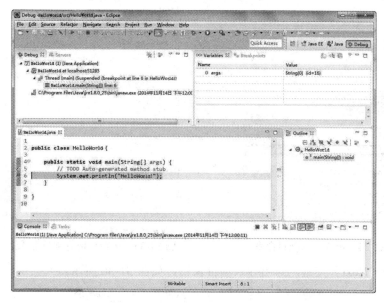

图 S1-33　程序调试视图

2．Eclipse 快捷键

常用的几个 Eclipse 快捷键如表 S1-2 所示。

表 S1-2　Eclipse 常用快捷键

快 捷 键	功 能	作 用 域
Ctrl + Shift + F	格式化	Java 编辑器
Ctrl + /	注释或取消注释	
Alt + /	提供内容帮助	
Ctrl + Shift + M	添加导入	
Ctrl + Shift + O	组织导入	
Ctrl + Shift + R	快速查找资源	
Ctrl + Shift + B	添加/去除断点	全局
F5	单步跳入	
F6	单步跳过	
F7	单步返回	
F8	运行到下一断点或程序结束	

3. Eclipse 中导入项目

在开发过程中，经常需要从其他位置复制已有的项目，这些项目不需要重新创建，可以通过 Eclipse 的导入功能，将这些项目导入到 Eclipse 的工作空间，操作步骤如下：

(1) 选择"File→Import"菜单，如图 S1-34 所示。

(2) 在弹出的窗口中，选中"General→Existing Projects into Workspace"项，如图 S1-35 所示。

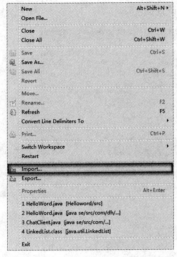

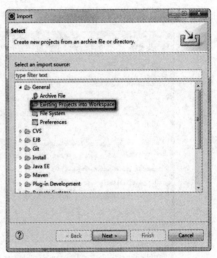

图 S1-34　选择导入项目命令　　　　图 S1-35　选择将现有项目导入工作区

(3) 点击"Next"按钮，弹出导入项目窗口，如图 S1-36 所示。

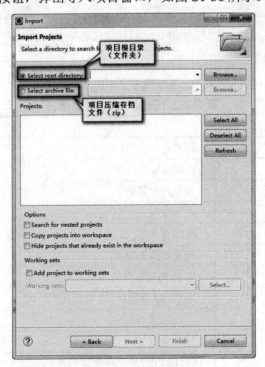

图 S1-36　选择项目源

可以导入两种形式的项目：

❖ 项目根目录，即该项目以文件夹形式存放，点击"Browse"按钮指定项目的根目录即可。

❖ 项目压缩存档文件，即整个项目压缩成 zip 文件，点击"Browse"按钮指定其项目压缩存档文件即可。

（4）以项目根目录为例，选择"Select root directory"选项，并点击该选项后面的"Browse"按钮，选择要导入的项目根目录文件，如图 S1-37 所示。

（5）点击"确定"按钮，在"Projects"框中显示要导入的项目名称，如图 S1-38 所示。

图 1-37　选择导入项目的根目录

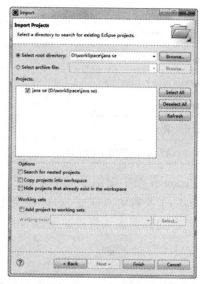

图 S1-38　执行项目导入

（6）点击"Finish"按钮，完成项目导入。此时项目已经引入到 Eclipse 工作空间中，如图 S1-39 所示。

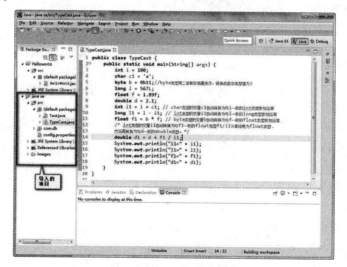

图 S1-39　完成项目导入

能够向 Eclipse 中导入的项目必须是使用 Eclipse 导出的项目。导出项目与导入项目正好相反，应选择"File→Export"菜单进行操作。

4. 数据读取

在 JDK5.0 之后，Java 提供了专门的输入数据类 java.util.Scanner。此类不只可以完成输入数据操作，也可以方便地对输入数据进行验证，其常用方法如表 S1-3 所示。

表 S1-3 Scanner 类的方法列表

方　　法	说　　明
boolean hasNext(Pattern pattern)	判断输入的数据是否符合指定的正则标准
boolean hasNextInt()	判断输入的是否是整数
boolean hasNextFloat()	判断输入的是否是小数，是则返回 true
String next()	接收内容
String next(Pattern pattern)	接收内容，进行正则验证
int nextInt()	接收数字
float nextFloat()	接收小数
Scanner useDelimiter(String pattern)	设置读取的分隔符

在 Scanner 类中提供了一个可以接收 InputStream 类型的构造方法，这就表示只要是字节输入流的子类都可以通过 Scanner 类方便地读取。

最简单的数据输入直接使用 Scanner 类的 next()方法即可，代码如下：

```java
public class ScannerDemo1 {
    public static void main(String[] args) {
        Scanner scan = new Scanner(System.in); // 从键盘接收数据
        System.out.print("请输入数据：");
        String str = scan.next();
        System.out.println("您输入的数据为：" + str);
    }
}
```

运行结果如下：

```
请输入数据：你好
您输入的数据为：你好
```

但是，如果在以上程序中输入了带有空格的内容，则只能取出空格之前的数据。

```
请输入数据：你好 Java
您输入的数据为：你好
```

造成这样的结果是因为 Scanner 将空格当作了一个分隔符，所以为了保证程序的正确，可以将分隔符号修改为"\n"(回车)。修改后的代码如下：

```java
public class ScannerDemo2 {
    public static void main(String[] args) {
        Scanner scan = new Scanner(System.in); // 从键盘接收数据
```

```
            scan.useDelimiter("\n") ; //设置分隔符为回车
            System.out.print("请输入数据：");
            String str = scan.next();
            System.out.println("您输入的数据为：" + str);
        }
}
```

执行结果如下：

请输入数据：你好 Java

您输入的数据为：你好 Java

另外，Scanner 提供了快速接收数值的方法。下面以 nextInt 为例，说明如何接收用户输入的数值，代码如下：

```
public class ScannerDemo3 {
    public static void main(String[] args)
    {
            Scanner scan = new Scanner(System.in); // 从键盘接收数据
            System.out.print("请输入整数：");
            int i = scan.nextInt();
            System.out.println("您输入的整数为：" + i);
    }
}
```

执行结果如下：

请输入整数：123

您输入的整数为：123

 拓展练习

使用 Scanner 从控制台获取两个整型值，然后把这两个数的加、减、乘、除的结果打印在控制台上。

实践 2 Java 基础知识

 实践指导

实 践 2.1

尝试使用 for 循环打印出一个如图 S2-1 所示的钻石
菱形。

【分析】

(1) 该菱形是一个对称的图形，可以先考虑把上面部分
打印出来，上面部分一共 5 行，第一行有 4 个空
格，第二行有 3 个空格，第三行有 2 个空格，依次
类推。

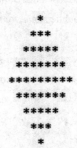

图 S2-1 for 循环输出图形

(2) 每一行*号的个数，第一行为 1 个，第二行为 3 个，第三行为 5 个，由此可推断
出行数和*号个数的关系是每一行 * 的个数 n = 2 * 行数 − 1。

(3) 因为对称的原理，打印下边的只需要倒过来就行了。

【参考解决方案】

代码如下：

```java
public class DiamondDemo {
    public static void main(String[] args) {
        //打印菱形上面部分
        for (int i = 1; i <= 5 ; i++) {
            //控制每一行打印空格的个数
            for(int j = i ; j < 5 ; j++){
                System.out.print(" ");
            }
            //控制每一行打印*的个数
            for(int j = 1; j <= 2*i - 1 ; j++) {
                System.out.print("*");
            }
            System.out.println();
```

```
        }
        //打印菱形下面部分
        for (int i = 4; i >= 1 ; i--) {
            //控制每一行打印空格的个数
            for(int j = i ; j < 5 ; j++){
                System.out.print(" ");
            }
            //控制每一行打印*的个数
            for(int j = 1; j <= 2*i - 1 ; j++) {
                System.out.print("*");
            }
            System.out.println();
        }
    }
}
```

执行结果如下：

```
    *
   ***
  *****
 *******
*********
 *******
  *****
   ***
    *
```

实践 2.2

求 1-1/2+1/3-1/4+…+1/99-1/100。

【分析】

(1) 该算式有明显的规律，可以归纳为

$$1-1/2+1/3-1/4+\cdots+1/n \quad (1\leqslant n\leqslant 100)$$

当 n 为奇数时，求和时加 1/n；当 n 为偶数时，求和时减 1/n。

对于明显的重复性操作，可以采用迭代结构实现。

(2) 对于奇偶数，可以使用一个数是否可以被 2 整除来判断。偶数可以被 2 整除，奇数不可以。

(3) 算式中含有除法，为了计算精确，n 用 double 类型表示。

【参考解决方案】

实现代码如下：

```
package com.dh.ph02;
```

```
public class CalculateDemo {
    public static void main(String[] args) {
        int n = 100;// 循环上限
        double sum = 0;
        for (double i = 1; i <= n; i++) {
            if (i % 2 == 0)
                sum = sum - (1 / i);// 如果 i 为偶数，则减
            else
                sum = sum + (1 / i);// 如果 i 为奇数，则加
        }
        System.out.println("sum = " + sum);
    }
}
```

执行结果如下：

```
sum = 0.688172179310195
```

实 践 2.3

使用字符界面实现菜单程序，通过接收不同的参数值来打印不同的操作名称。

【分析】

(1) 菜单用于功能导航，具有明显的分支性，所以采用选择结构实现。可选用 if…else 或 switch 语句实现。

(2) 菜单需要接收用户输入，需要使用 Scanner 类。

【参考解决方案】

实现代码如下：

```
package com.dh.ph02;
import java.util.Scanner;
public class ScannerDemo {
    public static void main(String[] args) {
        int num = 0;
        System.out.println("请输入数字 1～3 选择菜单项： ");
        do {
            //显示菜单(每次操作后都要重新显示)
            System.out.println("1.新建");
            System.out.println("2.打开");
            System.out.println("3.退出");
            //等待用户输入
            Scanner input = new Scanner(System.in);
```

```
//获取用户输入
num = input.nextInt();
//判断用户输入并回显
switch (num) {
case 1:
        System.out.println("您选择了新建");
        break;
case 2:
        System.out.println("您选择了打开");
        break;
case 3:
        System.out.println("您选择了退出，程序退出");
        break;
default:
        System.out.println("无效操作，请重新输入 1～3！");
    }
} while (num != 3);//当用户选择退出时，程序结束
    }
}
```

执行结果如下：

```
请输入数字 1～3 选择菜单项：
1.新建
2.打开
3.退出
1
您选择了新建
1.新建
2.打开
3.退出
3
您选择了退出，程序退出
```

实践 2.4

定义一个整型数组，实现冒泡排序算法。

【分析】

(1) 冒泡排序算法：比较相邻的两个数，如果前一个比后一个大，则交换它们的值。

(2) 对每一对相邻数值做同样的工作，从开始第一对到结尾的最后一对，这样对比完一趟之后，最后的元素就是最大的数。

(3) 对所有的数值重复进行以上步骤，每走一趟需要对比的数值减少一个，直到没有

任何一对数字需要比较。

【参考解决方案】

代码如下：

```java
public class BubbleSort {
    public static void main(String[] args) {
        int a[] = {2,12,3,5,98,-12,8,28,69,110,0,-1};
        System.out.println("排序前的数组:");
        for (int i = 0; i < a.length; i++) {
            System.out.print(a[i]+" ");
        }
        System.out.println();
        for (int i = 0; i < a.length; i++) {//趟数
            for(int j=0;j < a.length-i-1;j++){//每趟对比次数
                int temp = a[j];
                if (a[j] > a[j+1]) {
                    temp = a[j];
                    a[j] = a[j+1];
                    a[j+1] = temp;
                }
            }
        }
        System.out.println("排序后的数组:");
        for (int i = 0; i < a.length; i++) {
            System.out.print(a[i]+" ");
        }
    }
}
```

执行结果如下：

```
排序前的数组:
2 12 3 5 98 -12 8 28 69 110 0 -1
排序后的数组:
-12 -1 0 2 3 5 8 12 28 69 98 110
```

实践 2.5

使用数组结构实现杨辉三角的存储和打印。

杨辉三角形描述的是二项式系数在三角形中的一种几何排列。示例如下：

```
1
1    1
```

1	2	1				
1	3	3	1			
1	4	6	4	1		
1	5	10	10	5	1	
1	6	15	20	15	6	1
1	7	21	35	35	21	7

【分析】

(1) 杨辉三角的规律是：它的两条斜边都是由数字 1 组成的，而其余的数则等于它肩上的两个数之和。

(2) 为了方便表示，假设元素为整型数值，n 个元素可以使用一维整型数组实现。

【参考解决方案】

代码如下：

```java
package com.dh.ph02;
public class YangHuiTriangle {
    public static void main(String[] args) {
        int row = 8;// 行数
        int array[][] = new int[row][];// 存储三角数字
        // 初始化三角
        for (int i = 0; i < row; i++) {
            array[i] = new int[i + 1];
            // 两条斜边为 1
            array[i][0] = 1;
            array[i][i] = 1;
        }
        // 除斜边外的数等于它肩上的两个数之和
        for (int i = 2; i < row; i++) {
            for (int j = 1; j < i; j++) {
                array[i][j] = array[i - 1][j - 1] + array[i - 1][j];
            }
        }
        // 打印杨辉三角
        for (int i = 0; i < row; i++) {
            for (int j = 0; j <= i; j++) {
                System.out.print(array[i][j] + "\t");
            }
            System.out.println();// 换行
        }
    }
}
```

执行结果如下:

```
1
1    1
1    2    1
1    3    3    1
1    4    6    4    1
1    5    10   10   5    1
1    6    15   20   15   6    1
1    7    21   35   35   21   7    1
```

 知识拓展

1．Java 编码规范

编码规范是软件开发过程的重要准则，可以提高软件开发质量，降低开发周期，增强代码的可重用性和易读性，使软件便于维护，开发人员之间便于交流和协作。

编码规范是程序员在程序设计过程中为写出简洁、清晰、易于理解的好程序所要遵循的某些行为准则或模式。编码规范的提出遵循软件工程化、模块化、能简单不复杂的原则，强调团队协作。

Java 程序编写过程中，常用的编码规范如下:

1) 代码组织与风格

(1) 基本规格。

为使代码更具有可读性，每行应该只有一条语句。

每行代码应该在开始之前插入适当的缩进。每级缩进为 4 个空格，等同于一个 Tab 符。建议在使用 Tab 符前，要首先设置 IDE 配置参数，以保证 Tab 的长度为 4 个空格。

原则是 1 行 1 个声明，1 行 1 条语句(不能用逗号和冒号同时声明)。特别是有初始化值的时候，必须单独使用 1 行。例如:

```
int i; // 这样可以
int k , n= 1; //这样不可以
```

(2) 空行。

适当地增加空行，可增加代码的可读性。

在下列情况下应该有两行空行:

♦ 同一文件的不同部分之间。

♦ 在类、接口以及彼此之间。

在下列情况之间应该有一行空行:

♦ 方法之间。

♦ 局部变量和它后边的语句之间。

♦ 方法内的功能逻辑部分之间。

(3) 代码块长度。

每个代码块尽量控制在 1 个屏幕之内，方便浏览。最好不超过 400 行。

(4) "{"和"}"。

✧ 程序的分界符开括号"{"应放置在所有者所用行的最后，其前面留一个空格；闭括号"}"应独占一行并且与其所有者位于同一列。

✧ "{}"之内的代码块在"{"右边一个缩进单位(预定义好的 Tab 宽度)处左对齐。

例如：

```
for(int i = 0; i < n; i++) {
DoSomeThing();
}
```

(5) 行宽。

✧ 代码行最大长度宜控制在 80 个字符以内。代码行不要过长，否则眼睛看不过来，也不便于打印。

✧ 长表达式要在低优先级操作符处拆分成新行，操作符放在新行之首(以便突出操作符)。拆分出的新行要进行适当的缩进，使排版整齐，语句可读，例如：

```
if((very_longer_variable1 >= very_longer_variable12)
&& (very_longer_variable3 <= very_longer_variable14)
&& (very_longer_variable5 <= very_longer_variable16)) {
dosomething();
}
```

✧ 利用局部变量，降低表达式的复杂性。例如：

```
double length = Math.sqrt(Math.pow(Math.random(), 2.0) +
Math.pow(Math.random(), 2.0));
//建议方针
double xSquared = Math.pow(Math.random(), 2.0);
double ySquared = Math.pow(Math.random(), 2.0);
double length = Math.sqrt(xSquared + ySquared);
```

(6) 空格。

✧ 关键字之后要留空格。诸如 const、virtual、inline、case 等关键字之后至少要留一个空格，否则无法辨析关键字。诸如 if、for、while 等关键字之后应留一个空格再跟左括号"("，以突出关键字。

✧ 方法名之后不要留空格，而应紧跟左括号"("，以与关键字区别。

✧ "("向后紧跟，")"、","、";"向前紧跟，紧跟处不留空格。

✧ ","之后要留空格，如 Function(x, y, z)；如果";"不是一行的结束符号，则其后要留空格，如 for (initialization; condition; update)。

✧ 赋值操作符、比较操作符、算术操作符、逻辑操作符、位域操作符，以及二元操作符(如"="、"+="   ">="、"<="、"+"、"*"、"%"、"&&"、"||"、"<<"，"^"等)的前后应当加空格。

✧ 一元操作符(如"!"、"~"、"++"、"--"、"&"(地址运算符)等)前后不加空格。

♦ 诸如"[ ]"、"."、"->"这类操作符前后不加空格。

(7) 换行。

♦ 逗号后换行。

♦ 运算符前换行。

♦ 按运算顺序换行。

♦ 换行后下面的行与前一行水平对齐。

♦ 类声明的 Pre-comment(注释)前要换行。

♦ 方法的 Pre-comment(注释)前要换行。

2) 命名规范

(1) 命名的基本约定。

原则一：充分表意。

标识符应当直观且可以拼读，可望文知意，不必进行"解码"。标识符最好采用英文单词或其组合，便于记忆和阅读，切忌使用汉语拼音来命名。程序中的英文单词一般不会太复杂，用词应当准确。例如，不要把 CurrentValue 写成 NowValue。标识符的长度应当符合"min-length && max-information"原则，在表示出必要的信息的前提下，标识的命名应该尽量简短。例如，标识最大值的变量名命名为 maxVal，而不推荐命名为 maxValueUntilOverflow。单字符的名字也是可用的，常见的如 i, j, k, m, n, x, y, z 等，它们通常可用作函数内的局部变量，如循环计数器等。

用正确的反义词组命名具有互斥意义的变量或相反动作的函数等。例如：

```
int minValue, maxValue;
int setValue(...);
int getValue(...);
```

单词的缩写应谨慎使用。在使用缩写的同时，应该保留一个标准缩写的列表，并且在使用时保持一致。尽量避免名字中出现数字编号，如 Value1、Value2 等，除非逻辑上的确需要编号。为了防止某一软件库中的一些标识符和其他软件库中的冲突，可以为各种标识符加上能反映软件性质的前缀。

原则二：避免混淆。

程序中不要出现仅靠大小写区分的相似的标识符。例如：

```
int x, X;// 变量 x 与 X 容易混淆
void foo(int x);// 函数 foo 与 FOO 容易混淆
void FOO(float x);
```

程序中不要出现标识符完全相同的局部变量和全局变量，尽管两者的作用域不同而不会发生语法错误，但降低了代码可读性，容易使人误解。

原则三：使用正确的词性。

变量的名字应当使用"名词"或者"形容词＋名词"。例如：

```
float value;
float oldValue;
float newValue;
```

全局函数的名字应当使用"动词"或者"动词＋名词"(动宾词组)。类的成员函数应

当只使用"动词",被省略掉的名词就是对象本身。例如：

```
// 全局函数
DrawBox();
// 类的成员函数
Box.Draw();
```

(2) 标示符的命名约定。

① 对于包：应全部小写，例如 com.dh。

注意：在使用 import 时尽量不使用*；从同一个包导入 3 个以上的类时，可使用*。

② 类、接口：

◇ 文字种类只有半角英文和数字；

◇ 类的名字应该使用名词，不做不必要的省略。

◇ 使用两个以上的单词时，每个单词的开头只能大写，每个单词第一个字母应该大写。避免使用单词的缩写，除非它的缩写已经广为人知，如 HTTP。

下面的代码是类和接口的命名示例：

```
class Hello;
class HelloWorld;
interface Service;
```

③ 对于方法：

◇ 文字种类只有半角英文和数字，用易懂的名字表示功能的意思。

◇ 英文小写字母开头，使用两个以上的单词时，第一个字母是小写，中间单词的第一个字母是大写。

◇ 如果方法返回一个成员变量的值，则方法名一般为 get+成员变量名；如若返回的值是 boolean 变量，则一般以 is 作为前缀；如果方法修改一个成员变量的值，则方法名一般为：set+成员变量名。

◇ 将特定对象转换成 F 形式的方法，命名为 toF。

◇ 方法不要过长，最大行数通常应不超过 50。

下面的代码是方法的命名示例：

```
getName();
setName();
isFirst();
```

④ 对于变量：

◇ 文字种类只有半角英文和数字。

◇ 英文小写字母开头，使用两个以上的单词时，第一个单词之后的单词的开头要大写。

◇ 不要用_或&作为第一个字母，尽量使用短而且具有意义的单词。

◇ 变量名长度最小为 3 个字符，最大为 20 个字符。

◇ 单字符的变量名一般只用于生命期非常短暂的变量。i、j、k、m、n 一般用于 integers；c、d、e 一般用于 characters；

◇ 如果变量是集合，则变量名应用复数。

◇ 根据画面组件的类型加上前缀(前缀 ＋ 任意名称)。

◇ 变量的声明请在函数的开头定义(紧接在{的后面)进行，但是 for 语句的 index
变量除外。

下面的代码是变量的命名示例：

```
public TextFieldString txtStruserCode;
```

⑤ 对于常量：

◇ 文字种类只有半角英文和数字。

◇ 全部用大写字母描述。

◇ 使用 2 个以上单词时，单词和单词之间用"_"(下划线)连接。

◇ 用易懂的名字表示变量的意思，不做不必要的省略。

下面的代码是常量的命名示例：

```
public static final String USRE_CODE;
```

⑥ 对于数组：

◇ 数组的声明为 Type [] arrayName。

◇ 数组声明时请尽可能明确限定数组大小。

下面的代码是数组的命名示例：

```
static void main(String[] args); //正确
static void main(String args[]); //不建议
```

(3) 声明。

◇ 每行应该只有一个声明。

◇ 避免块内部的变量与它外部的变量名相同。

◇ 当类、方法的声明很长时，可用 extends/implements/throws 改行，也可以用
回车键改行。例如：

```
public class LongNameClassImplemenation
extends AbstractImplementation,implements Serializable, Cloneable {
private void longNameInternalIOMethod(int a, int b) throws IOException {
    ...
}
public void longMethodSignature(int a, int b, int c,int d, int e, int f) {
    ...
}
    ...
}
```

(4) 初始化。

◇ 局部变量必须初始化。

◇ 除了 for 循环外，声明应该放在块的最开始部分。for 循环中的变量声明可以
放在 for 语句中。

例如：

```
for(int i = 0; i < 10; i++).
```

2．Math 类

Math 类提供了常见的数学运算方法。常用的 Math 类方法如表 S2-1 所示。

表 S2-1 Math 类常用方法列表

方 法 名	功 能 说 明
abs(double a)	求绝对值
ceil(double a)	得到不小于某数的最大整数
floor(double a)	得到不大于某数的最大整数
round(double a)	同上，返回 int 型或者 long 型(上一个函数返回 double 型)
max(double a, double b)	求两数中最大
min(double a, double b)	求两数中最小
sin(double a)	求正弦
tan(double a)	求正切
cos(double a)	求余弦
sqrt(double a)	求平方
pow(double a, double b)	第一个参数的第二个参数次幂的值
random()	返回在 0.0 和 1.0 之间的数，大于等于 0.0，小于 1.0

下述代码演示了 Math 类的方法：

```java
package com.dh.ph02;
public class MathDemo {
    public static void main(String[] args) {
        System.out.println("Math.E=" + Math.E);
        System.out.println("Math.PI=" + Math.PI);
        System.out.println("Math.abs(-1)=" + Math.abs(-1));
        System.out.println("Math.ceil(2.3)=" + Math.ceil(2.3));
        System.out.println("Math.floor(2.3)=" + Math.floor(2.3));
        System.out.println("Math.rint(2.5)=" + Math.rint(2.5));
        System.out.println("Math.max(2.3, 3.2)=" + Math.max(2.3, 3.2));
        System.out.println("Math.min(2.3, 3.2)=" + Math.min(2.3, 3.2));
        System.out.println("Math.sin(Math.PI/2)=" + Math.sin(Math.PI / 2));
        System.out.println("Math.cos(Math.PI/2)=" + Math.cos(Math.PI / 2));
        System.out.println("Math.tan(Math.PI/4)=" + Math.tan(Math.PI / 4));
        System.out.println("Math.atan(Math.PI/4)=" + Math.atan(Math.PI / 4));
        System.out.println("Math.toDegrees(Math.PI / 4)=" + Math.toDegrees(Math.PI / 4));
        System.out.println("Math.toRadians(45)=" + Math.toRadians(45));
        System.out.println("Math.sqrt(3)=" + Math.sqrt(9));
        System.out.println("Math.pow(3,2)=" + Math.pow(3, 2));
        System.out.println("Math.log10(3)=" + Math.log10(100));
        System.out.println("(int)(Math.random()*10)=" + (int) (Math.random() * 10));
```

```
        }
}
```

运行结果如下:

```
Math.E=2.718281828459045
Math.PI=3.141592653589793
Math.abs(-1)=1
Math.ceil(2.3)=3.0
Math.floor(2.3)=2.0
Math.rint(2.5)=2.0
Math.max(2.3, 3.2)=3.2
Math.min(2.3, 3.2)=2.3
Math.sin(Math.PI/2)=1.0
Math.cos(Math.PI/2)=6.123233995736766E-17
Math.tan(Math.PI/4)=0.9999999999999999
Math.atan(Math.PI/4)=0.6657737500283538
Math.toDegrees(Math.PI / 4)=45.0
Math.toRadians(45)=0.7853981633974483
Math.sqrt(3)=3.0
Math.pow(3,2)=9.0
Math.log10(3)=2.0
(int)(Math.random()*10)=1
```

 代码(int)(Math.random()*10)用于产生一个 0 到 9 之间的随机整数,所以每次运行时产生的
注 意 数值可能不同。

3.String 类

Java 是采用 Unicode 编码来处理字符的,而字符串就是内存中一个或多个连续排列的字符集合。Java 提供的标准包 java.lang 中的 String 类是关于字符串处理的类,这个类封装了很多方法,用来支持字符串的操作。

1) 字符串声明及初始化

与其他基本数据类型相似,Java 中的字符串分为常量和变量两种。当程序中出现字符串常量时,系统将自动为其创建一个 String 对象,这个创建过程是隐含的。对于字符串变量,在使用之前同样要进行声明,并进行初始化。字符串声明的语法格式如下:

```
String<字符串变量名> str;
```

通常字符串在声明时可以直接进行初始化。初始化过程一般为下面几种:

(1) 创建空的字符串,例如:

```
String s=new String();
```

(2) 由字符数组创建字符串,例如:

```
char ch[]={'s', 't', 'o', 'r', 'y'};
String s=new String(ch);
```

(3) 直接用字符串常量来初始化字符串,例如:

String s="这是一个字符串";

2) 字符串运算符"+"

在 Java 中，运算符"+"除了作为算术运算符使用之外，还被作为字符串运算符用于连接不同的字符串。它的运算规则是："abc"+"def"="abcdef"。如果运算表达式中还有其他类型的数据，则按照从左向右的结合顺序运算，其他类型数据与字符串进行"+"时会自动转换为字符串，然后进行连接操作。下面是一段示例代码：

```java
public class StringDemo1 {
    public static void main(String[] args) {
        //字符串+字符串
        String name="Donghe";
        String str1="你好"+name;
        System.out.println("str1="+str1);
        //字符串+其他类型
        String str2=name+10+20;
        System.out.println("str2="+str2);
        //从左向右运算
        String str3=10+20+name;
        System.out.println("str3="+str3);
    }
}
```

运行结果如下：

```
str1=你好 Donghe
str2=Donghe1020
str3=30Donghe
```

代码说明：

◇ str1 表达式中，运算时两个字符串之间进行"+"操作，直接将第二个字符串连接到第一个字符串后。

◇ str2 表达式中，name 属于字符串，10 和 20 都是整数数值。计算时，name 先和 10 进行运算，10 会自动转换为字符串类型，与 name 进行首尾连接。连接后的结果再与 20 进行运算。同样 20 会首先转换为字符串类型，然后与结果进行首尾连接，所以最终结果为 Donghe1020。

◇ str3 表达式中，按照从左向右的运算顺序，首先计算 10+20，这是整数的加法运算，结果为 30。然后 30 与 name 进行运算，此时，30 会先自动转换为字符串类型，然后与 name 进行首尾连接。所以最终结果为 30Donghe。

3) 字符串比较

String 类型不是 Java 基本数据类型，而是引用类型。所以在比较 String 变量值是否相等时，不能使用"=="，而要使用 String 类的成员方法 equals()进行判断。关于"=="与 equals()方法的区别，下面采用代码进行说明：

```
public class StringEquals {
    public static void main(String[] args) {
        String str1 = new String("abc");
        String str2 = new String("abc");
        System.out.println("str1==str2： " + (str1 == str2));
        System.out.println("str1.equals(str2)： " + (str1.equals(str2)));
    }
}
```

运行结果如下：

```
str1==str2：false
str1.equals(str2)：true
```

str1==str2 子所以结果为 false，是因为"=="用于比较两个对象是否引用相同，即 str1 与 str2 是否引用同一个对象，这里显然不是。

str1.equals(str2)表示比较 str1 的值与 str2 的值是否相等，因为 str1 的值为"abc"，而 str2 的值也是"abc"，所以 str1 和 str2 的值是相等的。

4．Arrays 类

java.util.Arrays 类提供了针对数组的一些基本操作方法，如排序、搜索、比较等。其常用方法如表 S2-2 所示。

表 S2-2　Arrays 常用方法列表

方　法	说　　明
sort()	对指定的数组排序
binarySearch()	对排序数组进行二分搜索，如果找到指定的值，就返回该值的索引，否则返回负值
fill()	使用指定的值填充数组
equals()	比较两个数组中的元素值是否全部相等
deepEquals()	对数组作深层比较，可以对二维及以上的数组比较是否相等
deepToString()	将数组值作深层输出，可以对二维及以上的数组输出其字符串值

1）sort()方法

使用 Arrays.sort()方法对数组排序，示例代码如下：

```
import java.util.*;
public class ArraysSort {
    public static void main(String[] args) {
        int[] arr = { 93, 5, 3, 55, 57};
        //排序
        Arrays.sort(arr);
        System.out.print("排序后: ");
        for (int i = 0; i < arr.length; i++){
            System.out.print(arr[i] + ",");
```

```
        }
    }
}
```

执行结果如下：

排序后: 3,5,55,57,93,

　2）binarySearch()方法

　　使用 Arrays.binarySearch()方法查询数组中的元素，示例代码如下：

```
import java.util.*;
public class ArraysSearch {
    public static void main(String[] args) {
        int[] arr = { 1, 2, 3, 4, 5};
        //搜索
        System.out.print("请输入搜索值: ");
        Scanner scanner = new Scanner(System.in);
        int key = scanner.nextInt();
        int find = -1;
        if ((find = Arrays.binarySearch(arr, key)) > -1) {
            System.out.println("找到值于索引 " +find + " 位置");
        }
        else{
            System.out.println("找不到指定值");
        }
    }
}
```

执行结果如下：

请输入搜索值: 3
找到值于索引 2 位置

　3）equals()方法

　　使用 Arrays.equals()方法比较两个数组元素值是否相等，示例代码如下：

```
import java.util.*;
public class ArraysEqual {
    public static void main(String[] args) {
        int[] arr1 = { 93, 5, 3, 55, 57};
        int[] arr2 = { 93, 5, 3, 55, 57};
        //==比较
        System.out.println("arr1==arr2: "+(arr1==arr2));
        //equals
        System.out.println("Arrays.equals(arr1, arr2): " +Arrays.equals(arr1, arr2));
    }
}
```

上述代码中使用"=="来比较两个数组时，是将两个数组的地址进行比较，即两个数组是否引用同一个对象；而 Arrays.equals()方法是对两个数组中的元素内容进行比较。

执行结果如下：

```
arr1==arr2：false
Arrays.equals(arr1, arr2)：true
```

可见，即便两个数组内容一致，"=="也会因为 arr1 和 arr2 是不同对象而返回 false。但用 Arrays.equals()可以判断两个数组的内容是相等的，所以返回 true。

5. for-each 语句

for-each 语句是 JDK 1.5 新增的语法结构，主要用于遍历数组、集合，格式如下：

```
for (data_type x : obj) {
    ...
}
```

obj 为被遍历的对象，可以为数组、集合，其元素类型为 data_type；x 是一个临时变量，类型为 data_type。可见，for-each 并不是一个关键字，习惯上将这种特殊的 for 语句格式称为"for-each"语句。

for-each 语句的示例代码如下：

```java
public class ForeachDemo
{
    public static void main(String[] args)
    {
        int[] array = { 1, 2, 3, 4, 5 };
        for (int i : array) {
            System.out.print(i + ",");
        }
    }
}
```

运行结果：

```
1,2,3,4,5,
```

for-each 语句不能访问元素在数组中的索引，所以无法修改、删除这个数组中的内容。

6. Random 类

在开发过程中，经常需要产生一些随机数值，例如网站登录中的校验数字等。java.util.Random 类提供了用于产生随机数的方法。

Random 类产生的是伪随机数，即有规则的随机。在进行随机时，随机算法的起源数字称为种子数(seed)，在种子数的基础上进行一定的变换，从而产生需要的随机数字。相同种子数的 Random 对象，相同次数生成的随机数字是完全相同的。也就是说，两个种子数相同的 Random 对象，第一次生成的随机数字完全相同，第二次生成的随机数字也完全相同，这点在生成多个随机数字时需要特别注意。

Random 类的常用方法如表 S2-3 所示。

表 S2-3　　Random 类的常用方法

方　法	说　　明
nextDouble()	生成一个随机的 double 值，范围是[0, 1.0)
nextInt()	生成一个随机的 int 值，范围是 Java 中整数的最大范围
nextInt(int n)	生成一个随机的 int 值，范围是[0, n)

下面通过简单例子演示 Random 类的使用方法。

```java
import java.util.*;
public class RandomDemo {
    public static void main(String[] args) {
        // 构造 Random 类对象
        Random random = new Random();
        // 任意随即整数
        int ri = random.nextInt();
        // 0<=ri2<10 之间的整数
        int ri2 = random.nextInt(10);
        // 任意浮点数
        double rd = random.nextDouble();
        System.out.println("ri=" + ri);
        System.out.println("ri2=" + ri2);
        System.out.println("rd=" + rd);
    }
}
```

运行结果如下：

```
ri=1440245708
ri2=2
rd=0.956255170027094
```

 拓展练习

练习 2.1

任意输入三角形的三边长，在满足三角形构成规则的前提下，计算三角形的面积。

练习 2.2

Fibonacci 数列有如下特点：已知 n1=1，n2=1，n3=n1+n2，n4=n2+n3，…，要求输出前 20 个数字，并判断 2178309 是不是 Fibonacci 数列中的数，如果是则输出是第几个数值。

练习 2.3

写一彩票程序，要求能随机产生并按照升序输出 1～30 之间的 7 个数，且其中任意两个数字不能重复。

练习 2.4

魔方阵是指这样的方阵，方阵的每一行、每一列和对角线之和均相等。例如，三阶魔方阵为

$$
\begin{array}{ccc}
6 & 1 & 8 \\
7 & 5 & 3 \\
2 & 9 & 4
\end{array}
$$

要求打印输出 1 到 $n \times n$(n 为奇数)的自然数构成的魔方阵。

可参照下列方法：

(1) 将 1 填在方阵第一行的中间，即(1，(n+1)/2)的位置。

(2) 下一个数填在上一个数的主对角线的上方，假如上一个数的位置是(i, j)，下一个数应填在(i1, j1)，其中 i1 = i – 1、j1 = j – 1。

(3) 如果应填写的位置下标出界，则出界的值用 n 来替代。即若 i – 1 = 0，则 i1 = n；若 j – 1 = 0，则 j1 = n。

(4) 如果应填的位置虽然没有出界，但是该位置已经有数据的话，则当前数据应填在上一个数的下面(行号加 1，列号不变)，即 i1 = i + 1，j1 = j。

(5) 这样循环填数，直到把 n * n 个数全部填入到方阵中。

实践 3 类与对象

实践指导

实践 3.1

从本章实践开始，将在实践篇的各章节中贯穿实现企业 HR 管理系统。企业 HR 系统的所有功能模块如图 S3-1 所示。

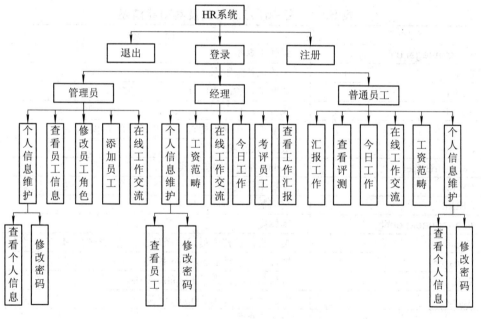

图 S3-1　HR 管理系统功能模块

【分析】

(1) 系统分为 3 种角色：普通员工(Staff)、经理(Manager)、管理员(Admin)。

(2) 程序启动显示登录菜单，登录菜单包含 3 项，分别为"登录"、"注册"和"退出"。

(3) 用户输入正确的用户名和密码可以登录。登录后，系统自动判断用户属于何种角色，并显示其可以使用的功能菜单，如图 S3-1 所示，不同的角色具有不同的操作权限。

【参考解决方案】

1. 设计类

应用程序需要根据不同角色显示不同的功能菜单，可以设计一个 Menu 类，完成各种不同条件下菜单的显示。

普通员工、经理、管理员都属于公司员工，设计一个 Employee 类，实现普通雇员、经理、管理员共同拥有的功能，比如"个人信息维护"等。后面在设计 Staff(普通员工)、Manager(经理)、Admin(管理员)类时就可以从 Employee 类继承，实现代码共用。

注意
本章实践中涉及的 Employee 类、Staff 类、Manager 类和 Admin 类之间具有继承关系，类关系图参见图 S4-1。本实践只实现 Employee 类。

2. 创建项目中的包

按照企业 HR 项目的功能需要，创建如图 S3-2 所示的 4 个包，分别存放项目中不同的类。

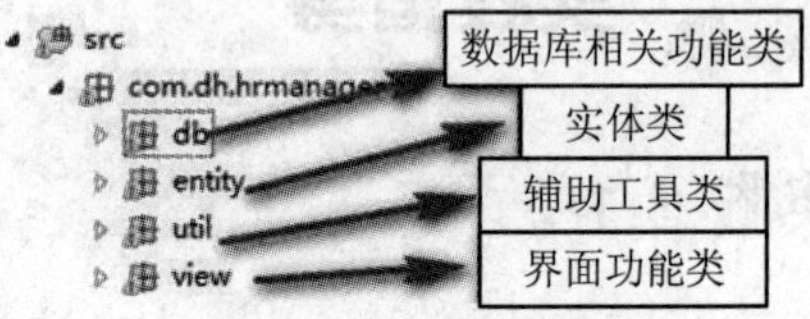

3. 包中的类

包中所涉及的类及其功能描述如表 S3-1 所示。

图 S3-2　HR 项目包结构

表 S3-1　包中所涉及的类及其功能描述

包/类	描　述
com.dh.hrmanager.util	**辅助工具类**
Data	初始化基础数据
HrHelper	辅助工具类，实现登录、注册等功能
StartHr	执行类，整个项目的入口，用于显示各种菜单
Menu	菜单类，实现包括首页菜单等所有菜单的显示
Config	数据库连接配置类
SwingHrHelper	Swing 界面辅助工具类
IWork	今日工作接口
DBUtil	公用数据库访问工具类
com.dh.hrmanager.entity	**实体类**
Employee	员工类，是普通员工、经理、管理员类的基类
Manager	经理类，继承 Employee 基类
Staff	普通员工类，继承 Employee 基类
Admin	管理员类，继承 Employee 基类
Report	员工汇报类
Evaluation	部门经理考评类
Role	角色类
Department	部门类
User	序列化对象实体类
com.dh.hrmanager.db	**数据库相关功能类**
DepartmentDao	部门业务数据访问类
UserDao	员工业务数据访问类
RoleDao	角色业务数据访问类

包/类	描　述
ReportDao	汇报业务数据访问类
EvaluationDao	评估业务数据访问类
com.dh.hrmanager.view	**界面功能类**
AddEmployee	管理员添加员工界面
AdminMain	管理员主界面
ModifyEmployeeRole	管理员修改员工角色视图
ChatClient	在线交流客户端界面
ChatServer	在线交流服务器端界面
BaseFrame	基础视图基类，null 布局
Login	登录界面
MainBaseFrame	各角色主界面基类
ModifyPassword	修改密码界面
PrivateInfo	查看个人信息公共界面
Register	注册界面
DisplayEmployees	经理查看部门员工界面
DisplayReport	经理查看汇报信息界面
EvaluatedEmployee	经理评测部门员工界面
ManagerMain	经理主界面
DisplayEvaluation	查看评测界面
StaffMain	普通员工主界面
StaffReport	普通员工汇报界面

实践 3.2

实现企业 HR 项目中用户登录时用到的主菜单，该主菜单提供以下 3 个选择项：

(1) 系统登录。

(2) 注册用户。

(3) 退出系统。

【分析】

(1) 结合面向对象知识，可以设计一个 Menu 类，实现项目中菜单操作、显示功能。

(2) 项目中涉及多个菜单功能，可以在不同阶段对 Menu 类进行扩充。

【参考解决方案】

在 com.dh.hrmanager.util 包中创建一个名为 Menu 的类，并在此类中添加 showLoginMenu()方法，用于打印系统主菜单，代码如下：

```
package com.dh.hrmanager.util;
public class Menu {
    public void showLoginMenu(){
        System.out.println("\n\n\t\t\t 欢迎进入企业人力资源管理系统\n\n");
```

```
                System.out.println("**********************************\n");
                System.out.println("\t\t\t 1、登录系统\n ");
                System.out.println("\t\t\t 2、注册用户\n ");
                System.out.println("\t\t\t 3、退出系统\n ");
                System.out.println("**********************************\n");
                System.out.println("请输入菜单选项数字:");
        }
}
```

编写测试类 StartHr，将该类添加到 com.dh.hrmanager.util 包中，测试 Menu 类功能，代码如下:

```
package com.dh.hrmanager.util;
public class StartHr {
        public static void main(String[] args) {
                // 实例化 Menu 类
                Menu menu = new Menu();
                //显示登录菜单
                menu.showLoginMenu();
        }
}
```

执行当前应用程序，运行结果如下:

```
                欢迎进入企业人力资源管理系统
****************************************************************
                        1、登录系统
                        2、注册用户
                        3、退出系统
****************************************************************
请输入菜单项数字:
```

实 践 3.3

定义 Employee 类存储员工信息，具体要求如下:
(1) 员工的属性有:员工 ID、员工编号、姓名、密码、角色 ID、工资、部门 ID。
(2) 每个属性都提供相应的 get/set 方法。
(3) 提供查看个人信息的方法。

【分析】
(1) Employee 类共有 7 个属性，其中工资为 double 类型，员工 ID、角色 ID、部门 ID 为 int 类型，其他属性为 String 类型。
(2) 使用 Eclipse 中的代码编辑器自动生成各属性对应的 get/set 方法。
(3) 编写 Employee 类的构造方法和显示信息的方法 displayInfo()，修改密码方法

modifyPassword()。

【参考解决方案】

1. 创建 Employee 类

在 com.dh.hrmanager.entity 包中创建名为 Employee 的类并且添加上各个属性，代码如下：

```
package com.dh.hrmanager.entity;
public class Employee {
    //用户 ID
    private int userId;
    //用户名
    private String userName;
    //密码
    private String password;
    //角色 ID
    private int roleId;
    //员工编号
    private String empNo;
    //部门 ID
    private int departId;
    //薪资
    private double salary;
}
```

2. 自动生成属性的 get/set 方法

使用 Eclipse 中的代码编辑器能够自动生成各属性对应的 get/set 方法。在 Eclipse 的代码编辑器窗口中，光标定位到 Employee 类体内，单击右键，选择 "Source→Generate Getters and Setters…" 菜单项，或者用 Eclipse 快捷键 "Shift+Alt+S" 直接打开菜单项，如图 S3-3 所示。

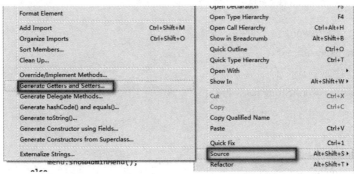

图 S3-3　生成 get/set 方法

在弹出的 "Generate Getters and Setters" 窗口中，单击 "Select All" 按钮，选中所有要生成 get/set 方法的属性，如图 S3-4 所示，单击 "OK" 按钮。

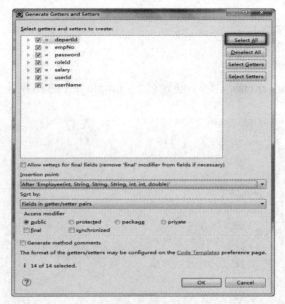

图 S3-4　选择所有属性

此时在 Employee 类中将自动生成所有属性的 get/set 方法，代码如下：

```java
public int getUserId() {
    return userId;
}
public void setUserId(int userId) {
    this.userId = userId;
}
public String getUserName() {
    return userName;
}
public void setUserName(String userName) {
    this.userName = userName;
}
public String getPassword() {
    return password;
}
public void setPassword(String password) {
    this.password = password;
}
public int getRoleId() {
    return roleId;
}
public void setRoleId(int roleId) {
    this.roleId = roleId;
```

```
    }
    public String getEmpNo() {
        return empNo;
    }
    public void setEmpNo(String empNo) {
        this.empNo = empNo;
    }
    public int getDepartId() {
        return departId;
    }
    public void setDepartId(int departId) {
        this.departId = departId;
    }
    public double getSalary() {
        return salary;
    }
    public void setSalary(double salary) {
        this.salary = salary;
    }
```

3. 编写构造方法、displayInfo()和 modifyPassword()方法

为 Employee 类编写构造方法、显示雇员信息的方法 displayInfo()以及修改密码的方法 modifyPassword()，具体实现代码如下：

```
    public Employee(){
    }
    public Employee(int userId, String empNo, String userName, String password, int departId, int roleId,
double salary ){
        this.userId = userId;
        this.empNo = empNo;
        this.userName = userName;
        this.password = password;
        this.departId = departId;
        this.roleId = roleId;
        this.salary = salary;
    }
    /**
     * 显示员工信息
     */
    public void displayInfo(){
        String position = null;
        if(roleId == 1)
```

```
                position = "Staff";
        if(roleId == 2)
                position = "Manager";
        if(roleId == 3)
                position = "Admin";
        String department = null;
        if(departId == 1)
                department = "市场部";
        if(departId == 2)
                department = "开发部";
        if(departId == 3)
                department = "信息部";
        System.out.println("\t\t 当前用户信息\n\n");
        System.out.println("*************************************");
        System.out.println("\t\t 雇员编号： " + empNo);
        System.out.println("\t\t 姓名： " + userName);
        System.out.println("\t\t 职务： " + position);
        System.out.println("\t\t 部门： " + department);
        System.out.println("\t\t 薪水： " + String.valueOf(salary));
        System.out.println("*************************************");
    }
    /**
     * 修改密码
     * @param newPassword
     */
    public void modifyPassword(String newPassword){
        this.password = newPassword;
        System.out.println("密码修改成功");
    }
```

实 践 3.4

修改 Menu 类，增加显示普通员工、经理、管理员对应的功能菜单的方法。

【分析】

(1) 在 Menu 类中增加 3 个方法，显示不同角色的功能菜单。

(2) showStaffMenu()显示普通员工功能菜单。

(3) showManangerMenu()显示经理功能菜单。

(4) showAdminMenu()显示管理员功能菜单。

【参考解决方案】

修改实践 3.2 定义的 Menu 类，添加不同角色显示不同功能菜单的方法，具体实现代码如下：

```java
package com.dh.hrmanager.util;
import java.util.Scanner;
public class Menu {
    Scanner input = new Scanner(System.in);
    //其他省略
    /**
     * 返回登录菜单
     */
    private void returnLoginMenu(Scanner input){
        boolean flag = true;
        do{     String num = input.next();
                if(num.toUpperCase().equals("R")){
                        flag = false;
                        showLoginMenu();
                        break;
                }else{
                        System.out.println("具体功能实现将在后面实践篇实现，
                                        现在请输入 r/R 返回登录菜单：");
                }
        }while(flag);
    }
    /**
     * 普通员工菜单
     */
    public void showStaffMenu(){
        System.out.println("人力资源管理系统=>普通员工");
        System.out.println("**********************************\n");
        System.out.println("\t\t\t 1、汇报工作\n");
        System.out.println("\t\t\t 2、查看个人信息\n");
        System.out.println("\t\t\t 3、修改密码\n");
        System.out.println("\t\t\t 4、查看评测\n");
        System.out.println("\t\t\t 5、工资范畴\n");
        System.out.println("\t\t\t 6、今日工作\n");
        System.out.println("\t\t\t 7、在线工作交流\n");
        System.out.println("**********************************\n");
        System.out.println("请输入菜单项数字或者输入 R/r 返回上一菜单:");
        returnLoginMenu(input);
    }
    /**
```

```
    * 经理主菜单
    */
public void showManangerMenu(){
        System.out.println("人力资源管理系统=>部门经理");
System.out.println("*****************************************\n");
        System.out.println("\t\t\t 1、查看工作汇报\n");
        System.out.println("\t\t\t 2、考评员工\n");
        System.out.println("\t\t\t 3、查看个人信息\n");
        System.out.println("\t\t\t 4、修改密码\n");
        System.out.println("\t\t\t 5、工资范畴\n");
        System.out.println("\t\t\t 6、今日工作\n");
        System.out.println("\t\t\t 7、在线工作交流\n");
        System.out.println("*****************************************\n");
        System.out.println("请输入菜单项数字或者输入 R/r 返回上一菜单:");
        returnLoginMenu(input);
}
/**
 * 显示管理员主菜单
 */
public void showAdminMenu(){
        System.out.println("人力资源管理系统=>管理员");
        System.out.println("*****************************************\n");
        System.out.println("\t\t\t 1、查看员工信息\n");
        System.out.println("\t\t\t 2、修改员工角色\n");
        System.out.println("\t\t\t 3、查看个人信息\n");
        System.out.println("\t\t\t 4、修改密码\n");
        System.out.println("\t\t\t 5、工资范畴\n");
        System.out.println("\t\t\t 6、今日工作\n");
System.out.println("*****************************************\n");
        System.out.println("请输入菜单项数字或者输入 R/r 返回上一菜单:");
        returnLoginMenu(input);
    }
}
```

实 践 3.5

修改测试类 StartHr，实现如下功能:

(1) 普通员工登录，跳转到普通员工功能菜单。

(2) 经理登录，跳转到经理功能菜单。

(3) 管理员登录，跳转到管理员功能菜单。

【分析】

登录后，获取登陆者的角色，通过 switch 语句判断当前登录用户角色，跳转到对应的功能菜单。

【参考解决方案】

更改实践 3.2 实现的测试类 StartHr，具体代码如下：

```
public class StartHr {
    public static void main(String[] args) {
        //角色值 1 表示普通员工角色，2 表示经理角色， 3 表示管理员角色
        //部门值 1 表示市场部，2 表示开发部， 3 表示信息部
        //实例化普通员工
        Employee staff = new Employee(1, "DH001", "Staff", "Staff", 2, 1 ,3000.5);
        //实例化部门经理
        Employee manager = new Employee(2 ,"DH002", "Manager", "Manager", 2, 2,6000.5);
        //实例化管理员
        Employee admin = new Employee(3, "DH003", "Admin", "Admin", 2, 3, 4000.5);
        //实例化菜单
        Menu menu = new Menu();
        //显示登录主菜单
        menu.showLoginMenu();
        //循环标志位
        boolean flag = true;
        Scanner input = new Scanner(System.in);
        while(flag){
            int choice = input.nextInt();
            //根据输入不同选项进行不同功能操作
            switch(choice){
            case 1:
                System.out.println("请输入用户名:");
                String userName = input.next();
                System.out.println("请输入密码:");
                String password = input.next();
                //如果是普通员工
                if(userName.equals(staff.getUserName()) &&
                    password.equals(staff.getPassword()))
                    //显示普通员工功能菜单
                    menu.showStaffMenu();
                //如果是经理
                else if(userName.equals(manager.getUserName()) &&
                    password.equals(manager.getPassword()))
                    //显示经理功能菜单
                    menu.showMananagerMenu();
```

```
                    //如果是管理员
                    else if(userName.equals(admin.getUserName()) &&
                            password.equals(admin.getPassword()))
                    //显示管理员功能菜单
                    menu.showAdminMenu();
                else
                        System.out.println("用户名或者密码不正确,
                                                请重新输入选项数字: ");
                break;
            case 2:
                    System.out.println("本功能将在后面实践篇实现,
                                                现在请选择其他选项");
                    menu.showLoginMenu();
                    break;
            case 3:
                    flag = false;
                    System.out.println("您退出了系统! ");
                    break;
            default:
                    System.out.println("输入选项编号不正确,请重新输入数字: ");
            }
            if(!flag)
                    break;
        }
    }
}
```

执行应用程序,选择 1,运行结果如下:

```
                欢迎进入企业人力资源管理系统
*********************************************************
                1、登录系统
                2、注册用户
                3、退出系统
*********************************************************
请输入菜单项数字:
1
```

输入普通员工的用户名和密码,回车后进入普通员工功能显示菜单,运行结果如下:

```
请输入用户名:
Staff
请输入密码:
Staff
```

人力资源管理系统=>普通员工

****

      1、汇报工作

      2、查看个人信息

      3、修改密码

      4、查看评测

      5、工资范畴

      6、今日工作

      7、在线工作交流

****

请输入菜单项数字或者输入 R/r 返回上一菜单:

R

  输入 R 回车后返回登录菜单,并选择 1,运行结果如下:

      欢迎进入企业人力资源管理系统

****

      1、登录系统

      2、注册用户

      3、退出系统

****

请输入菜单项数字:

1

  输入经理的用户名和密码,回车后进入经理功能菜单,运行结果如下:

请输入用户名:

Manager

请输入密码:

Manager

人力资源管理系统=>部门经理

****

      1、查看工作汇报

      2、考评员工

      3、查看个人信息

      4、修改密码

      5、工资范畴

      6、今日工作

      7、在线工作交流

****

请输入菜单项数字或者输入 R/r 返回上一菜单:

r

      欢迎进入企业人力资源管理系统

****

```
                    1、登录系统
                    2、注册用户
                    3、退出系统
**********************************************************
```

请输入菜单项数字:

1

　　输入管理员用户名和密码, 回车后进入管理员功能菜单, 运行结果如下:

请输入用户名:

Admin

请输入密码:

Admin

人力资源管理系统=>管理员
```
***********************************************************
                    1、查看员工信息
                    2、修改员工角色
                    3、查看个人信息
                    4、修改密码
                    5、工资范畴
                    6、今日工作
                    7、在线工作交流
***********************************************************
```

请输入菜单项数字或者输入 R/r 返回上一菜单:

 知识拓展

　　静态自由块通常用于初始化静态变量, 也可以进行其他初始化操作。其代码语法格式如下:

```
static {
//任意代码
}
```

　　静态自由块可以看成一个特殊的方法, 这个方法没有方法名, 没有输入参数, 没有返回值, 不能进行方法的调用, 但是当类被加载到 JVM 中时, 静态代码块开始执行。示例代码如下:

```java
public class Count {
    private static int counter;
    static {
        System.out.println("static 自由块被执行");
        counter = 1;
    }
```

```
public static int getTotalCount() {
        return counter;
    }
    public static void main(String[] args) {
        System.out.println("counter 的值为：" + getTotalCount());
    }
}
```

在此类中，定义了一个静态 int 类型变量 counter，然后在 static 自由块中初始化这个变量。

运行结果如下：

```
static 自由块被执行
counter 的值为：1
```

从运行结果可以分析出，当 Count 类被加载时，static 静态代码块开始执行，并且输出结果。

 拓展练习

```
public class TestStaticMode {
    static int i = 0;
    public TestStaticMode(){
        System.out.println("构造方法");
    }
    {
        System.out.println("第一个非 静态块" + i);
    }
    static{
        i = 1;
        System.out.println("静态块" + i);
    }
    {
        System.out.println("第二个非 静态块" + i);
    }
    public static void main(String args[]){
        @SuppressWarnings("unused")
        TestStaticMode tsm = new TestStaticMode();
        System.out.print("i=" + i);
    }
}
```

分析以上代码执行结果，并说明为什么。

实践 4 类之间的关系

实践指导

实 践 4.1

员工分为普通员工、经理和管理员三种角色，创建 Staff、Manager、Admin 三个类，分别代表三种角色。三种角色既有共同的功能，如"查看个人信息"、"修改密码"，也有各自角色特定的功能，如普通员工拥有"汇报工作"功能，管理员拥有"修改员工角色"功能，经理拥有"考评员工"功能。

【分析】

在实践 3.1 中已经实现各个角色的共同功能，可以通过继承的方式重用相关代码，使 Staff、Manager、Admin 三个类都继承 Employee 类，它们之间的关系如图 S4-1 所示。

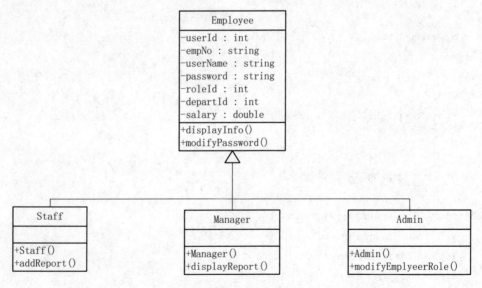

图 S4-1 类继承关系

 图 S4-1 中的内容仅仅是企业 HR 管理系统中的一部分类关系图，仅供本章讲解用。其他部分类图将会在后面实践内容中展示。

【参考解决方案】

在 com.dh.hrmanager.entity 包中创建 Staff 类，并为其添加上构造方法，代码如下：

```
package com.dh.hrmanager.entity;
public class Staff extends Employee {
        public Staff(){
                super();
        }
        public Staff(int userId, String empNo, String userName, String password,
                int departId, int roleId, double salary) {
                super(userId, empNo, userName, password, departId, roleId, salary);
        }
}
```

在 com.dh.hrmanager.entity 包中创建 Manager 类，并为其添加上构造方法，代码如下：

```
package com.dh.hrmanager.entity;
public class Manager extends Employee {
        public Manager(){
                super();
        }
        public Manager(int userId, String empNo, String userName, String password, int departId, int roleId,
double salary) {
                super(userId, empNo, userName, password, departId, roleId, salary);
        }
}
```

在 com.dh.hrmanager.entity 包中创建 Admin 类，并为其添加上构造方法，代码如下：

```
package com.dh.hrmanager.entity;
public class Admin extends Employee {
        public Admin(){
                super();
        }
        public Admin(int userId, String empNo, String userName, String password, int departId, int roleId, double
salary) {
                super(userId, empNo, userName, password, departId, roleId, salary);
        }
}
```

通过 Eclipse 可以自动生成派生类的构造方法，方法是同时按住"Shift"键、"Alt"键和"S"键，在弹出的菜单栏中选择"Generate Constructor using Fields..."，在打开的窗口中选择相应的属性，最后单击"OK"。

实践 4.2

实现 Staff 类的"汇报工作"功能。

【分析】

(1) 针对汇报工作，可以设计汇报类 Report，属性包括汇报 ID、汇报人 ID、汇报内容。其中，汇报 ID、汇报人 ID 为 int 类型，汇报内容为 String 类型。

(2) 为了代码逻辑清晰，创建 Data 数据类，将初始化数据的工作全部放到该类中。Data 类中分别实例化一个 Staff、Manager、Admin 对象。为了操作方便，声明一个 Employee 类型的全局变量 currentEmployee，保存当前登录用户。

(3) 在 Staff 类中添加 addReport()方法，实现汇报工作的操作。

(4) 为降低 Staff 类代码的复杂度，使代码结构更加清晰，实现业务逻辑类 HrHelper，将与业务逻辑相关的功能全部放到 HrHelper 类中。

【参考解决方案】

1. 创建汇报类 Report

在 com.dh.hrmanager.entity 包中创建 Report 类，包括 reportId、reporterId、content 三个属性，代码如下：

```java
package com.dh.hrmanager.entity;
//汇报类
public class Report {
    //汇报 ID
    private int reportId;
    //汇报人 ID
    private int reporterId;
    //汇报内容
    private String content;
    // getter/setter方法省略
}
```

2. 创建 Data 数据初始化类

在 com.dh.hrmanager.util 包中创建 Data 类，代码如下：

```java
package com.dh.hrmanager.util;
import com.dh.hrmanager.entity.Admin;
import com.dh.hrmanager.entity.Employee;
import com.dh.hrmanager.entity.Manager;
import com.dh.hrmanager.entity.Report;
import com.dh.hrmanager.entity.Staff;
public class Data {
    //保存当前登录员工
```

```
        public static Employee currentEmployee;
        //角色值 1 表示普通员工角色，2 表示经理角色， 3 表示管理员角色
        //部门值 1 表示市场部，2 表示开发部， 3 表示信息部
        //实例普通员工
        public static Staff staff = new Staff(1, "DH001", "Staff", "Staff", 2, 1 ,3000.5);
        //实例部门经理
        public static Manager manager = new Manager(2 ,"DH002", "Manager",   "Manager",2, 2, 5000.5);
        //实例管理员
        public static Admin admin = new Admin(3, "DH003", "Admin",   "Admin", 2, 3, 4000.5);
        //存储员工汇报内容
        public static Report[] reports = new Report[1000];
        //初始化数据
        public static void init(){
                for(int i = 0; i < reports.length; i++){
                        reports[i] =  new Report();
                }
        }
}
```

上述 Data 类中，定义了 Staff、Manager、Admin 类型的三个静态属性，分别表示普通员工、经理和管理员，定义了 Report 数组用于存储员工的汇报，在静态方法 init()中初始化了此数组。

3. 创建业务逻辑类 HrHelper

在 com.dh.hrmanager.util 包中创建 HrHelper 类，代码如下：

```
package com.dh.hrmanager.util;
import com.dh.hrmanager.entity.Employee;
import com.dh.hrmanager.entity.Report;
public class HrHelper {
        //登录检测
        public Employee login(String name, String password){
                if(name.equals(Data.staff.getUserName()) &&
                        password.equals(Data.staff.getPassword())){
                        Data.currentEmployee = Data.staff;
                }
                else if(name.equals(Data.manager.getUserName()) &&
                        password.equals(Data.manager.getPassword())){
                        Data.currentEmployee = Data.manager;
                }
                else if(name.equals(Data.admin.getUserName()) &&
                        password.equals(Data.admin.getPassword())){
                        Data.currentEmployee = Data.admin;
```

```
            }
            return Data.currentEmployee;
    }
    //返回现有汇报数量
    public int getReportsCount(){
            int count = 0;
            for(Report item : Data.reports){
                    //如果遍历完现有汇报
                    if(item.getReportId() <= 0)
                            break;
                    count++;
            }
            //返回现有汇报数量
            return count;
    }
    //通过员工 ID 返回员工对象
    public Employee getEmployeeByUserId(int userId){
            if(Data.staff.getUserId() == userId)
                    return Data.staff;
            if(Data.manager.getUserId() == userId)
                    return Data.manager;
            if(Data.admin.getUserId() == userId)
                    return Data.admin;
            return null;
    }
    //显示所有汇报
    public void displayReports(){
            System.out.println("汇报如下：");
            System.out.println("*****************************************");
            for(int i = 0; i < Data.reports.length; i++){
                    //如果遍历完现有汇报
                    if(Data.reports[i] == null)
                            break;
                    //得到汇报人相关信息
                    Employee employee =
                            getEmployeeByUserId(Data.reports[i].getReporterId());
                    if(employee != null)
                            System.out.println("编号:"
                                                    + Data.reports[i].getReportId()
                                                    + "\t 汇报人:"
```

```
                                                + employee.getUserName()
                                                + "\t 汇报内容:"
                                                + Data.reports[i].getContent());
        }
    }
//添加汇报
public void addReport(Report report){
        //得到当前汇报数量
        int count = getReportsCount();
        if(count >= Data.reports.length){
                System.out.println("汇报日志已满");
                return;
        }else{
                //将新汇报存储到 Report 数组
                Data.reports[count] = report;
                System.out.println("汇报成功!");
        }
    }
/**
 * 修改员工角色
 * @param empNo  员工编号
 * @param roleName 角色名称
 */
public void modifyEmployeeRole(String empNo, String roleName){
        int roleId = 0;
        switch (roleName) {
        case "Staff":
                roleId = 1;
                break;
        case "Manager":
                roleId = 2;
                break;
        case "Admin":
                roleId = 3;
                break;
        default:
                System.out.println("输入的角色名称不存在！");
                break;
        }
        if(empNo.equals(Data.staff.getEmpNo())){
```

```
                    Data.staff.setRoleId(roleId);
            }
            else if(empNo.equals(Data.manager.getEmpNo())){
                    Data.manager.setRoleId(roleId);
            }
            else if(empNo.equals(Data.admin.getEmpNo())){
                    Data.admin.setRoleId(roleId);
            }else{
                    System.out.println("不存在此员工! ");
            }
        }
    }
}
```

上述 HrHelper 类中，完成了下列业务方法：

❖ login()：根据用户名和密码登录，登录成功后将登陆者保存在 Data 类的 currentEmployee 静态属性中，并返回此属性。

❖ getReportsCount()：返回已有的汇报数量。

❖ getEmployeeByUserId()：根据 ID 查找员工，返回对应的员工实例。

❖ displayReports()：显示已有的所有工作汇报。

❖ addReport()：接收一个 Report 实例，并添加到 Data 的 reports 数组中。

❖ modifyEmployeeRole()：接收员工编号和角色，根据员工编号修改它的角色类型。

4. 修改 Staff 类

在 Staff 类中增加 addReport()方法，实现汇报功能，代码如下：

```
package com.dh.hrmanager.entity;
import com.dh.hrmanager.util.HrHelper;
public class Staff extends Employee {
        HrHelper helper = new HrHelper();
        //其他省略
        /**
         * 添加汇报
         */
        public void addReport(){
                System.out.println("请输入汇报信息\n");
                Scanner input = new Scanner(System.in);
                String content = input.next();
                //实例化 report 对象
                Report report = new Report();
                //汇报 ID,每次在上一次基础上加 1
                report.setReportId(helper.getReportsCount() + 1);
```

```
                report.setContent(content);
                //设置汇报人 ID
                report.setReporterId(Data.currentEmployee.getUserId());
                //加入汇报存储数组
                helper.addReport(report);
        }
}
```

上述代码中，为 Staff 类添加了 addReport()方法，其中新建 Report 实例，接收用户输入作为汇报内容，并调用 HrHelper 的 addReport()方法添加了汇报。

实　践　4.3

修改 Manager 类实现经理角色的"查看工作汇报"功能。

【分析】

(1)　修改 Manager 类，添加 displayReports()查看汇报方法。

(2)　为降低 Manager 类代码的复杂度，使代码结构清晰，将功能代码放到辅助业务逻辑类 HrHelper 中。

【参考解决方案】

修改 com.dh.hrmanager.entity 包下的 Manager 类，添加 displayReports()方法，其中可以调用 HrHelper 类的 displayReports()方法显示所有的工作汇报，代码如下：

```
package com.dh.hrmanager.entity;
import com.dh.hrmanager.util.HrHelper;
public class Manager extends Employee {
        //实例化业务逻辑类
        HrHelper helper = new HrHelper();
        //其他省略
        /**
         * 显示所有汇报
         */
        public void displayReports(){
                helper.displayReports();
        }
}
```

实　践　4.4

修改 Admin 类，实现管理员修改员工角色的功能。

【分析】

(1) 修改 Admin 类，添加 modifyEmployeeRole()修改角色方法。

(2) 为降低 Admin 类代码的复杂度，使代码结构清晰，将功能代码放到辅助业务逻辑类 HrHelper 中。

【参考解决方案】

在 com.dh.hrmanager.entity 包下的 Admin 类中添加 modifyEmployeeRole()方法，其中可以调用 HrHelper 类的 modifyEmployeeRole()方法修改员工的角色，代码如下：

```
package com.dh.hrmanager.entity;
import com.dh.hrmanager.util.HrHelper;
public class Admin extends Employee {
        HrHelper helper = new HrHelper();
        //其他省略
        /**
         * 修改员工角色
         * @param empNo  员工编号
         * @param role   角色名称，只能是 Staff, Manager, Admin
         */
        public void modifyEmployeeRole(String empNo, String role){
                helper.modifyEmployeeRole(empNo, role);
        }
}
```

实践 4.5

修改菜单 Menu 类，增加员工汇报、经理查看汇报、管理员修改角色的功能调用。

【分析】

修改 showStaffMenu()、showMananger Menu()、showAdminMenu()方法，其中调用 Data 类中静态属性 staff、manager、admin 的相关方法完成对应的业务操作。

【参考解决方案】

代码如下：

```
public class Menu {
        //其他省略
        /**
         * 普通员工菜单
         */
        public void showStaffMenu(){
                //其他省略
                System.out.println("请输入菜单项数字或者输入R/r返回上一菜单:");
                boolean flag = true;
                do{
                        String num = input.next();
```

```
switch (num) {
case "1":
        //汇报工作代码
        Data.staff.addReport();
        //重新显示普通员工菜单
        showStaffMenu();
        flag = false;
        break;
case "2":
        //显示个人信息代码
        Data.staff.displayInfo();
        showStaffMenu();
        flag = false;
        break;
case "3":
        //修改个人密码代码
        System.out.println("请输入新密码");
        String newPassword = input.next();
        Data.staff.modifyPassword(newPassword);
        showStaffMenu();
        flag = false;
        break;
case "4":
        //查看评测成绩
        break;
case "5":
        //查看工资范畴
        break;
case "6":
        //查看今日工作
        break;
case "7":
        //在线工作交流
        break;
case "r":
case "R":
        flag = false;
        showLoginMenu();
        break;
default:
```

```
                    System.out.println("输入错误，请重新输入数字：");
                }
        }while(flag);
}
/**
 * 经理主菜单
 */
public void showManangerMenu(){
        //其他省略
        System.out.println("请输入菜单项数字或者输入R/r返回上一菜单:");
        boolean flag = true;
        do{
                String num = input.next();
                switch (num) {
                case "1":
                        //查看汇报工作代码
                        Data.manager.displayReports();
                        //重新显示经理菜单
                        showManangerMenu();
                        flag = false;
                        break;
                case "2":
                        //考评员工
                        break;
                case "3":
                        //查看个人信息
                        Data.manager.displayInfo();
                        showManangerMenu();
                        flag = false;
                        break;
                case "4":
                        //修改个人密码代码
                        System.out.println("请输入新密码");
                        String newPassword = input.next();
                        Data.manager.modifyPassword(newPassword);
                        showManangerMenu();
                        flag = false;
                        break;
                case "5":
                        //查看工资范畴
```

```
                     break;
        case "6":
                //查看今日工作
                break;
        case "7":
                //在线工作交流
                break;
        case "r":
        case "R":
                flag = false;
                showLoginMenu();
                break;
        default:
                System.out.println("输入错误，请重新输入数字：");
        }
}while(flag);
}
/**
* 显示管理员主菜单
*/
public void showAdminMenu(){
        //其他省略
        System.out.println("请输入菜单项数字或者输入R/r返回上一菜单:");
        boolean flag = true;
        do{
                String num = input.next();
                switch (num) {
                case "1":
                        //查看员工信息
                        showAdminMenu();
                        flag = false;
                        break;
                case "2":
                        //修改员工角色
                        System.out.println("请输入员工编号：");
                        String empNo = input.next();
                        System.out.println("请输入员工角色，角色只能是Staff，Manager, Admin");
                        String role = input.next();
                        Data.admin.modifyEmployeeRole(empNo, role);
                        showAdminMenu();
```

```
                    flag = false;
                    break;
        case "3":
                    //查看个人信息
                    Data.admin. displayInfo();
                    showAdminMenu();
                    flag = false;
                    break;
        case "4":
                    //修改个人密码代码
                    System.out.println("请输入新密码");
                    String newPassword = input.next();
                    Data.admin.modifyPassword(newPassword);
                    showAdminMenu();
                    flag = false;
                    break;
        case "5":
                    //查看工资范畴
                    break;
        case "6":
                    //查看今日工作
                    break;
        case "7":
                    //在线工作交流
                    break;
        case "r":
        case "R":
                    flag = false;
                    showLoginMenu();
                    break;
        default:
                    System.out.println("输入错误，请重新输入数字: ");
        }
    }while(flag);
    }
}
```

注 意

　　在修改 showStaffMenu()、showManangerMenu()、showAdminMenu()方法时，do…while()里面的 switch 语句，要跳出 do…while()循环体，必须设置判断条件 flag=false，因为 switch 语句中的 break 仅仅是跳出 switch，没有跳出 do while 循环体。当然，也可以用 if…else 语句替换switch 语句，读者可以考虑一下如何实现。

实践 4.6

更新测试类 StartHr，测试各个业务功能。

【分析】

(1) 调用 Data 类的静态方法 init()完成数据初始化。

(2) 调用业务逻辑类 HrHelper 的 login()方法完成用户登录。

【参考解决方案】

测试类 StartHr 的代码如下：

```
public class StartHr {
    public static void main(String[] args) {
        //实例化业务逻辑类
        HrHelper helper = new HrHelper();
        //数据初始化
        Data.init();
        //实例化菜单
        Menu menu = new Menu();
        //显示登录主菜单
        menu.showLoginMenu();
        //循环标志位
        boolean flag = true;
        Scanner input = new Scanner(System.in);
        while(flag){
            int choice = input.nextInt();
            //根据输入不同选项进行不同功能操作
            switch(choice){
            case 1:
                    System.out.println("请输入用户名:");
                    String userName = input.next();
                    System.out.println("请输入密码:");
                    String password = input.next();
                    //根据用户名、密码得到员工对象
                    Employee emp = helper.login(userName, password);
                    if(emp == null){
                            System.out.println("用户名或者密码不正确，请重新输入选项数字：");
                            continue;
                    }
                    if(emp.getRoleId() == 1){
                            //显示普通员工功能菜单
                            menu.showStaffMenu();
```

```
                    }
                    else if(emp.getRoleId() == 2){
                            //显示经理功能菜单
                            menu.showManangerMenu();
                    }
                    else if(emp.getRoleId() == 3){
                            //显示管理员功能菜单
                            menu.showAdminMenu();
                    }
                    break;
            case 2:
                    System.out.println("本功能后面实践篇实现，请选择其他选项");
                    menu.showLoginMenu();
                    break;
            case 3:
                    flag = false;
                    System.out.println("您退出了系统！");
                    break;
            default:
                    System.out.println("输入选项不正确，请重新输入数字：");
            }
            if(!flag)
                    break;
        }
    }
}
```

　　运行程序，在登录菜单中选择 1，进入登录界面，输入 Staff 用户名为 Staff，密码为 Staff，进入 Staff 角色功能界面，如下所示：

```
请输入用户名:
Staff
请输入密码:
Staff
人力资源管理系统=>普通员工
*************************************************************
                    1、汇报工作
                    2、查看个人信息
                    3、修改密码
                    4、查看评测
                    5、工资等级
                    6、今日工作
```

7、在线交流

`**************************************************************`

请输入菜单项数字或者输入 R/r 返回上一菜单:

　　输入 1，进入汇报工作功能，输入相关汇报信息，汇报成功后，重新显示 Staff 角色功能菜单，如下所示:

1

请输入汇报信息

我中了一等奖　奖金 1000 万

汇报成功!

人力资源管理系统=>普通员工

`**************************************************************`

1、汇报工作

2、查看个人信息

3、修改密码

4、查看评测

5、工资等级

6、今日工作

7、在线交流

`**************************************************************`

请输入菜单项数字或者输入 R/r 返回上一菜单:

　　汇报完成后，可以通过 Manager 角色查看 Staff 的汇报信息。输入 r，重新返回登录界面，选择 1，输入经理账号，用户名为 Manager，密码为 Manager，进入 Manager 功能界面，如下所示:

r

欢迎进入企业人力资源管理系统

`**************************************************************`

1、登录系统

2、注册用户

3、退出系统

`**************************************************************`

请输入菜单项数字:

1

请输入用户名:

Manager

请输入密码:

Manager

人力资源管理系统=>部门经理

`**************************************************************`

1、查看工作汇报

2、考评员工

```
                    3、查看个人信息
                    4、修改密码
                    5、工资等级
                    6、今日工作
                    7、在线交流
*************************************************************
```
请输入菜单项数字或者输入 R/r 返回上一菜单:

　　输入 1，查看工作汇报，显示如下:

```
1
汇报如下:
**********************************
```
编号:1 汇报人:Staff　汇报内容:我中了一等奖

人力资源管理系统=>部门经理

```
*************************************************************
                    1、查看工作汇报
                    2、考评员工
                    3、查看个人信息
                    4、修改密码
                    5、工资等级
                    6、今日工作
                    7、在线交流
*************************************************************
```
请输入菜单项数字或者输入R/r返回上一菜单:

 知识拓展

1. 可变参数

　　JDK1.5 增加了新特性——可变参数，适用于参数个数不确定、类型确定的情况。Java 把可变参数当作数组处理。

　　在使用可变参数声明方法时需要注意以下事项:

　　◇　可变参数必须位于最后一项。

　　◇　一个方法最多支持一个可变参数。

　　例如，下面的方法声明是合理的:

```
int add(int a, double b, int... vals)
```
　　下面结构的方法声明是错误的:

```
int add(int a, double b, int... vals,boolean bool) //可变参数不是最后一个
int add(int a, double b, int... vals,double... dvals) //可变参数多于一个
```
　　下面代码演示了可变参数的使用:

```
public class VarArgumentsDemo {
```

```
        public static void dealArray(int order, int... intArray) {
            int sum = 0;
            for (int i : intArray)
                    sum+=i;
            System.out.println(order+":"+sum);
        }
        public static void main(String args[]) {
            dealArray(1,1);
            dealArray(2,1,2);
            dealArray(3,1,2,3);
        }
}
```

运行结果如下：

```
1:1
2:3
3:6
```

可以重载可变参数声明的方法，如下面的方法声明是合理的：

```
public class VarArgumentsDemo {
    public int add(int... intVals);
    public double add(double...dVals);
}
```

2. 日历类 Calendar

Calendar 日历类用于设置或获取日期数据的特定部分，如年、月、日、小时、分钟或者秒，它为特定瞬间与一组诸如 YEAR、MONTH、DAY_OF_MONTH、HOUR 等日历字段之间的转换以及操作日历字段提供了相关方法。

Calendar 是抽象类，不能直接通过 new 进行实例化，可以通过调用 getInstance()方法返回一个 Calendar 对象，其日历字段已由当前日期和时间初始化。例如：

```
import java.util.Calendar;
//使用默认时区和语言环境获得一个日历实例
Calendar calendar = Calendar.getInstance()
```

1) 获取日历字段值

使用 Calendar 类的 get()方法获取指定日历字段的值。下述代码演示如何使用 get()方法获取日历的不同部分。

```
//得到日期中的年
int year = calendar.get(Calendar.YEAR);
//得到日期中的月，0代表1月
int month = calendar.get(Calendar.MONTH);
//指示一个月中的某天，一个月中第一天的值为1
int day = calendar.get(Calendar.DAY_OF_MONTH);
```

```
//指示一天中的小时。HOUR_OF_DAY 用于 24 小时制时钟
int hour = calendar.get(Calendar.HOUR_OF_DAY);
//指示一小时中的分钟
int minute = calendar.get(Calendar.MINUTE);
//指示一分钟中的秒
int seconds = calendar.get(Calendar.SECOND);
System.out.print("year=" + year + "\tmonth=" + month + "\tday=" + day + "\thour="  + hour + "\tminute=" +
minute + "\tsecond=" + seconds);
```

运行结果如下：

```
year=2012      month=2        day=8  hour=14        minute=37      second=0
```

2）设置日历字段值

使用 Calendar 类的 set()方法可以更改日历字段的值。其中包含以下重载方法：

```
//将给定的日历字段设置为给定值
void set(int field, int value)
//设置日历字段 YEAR，MONTH 和 DAY_OF_MONTH 的值
void set(int year,int month,int date)
//设置日历字段 YEAR，MONTH，DAY_OF_MONTH，HOUR_OF_DAY 和 MINUTE 的值
void set(int year, int month, int date, int hourOfDay, int minute)
//设置字段 YEAR，MONTH，DAY_OF_MONTH，HOUR，MINUTE 和 SECOND 的值
void set(int year, int month, int date, int hourOfDay, int minute, int second)
```

例如，设置日期月份为 8 月份，代码如下：

```
Calendar calendar = Calendar.getInstance();
//注意，月份起始值为 0，所以设置 8 月份为 7
calendar.set(Calendar.MONTH, 7);
```

3）更改日历字段值

使用 Calendar 类的 add()方法可以更改日历字段的值。add()方法用于给指定的日历字段添加或减去指定的时间量，其语法格式如下：

```
abstract void add(int field, int amount)
```

例如：

```
//使用默认时区和语言环境获得一个日历
Calendar calendar = Calendar.getInstance();
//取当前日期的前一天
calendar.add(Calendar.DAY_OF_MONTH, -1);
//取当前日期的后一天
calendar.add(Calendar.DAY_OF_MONTH, +1);
```

注意　　Java 8 在包 java.time 下包含了一组全新的时间日期 API。比较重要的几个如下：Clock 时钟、Timezones 时区、LocalTime 本地时间、LocalDate 本地日期、LocalDateTime 本地日期时间等。具体的实现方式可查阅 JDK8.0API。

 拓展练习

编写一个 Calc 类，该类提供一个 getResult()方法，该方法可以计算任意个数字的累加和与乘积，例如：

计算结果如下：
1 + 2 + 3 + 4 + 5 + 6 = 21.0
1 * 2 * 3 * 4 * 5　= 120.0
1 + 2 + 3 + 4 + 5 + 6 + 7 = 28.0
1 * 2 * 3= 6.0

实践 5　抽象类、接口和内部类

实践指导

实 践 5.1

实现显示不同角色的工资范畴的功能。

【分析】

(1) 显示工资范畴是 3 种角色共同拥有的功能，可以在 Employee 基类中编写代码。由于在 Employee 中并不知道当前是哪个角色，所以只能用抽象方法。

(2) Staff、Manager、Admin 类需要实现 Employee 类中规定的抽象方法。

(3) 修改 Menu 类，添加显示员工工资范畴的选项。

【参考解决方案】

(1) 在 Employee 类中增加 displaySalaryRange()抽象方法，同时将 Employee 类改为抽象类，代码如下：

```java
public abstract class Employee {
    //其他省略
    /**
     * 查看工资范围，抽象方法
     */
    public abstract void displaySalaryRange();
}
```

(2) 在 Staff、Manager、Admin 类中实现抽象方法，具体代码如下：

```java
public class Staff extends Employee {
    //其他省略
    @Override
    public void displaySalaryRange() {
        System.out.println("Staff 薪资范围为：3000-5000");
    }
    //其他省略
}
public class Manager extends Employee {
    //其他省略
    @Override
```

```
public void displaySalaryRange() {
        System.out.println("Mananger 薪资范围为：5000-8000");
    }
    //其他省略
}
public class Admin extends Employee {
    //其他省略
    @Override
    public void displaySalaryRange() {
        System.out.println("Admin 薪资范围为:4000-6000");
    }
    //其他省略
}
```

上述代码中，在 Staff、Manager、Admin 类中分别实现了 Employee 类中规定的抽象方法 displaySalaryRange()，显示不同角色的工资范畴。

(3) 更改 showStaffMenu()、showManangerMenu()、showAdminMenu()方法，增加选择"工资范畴"功能菜单。以修改 showStaffMenu()方法为例，其他两个方法修改代码类似，不再叙述，具体代码如下：

```
public void showStaffMenu(){
        //其他代码省略
        case "5":
                //查看工资范畴
                Data.staff.displaySalaryRange();
                showStaffMenu();
                flag = false;
                break;
        //其他代码省略
}
```

实 践 5.2

实现管理员查看员工信息功能。

【分析】

(1) 在业务逻辑类 HrHelper 中添加显示员工信息的方法。

(2) 在 Admin 类中调用 HrHelper 的方法显示员工信息。

(3) 修改 Menu 类，添加显示员工信息的选项。

【参考解决方案】

1. 扩展 HrHelper 业务逻辑类

在 HrHelper 类中增加 displayEmployeeInfo()，参数为 Employee 类型，代码如下：

```
/**
 * 显示员工信息
 * @param employee
 */
public void displayEmployeeInfo(Employee employee){
    //调用基类显示方法
    employee.dispInfo();
}
```

2. 扩展 Admin 类

在 Admin 类中增加 displayEmployeeInfo()，参数为 Employee 类型，并调用 HrHelper 的 displayEmployeeInfo()方法，代码如下：

```
/**
 * 显示员工信息
 * @param employee
 */
public void displayEmployeeInfo(Employee employee){
    helper.displayEmployeeInfo(employee);
}
```

3. 更改 Menu 类

更改 showAdminMenu()方法，增加选择"查看员工信息"功能菜单，代码如下：

```
public void showAdminMenu(){
        //其他省略
        do{
                String num = input.next();
                case "1":
                        //查看员工信息
                        System.out.println("普通员工信息如下：");
                        System.out.println("**************************");
                        Data.admin.displayEmployeeInfo(Data.staff);
                        System.out.println("经理信息如下：");
                        System.out.println("**************************");
                        Data.admin.displayEmployeeInfo(Data.manager);
                        System.out.println("管理员信息如下：");
                        System.out.println("**************************");
                        Data.admin.displayEmployeeInfo(Data.admin);
                        showAdminMenu();
                        flag = false;
                        break;
                //其他省略
```

```
        }while(flag);
    }
```

实 践 5.3

实现显示不同级别员工的工作内容。

【分析】

(1) 所有员工都需要显示工作内容，但工作内容不同，因此工作方法可以在 Employee 类中定义为抽象方法。本实践为了演示接口的使用，使用接口定义工作方法。

(2) 定义 IWork 接口，包含方法 doWork()，表示工作内容。

(3) 显示工作内容时需要显示当前日期，所以为 HrHelper 类添加 getDate()方法，返回中文的当前日期。

(4) Employee 类实现 IWork 接口。

(5) Staff、Manager、Admin 类分别实现 IWork 接口的 doWork()方法。

修改 Menu 类，添加显示员工今日工作的选项。

【参考解决方案】

1. 编写 IWork 接口

在 com.dh.hrmanager. util 包中创建名为 IWork 的接口，具体代码如下：

```
package com.dh.hrmanager.impl;
public interface IWork {
    void doWork();
}
```

2. 修改 Employee 类

修改 Employee 类，实现 IWork 接口，具体代码如下：

```
public abstract class Employee implements IWork {
    //其他省略
}
```

3. 在 HrHelper 类中添加 getDate()方法

在 HrHelper 类中添加 getDate()方法，用于返回中文格式的当前日期（YYYY 年 MM 月 DD 日），具体代码如下：

```
import java.util.Calendar;
public class HrHelper {
    public String getDate(){
        Calendar calendar = Calendar.getInstance();
        String year = String.valueOf(calendar.get(Calendar.YEAR));
        String month = String.valueOf(calendar.get(Calendar.MONTH) + 1);
        String day = String.valueOf(calendar.get(Calendar.DAY_OF_MONTH));
        return year + "年" + month + "月" + day + "日";
```

```
        }
        //其他代码省略
}
```

4．实现 IWork 接口中的 doWork()方法

在 Staff、Manager、Admin 类中实现 IWork 接口中的 doWork()方法，具体实现代码如下：

```java
public class Staff extends Employee {
        //其他省略
        @Override
        public void doWork() {
                System.out.println(helper.getDate() + ",Staff 工作任务是:");
                System.out.println("=============================");
                System.out.println("\t 到学校进行讲座！");
                System.out.println("=============================");        }
}
public class Manager extends Employee {
        //其他省略
        //实现工作安排接口
        @Override
        public void doWork() {
                System.out.println(helper.getDate() + ",Manager 工作任务是:");
                System.out.println("=============================");
                System.out.println("\t 制定出差计划！");
                System.out.println("=============================");
        }
}
public class Admin extends Employee {
        //其他省略
        //实现工作日程接口
        @Override
        public void doWork() {
                System.out.println(helper.getDate() + ",Admin 工作任务是:");
                System.out.println("=============================");
                System.out.println("\t 维护员工基本信息！");
                System.out.println("=============================");
        }
}
```

5．更改 Menu 类，实现员工查看"今日工作"菜单功能

以 showStaffMenu()方法代码修改为例，其他两个方法自行更改，不再叙述，具体代码如下：

```
public void showStaffMenu(){
        //其他代码省略
        case "6":
        //查看今日工作
                Data.staff.doWork();
                showStaffMenu();
                flag = false;
                break;
        //其他代码省略
}
```

6. 执行结果

以普通员工登录时，查看今日工作显示如下：

```
2014 年 12 月 1 日,Staff 工作任务是:
===========================
        到学校进行讲座!
===========================
```

以经理登录时，查看今日工作显示如下：

```
2014 年 12 月 1 日,Manager工作任务是:
===========================
        制定出差计划!
===========================
```

以管理员登录时，查看今日工作显示如下：

```
2014 年 12 月 1 日,Admin工作任务是:
===========================
        维护员工基本信息!
===========================
```

 知识拓展

1. Comparable 接口

从 JDK1.2 开始，在 java.lang 包中新增加了一个接口——Comparable。实现 Comparable 接口的类的对象可以被比较，即实现 Comparable 接口的类定义了对象比较的原则。

Comparable 接口的定义如下：

```
public interface Comparable{
        public int compareTo(Object obj);
}
```

compareTo()方法用于确定对象的大小。该方法比较调用对象和参数 obj，如果它们相等，就返回 0；如果调用对象比 obj 小，则返回一个负值；否则返回一个正值。在 Java 基础类库中，Byte、Character、Double、Float、Long、Short、String 以及 Integer 等类都实现了 Comparable 接口，其中都定义了 compareTo()方法。如果一个类的多个对象之间需要比较大小，可以通过实现 Comparable 接口来定义比较原则，只需重写 compareTo()方法即可。例如：

```java
public class Student implements Comparable {
    String name;
    String code;
    int score; // 分数

    // 根据分数比较学生，分数高的靠前（小），分数低的靠后（大）
    public int compareTo(Object obj) {
        Student p = (Student) obj;
        if (score > p.score)
            return -1;
        if (score < p.score)
            return 1;
        return 0;
    }
}
```

上述代码中，Student 类实现了 Comparable 接口，在 compareTo()方法中根据学生分数比较学生的大小。

注意　　实际上 Comparable 接口是带有泛型的，上例中没有使用泛型，本书理论篇第 7 章详细介绍了泛型。

2. Cloneable 接口

在实际编程过程中，通常会遇到这种情况：有一个对象 A，在某一时刻 A 已经包含了一些有效值，此时可能会需要一个和 A 完全相同的新对象 B，并且此后对 B 的任何改动都不会影响到 A 中的值。也就是说，A 与 B 是两个独立的对象，但 B 的初始值是由 A 对象确定的。这时就可以使用 clone(克隆)技术来实现对象复制。

为了实现克隆功能，Java 提供了 java.lang.Cloneable 接口。该接口中并没有任何方法，要想实现对象的克隆，对象对应的类必须实现 Cloneable 接口，这时调用该类从父类 Object 继承过来的 clone()方法，才不会抛出异常，否则会抛出 CloneNotSupportedException 异常。

克隆又分为浅克隆与深克隆。

- ✧ 浅克隆(浅复制)：被复制对象的所有非引用类型变量都含有与原来的对象相同的值，而所有的对其他对象的引用仍然指向原来的对象。换言之，浅克隆仅仅复制所考虑的对象，而不复制它所引用的对象。
- ✧ 深克隆（深复制）：被复制对象的所有变量都含有与原来的对象相同的值，除去那些引用其他对象的变量。那些引用其他对象的变量将指向复制后的新对象，而不再是原有的那些被引用的对象。换言之，深克隆不仅复制所考虑对象的非引用变量，也要复制所考虑对象引用的对象。

 拓展练习

编写 Student(学生)类，包含 3 个属性，分别为 studentId(编号，int 型)、name(姓名，String 型)、age（年龄，int 型）。

定义包含 3 个 Student 实例的数组 students，学生信息如下：

学生编号：1，姓名：黎明，年龄：34
学生编号：2，姓名：周润发，年龄：50
学生编号：3，姓名：周星星，年龄：40

实现冒泡算法，从大到小输出学生信息（以年龄属性为基准，比较年龄大小）。

要求实现 Comparable 接口比较学生大小。

执行结果如下：

ID=1,Name=黎明 AGE=34
ID=3,Name=周星星 AGE=40
ID=2,Name=周润发 AGE=50

实践 6   处理异常

 实践指导

实践 6.1

用户输入菜单选项时，如果输入的不是数字，程序会触发异常，影响客户体验度。因此修改 Menu 类，应当输入菜单选项为非数字时进行异常捕捉并处理。

【分析】

修改 Menu 类中菜单输入部分代码，实现异常检测和处理。

【参考解决方案】

修改 Menu 类中 showStaffMenu()、showManangerMenu()、showAdminMenu()3 个方法，增加异常处理代码，代码如下：

```java
/**
 * 普通员工菜单
 */
public void showStaffMenu(){
    //其他省略
    boolean flag = true;
    do{
        String num = input.next();
        if("R".equals(num.toUpperCase())){
            flag = false;
            showLoginMenu();
            break;
        }
        //捕捉异常
        try{
            Integer.parseInt(num);
        }catch(Throwable ex){
            System.out.println("只能输入整形数字\n");
```

```
                System.out.println("请输入菜单项数字\n");
                continue;
            }
                            //其他省略
        }while(flag);
}
/**
 * 经理主菜单
 */
public void showManangerMenu(){
        //其他省略......
        boolean flag = true;
        do{
                String num = input.next();
                if("R".equals(num.toUpperCase())){
                        flag = false;
                        showLoginMenu();
                        break;
                }
                //捕捉异常
                try{
                        Integer.parseInt(num);
                }catch(Throwable ex){
                        System.out.println("只能输入整形数字\n");
                        System.out.println("请输入菜单项数字\n");
                        continue;
                }
        //其他省略......
        }while(flag);
}
/**
 * 显示管理员主菜单
 */
public void showAdminMenu(){
        //其他省略
        boolean flag = true;
        do{
                String num = input.next();
                if("R".equals(num.toUpperCase())){
                        flag = false;
```

```
                        showLoginMenu();
                        break;
                }
                //捕捉异常
                try{
                        Integer.parseInt(num);
                }catch(Throwable ex){
                        System.out.println("只能输入整形数字\n");
                        System.out.println("请输入菜单项数字\n");
                        continue;
                }
                //其他省略
        }while(flag);
    }
```

实 践 6.2

测试类 StartHr 中，输入菜单选项时进行异常检测和处理。

【分析】

修改测试类 StartHr 中菜单输入部分代码，实现异常检测和处理。

【参考解决方案】

修改测试类 StartHr 中 main 方法，代码如下：

```
public static void main(String[] args) {
        //其他省略
        Scanner input = new Scanner(System.in);
        boolean flag = true;
        int choice;
        while(flag){
                try{
                        input = new Scanner(System.in);
                        choice = input.nextInt();
                }catch(Throwable ex){
                        System.out.println("只能输入整形数字\n");
                        System.out.println("请输入菜单项数字\n");
                        continue;
                }
                //根据输入不同选项进行不同功能操作
                switch(choice){
                case 1:
```

```
                    //其他省略
        }
```

执行应用程序，输入不是数字的内容，运行结果如下：

```
                    欢迎进入企业人力资源管理系统
****************************************************************
                    1、登录系统
                    2、注册用户
                    3、退出系统
****************************************************************
请输入菜单项数字：
sdfsdaf
只能输入整形数字
请输入菜单项数字
1
```

 知识拓展

1．日志记录

在 JDK1.4 中提供了一个日志记录包——java.util.logging，它可以对程序中的日志记录进行相当复杂的控制。例如，通过它可以指定日志的级别和日志的位置(控制台、文件、套接字、内存缓冲区)，也可以创建子记录器，通过它可以用程序控制的方式来指定需要记录的内容，也可以使用配置文件来指定，而不需要改动程序。

使用日志的步骤如下：

首先获得一个 LogManager 类的一个实例：

```
LogManager logManager = LogManager.getLogManager();
```

然后创建记录器，并且把它添加到当前的管理器：

```
String thisName = "MyLog";
Logger log = Logger.getLogger(thisName);
logManager.addLogger(log);
```

如果没有指定日志文件存放的位置，则按照 jre/lib 目录下 logging.properties 文件中指定的内容，默认是 ConsoleHandler，意味着日志信息在控制台显示。

在程序中可以按照级别发布日志信息，共有 7 个级别：

- ✧ SEVERE(最高值)。
- ✧ WARNING。
- ✧ INFO。
- ✧ CONFIG。
- ✧ FINE。
- ✧ FINER。
- ✧ FINEST(最低值)。

◇ OFF(不记录)。

可以设置记录器的记录级别，以忽略低于指定级别的消息。例如，下述代码设定记录级别为 WARNING，只有用 server 和 warning 记录的信息才能输出。

LogDemo.java 代码如下：

```
public class LogDemo {
    public static void main(String[] args) {
        // 获得一个 LogManager 类的一个实例
        LogManager logManager = LogManager.getLogManager();
        // 创建记录器，并且把它添加到当前的管理器
        String thisName = "MyLog";
        Logger log = Logger.getLogger(thisName);
        logManager.addLogger(log);
        // 设置日志级别
        log.setLevel(Level.WARNING);
        if (log.isLoggable(Level.INFO)) {
            log.info("This message is info");//忽略，不会输出
        }
        if (log.isLoggable(Level.WARNING)) {
            log.warning("This message is warning");//消息在控制台输出
        }
    }
}
```

上述代码，在 main()方法中创建了一个 LogManager 日志管理器实例，然后通过 Logger 创建一个日志记录器实例 log，并把该实例添加到日志管理器中，然后设置 log 的级别，可以通过级别的不同设置，输出不同类别的消息。

测试结果如下：

十二月 01, 2014 1:15:13 下午 com.dh.ph06.ex.LogDemo main
警告: This message is warning

如果同时要把日志输出到文件和控制台，可以创建一个 FileHandler 并把它添加到记录器。

```
fh = new FileHandler("runtime.log");
```

如果没有特别指定，文件格式默认的是 XML。可以通过配置文件来控制日志记录格式：

```
fi = new FileInputStream(new File("logging.properties"));
logManager.readConfiguration(fi);
```

这样做的好处是不需要改变或重新编译程序，就可以改变日志记录的状态。

配置文件的格式如下：

```
handlers = java.util.logging.FileHandler
java.util.logging.ConsoleHandler.Level = INFO
java.util.logging.ConsoleHandler.pattern = runtime.log
```

```
java.util.logging.ConsoleHandler.limit = 50000
java.util.logging.ConsoleHandler.count = 2
java.util.logging.ConsoleHandler.formatter =java.util.logging.XMLFormatter
java.util.logging.ConsoleHandler.level = WARNING
java.util.logging.ConsoleHandler.formatter = java.util.logging.SimpleFormatter
```

LogFileDemo.java 代码如下：

```java
public class LogFileDemo {
    public static void main(String[] args) {
        // 获得一个 LogManager 类的一个实例
        LogManager logManager = LogManager.getLogManager();
        // 创建记录器，并且把它添加到当前的管理器
        String thisName = "MyLog";
        Logger log = Logger.getLogger(thisName);
        logManager.addLogger(log);
        FileHandler fh = null;
        FileInputStream fi = null;
        try {
            fi = new FileInputStream(
                            new File("C:\\logging.properties"));
            logManager.readConfiguration(fi);
            fh = new FileHandler("C:\\runtime.log");
            log.addHandler(fh);
        } catch (Exception e) {
            e.printStackTrace();
        }
        //判断级别是否允许
        if (log.isLoggable(Level.INFO)) {
            log.info("This message is info");
        }
        if (log.isLoggable(Level.WARNING)) {
            log.warning("This message is warning");
        }
    }
}
```

2. StringBuffer

StringBuffer 类是线程安全的可变字符序列，是一个类似于 String 的字符串缓冲区。虽然在任意时间点上它都包含某种特定的字符序列，但通过某些方法调用可以改变该序列的长度和内容。可将 StringBuffer 安全地用于多个线程，可以在必要时对这些方法进行同步，因此任意特定实例上的所有操作就好像是以串行顺序发生的，该顺序与所涉及的每个线程进行的方法调用顺序一致。StringBuffer 上的主要操作是 append 和 insert 方法，用于

在尾部追加字符串和将字符串插入到特定位置。可重载这些方法，以接受任意类型的数据。每个方法都能有效地将给定的数据转换成字符串，然后将该字符串的字符追加或插入到字符串缓冲区中。

下述代码在 StringBuffer 对象中添加一个字符串，然后在该字符串中插入另一个字符串。

```java
public class StringBufferDemo {
    public static void main(String[] args) {
        // 定义一个 StringBuffer 对象
        StringBuffer buffer = new StringBuffer();
        buffer.append("today is sunday");
        // 打印结果
        System.out.println(buffer.toString());
        buffer.insert(8, " a fine");
        // 打印添加内容后的结果
        System.out.println(buffer.toString());
    }
}
```

执行结果如下：

```
today is sunday
today is a fine sunday
```

3．StringBuilder

与 StringBuffer 类似，StringBuilder 类也是一个可变的字符序列，但是 StringBuilder 中的方法不保证线程安全性。StringBuilder 类提供了与 StringBuffer 兼容的 API，唯一区别是不保证同步。该类被设计用作 StringBuffer 的一个简易替换，用在字符串缓冲区被单个线程使用的时候(这种情况很普遍)。

该类的用法和 StringBuffer 类似，通常情况下应该优先使用 StringBuilder 类，因为它支持所有相同的操作，但不执行同步，所以速度更快。

将 StringBuilder 的实例用于多个线程是不安全的。如果需要同步，则建议使用 StringBuffer。

 拓展练习

连接 1000 个"hello world"字符串，比较一下 String、StringBuffer、StringBuilder 的性能。可以利用 System.currentTimeMillis()方法来测试运行时间。

实践 7 泛型与集合

 实践指导

实践 7.1

实现经理评测功能，经理能够对员工的工作进行考评。

【分析】

(1) 实现评测类 Evaluation，该类包含考评 ID、考评人 ID、被考评人 ID、考评成绩 4 个属性。其中，考评成绩为 double 类型，考评 ID、考评人 ID、被考评人 ID 为 int 类型。由于需对考评成绩排序，因此 Evaluation 类需要实现 Comparable 接口。

(2) 修改 Data 类，增加保存评测数据的集合类 evaluation，为 ArrayList<Evaluation> 类型。

(3) 将评测逻辑代码添加到业务逻辑类 HrHelper 中。

(4) 修改经理 Manager 类，增加考评功能。

【参考解决方案】

(1) 添加评测类 Evaluation，具体代码如下：

```
package com.dh.hrmanager.entity;
import java.io.Serializable;
//评价类,实现比较器,用于排序
@SuppressWarnings("serial")
public class Evaluation implements Comparable<Evaluation>, Serializable  {
    //评价 ID
    private int evaluationId;
    //评价人 ID,经理角色
    private int evaluatorId;
    //被评价人 ID
    private int evaluatedId;
    //考评成绩
    private double score;
    public Evaluation(){
```

```
    }
    public Evaluation(int evaluationId, int evaluatorId, int evaluatedId,
        double score){
        this.evaluationId = evaluationId;
        this.evaluatorId = evaluatorId;
        this.evaluatedId = evaluatedId;
        this.score = score;
    }
    //get/set 方法省略
    //比较器方法
    @Override
    public int compareTo(Evaluation o) {
        if(this.score > o.score)
            return -1;
        if(this.score < o.score)
            return 1;
        return 0;
    }
}
```

（2）扩展 Data 类，增加保存评测数据的集合属性 evaluation，为 ArrayList\<Evaluation\> 类型，代码如下：

```
import java.util.ArrayList;
import com.dh.hrmanager.entity.Evaluation;
public class Data {
    //其他省略
    //采用集合存储经理考评内容
    public static ArrayList<Evaluation> evaluation =
                                    new ArrayList<Evaluation>();
    //其他省略
}
```

（3）扩展 HrHelper 业务逻辑类，增加考评逻辑代码，代码如下：

```
    //其他省略
    /**
     * 获取所有评测数量
     */
    public int getEvaluationCount(){
        return Data.evaluation.size();
    }
    /**
     * 添加评测
```

```
            */
            public void addEvaluation(Evaluation evaluation){
                    Data.evaluation.add(evaluation);
            }
            /**
             * 显示所有评测
             */
            public void displayEvaluations(){
                    System.out.println("评测如下： ");
                    System.out.println("********************************");
                    for(Evaluation evaluation : Data.evaluation){
                            System.out.println("评测经理： "
    + getEmployeeByUserId(evaluation.getEvaluatorId()).getUserName()                + ",\t 被评测人" +
                    getEmployeeByUserId(evaluation.getEvaluatedId()).getUserName()         + ",\t 评测成绩： "
    + String.valueOf(evaluation.getScore()));
                    }
            }
            /**
             * 由高到低排序
             */
            public void displayEvaluationsDesc(){
                    System.out.println("按评测成绩从高到低排序，评测如下： ");
                    System.out.println("********************************");
                    Collections.sort(Data.evaluation);
                    for(Evaluation evaluation : Data.evaluation){
                            System.out.println("评测经理： "
    +getEmployeeByUserId(evaluation.getEvaluatorId()).getUserName()
                            + ",\t 被评测人： " +
    getEmployeeByUserId(evaluation.getEvaluatedId()).getUserName()   + ",\t 评测成绩： " +
                            String.valueOf(evaluation.getScore()));
                    }
            }
            /其他省略
```

(4) 扩展 Manager 类，增加考评方法，代码如下：

```
public class Manager extends Employee {
        //其他省略
        //添加评测
        public void addEvaluation(Evaluation evaluation){
                helper.addEvaluation(evaluation);
        }
}
```

实 践 7.2

实现普通员工查看评测功能。

【分析】

(1) 修改 Staff 类，增加显示所有评测的方法。

(2) 显示所有评测方法在业务逻辑类 HrHelper 中已经实现，直接调用即可。

【参考解决方案】

修改 Staff 类，增加 displayEvaluations()和 displayEvaluationsDesc()两个方法，代码如下：

```
//显示所有评估
public void displayEvaluations(){
        helper.displayEvaluations();
}
//显示所有评估,由高到低排序
public void displayEvaluationsDesc(){
        helper.displayEvaluationsDesc();
}
```

实 践 7.3

更改菜单 Menu 类，增加经理评测功能和普通员工查看评测选项的实现。

【分析】

(1) 修改 Menu 类的 showManangerMenu()方法。

(2) 修改 Menu 类的 showStaffMenu()方法。

【参考解决方案】

Menu 类的 showManangerMenu()、showStaffMenu()方法如下：

```
public void showManangerMenu(){
        //其他省略
        case "2":
                //考评员工
                System.out.println("请输入被评测员工编号： ");
                String empNo = input.next();
                System.out.println("请输入评测成绩");
                double score = input.nextDouble();
                //实例化评估
                Evaluation evaluation = new Evaluation();
                HrHelper helper = new HrHelper();
                evaluation.setEvaluationId(helper.getEvaluationCount() + 1);
                evaluation.setEvaluatorId(Data.currentEmployee.getUserId());
```

```
                evaluation.setEvaluatedId(helper.getEmployeeUserIdByEmpno(empNo));
                evaluation.setScore(score);
                //添加评估
                Data.manager.addEvaluation(evaluation);
                showManangerMenu();
                flag = false;
                break;
        //其他省略
}
public void showStaffMenu(){
        //其他省略
        case "4":
                //查看评测成绩
                System.out.println("按从高到低查看成绩，输入 d/D, 默认顺序,输入 y/Y");
                String choice = input.next();
                if(choice.toUpperCase().equals("Y"))
                        Data.staff.displayEvaluations();
                else if(choice.toUpperCase().equals("D"))
                        Data.staff.displayEvaluationsDesc();
                showStaffMenu();
                flag = false;
                break;
        }
        //其他省略
}
```

　　以经理角色登陆，选择 2 考评员工，显示结果如下：

请输入被评测员工编号：

DH001

请输入评测成绩

80

人力资源管理系统=>部门经理

****

                        1、查看工作汇报

                        2、考评员工

                        3、查看个人信息

                        4、修改密码

                        5、工资等级

                        6、今日工作

                        7、在线交流

```
*****************************************************************
```
请输入菜单项数字或者输入 R/r 返回上一菜单:

　　普通员工登陆，选择 4 查看评测，显示结果如下:

```
4
```
按高到低查看成绩，输入d/D, 默认顺序,输入y/Y
```
d
```
按评测成绩高到低排序，评测如下:

```
********************************************
```
评测经理Manager,　　　被评测人Manager,　　　评测成绩: 100.0

评测经理Manager,　　　被评测人Staff,评测成绩: 80.0

评测经理Manager,　　　被评测人Admin,　　　评测成绩: 50.0

人力资源管理系统=>普通员工

```
*****************************************************************
```

　　　　　　　　　　　1、汇报工作

　　　　　　　　　　　2、查看个人信息

　　　　　　　　　　　3、修改密码

　　　　　　　　　　　4、查看评测

　　　　　　　　　　　5、工资等级

　　　　　　　　　　　6、今日工作

　　　　　　　　　　　7、在线交流

```
*****************************************************************
```

请输入菜单项数字或者输入R/r返回上一菜单:

 ## 知识拓展

1. 泛型与继承

　　运算符 instanceof 用于确定一个对象是否是某个类的实例，如果一个对象属于或可被强制转换到指定的类型，则该运算符就会返回 true。instanceof 运算符同样可应用于泛型类对象。

　　首先定义泛型父类，代码如下:

```java
public class Base <T>{
        T ob;
        Base(T ob){
                this.ob=ob;
        }
}
```

　　定义 Base 类的子类如下:

```java
public class Derived<T> extends Base<T> {
        Derived(T ob){
```

```
                super(ob);
        }
}
```

下面代码展示了 instanceof 运算符在泛型类继承关系中的判定应用。

```
public class InstanceofDemo {
        public static void main(String args[]) {
                Base<Integer> iOb = new Base<Integer>(88);
                Derived<Integer> iOb2 = new Derived<Integer>(99);
                // 判断 iOb2 是否是 Derived 的实例
                if (iOb2 instanceof Derived<?>)
                        System.out.println("iOb2 是 Derived 的实例");
                // 判断 iOb2 是否是 Base 的实例
                if (iOb2 instanceof Base<?>)
                        System.out.println("iOb2 是 Base 的实例");
                // 判断 iOb 是否是 Derived 的实例
                if (iOb instanceof Derived<?>)
                        System.out.println("iOb 是 Derived 的实例");
                // 判断 iOb 是否是 Base 的实例
                if (iOb instanceof Base<?>)
                        System.out.println("iOb 是 Base 的实例");
                // 下面语句将报错
                // if(iOb2 instanceof Derived<Integer>)
                // System.out.println("iOb2 是 Derived<Integer>的实例");
        }
}
```

执行结果如下：

```
iOb2 是 Derived 的实例
iOb2 是 Base 的实例
iOb 是 Base 的实例
```

上述代码中，Derived 是 Base 的一个子类，Base 是一个类型参数为 T 的泛型类。iOb2 声明为 Derived 的对象，故 iOb2 既是 Base 的实例，又是 Derived 的实例。但由于 iOb 声明为 Base 类的对象，因此在进行如下语句时，判定结果为 false，并不产生输出。

```
iOb instanceof Derived<?>
```

另外，语句：

```
if(iOb2 instanceof Derived<Integer>)
```

提示编译错误是由于其试图比较 iOb2 和一个特定类型，而在运行时无法得到泛型类型信息，因此无法使用 instanceof 判断 iob2 是否是 Derived<Integer>的一个实例。

2．类型擦除

类型擦除指的是通过类型参数合并，将泛型类型实例关联到同一份字节码上。编译器只为泛型类型生成一份字节码,并将其实例关联到这一份字节码上。类型擦除的关键在于从泛型类型中清除类型参数的相关信息,并且在必要的时候添加类型检查和类型转换的方法。

本质上,JVM 中并没有泛型类型对象,所有的对象都属于普通的类。只是编译器"耍了个花招",使得似乎存在对泛型类型的支持,编译器利用泛型类型信息检查所有的代码,但随即"擦除"所有的泛型类型并生成只包含普通类型的类文件。

泛型类在 Java 源码上看起来与一般的类不同,在执行时被虚拟机翻译成对应的"原始类型",泛型类的类型参数列表被去掉,虚拟机用类型参数的限定类型对使用类型参数的地方进行了替换(如果没有限定类型则使用 Object 类型进行替换),这个过程就是所谓的"类型擦除"。类型参数如果有多个限定,则使用第一个限定类型做替换。泛型方法也会做相同的替换。

考虑下面的泛型类:

```java
public class Generic<T> {
    private T ob1;
    private T ob2;
    public Generic(T ob1,T ob2){
        this.ob1=ob1;
        this.ob2=ob2;
    }
    public T getOb1() {
        return ob1;
    }
    public void setOb1(T ob1) {
        this.ob1 = ob1;
    }
    public T getOb2() {
        return ob2;
    }
    public void setOb2(T ob2) {
        this.ob2 = ob2;
    }
}
```

使用类分析器对 Generic 编译后的 class 文件进行分析,结果如下(所有定义为泛型的声明中缺省使用 Object 进行了替换):

```java
public class Generic extends java.lang.Object{
    // 属性
    private java.lang.Object ob1;
    private java.lang.Object ob2;
    // 构造函数
    public Generic(java.lang.Object, java.lang.Object);
    // 方法
```

```
    public void setOb1(java.lang.Object);
    public void setOb2(java.lang.Object);
    public java.lang.Object getOb1();
    public java.lang.Object getOb2();
}
```

如果对泛型类的上限加以限制，如<T extends Number>，使用类分析器再次分析的结果如下：

```
public class Generic extends java.lang.Object{
    // 属性
    private java.lang.Number ob1;
    private java.lang.Number ob2;
    // 构造函数
    public Generic(java.lang.Number, java.lang.Number);
    // 方法
    public void setOb1(java.lang.Number);
    public void setOb2(java.lang.Number);
    public java.lang.Number getOb1();
    public java.lang.Number getOb2();
}
```

使用 Number 对泛型的类型参数限定上限后，编译结果全部使用 Number 进行了替换。

在程序调用泛型方法的时候，如果返回值被擦除，编译器会自动插入强制的类型转换。

例如：

```
Generic<Integer> iobj = new Generic<Integer>(12);
Integer ob1 = iobj.getOb1();
```

原始类型中方法 getOb1 的返回被替换成 Object，但是编译器会自动插入 Integer 的强制类型转换。编译器会将这条语句翻译成如下两条虚拟机指令，并插入字节码：

　　◇　对原始方法 getOb1 的调用。

　　◇　将返回的 Object 对象强制转换成 Integer。

当存取一个泛型属性时也会在字节码中插入强制的类型转换。

类型擦除同样发生在泛型方法中。虚拟机中没有泛型方法，泛型方法也同样会经历"类型擦除"。泛型方法的类型擦除会带来两个问题：

　　◇　方法签名冲突。

　　◇　类型擦除与多态的冲突。

如下述代码，这两个方法实际上是冲突的，类型擦除后它们有相同的签名。

```
public class Gen<T> {
    public void fun(T t){ ... }//方法 1
    public void fun(Object t){ ... }//方法 2
}
```

对于签名冲突，补救的办法只能是重新命名。

Java 中的方法调用采用的是动态绑定的方式，子类覆写超类中的方法，将子类向上转型成父类后，仍然可以调用覆写后的方法。但是泛型类的类型擦除造成了一个问题。

考虑下述代码，泛型类 GenericDerived 继承前面定义的 Generic<T>：

```
public class GenericDerived extends Generic<Integer> {
    public GenericDerived(Integer ob1, Integer ob2) {
        super(ob1, ob2);
    }
    public void setOb2(Integer ob2){
        super.setOb2(ob2);
        System.out.println("执行子类 setOb2 方法");
    }
    public Integer getOb2(){
        return super.getOb2();
    }
    public static void main(String []args){
        GenericDerived derived = new GenericDerived(12, 20);
        Generic<Integer> base =derived;
        Integer iobj =100;
        System.out.println("修改前： "+base.getOb2());
        base.setOb2(iobj);
        System.out.println("修改后： "+base.getOb2());
    }
}
```

上述代码在继承过程中，通过语句：

```
class GenericDerived extends Generic<Integer>
```

声明了一个特定 Integer 版本的泛型类。此外，GenericDerived 中的 setOb2 方法被定义为接受 Integer 类型的参数。现在的问题在于，由于类型擦除，Generic 的原始类型中存在方法：

```
public void setOb2(java.lang.Object);
```

GenericDerived 中存在方法：

```
public void setOb2(java.lang.Integer);
```

这里本意是想重写 Generic 中的 setOb2 方法，但从方法签名上看，这完全是两个不同的方法，类型擦除与多态产生了冲突。

为了处理这个问题，编译器自动生成一个桥接方法来实现父类方法的重写。使用类分析器分析 GenericDerived 的类文件，结果如下：

```
public class GenericDerived extends Generic{
    // 其他方法
    public void setOb2(java.lang.Integer);
    // 桥接方法
    public void setOb2(java.lang.Object);
}
```

这个桥接方法的实际内容是:

```
public void setOb2(Object ob2){
    this.setOb2((java.lang.Integer)ob2);
}
```

这样就符合面向对象中的多态特性了,实现了动态绑定。

3. Java 中的历史遗留容器类

在 Java1.2 之前,Java 是没有完整的集合框架的,只有一些简单的可以自扩展的容器类,如 Vector、Stack、HashTable 等,这些类目前已经不推荐使用,但在某些遗留代码中还经常遇到,本节做一个简单介绍。

1) Vector 和 Enumeration

Vector 的功能与 ArrayList 类似,其中包含的元素可以通过一个整型索引值取得,它的大小可以在添加或移除元素时自动增加或缩小。Vector 的操作很简单,通过 addElement 方法加入一个对象,用 elementAt 方法取出对象,还可以查询当前所保存的对象的个数。

Enumeration 类提供了连续操作 Vector 中元素的方法,这可以通过 Vector 中的 elements 方法来获取一个 Enumeration 类的对象,用一个 while 循环来遍历其中的元素。用 hasMoreElements 方法检查其中是否还有更多的元素,用 nextElement 方法获得下一个元素。Enumeration 的用意在于完全不用理会要遍历的容器的基础结构,只关注遍历方法,这也就使得遍历方法的重用成为可能。由于这种思想的强大功能,在 Java1.2 后被保留下来,不过具体实现、方法名和内部算法都改变了,这就是我们前面提到的 Iterator 以及 ListIterator 接口。然而 Enumeration 的功能十分有限,比如只能朝单向操作,只能读取而不能更改等。

目前 Vector 和 Enumeration 已分别被 ArrayList 和 Iterator 代替。

2) Stack

Stack 类封装了堆栈数据结构,最常用的操作便是压入和弹出,最后压入的元素最先被弹出,这种特性被称为后进先出(LIFO)。在 Java 中 Stack 的用法也很简单,用 push 方法压入一个元素,用 pop 方法弹出一个元素。

Stack 继承了 Vector,这样造成的结果是 Stack 也拥有 Vector 的行为。也就是说,你可以把 Stack 当作一个 Vector 来用,这就违背了 Stack 的用意。目前的 Java 基础类库中没有专门针对堆栈的实现类(除了 Stack 外),如果需要使用堆栈,可以通过 LinkedList 自行封装。

3) Hashtable

Hashtable 的作用与 HashMap 类似,用于实现散列表。Hashtable 也是 Java1.2 以前版本的一个容器类库,其与 HashMap 的主要区别是 Hashtable 中的所有方法都是同步的,因此 Hashtable 是线程安全的,这带来了效率损失。在不需要同步的情况下,Hashtable 比 HashMap 的性能要差,但是无法关闭 Hashtable 的同步控制。目前 Hashtable 已被 HashMap 代替,如果需要线程安全,可使用 Collections 提供的工具方法实现。

4) Dictionary

字典(Dictionary)是一个表示关键字/值存储库的抽象类,同时它的操作也很像映射(Map)。给定一个关键字和值,可以将值存储到字典(Dictionary)对象中。与映射一样,字典可以被当做键/值对列表来考虑，可以通过关键字来检索它。

4. Properties

属性集(Properties)是 Hashtable 的一个子类，它用来保持值的列表，其关键字和值都是字符串，其数据可以保存到一个文件中，也可以从一个文件中加载。Properties 类被许多其他的 Java 类所使用，如获得系统环境值的方法 System.getProperties()。其常用方法及使用说明如表 S7-1 所示。

表 S7-1   Properties 的方法列表

方 法 名	功 能 说 明
String getProperty(String key)	根据 key 键返回其对应的字符串值，如果不存在，则返回 null
String getProperty(String key,String defaultProperty)	根据 key 键返回其对应的字符串值，如果不存在，则返回 defaultProperty
void load(InputStream input) throws IOException	从 input 关联的输入流读入属性列表
Enumeration propertyNames()	返回属性列表中所有键的枚举
Object setProperty(String key, String value)	将键为 key、值为 value 的属性存入属性列表，并返回 key 对应的旧值
void store(OutputStream out, String header)	将属性列表存入到 out 关联的输出流

下述代码演示了 Properties 的使用：

```
public class PropertiesDemo {
    public static void main(String args[]) {
        Properties properties = new Properties();
        properties.put("Shandong", "Jinan");
        properties.put("Hunan", "Changsha");
        properties.put("Guangdong", "Guangzhou");
        // 获取键集
        Set set = properties.keySet();
        // 使用迭代器
        String str;
        for (Object element : set) {
            str = (String) element;
            System.out.println(str + " : "
                                    + properties.getProperty(str));
        }
        System.out.println("--------------");
        // 获取键不存在的信息，返回 null
        str = properties.getProperty("Hebei");
        System.out.println("str : " + str);
        // 获取键不存在的信息，但提供缺省值，返回缺省值
        str = properties.getProperty("Hebei", "Not Exist");
```

```
            System.out.println("str : " + str);
        }
}
```

执行结果如下：

```
Shandong : Jinan
Guangdong : Guangzhou
Hunan : Changsha
---------------
str : null
str : Not Exist
```

5. Collections

Collections 是针对集合类的一个帮助类，它提供了一系列静态方法，可用于实现对各种集合的搜索、排序、线程安全化等操作。其方法全部为静态方法，常用方法及使用说明如表 S7-2 所示。

表 S7-2   Collections 的方法列表

方 法 名	功 能 说 明
static int indexOfSubList(List source, List target)	返回 List target 在 List source 中第一次出现的位置，如果没有，则返回 –1
static Object max(Collection<? extends T> coll)	返回按自然顺序确定的 coll 中的最大元素
static Object max(Collection<? extends T> coll, Comparator<? super T> comp)	返回按比较器 comp 顺序确定的 coll 中的最大元素
static void reverse(List<?> list)	将 list 中的序列逆向存储
static void sort(List<T> list)	按自然顺序对 list 中的元素进行排序
static void sort(List<T> list, Comparator<? super T> c)	按比较器 c 对 list 中的元素进行排序

下述代码演示了 Collections 的使用：

```java
public class CollectionsDemo {
    public static void main(String args[]) {
        LinkedList<String> linkedList = new LinkedList<String>();
        linkedList.add("Tom");
        linkedList.add("Rose");
        linkedList.add("Jack");
        linkedList.add("Smith");
        // 输入顺序排序输出
        System.out.println("linkedList : " + linkedList);
        // 自然排序
        Collections.sort(linkedList);
        // 自然顺序排序输出
```

```
            System.out.println("linkedList : " + linkedList);
            // 获取逆向排序
            Comparator<String> comparator = Collections.reverseOrder();
            // 逆向排序
            Collections.sort(linkedList, comparator);
            // 逆向排序输出
            System.out.println("linkedList : " + linkedList);
            System.out.println("Minimum: " + Collections.min(linkedList));
            System.out.println("Maximum: " + Collections.max(linkedList));
        }
}
```

执行结果如下：

```
linkedList : [Tom, Rose, Jack, Smith]
linkedList : [Jack, Rose, Smith, Tom]
linkedList : [Tom, Smith, Rose, Jack]
Minimum: Jack
Maximum: Tom
```

 拓展练习

练习 7.1

写一个方法实现下列功能：传入一个 String 类型的参数，假设长度为 n，把下标 n/4 处开始的两个字符和 n/2 处开始的字符交换。返回转换后的字符串。

练习 7.2

创建一个 Fruits 对象，把 Vector 类型的对象作为其属性来进行底层的存储，默认情况下，Fruits 对象中有"苹果、香蕉"，现在编写 add 方法，添加"梨、桃子"；然后编写 search 方法，给定任意水果名称，查看一下 Fruits 中是否包含该水果；编写 remove 方法，输入一个特定水果名称，从 Fruit 对象中删除，如输入"苹果"；最后编写 display 方法，用于显示 Fruits 中所有水果。

实践 8 流 和 文 件

  实践指导

实 践 8.1

完成用户退出时保存汇报、评测数据的功能。

【分析】

(1) 在业务逻辑类 HrHelper 中添加 saveReportDatas()方法，用于保存汇报信息。

(2) 在 HrHelper 中添加 saveEvaluationDatas()方法，用于保存评测信息。

【参考解决方案】

修改业务逻辑类 HrHelper，增加数据保存功能，代码如下：

```
import java.io.*;
//import
public class HrHelper {
        //取得汇报的文本文件路径
        public String getReportsPathName(){
                //设定为当前项目文件夹
                File file = new File("");
                //取得汇报的物理路径
                return file.getAbsoluteFile() + "\\Reports.txt";
        }
        //取得评测的文本文件路径
        public String getEvaluationPathName(){
                //设定为当前项目文件夹
                File file = new File("");
                //将评测信息序列化到 valuation.txt 文本文件
                return file.getAbsoluteFile() + "\\Evaluation.txt";
        }
        //保存汇报数据
        public void saveReportDatas(Report[] reports){
```

```
                    //输出流
                    FileOutputStream outStream = null;
                    String filePath = getReportsPathName();
                    try{    //实例化输出流
                            outStream= new FileOutputStream(filePath);
                            for(int i = 0; i < reports.length; i++){
                                    if(reports[i].getReportId() <= 0)
                                            break;
                                    //将对象信息专为字符串，属性用|间隔
                                    String temp = reports[i].getReportId() + "|" +
                                            reports[i].getReporterId() +
                                            "|" + reports[i].getContent() + "\r\n";
                                    try{    //写入文本文件，需要异常捕捉
                                            outStream.write(temp.getBytes());
                                    }catch(Exception e){
                                            e.printStackTrace();
                                    }
                            }
                    }catch(Exception ex){
                            ex.printStackTrace();
                    }finally{
                            try{    //关闭流
                                    outStream.close();
                            }catch(Exception ex){
                                    ex.printStackTrace();
                            }
                    }
            }
    //序列化保存评测数据
    public void saveEvaluationDatas(){
        //实例化对象序列化输出流
                    ObjectOutputStream oi =    null;
            try{
                    oi = new ObjectOutputStream(new FileOutputStream(getEvaluationPathName()));
                    //将 Data.evaluation 写入对象流关联的文件
                    oi.writeObject(Data.evaluation);

            }catch(Exception ex){
                    ex.printStackTrace();
            }finally{
```

```
            if(oi != null){
                    try {    //清空缓存，写入文件
                            oi.close();
                    } catch (IOException e) {
                            // TODO Auto-generated catch block
                            e.printStackTrace();
                    }
            }
        }
    }
    ...
}
```

实 践 8.2

完成登录成功时读取汇报、评测数据的功能。

【分析】

(1) 在业务逻辑类 HrHelper 中添加 readReportFile()方法，用于读取汇报信息。

(2) 在 HrHelper 中添加 readEvaluationDatas()方法，用于读取评测信息。

【参考解决方案】

修改业务逻辑类 HrHelper，增加数据保存功能，代码如下：

```
import java.io.*;
//import
public class HrHelper {//读取前，判断文件是否存在
    private boolean isExists(String filePath){
        File file = new File(filePath);
        if(file.exists())
            return true;
        return false;
    }
    /**
     * 删除文档
     * @param filePath
     */
    private void deleteFile(String filePath) {
        // TODO Auto-generated method stub
        File file = new File(filePath);
        String fileName = file.getName();
        if (file.exists()) {
```

```
                        if(file.delete()){
                                System.out.println("文件:"+fileName+"已删除!");
                        }else{
                                System.out.println("文件删除有误!");
                        }
                }
        }

        /**
         * 读取汇报数据
         */
        public void readReportFile(){
                String filePath = getReportsPathName();
                if(!isExists(filePath))
                        return;
                //读取文件对象
                FileReader reader = null;
                //缓存流，提高性能
                BufferedReader br = null;
                try{    int count = 0;
                        reader = new FileReader(filePath);
                        br = new BufferedReader(reader);
                        String lineStr = null;
                        //从文本文件读取一行，存放到lineStr，判断lineStr是否为空
                        while((lineStr = br.readLine()) != null){
                        //分隔符，split使用正则表达式算法，需要前面加上转意符号\
                                String[] info = lineStr.split("\\|");
                                //将读取的数据实例化为Report对象
                                Report report = new Report();
                                report.setReportId(Integer.parseInt(info[0]));
                                report.setReporterId(Integer.parseInt(info[1]));
                                report.setContent(info[2]);
                                Data.reports[count] = report;
                                count++;
                        }
                }catch(Exception ex){
                        ex.printStackTrace();
                }finally{
                                try{
                if(br != null){
                        br.close();
```

```
                  }
            if(reader != null){
                reader.close();
                 }
            //读取完数据后删除已有文件，防止重新写入
                    deleteFile(filePath);
                }catch(Exception ex){
                        ex.printStackTrace();
                }
            }
        }
//读取评测数据
//SuppressWarnings 不显示警告信息
@SuppressWarnings("unchecked")
public void readEvaluationDatas(){
        String filePath = getEvaluationPathName();
        if(!isExists(filePath))
                return;
                //实例化读取序列化文件对象流
                ObjectInputStream is   = null;
        try{    //实例化读取序列化文件对象流
                is = new ObjectInputStream(new
                    FileInputStream(filePath));
                //将序列出来的对象保存到 Data.evaluation
                Data.evaluation = (ArrayList<Evaluation>)is.readObject();

        }catch(Exception ex){
                ex.printStackTrace();
        }finally{
    try{
        if(is != null){
                    is.close();
            }
        //读取完数据后删除已有文件，防止重新写入
        deleteFile(filePath);
    }catch(Exception ex){
        ex.printStackTrace();
                }
        }
    }
}
```

```
      ......
}
```

实 践 8.3

更新执行类，测试实践 8.1 与 8.2 实现的功能。

【分析】

由实践 8.1 与 8.2，需要更新执行类 StartHr 登录及退出部分的代码。

【参考解决方案】

更新执行类，代码如下：

```
public class StartHr {
    public static void main(String[] args) {
                //其他省略
                switch(choice){
                case 1:
                        System.out.println("请输入用户名:");
                        String userName = input.next();
                        System.out.println("请输入密码:");
                        String password = input.next();
                        Employee emp = helper.login(userName, password);
                        if(emp == null){
                                System.out.println("用户名或者密码不正确,
                                                请重新输入选项数字：");

                                continue;
                        }
                        //登录成功后读取汇报数据
                        helper.readReportFile();
                        //读取评测数据
                        helper.readEvaluationDatas();
                        if(emp.getRoleId() == 1){
                                //显示普通员工功能菜单
                                menu.showStaffMenu();
                        }
                        else if(emp.getRoleId() == 2){
                                //显示经理功能菜单
                                menu.showMananGerMenu();
                        }
                        else if(emp.getRoleId() == 3){
                                //显示管理员功能菜单
```

```
                                menu.showAdminMenu();
                        }
                case 3:
                        System.out.println("是否保存本次操作数据？
                                                        保存数据请输入 y/Y");
                        String exit = input.next();
                        if(exit.toUpperCase().equals("Y")){
                                if(Data.currentEmployee.getRoleId()==2){
                                        //保存 Evaluation 相关数据
                                        helper.saveEvaluationDatas();
                                }
                                if(Data.currentEmployee.getRoleId() == 1){
                                        //保存 Report 相关数据
                                        helper.saveReportDatas(Data.reports);
                                }
                        }
                        flag = false;
                        System.out.println("您退出了系统！");
                        //其他省略
                }
        }
}
```

接下来运行应用程序。

（1）以普通员工登录，汇报工作，退出保存到 Reports.txt，结果如下：

```
请输入用户名:
Staff
请输入密码:
Staff
人力资源管理系统=>普通员工
********************************************************************
                        1、汇报工作
                        2、查看个人信息
                        3、修改密码
                        4、查看评测
                        5、工资等级
                        6、今日工作
                        7、在线交流
********************************************************************
请输入菜单项数字或者输入 R/r 返回上一菜单:
1
```

请输入汇报信息

汇报 1

汇报成功!

输入其他 2 条汇报信息，操作方式与上类似。

请输入菜单项数字或者输入 R/r 返回上一菜单:

r

欢迎进入企业人力资源管理系统

****

    1、登录系统

    2、注册用户

    3、退出系统

****

请输入菜单项数字:

3

是否保存本次操作数据？保存数据请输入 y/Y

y

您退出了系统!

数据将保存到当前文件夹下的 Reports.txt 文件中，比如说如下内容:

DH001|汇报 1

DH001|汇报 2

DH001|汇报 3

  (2) 以经理角色登录，查看汇报，显示结果如下:

请输入用户名:

Manager

请输入密码:

Manager

人力资源管理系统=>部门经理

****

    1、查看工作汇报

    2、考评员工

    3、查看个人信息

    4、修改密码

    5、工资等级

    6、今日工作

    7、在线交流

****

请输入菜单项数字或者输入 R/r 返回上一菜单:

1

汇报如下:

****

汇报人:Staff   汇报内容:汇报 1
汇报人:Staff   汇报内容:汇报 2
汇报人:Staff   汇报内容:汇报 3

(3) 以经理角色登录，考评员工，退出并保存到 Evaluation.txt，显示结果如下：

请输入用户名:

Manager

请输入密码:

Manager

人力资源管理系统=>部门经理

****

　　　　　　　1、查看工作汇报

　　　　　　　2、考评员工

　　　　　　　3、查看个人信息

　　　　　　　4、修改密码

　　　　　　　5、工资等级

　　　　　　　6、今日工作

****

请输入菜单项数字或者输入 R/r 返回上一菜单:

2

请输入被评测员工编号:

DH001

请输入评测成绩

90

人力资源管理系统=>部门经理

****

　　　　　　　1、查看工作汇报

　　　　　　　2、考评员工

　　　　　　　3、查看个人信息

　　　　　　　4、修改密码

　　　　　　　5、工资等级

　　　　　　　6、今日工作

****

请输入菜单项数字或者输入 R/r 返回上一菜单:

2

请输入被评测员工编号:

DH001

请输入评测成绩

80

人力资源管理系统=>部门经理

****

1、查看工作汇报

                  2、考评员工

                  3、查看个人信息

                  4、修改密码

                  5、工资等级

                  6、今日工作

****

请输入菜单项数字或者输入 R/r 返回上一菜单：

2

请输入被评测员工编号：

DH003

请输入评测成绩

70

人力资源管理系统=>部门经理

****

                  1、查看工作汇报

                  2、考评员工

                  3、查看个人信息

                  4、修改密码

                  5、工资等级

                  6、今日工作

****

请输入菜单项数字或者输入 R/r 返回上一菜单：

R

               欢迎进入企业人力资源管理系统

****

                  1、登录系统

                  2、注册用户

                  3、退出系统

****

请输入菜单项数字：

3

是否保存本次操作数据？保存数据请输入 y/Y

Y

您退出了系统！

    （4）以普通员工角色登录，查看考评，显示结果如下：

请输入用户名：

Staff

请输入密码：

Staff

人力资源管理系统=>普通员工

****

                    1、汇报工作

                    2、查看个人信息

                    3、修改密码

                    4、查看评测

                    5、工资等级

                    6、今日工作

****

请输入菜单项数字或者输入 R/r 返回上一菜单:

4

按高到低查看成绩，输入 d/D, 默认顺序,输入 y/Y

d

按评测成绩高到低排序，评测如下：

****

评测经理 Manager,   被评测人 Staff,   评测成绩：90.0

评测经理 Manager,   被评测人 Staff,   评测成绩：80.0

 知识拓展

1. Zip 流

Zip 文件以压缩格式存储一个或多个文件，每个 Zip 文件都有文件头，其中包含了诸如文件名和使用压缩方法等信息。在 Java 中通常将一个 FileInputStream 传给 ZipInputStream 构造方法，利用 ZipInputStream 来读取一个 Zip 文件。ZipInputStream 常用的方法如表 S8-1 所示。

表 S8-1   ZipInputStream 常用的方法

方 法 名	功 能 说 明
ZipInputStream(InputStream in)	创建新的 ZIP 输入流
int available()	在 EOF 到达当前条目数据后，返回 0；否则，始终返回 1
void close()	关闭此输入流并释放与此流关联的所有系统资源
void closeEntry()	关闭当前 ZIP 条目并定位流以读取下一个条目
ZipEntry createZipEntry(String name)	为指定条目名称创建一个新的 ZipEntry 对象
ZipEntry getNextEntry()	读取下一个 ZIP 文件条目并将流定位到该条目数据的开始处

当向 ZIP 文件写入时，需要打开一个构造方法中包含 FileOutputStream 的 ZipOutputStream 文件流。对于每一条希望置入 ZIP 文件的条目，都要创建一个 ZipEntry 对象。只要把文件名传给 ZipEntry 构造方法，该类会自动设置其他参数，如文件日期和解

压方法等。ZipOutputStream 常用的方法如表 S8-2 所示。

表 S8-2　ZipOutputStream 常用的方法

方　法　名	功　能　说　明
ZipOutputStream(OutputStream out)	创建新的 ZIP 输出流
void close()	关闭 ZIP 输出流和正在过滤的流
void closeEntry()	关闭当前 ZIP 条目并定位流以写入下一个条目
void finish()	完成写入 ZIP 输出流的内容，无需关闭底层流
void putNextEntry(ZipEntry e)	开始写入新的 ZIP 文件条目并将流定位到条目数据的开始处
void write(byte[] b, int off, int len)	将字节数组写入当前 ZIP 条目数据

下面代码是压缩单个文件和读取压缩文件的例子：

```java
public class ZIPcompress {
    public static void main(String[] args) {
        Scanner scanner = new Scanner(System.in);
        while (true) {
            System.out.println("1、压缩一个文件|2、解压一个文件
                                            |其他数值则退出系统！");
            int key = scanner.nextInt();
            switch (key) {
            case 1:
                compress(scanner);
                break;
            case 2:
                unCompress(scanner);
                break;
            default:
                System.exit(0);
                break;
            }
        }
    }
    // 压缩文件
    public static void compress(Scanner scanner) {
        BufferedInputStream bi = null;
        ZipOutputStream zo = null;
        try {
            System.out.println("请输入要压缩的文件名及路径:");
            String pathName = scanner.next();
            System.out.println("请输入压缩的路径及文件名(默认当前路径)：");
```

```
                        String zipName = scanner.next();
                        zo = new ZipOutputStream(new DataOutputStream(
                                    new FileOutputStream(zipName + ".zip")));
                        zo.putNextEntry(new ZipEntry(pathName));
                        bi = new BufferedInputStream(
                                    new FileInputStream(pathName));
                        byte[] buffer = new byte[1024];
                        System.out.println("写入压缩文件");
                        int length = 0;// 实际长度
                while ((length = bi.read(buffer, 0, buffer.length)) != -1) {
                            zo.write(buffer, 0, length);
                        }
                } catch (Exception ex) {
                        ex.printStackTrace();
                } finally {
                        try {
                            if (bi != null) {
                                    bi.close();
                            }
                            if (zo != null) {
                                    zo.close();
                            }
                        } catch (Exception ex) {
                            ex.printStackTrace();
                        }
                }
        }
}
// 解压缩文件
public static void unCompress(Scanner scanner) {
        // 声明 zip 流变量
        ZipInputStream zin = null;
        BufferedInputStream bin = null;
        BufferedOutputStream bo = null;
        try {
                System.out.println("请输入要读取的文件名及路径");
                String fileName = scanner.next();
                zin = new ZipInputStream(new FileInputStream(fileName));
                ZipEntry entry = zin.getNextEntry();
                byte[] buffer = new byte[1024];
                bin = new BufferedInputStream(zin);
```

```
                    // 根据 entry.getName 解压缩到当前目录下
                    System.out.println(entry.getName());
                    bo=new BufferedOutputStream(new
                                    FileOutputStream(entry.getName()));
                    int length = 0;
            while ((length = bin.read(buffer, 0, buffer.length)) != -1) {
                        bo.write(buffer, 0, length);
                    }
            } catch (Exception ex) {
                    ex.printStackTrace();
            } finally {
                    try {
                            if(bin != null){
                                    bin.close();
                            }
                            if(bo != null){
                                    bo.close();
                            }
                            if(zin != null){
                                    zin.closeEntry();
                            }
                    } catch (Exception ex) {
                            ex.printStackTrace();
                    }
                }
        }
    }
}
```

Zip 压缩相关类的用法非常直观，只需将输出流封装到一个 ZipOutputStream 内，并将
输入流封装到 ZipInputStream 内即可，剩余的全部操作就是标准的 I/O 操作。

2. NIO

从 JDK1.4 开始，引入了新的 I/O 类库，位于 java.nio 包中，其目的在于提高 I/O 操作
的效率(nio 是 new io 的缩写)。java.nio 包引入了 4 个关键的数据类型。

◇ Buffer：缓冲区，临时存放输入或输出数据。

◇ Charset：具有将 Unicode 字符编码与其他字符编码进行相互转换的功能。

◇ Channel：数据传输通道，能够把 Buffer 中的数据写到目的地，或者把数据
源的数据读入到 Buffer。

◇ Selector：支持异步 I/O 操作，也称为非阻塞 I/O 操作，一般在编写服务器程
序时需要用到它。

新 I/O 类库主要从以下两个方面提高 I/O 操作的效率：

◇　利用 Buffer 缓冲器和 Channel 通道来提高 I/O 操作的速度。

◇　利用 Selector 来支持非阻塞 I/O 操作。

下述代码使用 FileChannel 的例子：

```
public class FileChannelTest {
    public static void main(String[] args) throws IOException {
        final int BSIZE = 1024;
        // 向文件中写入数据
        FileChannel fc = new
                            FileOutputStream("D:\\test.txt").getChannel();
        fc.write(ByteBuffer.wrap("你好".getBytes()));
        // 向文件末尾添加数据
        fc = new RandomAccessFile("D:\\test.txt", "rw").getChannel();
        fc.position(fc.size());// 定位到文件末尾
        fc.write(ByteBuffer.wrap("朋友".getBytes()));
        fc.close();
        // 读数据
        fc = new FileInputStream("D:\\test.txt").getChannel();
        //创建一个容量为 1024 字节的 ByteBuffer 对象
        ByteBuffer buffer = ByteBuffer.allocate(BSIZE);
        fc.read(buffer);// 把文件中的数据读入到 ByteBuffer 中
        buffer.flip();
        Charset cs = Charset.defaultCharset();// 获得本地平台的字符编码
        System.out.println(cs.decode(buffer));// 转为 Unicode 编码
        fc.close();
    }
}
```

在以上 FileChannel 类的 main 方法中，先从文件输出流中得到一个 FileChannel 对象，然后通过它把 ByteBuffer 对象中的数据写入到文件中。"你好".getBytes()语句返回字符串"你好"在本地平台的字符编码。ByteBuffer 类的静态方法 wrap(byte[])把一个字节数组包装为一个 ByteBuffer 对象。

接着从 RandomAccessFile 对象中得到一个 FileChannel 对象，定位到文件末尾，然后向文件中写入字符串"朋友"。该字符串仍然采用本地平台的字符编码。

然后从文件输入流中得到一个 FileChannel 对象，再调用 ByteBuffer.allocate()方法创建一个 ByteBuffer 对象，它的容量为 1024 个字节。fc.read()方法把文件中的数据读入到 ByteBuffer 中，接下来 buffer.flip()方法把缓冲区的极限 limit 设为当前位置值，再把位置 position 设为 0，这使得接下来的 cs.decode()方法仅仅操作刚刚写入缓冲区的数据。cs.decode()方法把缓冲区的数据转换为 Unicode 字符编码，然后打印该编码所代表的字符串。

执行上面程序，结果如下：

你好朋友

拓展练习

练习 8.1

利用 ZipOutputStream 和 ZipInputStream 分别实现对文件夹的压缩和解压缩。提示：利用 getNextEntry()!=null 作为循环结束的条件。

练习 8.2

创建一个文件，文件名为 jdbc.properties，文件内容如下：

```
username = 张三
password = 123456
```

把文件中内容读出，读出结果如下：

```
用户名为： 张三
密码为：123456
```

（提示：利用 Properties 类和流进行配合读取内容。）

实践 9　JDBC 基础

 实践指导

实践 9.1

在 Oracle 数据库中创建贯穿案例 HR 管理系统所用到的用户及表结构。

【分析】

(1) 在 Oracle 数据库中创建一个新用户 HR，并设置密码、分配权限及角色。

(2) 以 HR 用户登录，创建下列表：

◇ HR_USER，用户表。

◇ HR_ROLE，角色表。

◇ HR_DEPARTMENT，部门表。

◇ HR_REPORT，汇报表。

◇ HR_EVALUATION，评测表。

【参考解决方案】

1. 创建新用户

运行 PLSQL 工具软件，以管理员账号登录，如图 S9-1 所示。

图 S9-1　PLSQL 登录

在左侧对象树中，右键单击选择"Users→新建"选项，在弹出来的对话框中创建新的用户，如图 S9-2 所示。

在弹出界面中输入要创建的用户信息，用户名为"HR"，密码为"hr123"，如图 S9-3 所示。

设置 HR 角色权限，添加 connect、resource 角色，如图 S9-4 所示。

设置 HR 系统权限 unlimited tablespace，如图 S9-5 所示。

图 S9-2　选择"新建"用户命令

图 S9-3　"用户基本信息"对话框

图 S9-4　"用户角色权限"对话框

图 S9-5　"用户系统权限"对话框

2．设计数据库表

根据业务需求，设计 HR_USER(用户表)、HR_ROLE(角色表)、HR_DEPARTMENT
(部门表)、HR_REPORT(汇报表)、HR_EVALUATION(评测表)5 个表。表关系如图 S9-6
所示。

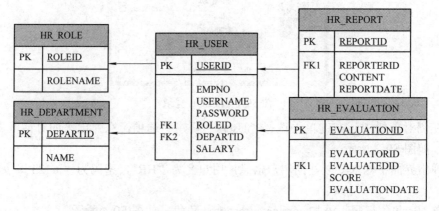

图 S9-6　数据库表关系图

根据表 S9-1 所示内容创建 HR_ROLE 表。

表 S9-1   HR_ROLE 表

列名	描述	数据类型	说明
ROLEID	角色 ID	NUMBER	主键，自增长
ROLENAME	角色名	NVARCHAR2(50)	非空

根据表 S9-2 所示内容创建 HR_DEPARTMENT 表。

表 S9-2   HR_DEPARTMENT

列名	描述	数据类型	说明
DEPARTID	部门 ID	NUMBER	主键，自增长
NAME	部门名称	NVARCHAR2(50)	非空

根据表 S9-3 所示内容创建 HR_USER 表。

表 S9-3   HR_USER

列名	描述	数据类型	说明
USERID	用户 ID	NUMBER	主键，自增长
EMPNO	员工编号	NVARCHAR2(20)	非空
USERNAME	用户名	NVARCHAR2(50)	非空
PASSWORD	密码	NVARCHAR2(100)	非空
ROLEID	角色 ID	NUMBER	非空，外键
DEPARTID	所属部门 ID	NUMBER	非空，外键
SALARY	工资	NUMBER(8,2)	非空

根据表 S9-4 所示内容创建 HR_EVALUATION 表。

表 S9-4   HR_EVALUATION

列名	描述	数据类型	说明
EVALUATIONID	考评 ID	NUMBER	主键，自增长
EVALUATORID	考评人 ID	NUMBER	非空
EVALUATEDID	被考评人 ID	NUMBER	非空，外键
SCORE	考评成绩	NUMBER	非空
EVALUATIONDATE	考评时间	VARCHAR2(14)	非空

根据表 S9-5 所示内容创建 HR_REPORT 表。

表 S9-5   HR_REPORT

列名	描述	数据类型	说明
REPORTID	汇报编号	NUMBER	主键，自增长
REPORTERID	汇报人 ID	NUMBER	非空，外键
CONTENT	汇报内容	NVARCHAR2(500)	非空
REPORTDATE	汇报时间	VARCHAR2(14)	非空

3. 创建表

右键单击"Tables→新建"选项，创建 HR_ROLE 表，如图 S9-7 所示。

在创建表界面设计 HR_ROLE 表结构，如图 S9-8 所示。

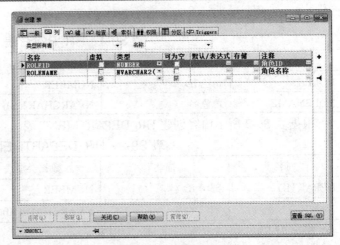

图 S9-7 选择"新建"表命令　　　　图 S9-8 新建表列信息

其他表格的创建方法与 HR_ROLE 类似，不再详细演示。

4. 创建 SEQUENCE

HR_ROLE 表中 ROLEID 为自动增长，可以借助 SEQUENCE 实现，命名为"ROLE_SEQ"，如图 S9-9 所示。

在创建序列窗口中输入相关信息，如图 S9-10 所示。

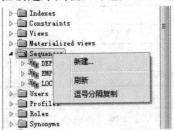

图 S9-9 选择"新建"序列命令　　　图 S9-10 PLSQL 序列信息

点击"应用"→"关闭"按钮，最终效果如图 S9-11 所示。

图 S9-11 查看序列列表

创建其他表格自增字段对应的 SEQUENCE 步骤类似，需创建的 SEQUENCE 如表 S9-6 所示。

表 S9-6 SEQUENCE 表

表名	列名	对应 SEQUENCE
HR_ROLE	ROLEID	ROLE_SEQU
HR_DEPARTMENT	DEPARTID	DEPARTMENT_SEQ
HR_USER	USERID	USER_SEQ
HR_REPORT	REPORTID	REPORT_SEQ
HR_EVALUATION	EVALUATIONID	EVALUATION_SEQ

5．初始化数据

在 HR_ROLE 表中插入三条记录，代表"Staff"、"Manager"、"Admin"三种角色，即普通员工角色、经理角色、管理员角色，对应的 ROLEID 为 1、2、3。

在 HR_DEPARTMENT 表中插入"市场部"、"开发部"、"信息部" 3 个部门，对应的 DEPARTID 为 1、2、3。

在 HR_USER 表中加入 3 个员工数据。

普通员工角色信息如下：

EMPNO：DH001

USERNAME：Staff

PASSWORD：Staff

ROLEID：1

DEPARTID：2

SALARY：3000

经理角色信息如下：

EMPNO：DH002

USERNAME：Manager

PASSWORD：Manager

ROLEID：2

DEPARTID：2

SALARY：6000

管理员角色如下：

EMPNO：DH003

USERNAME：Admin

PASSWORD：Admin

ROLEID：3

DEPARTID：3

SALARY：4000

初始化数据 SQL 语句如下：

```
/*插入角色初始化数据*/
INSERT INTO HR_ROLE(ROLEID, ROLENAME) VALUES(ROLE_SEQ.NEXTVAL, 'Staff');
INSERT INTO HR_ROLE(ROLEID, ROLENAME) VALUES(ROLE_SEQ.NEXTVAL, 'Manager');
INSERT INTO HR_ROLE(ROLEID, ROLENAME) VALUES(ROLE_SEQ.NEXTVAL, 'Admin');
/*插入部门初始化数据*/
INSERT INTO HR_DEPARTMENT(Departid, Name)
VALUES(DEPARTMENT_SEQ.NEXTVAL,'市场部');
INSERT INTO HR_DEPARTMENT(Departid, Name)
 VALUES(DEPARTMENT_SEQ.NEXTVAL,'开发部');
INSERT INTO HR_DEPARTMENT(Departid, Name)
 VALUES(DEPARTMENT_SEQ.NEXTVAL,'信息部');
```

```
/*插入员工初始化数据*/
INSERT INTO HR_USER(USERID, EMPNO, USERNAME, PASSWORD, ROLEID, DEPARTID, SALARY)
VALUES(USER_SEQ.NEXTVAL, 'DH001', 'Staff', 'Staff', 1, 2, 3000);
INSERT INTO HR_USER(USERID, EMPNO, USERNAME, PASSWORD, ROLEID, DEPARTID, SALARY)
VALUES(USER_SEQ.NEXTVAL, 'DH002', 'Manager', 'Manager', 2, 2, 6000);
INSERT INTO HR_USER(USERID, EMPNO, USERNAME, PASSWORD, ROLEID, DEPARTID, SALARY)
VALUES(USER_SEQ.NEXTVAL, 'DH003', 'Admin', 'Admin', 3, 3, 4000);
COMMIT;
```

实践 9.2

搭建项目访问 Oracle 数据库的基础框架。

【分析】

(1) 在项目中添加 Oracle 数据库驱动包 ojdbc6.jar，并导入。

(2) 编写连接数据库的属性文件 oracle.properties。

(3) 编写用于读取属性文件信息的 Config 类。

(4) 编写数据库访问工具类 DBUtil。

【参考解决方案】

1. 添加 Oracle 数据库驱动 ojdbc6.jar 包

右键单击 hrManager 项目名称，选择"New→Folder"，在 hrManager 项目中创建 lib 文件夹，如图 S9-12 所示。

将理论篇中使用的 ojdbc6.jar 驱动包(Oracle 安装根目录下的 "product\11.2.0\dbhome_1\jdbc\lib"子目录中)拷贝到 lib 文件夹下，如图 S9-13 所示。

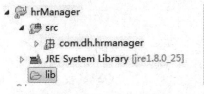

图 S9-12 创建 Lib 文件夹

图 S9-13 拷贝 Oracle 驱动包

2. 导入 ojdbc6.jar 包

右键单击 hrManager 项目名称，在弹出的右键菜单中选择"Build Path→Configuration Build Path"如图 S9-14 所示。

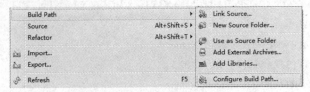

图 S9-14 选择配置引用命令

在弹出的"Java Build Path"窗口中，单击右侧"Add JARs"按钮，如图 S9-15 所示。

选中 hrManager 项目下的 lib 文件夹中的 ojdbc6.jar，如图 S9-16 所示。

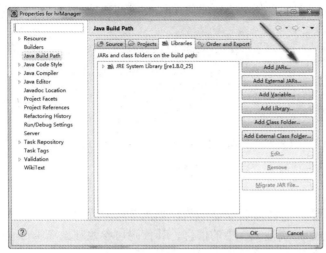

图 S9-15　项目外部引用对话框

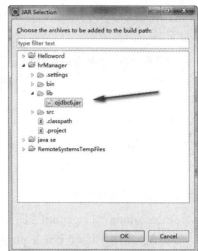

图 S9-16　选择 Oracle 驱动包

点击"OK"按钮，返回"Java Build Path"窗口，如图 S9-17 所示。

点击"OK"按钮，完成 ojdbc6.jar 驱动包的导入。最终效果如图 S9-18 所示。

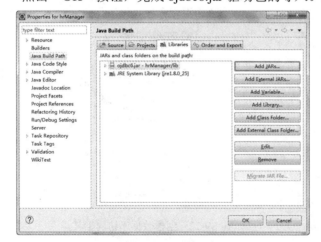

图 S9-17　导入 Oracle 驱动包

图 S9-18　完成 Oracle 驱动包导入

3. 编写属性文件 oracle.properties

右键单击 hrManager 项目名称，选择"New→Folder"菜单项，在 hrManager 项目中创建一个名为"config"的文件夹，如图 S9-19 所示。

右键单击 config 文件夹，选择"New→File"菜单项，在该文件夹中添加一个名为"oracle.properties"的数据库属性文件，如图 S9-20 所示。

图 S9-19　创建 config 文件夹

图 S9-20　创建数据库配置文件

打开 oracle.properties 属性文件，在该文件中编写连接 Oracle 数据库的配置信息，内容如下：

```
driver=oracle.jdbc.driver.OracleDriver
url=jdbc:oracle:thin:@192.168.2.55:1521:orcl
user=HR
pwd=hr123
```

 注意 url 值中的 192.168.2.55 为 ORACLE 服务器 IP，1521 为端口，orcl 为 ORACLE 全局服务名。如果是本地数据库，可以把 192.168.2.55 替换成 localhost。

4．编写 Config 类

在 com.dh.hrmanager.util 包下创建一个名为 Config 的类，如图 S9-21 所示。

Config 类用于读取 oracle.properties 属性文件中的信息，其代码可参照理论篇第 9 章中 Config 类的代码，这里不进行详述。

5．编写数据库访问工具类 DBUtil

在 com.dh.hrmanager.util 包下创建一个名为 DBUtil 类，如图 S9-22 所示。

图 S9-21　创建 Config 类　　　　图 S9-22　创建数据库访问工具类

DBUtil 类是访问数据库时使用的工具类，其代码也可参照理论篇第 9 章中的 DBUtil 类的代码，这里不进行详述。

实践 9.3

将表映射成实体类。

【分析】

将 HR 管理系统中的表映射为实体类，一般表名映射为类名，列映射为属性。实体类都放于 com.dh.hrmanager.entity 包下。

【参考解决方案】

添加 Role 实体类，具体实现如下：

```java
public class Role {
    //角色 ID
    private int roleId;
    //角色名
    private String roleName;
    public Role() {
    }
    public Role(int roleId, String roleName) {
        this.roleId = roleId;
        this.roleName = roleName;
    }
    @Override
    public String toString() {
        // TODO Auto-generated method stub
        return roleName;
    }
    //Getters/Setters 省略
}
```

添加 Department 实体类，具体实现如下：

```java
public class Department {
    //部门 ID
    private int departId;
    //部门名称
    private String name;
    public Department() {
    }
    public Department(int departId, String name) {
        this.departId = departId;
        this.name = name;
    }
    @Override
    public String toString() {
        return name;
    }
    //Getters/Setters 省略......
}
```

添加 Employee 实体类，具体实现如下：

```java
public class Employee{
    //用户 ID
    private int userId;
```

```
        //用户名
        private String userName;
        //密码
        private String password;
        //角色 ID
        private int roleId;
        //员工编号
        private String empNo;
        //部门 ID
        private int departId;
        //薪资
        private double salary;
        public Employee(){
        }
        public Employee(int userId, String empNo, String userName,
                String password, int departId, int roleId, double salary ){
                this.userId = userId;
                this.empNo = empNo;
                this.userName = userName;
                this.password = password;
                this.departId = departId;
                this.roleId = roleId;
                this.salary = salary;
        }
        //Getters/Setters 省略
}
```

添加 Report 实体类，具体实现如下：

```
public class Report {
        //汇报 ID
        private int reportId;
        //汇报人 ID
        private int reporterId;
        //汇报内容
        private String content;
        public Report(){
        }
        public Report(int reportId, int reporterId, String content){
                this.reporterId = reporterId;
                this.reportId = reportId;
                this.content = content;
```

```
        }
        //Getters/Setters 省略
}
```

添加 Evaluation 实体类，具体实现如下：

```java
@SuppressWarnings("serial")
public class Evaluation implements Comparable<Evaluation>, Serializable   {
        //评价 ID
        private int evaluationId;
        //评价人 ID,经理角色
        private int evaluatorId;
        //被评价人 ID
        private int evaluatedId;
        //评价成绩
        private double score;
        public Evaluation(){
        }
        public Evaluation(int evaluationId, int evaluatorId,
                int evaluatedId, double score){
                this.evaluationId = evaluationId;
                this.evaluatorId = evaluatorId;
                this.evaluatedId = evaluatedId;
                this.score = score;
        }
        @Override
        public int compareTo(Evaluation o) {
                if(this.score > o.score)
                        return -1;
                if(this.score < o.score)
                        return 1;
                return 0;
        }
        //Getters/Setters 省略
}
```

最终效果如图 S9-23 所示。

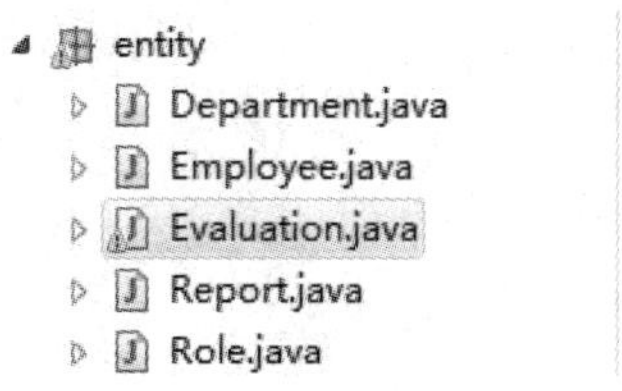

```
▲ ⊞ entity
    ▷ 🗎 Department.java
    ▷ 🗎 Employee.java
    ▷ 🗎 Evaluation.java
    ▷ 🗎 Report.java
    ▷ 🗎 Role.java
```

图 S9-23 实体类列表

实践 9.4

实现新员工注册功能，将员工注册信息添加到 HR_USER 表中。

【分析】

(1) 员工注册信息包括员工编号、姓名、密码、部门(只能是开发部、市场部、信息部)、薪资信息。

(2) 注册员工默认为 Staff 角色。

(3) 新建 UserDao 类，负责对用户的相关数据库操作，编写注册用户的方法，其中编写访问 HR_USER 表的 SQL 语句，调用 DBUtil 类中的相应方法进行数据操作。

【参考解决方案】

在 com.dh.hrmanager.db 包下创建 UserDao 类，在 UserDao 类中添加注册用户方法 registerUser()，具体代码如下：

```java
package com.dh.hrmanager.db;
import java.sql.SQLException;
import com.dh.hrmanager.util.DBUtil;
public class UserDao {
    //注册账号
    public boolean registerUser(String userName, String password,
            int roleId, String empNo, int departmentId, double salary){
            String strSql = " INSERT INTO HR_USER(USERID, USERNAME, "
                    + " PASSWORD,ROLEID, EMPNO, DEPARTID, SALARY) "
                    + " VALUES(USER_SEQ.NEXTVAL, ?, ?, ?, ?, ?, ?)";
            //参数值数组
            String[] parameters = new String[]{
                    userName,
                    password,
                    String.valueOf(roleId),
                    empNo,
                    String.valueOf(departmentId),
                    String.valueOf(salary)
            };
            //实例化数据库工具
            DBUtil dbUtil = new DBUtil();
            //打开数据库，获取连接对象
            try {
                    dbUtil.getConnection();
            } catch (ClassNotFoundException e) {
                    e.printStackTrace();
```

```
                } catch (SQLException e) {
                        e.printStackTrace();
                }
                //是否成功标志
                boolean successed = true;
                try{
                        dbUtil.executeUpdate(strSql, parameters);
                }catch(Exception ex){
                        successed = false;
                }finally{
                        dbUtil.closeAll();
                }
                return successed;
        }
}
```

上述 UserDao 类中，registerUser()方法用于向 HR_USER 表插入一条用户记录，其中定义了执行插入的 SQL 语句，使用 registerUser()方法的参数向 SQL 语句参数赋值，最后调用 DBUtil 类的 executeUpdate()方法执行了 SQL 语句。

实践 9.5

访问 HR_USER 表，实现员工登录功能。

【分析】

(1) 当员工登录时，要求输入员工姓名及密码，系统根据输入的员工信息获得员工角色，跳转到不同功能界面。

(2) 在 UserDao 类中添加登录方法，完成登录验证。

【参考解决方案】

在 UserDao 类添加登录方法 loginByDb()，具体代码如下：

```
        //登录检测,返回登录人的信息
public Employee loginByDb(String name, String password) throws
        ClassNotFoundException, SQLException, InstantiationException,
        IllegalAccessException{
        String strSql = " SELECT HR_USER.USERID, HR_USER.USERNAME,"
                + "HR_USER.ROLEID, HR_USER.DEPARTID, HR_USER.SALARY, "
                + "HR_USER.PASSWORD, HR_USER.EMPNO "
                + "   FROM HR_USER "
                + "   WHERE HR_USER.USERNAME = ? "
                + "     AND HR_USER.PASSWORD = ? ";
        String[] parameters = new String[]{
```

```
                    name,
                    password
            };
            int roleId = 0;
            //实例化数据库工具
            DBUtil dbUtil = new DBUtil();
            //打开数据库，获取连接对象
            dbUtil.getConnection();
            //查看是否存在登录账号
            ResultSet rs = dbUtil.executeQuery(strSql, parameters);
            //如果存在用户,返回登录角色
            if(rs.next()){
                    roleId = rs.getInt(3);
            }
        if(roleId == 1)
            return new Staff(rs.getInt(1), rs.getString(7),
                    rs.getString(2),rs.getString(6), rs.getInt(4),
                    rs.getInt(3), rs.getDouble(5));
        if(roleId == 2)
            return new Manager(rs.getInt(1), rs.getString(7),
                    rs.getString(2),rs.getString(6), rs.getInt(4),
                    rs.getInt(3), rs.getDouble(5));
        if(roleId == 3)
            return new Admin(rs.getInt(1), rs.getString(7),
                    rs.getString(2),rs.getString(6), rs.getInt(4),
                    rs.getInt(3), rs.getDouble(5));
        dbUtil.closeAll();
        return null;
    }
```

上述 UserDao 类的 loginByDb()方法中，定义了查询 HR_USER 表的 SQL 语句，调用 DBUtil 类的 executeQuery()方法执行 SQL 语句，并根据查询到的用户角色返回对应的实例。

实 践 9.6

用户注册时，录入部门名称，需要根据部门名称查询 HR_DEPARTMENT 表获取对应的部门 ID。添加 DepartmentDao 类，完成上述方法。

【分析】

用户注册时，录入部门名称，需要根据部门名称查询 HR_DEPARTMENT 表获取对应的部门 ID。添加 DepartmentDao 类，完成上述方法。

【参考解决方案】

在 com.dh.hrmanager.entity 包中增加 DepartmentDao 类，编写将部门名称转换为部门 ID 的方法 getDepartIdByDepartName()，具体代码如下：

```
package com.dh.hrmanager.db;
import java.sql.*;
import javax.swing.JComboBox;
import com.dh.hrmanager.entity.Department;
public class DepartmentDao {
        //通过部门名称得到部门 ID
        public int getDepartIdByDepartName(String departName) throws
            ClassNotFoundException, SQLException, InstantiationException,
            IllegalAccessException{
            String strSql = "SELECT HR_DEPARTMENT.DEPARTID FROM
                            HR_DEPARTMENT WHERE HR_DEPARTMENT.NAME = ?";
            String[] parameters = new String[]{departName};
            //实例化数据库工具
            DBUtil dbUtil = new DBUtil();
            //打开数据库，获取连接对象
            dbUtil.getConnection();
            //查看是否存在登录账号
            ResultSet rs = dbUtil.executeQuery(strSql, parameters);
            int result = 0;
            if(rs.next())
                    result = rs.getInt(1);
            dbUtil.closeAll();
            return result;
        }
}
```

实 践 9.7

更新 StartHr 类，实现用户的登录和注册。

【分析】

需要更新执行类 StartHr 中登录、注册部分的代码，分别调用 UserDao 的 loginByDb() 和 registerUser()方法完成登录和注册功能。

【参考解决方案】

修改后的 StartHr 类代码如下：

```java
import java.sql.SQLException;
import com.dh.hrmanager.db.DepartmentDao;
import com.dh.hrmanager.db.UserDao;
//import ......
public class StartHr {
    public static void main(String[] args) {
        UserDao userDao = new UserDao();
        DepartmentDao deptDao = new DepartmentDao();
        //其他省略
        case 1:
            Employee emp = null;
            try {
                emp = userDao.loginByDb (userName, password);
            } catch (ClassNotFoundException e) {
                e.printStackTrace();
            } catch (SQLException e) {
                e.printStackTrace();
            } catch (InstantiationException e) {
                e.printStackTrace();
            } catch (IllegalAccessException e) {
                e.printStackTrace();
            }
            if(emp == null){
            System.out.println("用户名或者密码不正确，请重新输入选项数字： ");
                continue;
            }
            //其他省略
        case 2:
            System.out.println("请输入员工编号:");
            String empNo = input.next();
            System.out.println("请输入员工姓名:");
            userName = input.next();
            System.out.println("请输入密码:");
            password = input.next();
            while(true){
                    System.out.println("请输入确认密码:");
                    String repassword = input.next();
                    if(repassword.equals(password)){
                        break;
                    }else{
```

```
                            System.out.println("两次密码输入不一致!");
                    }
            }
    String department = null;
    //循环检测，直到数据合法
    while(true){
            System.out.println("请输入部门,
                            部门只能是开发部、市场部、信息部:");
            department = input.next();
            if(department.equals("开发部") ||
                department.equals("市场部") ||
                department.equals("信息部")){
                    break;
            }
    }
    //部门编号
    int departmentId = 0;
    //角色编号
    int roleId = 0;
    try {
            departmentId =
                    deptDao.getDepartIdByDepartName(department);
            roleId = userDao.getRoleIdByRoleName("Staff");
    } catch (ClassNotFoundException e) {
            e.printStackTrace();
    } catch (SQLException e) {
            e.printStackTrace();
    } catch (InstantiationException e) {
            e.printStackTrace();
    } catch (IllegalAccessException e) {
            e.printStackTrace();
    }
            System.out.println("请输入员工薪资:");
            double salary = input.nextDouble();
            if(userDao.registerUser(userName, password, roleId,
                            empNo, departmentId, salary))
                    System.out.println("用户注册成功");
            else{
                    System.out.println("用户注册失败");
            }
```

```
                    menu.showLoginMenu();
                    break;
              //其他省略
}
```

运行应用程序，选择注册用户，显示结果如下：

欢迎进入企业人力资源管理系统

****

        1、登录系统

        2、注册用户

        3、退出系统

****

请输入菜单选项数字：

2

请输入员工编号：

DH004

请输入员工姓名：

古天乐

请输入密码：

10086

请输入确认密码：

100861

两次密码输入不一致!

请输入确认密码：

10086

请输入部门,部门只能是开发部、市场部、信息部：

信息部

请输入员工薪资：

10000

用户注册成功

 目前只用于测试功能实现是否成功，故只能默认注册成普通员工角色，随着项目的不断完善，后面会添加上多种角色。

以刚注册的用户登录，显示结果如下：

欢迎进入企业人力资源管理系统

****

        1、登录系统

        2、注册用户

        3、退出系统

****

请输入菜单项数字：

1

请输入用户名:

古天乐

请输入密码:

10086

人力资源管理系统=>普通员工

****

                  1、汇报工作

                  2、查看个人信息

                  3、修改密码

                  4、查看评测

                  5、工资范畴

                  6、今日工作

                  7、在线交流

****

请输入菜单项数字或者输入 R/r 返回上一菜单:

知识拓展

1. 可滚动和可更新的结果集

默认情况下，ResultSet 的游标只能使用 next()方法往前移动。在 JDBC 2.0 后的版本中，对 ResultSet 作了重大的改进：允许 ResultSet 的游标随意移动，并且还可以对数据库进行增加、删除及修改操作。

要让 ResultSet 可以滚动和更新，必须在创建 Statement 对象的时候指定对应的参数：

```
Statement stmt = conn.createStatement(type,concurrency);
```

对于 PreparedStatement，使用下面的方式指定参数：

```
PreparedStatement pstmt = conn.prepareStatement(sql,type,concurrency);
```

其中，type 表示 ResultSet 的类型，concurrency 表示是否可以使用 ResultSet 来更新数据库。

type 及 concurrency 的取值及作用如表 S9-7 所示。

表 S9-7 type 及 concurrency 的取值

类型	取　　值	功　能　说　明
type	ResultSet.TYPE_FORWARD_ONLY	结果集不能滚动，这是默认值
	ResultSet.TYPE_SCROLL_INSENSITIVE	结果集可以滚动，但 ResultSet 对数据库中发生的数据改变不敏感
	ResultSet.TYPE_SCROLL_SENSITIVE	结果集可以滚动，并且 ResultSet 对数据库中发生的数据改变敏感
concurrency	ResultSet.CONCUR_READ_ONLY	只读结果集，不能用于更新数据库
	ResultSet.CONCUR_UPDATABLE	可更新结果集，可以用于更新数据库

当使用 TYPE_SCROLL_INSENSITIVE 或者 TYPE_SCROLL_SENSITIVE 来创建 Statement 对象时，可以使用 ResultSet 的 first()、last()、beforeFirst()、afterLast()、relative()、absolute()等方法在结果集中随意移动游标。

下述代码演示了如何创建并使用可滚动的结果集，代码中使用的 HR_USER 表格结构参见本章类图。

```java
package com.dh.ph09.ex;
import java.sql.Connection;
import java.sql.ResultSet;
import java.sql.SQLException;
import java.sql.Statement;
import com.dh.hrmanager.db.DBUtil;
public class RollbackResultDemo {
    // 输出当前行信息
    public static void print(ResultSet rs) throws SQLException {
        System.out.println("行 " + rs.getRow() + ":" + rs.getString(1)
            + "," + rs.getString(2) + "," + rs.getString(3));
    }
    public static void main(String args[]) throws ClassNotFoundException{
        DBUtil dbUtil = new DBUtil();
        try {
            Connection conn = dbUtil.getConnection();
            // 创建可滚动的 Statement 对象
            Statement stmt = conn.createStatement(
                ResultSet.TYPE_SCROLL_INSENSITIVE,
                ResultSet.CONCUR_READ_ONLY);
            // 获取查询结果集
            ResultSet rs = stmt.executeQuery("SELECT
                USERUID,EMPNO,USERNAME,PASSWORD FROM HR_USER");
            while (rs.next()) {
                print(rs);
            }
            System.out.println("=============================");
            // 第一行
            rs.first();
            print(rs);
            // 最后一行
            rs.last();
            print(rs);
            // 第二行
            rs.absolute(2);
```

```
                print(rs);
            }
        catch (Exception e) {
                e.printStackTrace();
        }finally{
                // 关闭连接
        dbUtil.closeAll();
            }
        }
}
```

执行结果如下：

行 1:1,DH001,Staff

行 2:2,DH002,Manager

行 3:3,DH003,Admin

行 4:4,DH004,李刚

行 5:5,DH005,古天乐

============================

行 1:1,DH001,Staff

行 5:5,DH005,古天乐

行 2:2,DH002,Manager

要成为可以更新数据库的结果集，必须在创建 Statement 的时候指定第二个参数为 ResultSet.CONCUR_UPDATABLE。如果结果集是可更新的，可调用 ResultSet 的相关方法进行更新操作。其常用更新方法及使用说明如表 S9-8 所示。

表 S9-8　ResultSet 的更新方法列表

方　法　名	功　能　说　明
void moveToCurrentRow()	将游标移动到记住的游标位置，通常为当前行
void moveToInsertRow()	将游标移动到插入行
void cancelRowUpdates()	取消当前行的更新信息
void insertRow()	将插入行的内容插入到结果集中并同步到数据库中
void deleteRow()	从结果集和底层数据库中删除当前行
void updateRow()	用结果集的当前行的新内容更新底层数据库
void updateString(int x, String y)	用 String 值更新 x 列值
void updateInt(int x, int y)	用 int 值更新 x 列值

有几个方法需要注意：updateXXX()方法和 setXXX()方法类似；XXX 为数据类型；updateXXX()方法接收字段索引和字段名称，可通过字段的索引进行更新，也可以指定字段名称进行更新。

使用 updateXXX()方法只会修改结果集中的数据，要让修改真正影响到数据库，还必须在执行 updateXXX()方法后执行其他的方法。

updateRow()方法用于将当前行中的数据更新同步到数据库中，这个方法要紧跟着 updateXXX()执行，否则如果执行完 updateXXX()方法后移动了游标，将会取消对结果集所作的更新。

moveToInsertRow()方法将指针移动到特定的位置，在这个特定的位置上可以进行操作，这个位置称作"插入行"。在将指针移动到插入行后，需要调用 updateXXX()方法来向这个当前为空的行中插入数据。注意，在执行完 updateXXX()方法的时候，需要调用 insertRow()方法来将新增到结果集中的数据同步到数据库中。

下述代码演示了如何创建并使用可更新的结果集：

```java
package com.dh.ph09.ex;
import java.sql.Connection;
import java.sql.ResultSet;
import java.sql.Statement;
import com.dh.hrmanager.db.DBUtil;
public class EditableResultSetDemo
{
    public static void main(String args[]) throws ClassNotFoundException
        {
        DBUtil dbUtil = new DBUtil();
        try {
            Connection conn = dbUtil.getConnection();
            // 创建可滚动的 Statement 对象
            Statement stmt = conn.createStatement(
                ResultSet.TYPE_SCROLL_INSENSITIVE,
                ResultSet.CONCUR_UPDATABLE);
            // 获取查询结果集
            ResultSet rs = stmt.executeQuery("SELECT HR_USER.USERID, "
+ "HR_USER.USERNAME,HR_USER.ROLEID,HR_USER.DEPARTID,"
                + " HR_USER.SALARY, HR_USER.PASSWORD, HR_USER.EMPNO "
                + " FROM HR_USER ORDER BY   HR_USER.USERID ");
            int count = 0;
            // 对第5 行记录将古天乐的角色改成经理
            while (rs.next())
            {
                count++;
                if (count == 5)
                {
                    //根据列名来更改值
                    rs.updateString("roleid", "2");
```

```
                            rs.updateRow();
                    }
            }
        } catch (Exception e)
        {
                e.printStackTrace();
        }finally
        {
        // 关闭连接
            dbUtil.closeAll();
        }
    }
}
```

上述代码对查询结果集中第 5 行记录把他的角色类型改成了经理。执行完毕可查询数据库查看修改结果。

2. 操作 BLOB/CLOB 数据

数据库中有两种特殊的数据类型：用于保存二进制数据的 BLOB(Binary Large OBject)以及用于保存大量文本数据的 CLOB(Character Large OBject)。使用这两种数据类型可以将图片、内容较大的文本文件等内容保存到数据库中。通常情况下像图片、音频文件等体积比较大的文件用 BLOB 类型储存(因为数据量过大影响数据库性能，所以不建议大量使用BLOB)，而对于 XML 这类文字符号文件或者某文章等体积比较小的用 CLOB 类型存储。下面通过对 BLOB 类型数据的存取，讲解这两种数据类型的使用方法。

如果需要将图片保存到数据库中，可以使用 PreparedStatement 的如下方法：

```
setBinaryStream(int idx,InputStream is,int length)
```

或者：

```
setBlob(int idx,Blob b)
```

从数据库中读出 BLOB 的数据，可以使用 ResultSet 中的如下方法：

```
InputStream getBinaryStream(int columnIndex)
```

或者：

```
Blob getBlob(int columnIndex)
```

下面代码通过图片文件在 Oracle 中的存取，演示对 BLOB 数据的操作。

首先创建能够存储图片的表，执行如下 SQL：

```
CREATE TABLE picture(
pid VARCHAR2(5) PRIMARY KEY,--图片id
filename VARCHAR2(20) NOT NULL,--图片名称
pic LONG RAW NOT NULL --图片内容
);
```

如果要把一个二进制文件存入 ORACLE，用标准的 JDBC 就要用 LONG ROW 类型；如果一定要用 BLOB 存储，就必须用 ORACLE 自己的方法。

在 Oracle 中进行文件存取，代码如下：

```java
package com.dh.ph09.ex;
import java.sql.*;
import java.io.*;
import com.dh.hrmanager.db.DBUtil;
public class BlobDemo {
    static DBUtil dbUtil = new DBUtil();
    // 存储图片
    public static void savePic() throws SQLException {
        Connection conn = null;
        FileInputStream fis = null;
        try {
            conn = dbUtil.getConnection();
            String insertStr = "insert into picture values(?,?,?)";
            PreparedStatement stmt = conn.prepareStatement(insertStr);
            stmt.setString(1, "A0001");
            stmt.setString(2, "test.jpg");
            // 获取图片文件
            File file = new File("test.jpg");
            // 取得文件流
            fis = new FileInputStream(file);
            // 将二进制流数据传入PreparedStatement对象
            stmt.setBinaryStream(3, fis, (int) file.length());
            stmt.executeUpdate();
        } catch (SQLException sqle) {
            System.out.println(sqle);
        } catch (IOException ioe) {
            System.out.println(ioe);
        } catch (Exception e) {
            System.out.println(e);
        } finally {
            if (conn != null) {
                // 关闭连接
                dbUtil.closeAll();
            }
            if (fis != null) {
                try {
                    // 关闭文件流
                    fis.close();
                } catch (IOException ioe) {
```

```
                                        ioe.printStackTrace();
                                }
                        }
                }
        }
        // 读取图片
        public static void getPic() throws SQLException {
                Connection conn = null;
                FileOutputStream fos = null;
                try {
                        conn = dbUtil.getConnection();
                        String selectStr = "select pid,filename,pic from picture";
                        PreparedStatement stmt = conn.prepareStatement(selectStr);
                        ResultSet rs = stmt.executeQuery();
                        File file = new File("C:\\test_new.jpg");
                        // 取得文件流
                        fos = new FileOutputStream(file);
                        if (rs.next()) {
                                // 取得二进制数据流对象
                                InputStream is = rs.getBinaryStream(3);
                                int len = 0;
                                byte b[] = new byte[4 * 1024];
                                // 循环写文件
                                while ((len = is.read(b)) != -1) {
                                        fos.write(b, 0, len);
                                }
                                fos.flush();
                                is.close();
                        }
                } catch (Exception e) {
                        e.printStackTrace();
                } finally {
                        if (conn != null) {
                                // 关闭连接
                                dbUtil.closeAll();
                        }
                        if (fos != null) {
                                try {
                                        // 关闭文件流
                                        fos.close();
```

```
                    } catch (IOException ioe) {
                            ioe.printStackTrace();
                    }
                }
            }
        }
        public static void main(String[] args) {
            try {
                    savePic();
                    getPic();
            } catch (SQLException e) {
                    // TODO Auto-generated catch block
                    e.printStackTrace();
            }
            System.out.println("向数据库写图片数据完毕！");
            System.out.println("从数据库读图片数据完毕！");
        }
}
```

如果运行没有异常，将在 C 盘根目录下生成 test_new.jpg 文件。

3．批处理

所谓批处理，就是将很多 SQL 语句集合到一起执行，以提高效率。

要使用 JDBC 的批处理，需要使用 Statement 对象的 addBatch()方法向其中加入 SQL 语句，然后使用 Statement 对象的 executeBatch()方法来一次执行加入到批处理中的 SQL 语句。注意，在使用 addBatch()方法加入 SQL 语句的时候，语句并不会执行，只有在调用了 executeBatch()方法后才会执行。批处理和事务处理通常会结合起来使用。

下面代码通过两次向 Student 表中添加数据，演示 JDBC 批处理的使用。

```
package com.dh.ph09.ex;
import java.sql.Connection;
import java.sql.ResultSet;
import java.sql.SQLException;
import java.sql.Statement;
import com.dh.hrmanager.db.DBUtil;
public class BatchDemo {
    public static void main(String args[]) throws ClassNotFoundException{
        String selectSql = "SELECT HR_USER.USERID, HR_USER.EMPNO,
        HR_USER.USERNAME,HR_USER.PASSWORD, HR_USER.ROLEID,
                        HR_USER.DEPARTID    FROM HR_USER";
        String batchSql1 = "INSERT INTO HR_USER(USERID, EMPNO, USERNAME,
                    PASSWORD, ROLEID, DEPARTID, SALARY)
```

```
                              VALUES(USER_SEQ.NEXTVAL, 'DH006', '都教授',
                                                     'du123', 1, 2, 1000)";
String batchSql2 = "INSERT INTO HR_USER(USERID, EMPNO, USERNAME,
                     PASSWORD, ROLEID, DEPARTID, SALARY)
                              VALUES(USER_SEQ.NEXTVAL, 'DH007', '路西法',
                                                     'lu123', 2, 2, 6000)";
Connection conn = null;
DBUtil dbUtil = new DBUtil();
try {
        conn = dbUtil.getConnection();
        Statement stmt = conn.createStatement();
        // 获取并记录事务提交状态
        boolean autoCommit = conn.getAutoCommit();
         //关闭数据库连接的自动提交
        conn.setAutoCommit(false);
        // 添加批处理语句
        stmt.addBatch(batchSql1);
        stmt.addBatch(batchSql2);
        // 执行批处理
        stmt.executeBatch();
        conn.commit();
        // 恢复原有事务提交状态
        conn.setAutoCommit(autoCommit);
        // 执行查询，验证结果
        ResultSet rs = stmt.executeQuery(selectSql);
        while (rs.next()) {
                System.out.println("行 " + rs.getRow() + ":"
                                                + rs.getString(1)
                          + "," + rs.getString(2) + ","
                                                + rs.getString(3));
        }
} catch (Exception e) {
        // 如果出现异常，回滚
        if(conn!=null){
                try{
                        conn.rollback();
                }
                catch(SQLException se){
                        se.printStackTrace();
                }
```

```
                                    }
                            e.printStackTrace();
                }finally{
                            // 关闭连接
                            dbUtil.closeAll();
                }
        }
}
```

执行结果如下：

```
行 1:25,DH006,都教授
行 2:26,DH007,路西法
行 3:2,DH002,Manager
行 4:3,DH003,Admin
行 5:4,DH004,李刚
行 6:5,DH005,古天乐
```

从执行结果可以看出，两条插入语句都已顺利执行。

4．使用 JDBC 连接不同的数据库

大多数的数据库厂商都提供了专用的 JDBC 驱动程序，本节介绍使用 JDBC 连接常见数据库的主要代码，详细的配置和使用情况请读者参阅相关资料。

1）Microsoft SQL Server 2000

包名：msbase.jar、mssqlserver.jar、msutil.jar。

连接代码：

```
Class.forName( "com.microsoft.jdbc.sqlserver.SQLServerDriver" );
Connection conn =DriverManager.getConnection(
"jdbc:microsoft:sqlserver:// IP:1433;databaseName=db", username,password);
```

2）Microsoft SQL Server 2005

包名：sqljdbc.jar。

连接代码：

```
Class.forName( " com.microsoft.sqlserver.jdbc.SQLServerDriver" );
Connection conn =DriverManager.getConnection(
" jdbc:sqlserver:// IP:1433;databaseName=db", username,password);
```

3）MySQL

包名：mm.mysql-3.0.2-bin.jar。

连接代码：

```
Class.forName( "org.gjt.mm.mysql.Driver" );
Connection conn = DriverManager.getConnection( "jdbc:mysql:// IP:3306/数据库名", username,password);
```

4）Sybase

包名：jconn2.jar。

连接代码：

```
Class.forName( "com.sybase.jdbc2.jdbc.SybDriver" );
Connection conn = DriverManager.getConnection( "jdbc:sybase:Tds: IP:2638", username,password);
```

5）DB2

连接代码：

```
Class.forName("com.ibm.db2.jdbc.net.DB2Driver");
Connection conn = DriverManager.getConnection("jdbc:db2: IP:6789 ", username,password);
```

 拓展练习

练习 9.1

编写程序，连接 SQL2005 数据库，查询并输出数据库中 pubs 表的所有数据。

练习 9.2

在 MySQL 中创建一个名为 DH 的数据库，在该数据库中创建一张 Userdetails 表，表有三个字段(用户名、密码、权限)。编写一个应用程序，插入数据(可以考虑用批量插入)到 Userdetails 表中。

实践 10 Swing 图形界面

 实践指导

本章通过 Swing 技术实现案例"HR 管理系统",为其添加图形界面,具体功能模块参见实践 3.1 中的图 S3-1。系统中模块、功能及对应的界面类如表 S10-1 所示。

表 S10-1　HR 功能及对应类一览表

模块名	功 能	类 名
登录注册	登录	Login
	注册	Register
公共功能	查看个人信息	PrivateInfo
	在线交流	ChatClient
	修改密码	ModifyPassword
职员功能	普通员工主界面	StaffMain
	查看评测	DisplayEvaluation
	汇报工作	StaffReport
经理功能	经理主界面	ManagerMain
	查看工作汇报	DisplayReport
	查看部门员工	DisplayEmployees
	考评部门员工	EvaluatedEmployees
管理员功能	管理员主界面	AdminMain
	添加员工	AddEmployee
	更改员工角色	ModifyEmployeeRole

实 践 10.1

参照框架功能图及实践 9.1 中的表结构,可以将业务逻辑划分到不同的业务逻辑类中,提高代码重用性。

(1) 用户业务逻辑放到 UserDao 类中。

(2) 部门业务逻辑放到 DepartmentDao 类中。

(3) 角色业务逻辑放到 RoleDao 类中。

(4) 汇报业务逻辑放到 ReportDao 类中。

(5) 考评业务逻辑放到 EvaluationDao 类中。

(6) 界面相关业务逻辑类放到 SwingHrHelper 类中。

【分析】

(1) 修改 UserDao 类，对数据库表 HR_USER 实现查询操作、添加操作等功能。

(2) 修改 DepartmentDao 类，对数据库表 HR_DEPARTMENT 实现查询操作、添加操作等功能。

(3) 添加 RoleDao 类，对数据库表 HR_ROLE 实现查询操作、添加操作等功能。

(4) 添加 ReportDao 类，对数据库表 HR_REPORT 实现查询操作、添加操作等功能。

(5) 添加 EvaluationDao 类，对数据库表 HR_EVALUATION 实现查询操作、添加操作等功能。

(6) 添加 SwingHrHelper 类，对界面视图进行操作。

【参考解决方案】

(1) 修改 UserDao 类，该类实现与用户相关的业务逻辑，包括以下方法：

◇　loginByDb()：实现登录功能，返回登录人信息。

◇　getEmployeeByUserId()：通过 UserId(员工 ID)得到员工信息。

◇　getEmployeeByEmpNo()：通过 EmpNo(员工编号)得到员工信息。

◇　getDepartmentManagerByUserId()：通过 UserId(员工 ID)获取员工所在部门经理信息。

◇　registerUser()：注册员工账号。

◇　modifyPassword()：员工修改密码功能。

◇　getEmployeesByDepartId()：得到指定部门中所有的员工。

◇　fillEmployeesToTable()：将员工信息填充到 JTable 表格中。

◇　updateUserRole()：更新用户角色。

代码如下：

```
package com.dh.hrmanager.db;
import java.sql.*;
import java.util.*;
import javax.swing.JTable;
import com.dh.hrmanager.entity.*;
public class UserDao {
    //登录检测,返回登录人的信息
    public Employee loginByDb(String name, String password) throws
        ClassNotFoundException, SQLException, InstantiationException,
        IllegalAccessException{
        String strSql = " SELECT HR_USER.USERID, HR_USER.USERNAME, "
                + "HR_USER.ROLEID, HR_USER.DEPARTID,HR_USER.SALARY,"
                + " HR_USER.PASSWORD,HR_USER.EMPNO "
                + " FROM HR_USER "
```

```
                        + "WHERE HR_USER.USERNAME = ? "
                        + "   AND HR_USER.PASSWORD = ? ";
        String[] parameters = new String[]{name,password};
        int roleId = 0;
        //实例化数据库工具
        DBUtil dbUtil = new DBUtil();
        //打开数据库，获取连接对象
        dbUtil.getConnection();
        //查看是否存在登录账号
        ResultSet rs = dbUtil.executeQuery(strSql, parameters);
        Employee employee = null;
        try{
                //如果存在用户,返回登录角色
                if(rs.next()){
                        //得到当前登录员工数据
                        roleId = rs.getInt(3);
                        int userId = rs.getInt(1);
                        String empNo = rs.getString(7);
                        String userName = rs.getString(2);
                        int departId = rs.getInt(4);
                        double salary = rs.getDouble(5);
                        //根据不同角色，返回不同角色实例
                        if(roleId == 1){
                                employee = new Staff(userId, empNo, userName,
                        password, departId, roleId, salary);
                        }
                        if(roleId == 2)
                                employee = new Manager(userId, empNo, userName,
                                        password, departId, roleId, salary);
                        if(roleId == 3)
                                employee = new Admin(userId, empNo, userName,
                        password, departId, roleId, salary);
                }
        }catch(SQLException ex){
                ex.printStackTrace();
        }finally{
                dbUtil.closeAll();
        }
        return employee;
}
```

```
//根据员工 ID 得到员工信息
public Employee getEmployeeByUserId(int userId) throws
        ClassNotFoundException, SQLException, InstantiationException,
        IllegalAccessException{
        String strSql = " SELECT HR_USER.USERID, HR_USER.USERNAME,
                + "HR_USER.ROLEID, HR_USER.DEPARTID, "
                + " HR_USER.SALARY, HR_USER.PASSWORD, HR_USER.EMPNO "
                + " FROM HR_USER "
                + " WHERE HR_USER.USERID= ? ";
String[] parameters = new String[]{String.valueOf(userId)};
        //实例化数据库工具
        DBUtil dbUtil = new DBUtil();
        //打开数据库，获取连接对象
        dbUtil.getConnection();
        //查看是否存在登录账号
        ResultSet rs = dbUtil.executeQuery(strSql, parameters);
        Employee employee = null;
        try{
                //如果存在用户,返回登录角色
                if(rs.next()){
                //得到当前登录员工数据
                        int roleId = rs.getInt(3);
                        String empNo = rs.getString(7);
                        String userName = rs.getString(2);
                        int departId = rs.getInt(4);
                        double salary = rs.getDouble(5);
                        String password = rs.getString(6);
                        if(roleId == 1){
                                employee = new Staff(userId, empNo, userName,
                                        password, departId, roleId, salary);
                        }
                        if(roleId == 2)
                                employee = new Manager(userId, empNo, userName,
                                        password, departId, roleId, salary);
                        if(roleId == 3)
                                employee = new Admin(userId, empNo, userName,
                                        password, departId, roleId, salary);
                        }
                }
                catch(SQLException ex){
```

```
                                        ex.printStackTrace();
                        }finally{
                                dbUtil.closeAll();
                        }
                        return employee;
    }
//根据员工编号得到员工信息
public Employee getEmployeeByEmpNo(String empNo) throws
        ClassNotFoundException, SQLException,
        InstantiationException, IllegalAccessException{
        String strSql = " SELECT HR_USER.USERID, HR_USER.USERNAME, "
                        + " HR_USER.ROLEID, HR_USER.DEPARTID,"
                        + " HR_USER.SALARY, HR_USER.PASSWORD, HR_USER.EMPNO "
                        + " FROM HR_USER "
                        + " WHERE HR_USER.EMPNO= ? ";
String[] parameters = new String[]{empNo};
        //实例化数据库工具
        DBUtil dbUtil = new DBUtil();
        //打开数据库，获取连接对象
        dbUtil.getConnection();
        //查看是否存在登录账号
        ResultSet rs = dbUtil.executeQuery(strSql, parameters);
        Employee employee = null;
        try{
                //如果存在用户,返回登录角色
                if(rs.next()){
                        //得到当前登录员工数据
                        int roleId = rs.getInt(3);
                        int userId = rs.getInt(1);
                        String userName = rs.getString(2);
                        int departId = rs.getInt(4);
                        double salary = rs.getDouble(5);
                        String password = rs.getString(6);
                        if(roleId == 1){
                                employee = new Staff(userId, empNo, userName,
                        password, departId, roleId, salary);
                        }
                        if(roleId == 2)
                                employee = new Manager(userId, empNo, userName,
                                        password, departId, roleId, salary);
```

```
                     if(roleId == 3)
                           employee = new Admin(userId, empNo, userName,
                  password, departId, roleId, salary);
                           }
                   }
          catch(SQLException ex){
                  ex.printStackTrace();
          }finally{
                  dbUtil.closeAll();
          }
          return employee;
}
//得到员工所在部门经理
public Manager getDepartmentManagerByUserId(int userId) throws
          ClassNotFoundException, SQLException, InstantiationException,
          IllegalAccessException{
          Manager manager   = null;
          String strSql = " SELECT HR_user.userid, " +
                                "              HR_user.username, " +
                                "              HR_user.password, " +
                                "              HR_user.roleid, " +
                                "              HR_user.empno, " +
                                "              HR_user.departid, " +
                                "              HR_user.salary, " +
                                "              HR_role.rolename " +
                                "  FROM   HR_user, HR_role, " +
                                "            (SELECT departid   " + "" +
                                "                 FROM HR_user " +
                                "                  WHERE userid = ?) s1 " +
                                " WHERE HR_role.roleid = HR_user.roleid " +
                                "        AND HR_role.rolename = 'Manager' " +
                                "        AND   HR_user.departid = s1.departid ";
          String[] parameters = {String.valueOf(userId)};
          DBUtil dbutil = new DBUtil();
          dbutil.getConnection();
          ResultSet rs = dbutil.executeQuery(strSql, parameters);
          try{
                  if(rs.next()){
                          String empNo = rs.getString(5);
                          String userName = rs.getString(2);
```

```java
                String password = rs.getString(3);

                int departId = rs.getInt(6);

                int roleId = rs.getInt(4);

                double salary = rs.getDouble(7);

                manager = new Manager(userId, empNo, userName,
            password, departId, roleId, salary);

                }
        }catch(SQLException ex){
                System.out.println(ex.getMessage());
        }finally{
                dbutil.closeAll();
        }
        return manager;
}
//注册账号
public boolean registerUser(String userName, String password, int
        roleId, String empNo, int departmentId, double salary){
        String strSql = " INSERT INTO HR_USER(USERID, USERNAME,
                PASSWORD, ROLEID, EMPNO, DEPARTID, SALARY) " +
                " VALUES(USER_SEQ.NEXTVAL, ?, ?, ?, ?, ?, ?)";
        //参数值数组
        String[] parameters = new String[]{
                userName,password,String.valueOf(roleId),
                empNo,String.valueOf(departmentId),String.valueOf(salary)};
        //实例化数据库工具
        DBUtil dbUtil = new DBUtil();
        //打开数据库，获取连接对象
        try {
                dbUtil.getConnection();
        } catch (ClassNotFoundException e) {
                e.printStackTrace();
        } catch (SQLException e) {
                e.printStackTrace();
        } catch (InstantiationException e) {
                e.printStackTrace();
        } catch (IllegalAccessException e) {
                e.printStackTrace();
        }
        //是否成功标志
        boolean successed = true;
```

```
        try{
                dbUtil.executeUpdate(strSql, parameters);
        }catch(Exception ex){
                successed = false;
        }finally{
                dbUtil.closeAll();
        }
        return successed;
}
//修改密码
public int modifyPassword(Employee emp, String newPassword) throws
        ClassNotFoundException, SQLException,
        InstantiationException, IllegalAccessException{
        String strSql = "UPDATE HR_USER SET PASSWORD = ?
                WHERE USERID = ?";
        String[] parameters = {newPassword,
                String.valueOf(emp.getUserId())          };
        DBUtil dbutil = new DBUtil();
        dbutil.getConnection();
        int result = dbutil.executeUpdate(strSql, parameters);
        dbutil.closeAll();
        return result;
}
//得到指定部门所有员工, 如果部门编号<=0,则查询公司内所有员工
public ArrayList<Employee> getEmployeesByDepartId(int departId)
        throws ClassNotFoundException, SQLException,
        InstantiationException, IllegalAccessException{
        ArrayList<Employee> reports = new ArrayList<Employee>();
        DBUtil dbUtil= new DBUtil();
        dbUtil.getConnection();
        String strSql = null;
        ResultSet rs = null;
        if(departId > 0){
                strSql = " SELECT HR_USER.USERID, HR_USER.USERNAME, "
                        + " HR_USER.ROLEID, HR_USER.DEPARTID,"
                        + " HR_USER.SALARY, HR_USER.PASSWORD,HR_USER.EMPNO "
                        + " FROM HR_USER "
                        + " WHERE HR_USER.DEPARTID = ? ";
        String[] parameters = {String.valueOf(departId)};
        rs = dbUtil.executeQuery(strSql, parameters);
```

```
                }else{
                            strSql = " SELECT HR_USER.USERID, HR_USER.USERNAME,"
                            + " HR_USER.ROLEID, HR_USER.DEPARTID,"
                            + " HR_USER.SALARY, HR_USER.PASSWORD,HR_USER.EMPNO "
                            + " FROM HR_USER " ;
                            rs = dbUtil.executeQuery(strSql, null);
                }
                while(rs.next()){
                        Employee employee = null;
                        int userId = rs.getInt(1);
                        int roleId = rs.getInt(3);
                        String empNo = rs.getString(7);
                        String userName = rs.getString(2);
                        double salary = rs.getDouble(5);
                        String password = rs.getString(6);
                        int depId = rs.getInt(4);
                        if(roleId == 1)
                                employee = new Staff(userId, empNo, userName,
                        password, depId, roleId, salary);
                        if(roleId == 2)
                                employee = new Manager(userId, empNo, userName,
                                        password, depId, roleId, salary);
                        if(roleId == 3)
                                employee = new Admin(userId, empNo, userName,
                        password,depId, roleId, salary);
                        reports.add(employee);
                }
                dbUtil.closeAll();
                return reports;
        }
        //将员工数据填充到表格， titles 为表格表头栏
        public void fillEmployeesToTable(int departId, JTable table, String[]          titles)          throws
ClassNotFoundException, SQLException,
        InstantiationException, IllegalAccessException{
        RoleDao rd = new RoleDao();
        DepartmentDao deptDao= new DepartmentDao();
        Vector<String> vctTitle = new Vector<String>();
        if(titles.length == 0)
                return;
        for(String item : titles)
```

```
                vctTitle.add(item);
            Vector<Vector<String>> vctDatas = new Vector<Vector<String>>();
            ArrayList<Employee> employees =getEmployeesByDepartId(departId);
            for(Employee employee : employees){
                Vector<String> vctRow = new Vector<String>();
                vctRow.add(employee.getEmpNo());
                vctRow.add(employee.getUserName());
                vctRow.add(rd.getRoleNameById(employee.getRoleId()));
                vctRow.add(deptDao.getDepartmentNameById(
                        employee.getDepartId()));
                vctDatas.add(vctRow);
            }
            //扩展自 DefaultTableModel，让 Jtable 单元格不能编辑
            EditTable et = new EditTable(vctDatas, vctTitle);
            table.setModel(et);
        }
    //更新用户角色信息
    public void updateUserRole(int newRoleId, int userId) throws
            ClassNotFoundException, SQLException, InstantiationException,
            IllegalAccessException{
            String strSql = "UPDATE HR_USER SET ROLEID = ? WHERE USERID = ?";
            DBUtil dbutil = new DBUtil();
            dbutil.getConnection();
            String[] parameters = {
                    String.valueOf(newRoleId),
                    String.valueOf(userId)
            };
            dbutil.executeUpdate(strSql, parameters);
            dbutil.closeAll();
    }
}
```

(2) 编写 EditTable 类作为项目中显示数据时的表格模型，使其继承 DefaultTableModel，并设置单元格不可编辑。

```
import java.util.Vector;
import javax.swing.table.DefaultTableModel;
//扩展DefaultTableModel类，实现表格只读
public class EditTable extends DefaultTableModel {
    public EditTable(Vector d, Vector n){
        super(d,n);
    }
```

```
        public boolean isCellEditable(int r, int c){
                return false;
        }
}
```

(3) 修改 DepartmentDao 类，该类实现与部门操作相关的业务逻辑，其中包含以下
方法：
  ✧ getDepartIdByDepartName()：通过部门名称获取部门 ID。
  ✧ getDepartmentNameById()：通过部门 ID 获取部门名称。
  ✧ getDepartment()：将部门信息填充到 JcomboBox 控件中。
代码如下：

```
package com.dh.hrmanager.db;
import java.sql.*;
import javax.swing.JComboBox;
import com.dh.hrmanager.entity.Department;
public class DepartmentDao {
        //其他省略
        //通过部门ID获取部门名称
        public String getDepartmentNameById(int departId) throws
                ClassNotFoundException, SQLException, InstantiationException,
                IllegalAccessException{
                String strSql = "SELECT HR_DEPARTMENT.NAME FROM HR_DEPARTMENT
                                    WHERE HR_DEPARTMENT.DEPARTID = ?";
                String[] parameters = new String[]{String.valueOf(departId)};
                //实例化数据库工具
                DBUtil dbUtil = new DBUtil();
                //打开数据库，获取连接对象
                dbUtil.getConnection();
                String result = null;
                try{
                        ResultSet rs = dbUtil.executeQuery(strSql, parameters);
                        if(rs.next())
                                result = rs.getString(1);
                }catch(SQLException ex){
                        System.out.println(ex.getMessage());
                }finally{
                        dbUtil.closeAll();
                }
                return result;
        }
//获取部门信息，并填充到下拉列表框中
```

```java
public void getDepartment(JComboBox cbx) throws ClassNotFoundException,
        SQLException, InstantiationException, IllegalAccessException{
        String strSql = "SELECT HR_DEPARTMENT.DEPARTID, "
                    +  " HR_DEPARTMENT.NAME   FROM HR_DEPARTMENT";
        DBUtil dbUtil = new DBUtil();
        dbUtil.getConnection();
        ResultSet rs = dbUtil.executeQuery(strSql, null);
        cbx.removeAll();
        while(rs.next()){
                cbx.addItem(new Department(rs.getInt(1), rs.getString(2)));
        }
        dbUtil.closeAll();
}
```

(4) 在 com.dh.hrmanager.db 包中添加 RoleDao 类，该类实现与角色相关的业务逻辑，包含以下方法：

✧ getRoleNameById()：通过角色 ID 得到角色名称。

✧ getRoles()：将角色信息填充到 JComboBox 控件中。

代码如下：

```java
package com.dh.hrmanager.db;
import java.sql.*;
import javax.swing.JComboBox;
import com.dh.hrmanager.entity.Role;
public class RoleDao {
        //通过roleId得到RoleName
public String getRoleNameById(int roleId) throws ClassNotFoundException,
        SQLException, InstantiationException, IllegalAccessException{
        String strSql = "SELECT HR_ROLE.ROLENAME FROM HR_ROLE "
                    + "WHERE HR_ROLE.ROLEID = ?";
        String[] parameters = new String[]{String.valueOf(roleId)};
        //实例化数据库工具
        DBUtil dbUtil = new DBUtil();
        //打开数据库，获取连接对象
        dbUtil.getConnection();
        String result = null;
        try{
                ResultSet rs = dbUtil.executeQuery(strSql, parameters);
                if(rs.next())
                        result = rs.getString(1);
        }catch(SQLException ex){
                System.out.println(ex.getMessage());
```

```
                }finally{
                        dbUtil.closeAll();
                }
                return result;
        }
        //填充员工角色信息到下拉列表中
        public void getRoles(JComboBox cbx) throws ClassNotFoundException,
                SQLException, InstantiationException, IllegalAccessException{
                String strSql = "SELECT HR_ROLE.ROLEID, HR_ROLE.ROLENAME"
                        + " FROM HR_ROLE";
                DBUtil dbUtil = new DBUtil();
                dbUtil.getConnection();
                ResultSet rs = dbUtil.executeQuery(strSql, null);
                cbx.removeAll();
                while(rs.next()){
                        cbx.addItem(new Role(rs.getInt(1), rs.getString(2)));
                }
                dbUtil.closeAll();
        }
}
```

(5) 在 com.dh.hrmanager.db 包中添加 ReportDao 类，该类实现与汇报相关的业务逻辑，包含以下方法：

◇ getReports()：得到数据库表 HR_REPORT 中所有的汇报信息。

◇ getReportsByUserId()：得到指定员工的所有汇报。

◇ getReportsByDepartId()：得到指定部门的所有汇报。

◇ addReport()：添加汇报。

◇ fillReportsToTable()：将所有汇报填充到 Jtable 控件中。

代码如下：

```
package com.dh.hrmanager.db;
import java.sql.*;
import java.util.*;
import javax.swing.JTable;
import com.dh.hrmanager.entity.*;
public class ReportDao {
        UserDao userDao = new UserDao();
        //获取所有汇报
        public ArrayList<Report> getReports() throws ClassNotFoundException,
                SQLException, InstantiationException, IllegalAccessException{
                ArrayList<Report> reports = new ArrayList<Report>();
                String strSql = "SELECT REPORTID, REPORTERID, CONTENT,REPORTDATE"
```

```
                + " FROM HR_REPORT ORDER BY REPORTID DESC";
        DBUtil util = new DBUtil();
        util.getConnection();
        ResultSet rs = util.executeQuery(strSql, null);
        while(rs.next()){
                Report report = new Report(rs.getInt(1), rs.getInt(2),
                        rs.getString(3),rs.getString(4));
                reports.add(report);
        }
        util.closeAll();
        return reports;
}
//获取个人所有汇报
public ArrayList<Report> getReportsByUserId(int userId) throws
        ClassNotFoundException, SQLException, InstantiationException,
        IllegalAccessException{
        ArrayList<Report> reports = new ArrayList<Report>();
        String strSql = "SELECT REPORTID, REPORTERID, CONTENT,REPORTDATE"
                        + " FROM HR_REPORT "
                        + "WHERE REPORTERID = ?"
                        + " ORDER BY REPORTID DESC ";
        String[] parameters = {String.valueOf(userId)};
        DBUtil util = new DBUtil();
        util.getConnection();
        ResultSet rs = util.executeQuery(strSql, parameters);
        while(rs.next()){
                Report report = new Report(rs.getInt(1), rs.getInt(2),
                rs.getString(3),rs.getString(4));
                reports.add(report);
        }
        util.closeAll();
        return reports;
}
//获取本部门所有汇报
public ArrayList<Report> getReportsByDepartId(int departId) throws
        ClassNotFoundException, SQLException, InstantiationException,
        IllegalAccessException{
        ArrayList<Report> reports = new ArrayList<Report>();
        String strSql="SELECT HR_REPORT.REPORTID,HR_REPORT.REPORTERID, "
                        + "HR_REPORT.CONTENT, HR_REPORT.REPORTDATE "
```

```
                      + "   FROM HR_REPORT "
                      + "   WHERE HR_REPORT.REPORTERID IN "
                      + "(SELECT USERID FROM HR_USER "
                      + "WHERE DEPARTID = ?) ";
        String[] parameters = {String.valueOf(departId)};
        DBUtil util = new DBUtil();
        util.getConnection();
        ResultSet rs = util.executeQuery(strSql, parameters);
        while(rs.next()){
                Report report = new Report(rs.getInt(1), rs.getInt(2),
                                        rs.getString(3),rs.getString(4));
                reports.add(report);
        }
        util.closeAll();
        return reports;
}
//添加汇报
public int addReport(Report report) throws ClassNotFoundException,
        SQLException, InstantiationException, IllegalAccessException{
        String strSql = "INSERT INTO HR_REPORT
                (REPORTID, REPORTERID, CONTENT,REPORTDATE) "
                + "VALUES (REPORT_SEQ.NEXTVAL, ?, ?,?)";
        String[] parameters = {
                String.valueOf(report.getReporterId()),
                report.getContent(),
                LocalDate.now().toString()};
        DBUtil util = new DBUtil();
        util.getConnection();
        int result = util.executeUpdate(strSql, parameters);
        util.closeAll();
        return result;
}
//将汇报数据填充到表格
public void fillReportsToTable(Employee emp, JTable table,
        String[] titles, int type) throws ClassNotFoundException,
        SQLException, InstantiationException, IllegalAccessException{
        Vector<String> vctTitle = new Vector<String>();
        if(titles.length == 0)
                return;
        for(String item : titles)
```

```
                    vctTitle.add(item);
            Vector<Vector<String>> vctDatas = new Vector<Vector<String>>();
            ArrayList<Report> reports = new ArrayList<Report>();
            switch(type){
                    case 1:
                            reports = getReportsByUserId(emp.getUserId());
                            break;
                    case 2:
                            reports = getReportsByDepartId(emp.getDepartId());
                            break;
                    case 3:
                            reports = getReports();
                            break;
            }
            for(Report report : reports){
                    Vector<String> vctRow = new Vector<String>();
            vctRow.add(userDao.getEmployeeByUserId(report.getReporterId())
                            .getUserName());
                    vctRow.add(report.getContent());
                    vctRow.add(report.getReportDate());
                    vctDatas.add(vctRow);
            }
            EditTable et = new EditTable(vctDatas, vctTitle);
            table.setModel(et);
    }
}
```

(6) 在 com.dh.hrmanager.db 包中添加 EvaluationDao 类。该类实现考评相关业务逻辑，包含以下方法：

◇　addEvaluation()：添加考评到 Evaluation 表中。

◇　getEvaluationsByUserId()：通过 UserId 获取该员工的所有考评信息。

◇　fillReportsToTable()：填充考评信息到 Jtable 控件中。

代码如下：

```
package com.dh.hrmanager.db;
import java.sql.*;
import java.util.*;
import javax.swing.JTable;
import com.dh.hrmanager.entity.*;
public class EvaluationDao {
        UserDao userDao = new UserDao();
        public void addEvaluation(Evaluation eva) throws
```

```
                ClassNotFoundException, SQLException, InstantiationException,
                IllegalAccessException{
                String strSql = " INSERT INTO HR_EVALUATION (EVALUATIONID,
                        EVALUATORID, EVALUATEDID, SCORE,EVALUATIONDATE) "
                        + " VALUES(EVALUATION_SEQ.NEXTVAL, ?, ?, ?,?) ";
                DBUtil dbutil = new DBUtil();
                dbutil.getConnection();
                String[] parameters = {String.valueOf(eva.getEvaluatorId()),
                        String.valueOf(eva.getEvaluatedId()),
                        String.valueOf(eva.getScore()),
                        LocalDate.now().toString()
                };
                dbutil.executeUpdate(strSql, parameters);
                dbutil.closeAll();
        }
        //获取员工所有评测
        public ArrayList<Evaluation> getEvaluationsByUserId(int userId)
                throws ClassNotFoundException, SQLException,
                InstantiationException, IllegalAccessException{
                ArrayList<Evaluation> evaList = new ArrayList<Evaluation>();
                String strSql = "SELECT EVALUATIONID, EVALUATORID, EVALUATEDID,"
                        + "SCORE,EVALUATIONDATE"
                        + "FROM HR_EVALUATION WHERE EVALUATEDID = ? "
                        + "ORDER BY EVALUATIONID DESC";
                String[] parameters ={String.valueOf(userId)};
                DBUtil dbUtil = new DBUtil();
                dbUtil.getConnection();
                ResultSet rs = dbUtil.executeQuery(strSql, parameters);
                while(rs.next()){
                        Evaluation eva = new Evaluation(rs.getInt(1), rs.getInt(2),
        rs.getInt(3), rs.getDouble(4),rs.getString(5));
                        evaList.add(eva);
                }
                dbUtil.closeAll();
                return evaList;
        }
        //将评测数据填充到表格
        public void fillReportsToTable(Employee emp, JTable table,
                String[] titles, int type) throws ClassNotFoundException,
                SQLException, InstantiationException, IllegalAccessException{
```

```
                Vector<String> vctTitle = new Vector<String>();
                if(titles.length == 0)
                        return;
                for(String item : titles)
                        vctTitle.add(item);
                Vector<Vector<String>> vctDatas =
                        new Vector<Vector<String>>();
                ArrayList<Evaluation> evas =
                        getEvaluationsByUserId(emp.getUserId());
                for(Evaluation eva : evas){
                        Vector<String> vctRow = new Vector<String>();
                        //被评测人
                        vctRow.add(userDao.getEmployeeByUserId(
                                eva.getEvaluatedId()).getUserName());
                        //评测成绩
                        vctRow.add(String.valueOf(eva.getScore()));
                        //评测经理
                        vctRow.add(userDao.getEmployeeByUserId(
                                eva.getEvaluatorId()).getUserName());
                        //评测时间
                        vctRow.add(eva.getEvaluationDate());
                        vctDatas.add(vctRow);
                }
                EditTable et = new EditTable(vctDatas, vctTitle);
                table.setModel(et);
        }
}
```

(7) 在 com.dh.hrmanager.util 包中添加 SwingHrManager 类。该类实现所有与界面相关
逻辑功能，包含以下方法：

　　✧　setInit()：设置界面框架的宽度、高度以及内容面板相对于主框架的起始位
　　　　置，内容面板的高度、宽度。

　　✧　addComponent()：将指定的控件添加到内容面板中，同时指定了控件在面板
　　　　中的位置坐标。

　　✧　setComponentEnabled()：设置控件是否可以编辑。

　　代码如下：

```
package com.dh.hrmanager.util;
import javax.swing.*;
import com.dh.hrmanager.view.comm.BaseFrame;
public class SwingHrHelper {
        /**
```

```
     * 设置框架及面板容器大小
     * @param bf 主框架
     * @param frameWidth   主框架宽度
     * @param frameHeight  主框架高度
     * @param panelX              内容面板左上坐标 X
     * @param panelY              内容面板左上坐标 Y
     * @param panelWidth   内容面板宽度
     * @param panelHeight  内容面板高度
     * @param title     主框架标题
     */
    public void setInit(BaseFrame bf, int frameWidth,
            int frameHeight, int panelX, int panelY, int panelWidth,
            int panelHeight, String title){
            //设置主框架大小
            bf.setFrameWidth(frameWidth);
            bf.setFrameHeight(frameHeight);
            //设置内容面板大小
            bf.setPanelX(panelX);
            bf.setPanelY(panelY);
            bf.setPanelWidth(panelWidth);
            bf.setPanelHeight(panelHeight);
            //初始化数据，设置主框架不能修改等;
            bf.InitFrame(title);
    }
    //向内容面板中添加控件
    /**
     * @param panel       内容面板
     * @param component    要添加的控件
     * @param x            控件相对内容面板左上 X 坐标
     * @param y            控件相对内容面板左上 Y 坐标
     * @param width        控件宽度
     * @param height       控件高度
     * @param title        控件显示文本，如果没有显示内容，设置为 null
     */
    public void addComponent(JPanel panel, JComponent component, int x,           int  y, int  width,
int height, String title){
            //如果是 JLabel
            if(component instanceof JLabel){
                    //设置显示内容
                    ((JLabel)component).setText(title);
```

```
        }
        //如果是 JButton
        if(component instanceof JButton){
                //设置显示内容
                ((JButton)component).setText(title);
        }
        if(component instanceof JTextArea)
                ((JTextArea)component).setText(title);
        //将控件加入显示面板
        panel.add(component);
        //设置控件相对内容面板的位置及控件大小
        component.setBounds(x, y, width, height);
    }
    //设置控件是否可编辑
    public void setComponentEnabled(Boolean flag,
        JComponent[] components){
        for(JComponent component : components){
                if(component instanceof JTextField)
                        ((JTextField)component).setEnabled(flag);
                if(component instanceof JPasswordField)
                        ((JPasswordField)component).setEnabled(flag);
                if(component instanceof JTextArea)
                        ((JTextArea)component).setEnabled(flag);
        }
    }
}
```

 　　为了提高代码逻辑性以及可读性，进行项目开发时经常会针对不同业务，建立不同业务逻辑类，实现对应功能，类似于本实践篇设计方式。本实践只需掌握业务逻辑类原理即可，具体代码后续实践篇用到后再分析学习。

实 践 10.2

　　实现员工登录界面，如图 S10-1 所示。

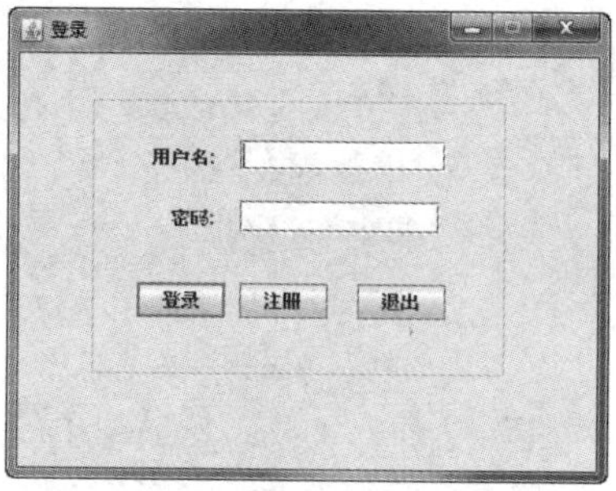

【分析】

　　(1) 用户名文本输入框获取输入焦点。

　　(2) 单击登录按钮，查询 HR_USER 表是否存在该员工，如果存在，则根据不同角色跳转到不同角色对应的主界面(后续实践实现)，如果不存在则提示输入的"账号或者密码不正确"，登录按钮为默认窗体按钮。

图 S10-1　员工登录界面

(3) 点击注册按钮，跳到员工注册界面。

(4) 点击退出按钮，退出程序。

【参考解决方案】

新建 com.dh.hrmanager.view.comm 包，在包中添加 Login 类，实现登录界面，代码如下：

```
package com.dh.hrmanager.view.comm;
import java.awt.event.*;
import java.sql.SQLException;
import javax.swing.*;
import com.dh.hrmanager.db.UserDao;
import com.dh.hrmanager.entity.Employee;
import com.dh.hrmanager.view.admin.AdminMain;
import com.dh.hrmanager.view.manager.ManagerMain;
import com.dh.hrmanager.view.staff.StaffMain;
public class Login extends JFrame {
        protected JPanel pnlBackground;
        private JButton btnLogin;
        private JButton btnRegister;
        private JButton btnCancel;
        private JLabel lblLogin;
        private JLabel lblPassword;
        private JTextField txtLogin;
        private JPasswordField txtPassword;
        UserDao userDao = new UserDao();
        public Login(){
                setTitle("登录");
                //设置 Frame 大小
                setSize(400, 300);
                //Frame 居中
                setLocationRelativeTo(null);
                //禁止改变框架大小
                setResizable(false);
                //设置为空布局
                getContentPane().setLayout(null);
                //设置 JPanel 基本信息
                pnlBackground = new JPanel();
                //容器设置为空布局
                pnlBackground.setLayout(null);
                pnlBackground.setBorder(BorderFactory.createTitledBorder(""));
                //登录标签
```

```
lblLogin = new JLabel();
lblLogin.setText("用户名:");
pnlBackground.add(lblLogin);
//登录文本框
txtLogin = new JTextField();
pnlBackground.add(txtLogin);
//密码标签
lblPassword = new JLabel();
lblPassword.setText("密码:");
pnlBackground.add(lblPassword);
//密码输入框
txtPassword = new JPasswordField();
pnlBackground.add(txtPassword);
//登录按钮
btnLogin = new JButton();
//登录按钮注册事件
btnLogin.addActionListener(new ActionListener(){
        @Override
        public void actionPerformed(ActionEvent e) {
                String name = Login.this.txtLogin.getText();
                char[] passwordChars =
                        Login.this.txtPassword.getPassword();
                String password = new String(passwordChars);
                Employee emp = null;
                try {
                        //参见实践 10.1 中的 UserDao 逻辑类
                        emp = userDao.loginByDb(name, password);
                } catch (ClassNotFoundException e1) {
                        e1.printStackTrace();
                } catch (SQLException e1) {
                        e1.printStackTrace();
                } catch (InstantiationException e1) {
                        e1.printStackTrace();
                } catch (IllegalAccessException e1) {
                        e1.printStackTrace();
                }
                if(emp == null){
                        //提示，用户名或者密码错误，用户名获取焦点
                        JOptionPane.showMessageDialog(
                                Login.this.btnLogin,
```

```
                            "用户名或者密码错误，请重新输入");
                        //用户名输入框得到焦点
                        Login.this.txtLogin.requestFocus();
                        return;
                //如果登录账号是 Staff 角色
                }else if(emp.getRoleId() == 1){
                        //显示普通员工主界面窗体，后续实践实现
                        StaffMain sm = new StaffMain(emp);
                        sm.setVisible(true);
                //如果登录账号是 Manager 角色
                }else if(emp.getRoleId() == 2){
                        //显示经理主界面窗体，后续实践实现
                        ManagerMain mm = new ManagerMain(emp);
                        mm.setVisible(true);
                //如果登录账号是 Admin 角色
                }else if(emp.getRoleId() == 3){
                        //显示管理员主界面窗体，后续实践实现
                        AdminMain am = new AdminMain(emp);
                        am.setVisible(true);
                }
                //成功登录后，关闭登录窗体
                Login.this.setVisible(false);
            }
    });
    btnLogin.setText("登录");
    pnlBackground.add(btnLogin);
    //注册按钮
    btnRegister = new JButton();
    btnRegister.setText("注册");
    pnlBackground.add(btnRegister);
    btnRegister.addActionListener(new ActionListener(){
        @Override
        public void actionPerformed(ActionEvent e) {
            Register register = new Register();
            register.setVisible(true);
            Login.this.setVisible(false);
        }
    });
    //退出按钮
    btnCancel = new JButton();
```

```
            btnCancel.setText("退出");
            pnlBackground.add(btnCancel);
            btnCancel.addActionListener(new ActionListener(){
                    @Override
                    public void actionPerformed(ActionEvent e) {
                            int response =
                            JOptionPane.showConfirmDialog(Login.this.btnCancel,
                                    "确定退出？", "退出", JOptionPane.YES_NO_OPTION);
                            if(response == JOptionPane.YES_OPTION){
                                    Login.this.setVisible(false);
                            }
                    }
            });
            //坐标布局,参数为左上点坐标、宽、高
            pnlBackground.setBounds(50, 30, 280, 180);
            lblLogin.setBounds(40, 30, 50, 15);
            txtLogin.setBounds(100, 26, 140, 20);
            lblPassword.setBounds(53, 70, 35 , 15);
            txtPassword.setBounds(100, 66, 136, 21);
            btnLogin.setBounds(30, 120, 60, 23);
            btnRegister.setBounds(100, 120, 60, 23);
            btnCancel.setBounds(180, 120, 60, 23);
            //主框架中默认按钮
            this.getRootPane().setDefaultButton(btnLogin);
            //将内容面板加入框架容器
            getContentPane().add(pnlBackground);
    }
    //设置登录框内容
    public void setTxtLogin(String value){
            this.txtLogin.setText(value);
    }
    //设置密码框内容
    public void setTxtPassword(String value){
            this.txtPassword.setText(value);
    }
}
```

实 践 10.3

实现员工注册界面，当单击登录界面注册按钮后跳转到注册界面，如图 S10-2 所示。

图 S10-2　注册界面

【分析】

(1) 窗体启动后，将部门信息填充到部门下拉控件中。

(2) 单击登录按钮，检测输入的密码和确认密码是否一致，检测薪资是否是数字类型。

(3) 检测通过后将输入的员工信息插入到表 **HR_USER** 中，然后返回登录界面，将注册的员工账号及密码填入登录界面的用户名和密码文本框中。

【参考解决方案】

在 com.dh.hrmanager.view.comm 包中添加 Register 类，实现员工注册功能，代码如下：

```
package com.dh.hrmanager.view.comm;
import java.awt.event.*;
import java.sql.SQLException;
import javax.swing.*;
import com.dh.hrmanager.db.*;
import com.dh.hrmanager.entity.Department;
//注册窗体，没有采用基类，从头完成
public class Register extends JFrame {
    //标签
    private JLabel lblEmpno;
    private JLabel lblName;
    private JLabel lblPassword;
    private JLabel lblPasswordConfirm;
    private JLabel lblDepartment;
    private JLabel lblSalary;
    //文本框
    private JTextField txtEmpno;
    private JTextField txtName;
    private JTextField txtSalary;
    //密码框
    private JPasswordField txtPassword;
```

```
private JPasswordField txtPasswordConfirm;
//按钮
private JButton btnRegister;
private JButton btnReturn;
//下拉列表
private JComboBox cobDepartment;
//内容面板
private JPanel pnlBackground;
UserDao userDao = new UserDao();
DepartmentDao deptDao = new DepartmentDao();
public Register(){
        //设置主框架标题
        setTitle("用户注册");
        //设置主框架大小
        setSize(450, 360);
        //主框架居中
        setLocationRelativeTo(null);
        //禁止改变主框架大小
        setResizable(false);
        //设置主框架为空布局
        getContentPane().setLayout(null);
        //设置内容面板基本信息
        pnlBackground = new JPanel();
        //内容面板设置为空布局
        pnlBackground.setLayout(null);
        //添加标签
        lblEmpno = new JLabel();
        lblEmpno.setText("员工编号:");
        pnlBackground.add(lblEmpno);
        txtEmpno = new JTextField();
        pnlBackground.add(txtEmpno);
        lblName = new JLabel();
        lblName.setText("员工姓名:");
        pnlBackground.add(lblName);
        //添加文本框
        txtName = new JTextField();
        pnlBackground.add(txtName);
        lblPassword = new JLabel();
        lblPassword.setText("密码:");
        pnlBackground.add(lblPassword);
```

```
txtPassword = new JPasswordField();
pnlBackground.add(txtPassword);
lblPasswordConfirm = new JLabel();
lblPasswordConfirm.setText("确认密码:");
pnlBackground.add(lblPasswordConfirm);
txtPasswordConfirm = new JPasswordField();
pnlBackground.add(txtPasswordConfirm);
lblDepartment = new JLabel();
lblDepartment.setText("部门:");
pnlBackground.add(lblDepartment);
cobDepartment = new JComboBox();
pnlBackground.add(cobDepartment);
try {
        //填充部门信息
        deptDao.getDepartment(cobDepartment);
} catch (ClassNotFoundException e1) {
        e1.printStackTrace();
} catch (SQLException e1) {
        e1.printStackTrace();
} catch (InstantiationException e1) {
        e1.printStackTrace();
} catch (IllegalAccessException e1) {
        e1.printStackTrace();
}
lblSalary = new JLabel();
lblSalary.setText("薪资:");
pnlBackground.add(lblSalary);
txtSalary = new JTextField();
pnlBackground.add(txtSalary);
btnRegister = new JButton();
btnRegister.setText("注册");
pnlBackground.add(btnRegister);
btnRegister.addActionListener(new ActionListener(){
@Override
public void actionPerformed(ActionEvent e) {
char[] passwordChar = Register.this.txtPassword.getPassword();
        char[] passwordConfirmChar =
                Register.this.txtPasswordConfirm.getPassword();
        String empNo = Register.this.txtEmpno.getText();
        String userName = Register.this.txtName.getText();
```

```
        String password = new String(passwordChar);
        String passwordConfirm = new String(passwordConfirmChar);
        double salary;
        int departId =
        ((Department)Register.this.cobDepartment.getSelectedItem())
                .getDepartId();
        if(!password.equals(passwordConfirm)){
                JOptionPane.showMessageDialog(
                        Register.this.btnRegister,
                        "密码和确认密码不一致");
                Register.this.txtPassword.requestFocus();
                return;
        }
        try{
                salary = Double.parseDouble(
                        Register.this.txtSalary.getText());
        }catch(Exception ex){
                JOptionPane.showMessageDialog(
                        Register.this.btnRegister,
                        "薪资必须是数字");
                Register.this.txtSalary.requestFocus();
                return;
        }
    //验证通过后，注册用户，向数据库 HR_USER 中插入数据
    //具体参见业务逻辑类 UserDao
    if(userDao.registerUser(userName, password, 1, empNo, departId,
                salary)){
            JOptionPane.showMessageDialog(Register.this.btnRegister,
"注册成功，确定后返回登录窗体");
            }else{
            JOptionPane.showMessageDialog(Register.this.btnRegister,
"注册失败");
                return;
            }
    //注册成功后转向登录窗体，并将注册的用户名及密码填写到对应文本框中
    Login login = new Login();
    login.setTxtLogin(Register.this.txtName.getText());
    login.setTxtPassword(password);
    login.setVisible(true);
    Register.this.setVisible(false);
```

```
        }
    });
    btnReturn = new JButton();
    btnReturn.setText("返回");
    pnlBackground.add(btnReturn);
    //设置布局,可以借助 Window Builder Pro 等工具
    pnlBackground.setBounds(40, 20, 360, 290);
    lblEmpno.setBounds(40, 30, 60, 15);
    txtEmpno.setBounds(110, 26, 180, 21);
    lblName.setBounds(40, 60, 60, 15);
    txtName.setBounds(110, 56, 180, 21);
    lblPassword.setBounds(66, 90, 36, 15);
    txtPassword.setBounds(110, 86, 180, 21);
    lblPasswordConfirm.setBounds(40, 120, 60, 15);
    txtPasswordConfirm.setBounds(110, 116, 180, 21);
    lblDepartment.setBounds(66, 150, 36, 15);
    cobDepartment.setBounds(110, 146, 180, 21);
    lblSalary.setBounds(66, 180, 36, 15);
    txtSalary.setBounds(110,176, 180, 21);
    btnRegister.setBounds(80, 220, 60, 23);
    btnReturn.setBounds(190, 220, 60, 23);
    //主框架中默认按钮
    this.getRootPane().setDefaultButton(btnRegister);
    //将内容面板加入主框架
    getContentPane().add(pnlBackground);
    }
}
```

实践 10.4

登录成功后,根据当前登录用户的角色,跳转到不同主功能界面。本次实践以 Staff 角色为例设计 Staff 角色的功能主界面。

【分析】

Staff 界面设计如图 S10-3 所示。

Staff、Manager、Admin 三种角色的界面主体框架是一样的,顶端都是 JMenu 菜单栏,接着是工具栏 JToolBar,然后是显示不同信息的表格 JTable,最后是状态栏 JtoolBar。结合面向对象的知识,我们可以设计一个基础框架界面,将 3 个主界面的公共部分放到基础框架,然后其他 3 个窗体派生自基础框架,实现代码共享。

基础框架界面如图 S10-4 所示。

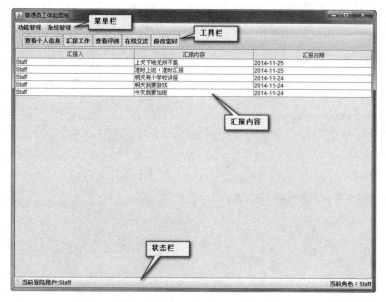

图 S10-3　Staff 界面

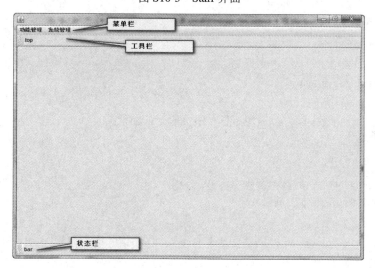

图 S10-4　基础框架界面

【参考解决方案】

在 com.dh.hrmanager.view.comm 包下添加基础框架类 MainBaseFrame，代码如下：

```java
package com.dh.hrmanager.view.comm;
import java.awt.BorderLayout;
import java.awt.event.ActionEvent;
import java.awt.event.ActionListener;
import javax.swing.*;
//主窗体基类框架
public class MainBaseFrame extends JFrame {
    private static final long serialVersionUID = 1L;
```

```java
//内容面板
private JPanel pnlBackGround;
//菜单容器
private JMenuBar topMenuBar;
//功能管理菜单
private JMenu menuFunction;
//系统管理菜单
private JMenu menuSysoper;
//重新登录菜单条
private JMenuItem miReLogin;
//表格
private JTable contentTable;
//顶端工具条
private JToolBar toolBarTop;
//底端状态工具条
private JToolBar toolBarBottom;
//表格容器
private JScrollPane sp;
//当前登录员工
private Employee currentEmp;
private void init(){
        setDefaultCloseOperation(JFrame.EXIT_ON_CLOSE);
        setBounds(100, 100, 800, 600);
        //菜单容器
        topMenuBar = new JMenuBar();
        setJMenuBar(topMenuBar);
        //创建菜单
        menuFunction = new JMenu("功能管理");
        topMenuBar.add(menuFunction);
        menuSysoper = new JMenu("系统管理");
        topMenuBar.add(menuSysoper);
        miReLogin = new JMenuItem("重新登录");
        menuSysoper.add(miReLogin);
        miReLogin.addActionListener(new ActionListener(){
                @Override
                public void actionPerformed(ActionEvent e) {
                        Login login = new Login();
                        login.setVisible(true);
                        MainBaseFrame.this.setVisible(false);
                }
```

```
        });
        //内容面板
        pnlBackGround = new JPanel();
        setContentPane(pnlBackGround);
        pnlBackGround.setLayout(new BorderLayout());
        //创建工具条，停靠框架顶端
        toolBarTop = new JToolBar();
        pnlBackGround.add(toolBarTop, BorderLayout.PAGE_START);
        //创建表格
        contentTable = new JTable();
        sp = new JScrollPane(contentTable);
        pnlBackGround.add(sp, BorderLayout.CENTER);
        //创建框架底端状态条
        toolBarBottom = new JToolBar();
        toolBarBottom.setLayout(new BorderLayout());
        pnlBackGround.add(toolBarBottom, BorderLayout.PAGE_END);
    }
    public MainBaseFrame(){
        init();
    }
    //emp 当前登录员工
    public MainBaseFrame(Employee emp){
        init();
        setCurrentEmp(emp);
    }
    //Getters/Setters 代码省略
}
```

实 践 10.5

实现 Staff 角色主窗体。

【分析】

(1) 建立普通员工主窗体。

(2) 在功能管理菜单栏中增加"查看个人信息"、"汇报工作"、"查看评测"、"修改密码"。

(3) 在顶端工具条增加"查看个人信息"、"汇报工作"、"查看评测"、"在线交流"、"修改密码"。

(4) 中间表格显示该员工的汇报工作信息，查询表 HR_REPORT。

(5) 底端状态工具条增加当前用户信息及当前角色信息。

【参考解决方案】

建立 com.dh.hrmanager.view.staff 包，将 Staff 角色相关的功能类加入该包。增加 Staff 角色的主窗体 StaffMain，代码如下：

```java
package com.dh.hrmanager.view.staff;
import java.awt.BorderLayout;
import java.awt.event.ActionEvent;
import java.awt.event.ActionListener;
import java.sql.SQLException;
import javax.swing.*
import com.dh.hrmanager.db.ReportDao;
import com.dh.hrmanager.entity.Employee;
import com.dh.hrmanager.view.comm.*;
public class StaffMain extends MainBaseFrame {
        private JMenuItem miDisplayWork;
        private JMenuItem miReport;
        private JMenuItem miEvaluation;
        private JMenuItem miModifyPassword;
        private JButton btnDisplayWork;
        private JButton btnReport;
        private JButton btnEvaluation;
        private JButton btnChat;
        private JButton btnModifyPassword;
        private JLabel lblInfo1;
        private JLabel lblInfo2;
        JTable employeeTable;
        ReportDao rd = new ReportDao();
        public StaffMain(Employee emp){
                super(emp);
                setTitle("普通员工体验面板");
                //得到基类框架中菜单对象
                JMenu functionMenu = getMenuFunction();
                //得到基类框架中顶端工具条对象
                JToolBar tbTop = getToolBarTop();
                //得到基类框架中底端工具条对象
                JToolBar tbBottom = getToolBarBottom();
                //得到基类框架中表格对象
                employeeTable = getContentTable();
                ActionListener privateListener = new ActionListener(){
                        @Override
                        public void actionPerformed(ActionEvent e) {
```

```
                //显示个人信息，后续实现
                PrivateInfo pi = new PrivateInfo(getCurrentEmp());
                pi.setVisible(true);
            }
        };
        ActionListener reportListener = new ActionListener(){
            @Override
            public void actionPerformed(ActionEvent e) {
                //汇报工作，后续实现
                StaffReport sr = new StaffReport(getCurrentEmp(),
                        StaffMain.this);
                sr.setVisible(true);
            }
        };
        ActionListener evaluationListener = new ActionListener(){
            @Override
            public void actionPerformed(ActionEvent e) {
                //查看评测
                DisplayEvaluation eva =
                        new DisplayEvaluation(getCurrentEmp());
                eva.setVisible(true);
            }
        };
        ActionListener chatListener = new ActionListener(){
            @Override
            public void actionPerformed(ActionEvent e) {
                //在线交流 ，后面实践课实现


            }
        };
        ActionListener modifyPasswordListener = new ActionListener(){
            @Override
            public void actionPerformed(ActionEvent e) {
                //修改密码，后续实现
        ModifyPassword mp = new ModifyPassword(getCurrentEmp());
                mp.setVisible(true);
            }
        };
        //添加菜单条子条目
        miDisplayWork = new JMenuItem("查看个人信息");
```

```
functionMenu.add(miDisplayWork);
miDisplayWork.addActionListener(privateListener);
miReport = new JMenuItem("汇报工作");
functionMenu.add(miReport);
miReport.addActionListener(reportListener);
miEvaluation = new JMenuItem("查看测评");
functionMenu.add(miEvaluation);
miEvaluation.addActionListener(evaluationListener);
miModifyPassword = new JMenuItem("修改密码");
functionMenu.add(miModifyPassword);
functionMenu.addActionListener(modifyPasswordListener);
//添加顶端工具条子按钮
btnDisplayWork = new JButton();
btnDisplayWork.setText("查看个人信息");
btnDisplayWork.addActionListener(privateListener);
btnReport = new JButton();
btnReport.setText("汇报工作");
btnReport.addActionListener(reportListener);
btnEvaluation = new JButton();
btnEvaluation.setText("查看评测");
btnEvaluation.addActionListener(evaluationListener);
btnChat = new JButton();
btnChat.setText("在线交流");
btnChat.addActionListener(chatListener);
btnModifyPassword = new JButton();
btnModifyPassword.setText("修改密码");
btnModifyPassword.addActionListener(modifyPasswordListener);
tbTop.add(btnDisplayWork);
tbTop.add(btnReport);
tbTop.add(btnModifyPassword);
//添加基类框架中底端工具条子对象
lblInfo1 = new JLabel();
lblInfo1.setText("当前登录用户:" + getCurrentEmp().getUserName());
lblInfo2 = new JLabel();
lblInfo2.setText("当前角色：Staff");
tbBottom.add(lblInfo1, BorderLayout.WEST);
tbBottom.add(lblInfo2, BorderLayout.EAST);
try {
        rd.fillReportsToTable(getCurrentEmp(),employeeTable,
                new String[]{"汇报人","汇报内容","汇报日期"}, 1);
```

```
            } catch (ClassNotFoundException e1) {
                    e1.printStackTrace();
            } catch (SQLException e1) {
                    e1.printStackTrace();
            } catch (InstantiationException e1) {
                    e1.printStackTrace();
            } catch (IllegalAccessException e1) {
                    e1.printStackTrace();
            }
    }
    //重新装载汇报信息，添加一条汇报后需要即时刷新主窗体显示表格
    public void reFillTable(){
            try {
                    rd.fillReportsToTable(getCurrentEmp(),employeeTable,
                            new String[]{"汇报人","汇报内容","汇报日期"}, 1);
            } catch (ClassNotFoundException e1) {
                    e1.printStackTrace();
            } catch (SQLException e1) {
                    e1.printStackTrace();
            } catch (InstantiationException e1) {
                    e1.printStackTrace();
            } catch (IllegalAccessException e1) {
                    e1.printStackTrace();
            }
    }
}
```

实践 10.6

Staff 角色的 "查看个人信息"、"汇报工作"、"在线交流"、"修改密码" 功能窗体其模式类似，可以设计一个基类窗体，实现代码重用以及风格统一。针对与 Manager、Admin 角色相关的类似窗体，也可以从该基类窗体中派生。

【分析】

设置窗体统一风格，不能改变窗体大小，采用 NULL 布局，居中对齐。

【参考解决方案】

在 com.dh.hrmanager.comm 包中增加 BaseFrame 框架基类，代码如下：

```
package com.dh.hrmanager.view.comm;
import javax.swing.JFrame;
import javax.swing.JPanel;
```

```java
import com.dh.hrmanager.entity.Employee;
//所有 NULL 布局窗体基类
public class BaseFrame extends JFrame {
    //框架内容面板
    private JPanel pnlBackGround;
    //框架宽度
    private int frameWidth;
    //框架高度
    private int frameHeight;
    //内容面板宽度
    private int panelWidth;
    //内容面板高度
    private int panelHeight;
    //内容面板坐上坐标，X 坐标
    private int panelX;
    //内容面板坐上坐标，Y 坐标
    private int panelY;
    //当前登录员工
    private Employee currentEmp;
    初始化窗体
    public void InitFrame(String title){
        //设置 Frame 大小
        setSize(frameWidth, frameHeight);
        //设置框架标题
        setTitle(title);
        //Frame 居中
        setLocationRelativeTo(null);
        //禁止改变框架大小
        setResizable(false);
        //设置为空布局
        getContentPane().setLayout(null);
        //设置内容面板基本信息
        pnlBackGround = new JPanel();
        //容器设置为空布局
        pnlBackGround.setLayout(null);
        //内容面板容器大小
        pnlBackGround.setBounds(panelX, panelY, panelWidth, panelHeight);
        //将内容面板容器加入到框架
        getContentPane().add(pnlBackGround);
    }
```

```
    public BaseFrame(){
    }
    public BaseFrame(Employee empNo){
        currentEmp = empNo;
    }
    //Getter/Setter 代码省略
}
```

实践 10.7

实现员工汇报工作界面，如图 S10-5 所示。

图 S10-5　员工汇报工作界面

【分析】

(1)　"汇报人编号输入框"、"汇报人输入框"、"汇报经理输入框"窗体显示时自动将相关信息写入，不许更改。

(2)　所有控件包含在内容面板 JPanel 中。

(3)　每个部门只能有一个经理。

(4)　单击提交按钮，将输入插入到 Report 汇报表中。

【参考解决方案】

建立 com.dh.hrmanager.view.staff 包，添加 StaffReport 类，代码如下：

```
package com.dh.hrmanager.view.staff;
import java.awt.event.*;
import java.sql.SQLException;
import javax.swing.*
import com.dh.hrmanager.db.*;
import com.dh.hrmanager.entity.*;
import com.dh.hrmanager.util.SwingHrHelper;
import com.dh.hrmanager.view.comm.BaseFrame;
public class StaffReport extends BaseFrame {
    private JLabel lblReporterEmpNo;
```

```java
    private JLabel lblReporterName;
    private JLabel lblReportManager;
    private JLabel lblReportContent;
    private JTextField txtReporterEmpNo;
    private JTextField txtReporterName;
    private JTextField txtReportManager;
    private JTextArea   txtReportContent;
    private JScrollPane sp;
    private JButton btnSubmit;
    private StaffMain staffMain;
    Manager manager = null;
    UserDao userDao= new UserDao();
    ReportDao rd = new ReportDao();
    //Swing 界面业务逻辑类，具体参见
    SwingHrHelper helper = new SwingHrHelper();
    public StaffReport(Employee emp, StaffMain parent){
        super(emp);
        //设置初始框架及面板大小
        helper.setInit(this, 460, 400, 0, 0, 460, 400, "汇报工作");
        staffMain = parent;
        lblReporterEmpNo = new JLabel();
        lblReporterName = new JLabel();
        lblReportManager = new JLabel();
        lblReportContent = new JLabel();
        txtReporterEmpNo = new JTextField();
        txtReporterEmpNo.setText(getCurrentEmp().getEmpNo());
        txtReporterName = new JTextField();
        txtReporterName.setText(getCurrentEmp().getUserName());
        try {
        manager = userDao.getDepartmentManagerByUserId(emp.getUserId());
        } catch (ClassNotFoundException e) {
                e.printStackTrace();
        } catch (SQLException e) {
                e.printStackTrace();
        } catch (InstantiationException e) {
                e.printStackTrace();
        } catch (IllegalAccessException e) {
                e.printStackTrace();
        }
        txtReportManager = new JTextField();
```

```
if(manager != null)
        txtReportManager.setText(manager.getUserName());
//设置以下文本框不能编辑
helper.setComponentEnabled(false, new JComponent[]{
        txtReporterEmpNo,txtReporterName,txtReportManager});
txtReportContent = new JTextArea();
txtReportContent.setColumns(20);
txtReportContent.setRows(5);
sp = new JScrollPane();
sp.setViewportView(txtReportContent);
btnSubmit = new JButton();
btnSubmit.addActionListener(new ActionListener(){
        @Override
        public void actionPerformed(ActionEvent e) {
                Report report = new Report(0,
                        getCurrentEmp().getUserId(),
                        txtReportContent.getText());
                int affectedCount = 0;
                try {
                        affectedCount = rd.addReport(report);
                } catch (ClassNotFoundException e1) {
                        e1.printStackTrace();
                } catch (SQLException e1) {
                        e1.printStackTrace();
                } catch (InstantiationException e1) {
                        e1.printStackTrace();
                } catch (IllegalAccessException e1) {
                        e1.printStackTrace();
                }
                if( affectedCount > 0){
                        JOptionPane.showMessageDialog(
                                StaffReport.this.btnSubmit, "汇报成功");
                        StaffReport.this.setVisible(false);
                        staffMain.reFillTable();
                }
                else
                        JOptionPane.showMessageDialog(
                                StaffReport.this.btnSubmit, "汇报失败");
        }
});
```

```
                //panel 容器
                JPanel pnl = getPnlBackGround();
                //设置标签布局，调用业务逻辑类中的方法
                helper.addComponent(pnl, lblReporterEmpNo, 36, 38,   72, 15, "汇报人编号:");
                helper.addComponent(pnl, lblReporterName, 60, 77, 48, 15, "汇报人:");
                helper.addComponent(pnl, lblReportManager, 50, 115, 60, 15, "汇报经理:");
                helper.addComponent(pnl, lblReportContent, 50, 151,  60, 15, "汇报内容:");
                //设置输入控件布局，调用业务逻辑类中的方法
                helper.addComponent(pnl, txtReporterEmpNo, 118, 35, 175, 21, null);
                helper.addComponent(pnl, txtReporterName, 118, 74, 175, 21, null);
                helper.addComponent(pnl, txtReportManager, 118, 112, 175, 21, null);
                helper.addComponent(pnl, sp, 118, 163, 299, 146, null);
                //按钮
                helper.addComponent(pnl, btnSubmit, 174, 330, 81, 23, "提交");
        }
}
```

实践 10.8

实现 Staff 角色查看个人评测功能，界面如图 S10-6 所示。

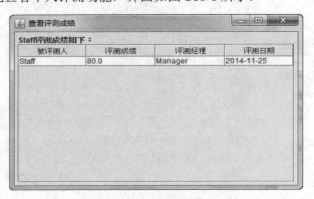

图 S10-6　查看评测成绩界面

【分析】

查询 Evaluation 表，获取当前登录账号的评测信息。

【参考解决方案】

```
package com.dh.hrmanager.view.staff;
import java.awt.BorderLayout;
import java.sql.SQLException;
import javax.swing.*;
import javax.swing.border.EmptyBorder;
```

```
import com.dh.hrmanager.db.EvaluationDao;
import com.dh.hrmanager.entity.Employee;
public class DisplayEvaluation extends JFrame {
        private static final long serialVersionUID = 1L;
        private JPanel contentPane;
        private JTable tbContent;
        private JScrollPane sp;
        Employee employee;
        EvaluationDao rd = new EvaluationDao();
        public DisplayEvaluation(Employee emp){
                setTitle("查看评测成绩");
                employee = emp;
                setBounds(100, 100, 450, 300);
                setLocationRelativeTo(null);
                contentPane = new JPanel();
                contentPane.setBorder(new EmptyBorder(5,5,5,5));
                setContentPane(contentPane);
                contentPane.setLayout(new BorderLayout(0,0));
                JLabel lblInfo = new JLabel(employee.getUserName() + "评测成绩如下：");
                contentPane.add(lblInfo,BorderLayout.NORTH);
                tbContent = new JTable();
                try {
                        rd.fillReportsToTable(employee, tbContent,
                        new String[]{"被评测人","评测成绩","评测经理","评测日期"}, 2);
                } catch (ClassNotFoundException e) {
                        e.printStackTrace();
                } catch (SQLException e) {
                        e.printStackTrace();
                } catch (InstantiationException e) {
                        e.printStackTrace();
                } catch (IllegalAccessException e) {
                        e.printStackTrace();
                }
                sp = new JScrollPane(tbContent);
                contentPane.add(sp, BorderLayout.CENTER);
        }
}
```

实践 10.9

实现 Staff 角色查看个人信息功能，界面如图 S10-7 所示。

图 S10-7 个人信息界面

【分析】

(1) 根据当前登录对象可以得到员工相关信息。

(2) 将得到的 RoleId 及 DepartId 转换为对应的角色名称和部门名称，需要用到实践 10.2 中的业务逻辑类 RoleDao 和 DepartmentDao。

(3) 该功能由 Staff、Manager、Admin 3 个角色公用。

【参考解决方案】

在 com.dh.hrmanager.view.comm 包添加 PrivateInfo 查看个人信息类，代码如下：

```
package com.dh.hrmanager.view.comm;
import java.sql.SQLException;
import javax.swing.*a;
import com.dh.hrmanager.db.*;
import com.dh.hrmanager.entity.Employee;
import com.dh.hrmanager.util.SwingHrHelper;
public class PrivateInfo extends BaseFrame {
        private JLabel lblInfoTitle;
        private JTextArea ta;
        //业务逻辑类
        SwingHrHelper helper = new SwingHrHelper();
        RoleDao rd = new RoleDao();
        DepartmentDao deptDao= new DepartmentDao();
        public PrivateInfo(Employee emp){
                super(emp);
                //设置初始框架及面板大小
                helper.setInit(this, 410, 310, 0, 0, 330, 240, "个人信息");
                lblInfoTitle = new JLabel();
                ta = new JTextArea();
                StringBuilder sb = new StringBuilder();
                sb.append("员工 ID：" + String.valueOf(getCurrentEmp().getUserId()) + "\r\n");
                sb.append("编号：" + emp.getEmpNo() + "\r\n");
```

```
            sb.append("姓名: " + emp.getUserName()+ "\r\n");
            sb.append("密码: " + emp.getPassword() + "\r\n");
            try {
                    sb.append("角色: "      +rd.getRoleNameById(
                            getCurrentEmp().getRoleId())+"\r\n");
                    sb.append("部门: " + deptDao.getDepartmentNameById(
                            getCurrentEmp().getDepartId()) + "\r\n");
            } catch (ClassNotFoundException e) {
                    e.printStackTrace();
            } catch (SQLException e) {
                    e.printStackTrace();
            } catch (InstantiationException e) {
                    e.printStackTrace();
            } catch (IllegalAccessException e) {
                    e.printStackTrace();
            }
            sb.append("薪水: " + String.valueOf(
                    getCurrentEmp().getSalary())+ "\r\n");
            //得到内容面板
            JPanel pnl = getPnlBackGround();
            //向内容面板中加入控件及设置控件布局
            helper.addComponent(pnl, lblInfoTitle, 35, 18, 100, 15, "个人信息如下: ");
            helper.addComponent(pnl, ta, 35, 43, 300, 300, sb.toString());
    }
}
```

实践 10.10

实现 Staff 修改密码功能，界面如图
S10-8 所示。

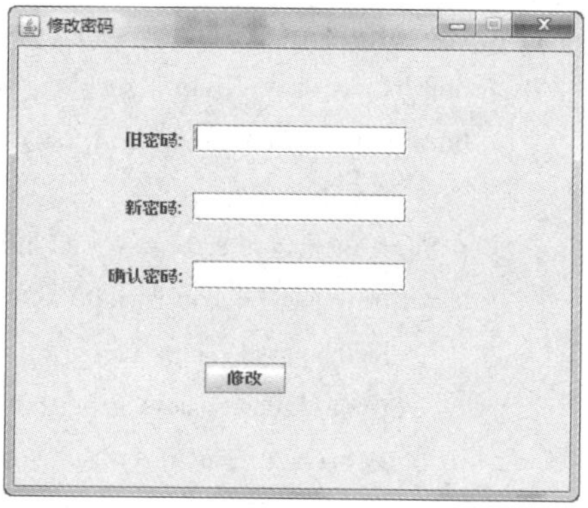

【分析】

(1) 验证旧密码是否正确。

(2) 新密码与确认密码是否一致。

(3) 将新密码更新到 HR_USER 表对应
的员工用户中。

(4) 该功能由 Staff、Manager、Admin3
个角色公用。

【参考解决方案】

图 S10-8 修改密码界面

在 com.dh.hrmanager.view.comm 包添加 ModifyPassword 修改密码类，代码如下：

```java
package com.dh.hrmanager.view.comm;
import java.awt.event.*;
import java.sql.SQLException;
import javax.swing.*;
import com.dh.hrmanager.db.UserDao;
import com.dh.hrmanager.entity.Employee;
import com.dh.hrmanager.util.SwingHrHelper;
public class ModifyPassword extends BaseFrame {
        private JLabel lblOldPassword;
        private JLabel lblNewPassword;
        private JLabel lblConfirmPassword;
        private JPasswordField txtOldPassword;
        private JPasswordField txtNewPassword;
        private JPasswordField txtConfirmPassword;
        private JButton btnModify;
        //服务业务逻辑类
        SwingHrHelper helper = new SwingHrHelper();
        UserDao userDao= new UserDao();
        public ModifyPassword(Employee emp){
                super(emp);
                //设置主框架及内容面板大小、位置
                helper.setInit(this, 420, 350, 20, 20, 340, 310, "修改密码");
                //实例化
                lblOldPassword = new JLabel();
                lblNewPassword = new JLabel();
                lblConfirmPassword = new JLabel();
                txtOldPassword = new JPasswordField();
                txtNewPassword = new JPasswordField();;
                txtConfirmPassword = new JPasswordField();;
                btnModify = new JButton();
                btnModify.addActionListener(new ActionListener(){
                        @Override
                        public void actionPerformed(ActionEvent ex) {
                            String pass1 = new String(txtNewPassword.getPassword());
                             String pass2 = new String(txtConfirmPassword.getPassword());
                            String oldPass = new String(txtOldPassword.getPassword());
                        if(!oldPass.equals(getCurrentEmp().getPassword())){
                                JOptionPane.showMessageDialog(btnModify, "原始密码不正确");
                                        txtOldPassword.requestFocus();
                                        return;
```

```
                            }
            if(!pass1.equals(pass2)){
                JOptionPane.showMessageDialog(btnModify, "密码与确认密码不相同");
                            lblNewPassword.requestFocus();
                            return;
                        }
            try {
                userDao.modifyPassword(getCurrentEmp(), new
                            String(txtNewPassword.getPassword()));
                        JOptionPane.showMessageDialog(btnModify, "修改成功");
                        } catch (ClassNotFoundException e) {
                            e.printStackTrace();
                        } catch (SQLException e) {
                        JOptionPane.showMessageDialog(btnModify, "修改失败");
                        } catch (InstantiationException e) {
                            e.printStackTrace();
                        } catch (IllegalAccessException e) {
                            e.printStackTrace();
                        }
                }
        });
        //得到内容面板
        JPanel pnl = getPnlBackGround();
        //向内容面板中加入控件及设置控件布局
        helper.addComponent(pnl, lblOldPassword, 60, 40, 48, 15, "旧密码:");
        helper.addComponent(pnl, lblNewPassword, 60, 90, 48, 15, "新密码:");
        helper.addComponent(pnl, lblConfirmPassword, 48, 140, 60, 15, "确认密码:");
        //加入可编辑文本框
helper.addComponent(pnl, txtOldPassword, 110, 36, 160, 21, null);
helper.addComponent(pnl, txtNewPassword, 110, 86, 160, 21, null);
  helper.addComponent(pnl, txtConfirmPassword, 110, 136, 160, 21, null);
  //加入按钮
helper.addComponent(pnl, btnModify, 120, 210, 60, 23, "修改");
  }
}
```

 知识拓展

Java 2D API 由 Sun 公司与 Adobe 系统公司合作推出，提供了一个功能强大且灵活的二维图形框架。Java 2D API 扩展了 java.awt 包中定义的 Graphics 类和 Image 类，提供了高性能的二维图形、图像和文字，同时又维持了对现有 AWT 应用的兼容。

2D 绘图时需要产生一个 Graphics2D 对象，设定所要的状态属性，再调用 Graphics2D 所提供的方法完成整个绘图工作。Graphics2D 类扩展自 Graphics 类，提供对几何形状、坐标转换、颜色管理和文本布局更为复杂的控制，是 Java 平台上呈现二维形状、文本和图像的基础类。

Graphics2D 常用的两个画图方法如下：

◇ draw(Shape s)：勾画图形对象的轮廓。

◇ fill(Shape s)：绘画图形并填充图形的内部区域。

下面是一个 2D 绘图的简单案例，代码如下：

```java
public class DrawDemo extends JFrame {
    public DrawDemo() {
        super("2D 绘图");
        // 创建绘图面板
        DrawPane map = new DrawPane();
        this.add(map);
        this.setSize(400,300);
        this.setLocation(300,300);
        this.setDefaultCloseOperation(JFrame.EXIT_ON_CLOSE);
    }
    public static void main(String[] arg) {
        DrawDemo frame = new DrawDemo();
        frame.setVisible(true);
    }
}
// 带绘图的面板
class DrawPane extends JPanel {
    // 重写 paintComponent()方法，该方法将传入一个 Graphics 对象(画笔)
    //可以在 JPanel 容器中画图
    public void paintComponent(Graphics g) {
        // 将 Graphics 对象转换成 Graphics2D
        Graphics2D g2D = (Graphics2D) g;
        // 设置画笔的颜色为红色
        g2D.setColor(Color.red);
        // 在(30,80)位置处开始写一个内容为"画空心矩形"的字符串
        g2D.drawString("画空心矩形", 30, 80);
        // 创建一个矩形图形对象，矩形左上角坐标(30，100)，宽度 80，高度 40
        Rectangle2D.Double rect = new Rectangle2D.Double(30, 100, 80, 40);
        // 勾画矩形轮廓(空心矩形)
        g2D.draw(rect);
        g2D.setColor(Color.blue);
```

```
        g2D.drawString("画实心椭圆", 140, 80);
        // 创建一个椭圆图形对象
        Ellipse2D.Double elip = new Ellipse2D.Double(140, 100, 80, 40);
        // 画实心椭圆
        g2D.fill(elip);
    }
}
```

在上述代码中，在容器中绘图需要重写组件的 paintComponent()方法。该方法将传入一个 Graphics 对象。此对象无需人为创建，当创建容器组件对象时自动实例化 Graphics 对象并传给 paintComponent()方法。

运行结果如图 S10-9 所示。

图 S10-9　运行结果

 拓展练习

根据本节实践，参照 Staff 主界面和功能的实现，实现出 Manager、Admin 这两个角色的 Swing 主界面以及它们对应的相关功能(功能列表可参照表 S10-1)。

实践 11　网络编程 Socket

实践指导

实践 11.1

完成项目在线交流功能需要的一些辅助类，包括：
- ✧ 聊天室用户用于实例化的实体类 User。
- ✧ 修改用于读取配置文件的类 Config，添加一个通过配置文件名和 key 值获得配置文件数据的方法。

【分析】

(1) 用户信息需要通过网络在聊天服务器和客户端之间传输，因此需要创建一个实现 Serializable 接口并且继承 Employee 类的实体类 User。

(2) 创建一个配置文件，用来保存网络聊天的配置信息，采用 properties 文件格式，便于读取。

(3) 修改配置文件类 Config，添加一个根据文件和 Key 值获取配置文件的数据。

(4) DBUtil 类与前几章实践中所使用的 DBUtil 类完全相同，不再给出代码。

【参考解决方案】

(1) 新建 com.dh.hrmanager.entity.User 类，代码如下：

```java
package com.dh.hrmanager.entity;
import java.io.Serializable;
//为了在网络服务器和客户端传递实现序列化
public class User extends Employee implements Serializable {
    private String userNo;
    private String userName;
    public User(String userNo, String userName) {
        super();
        this.userNo = userNo;
        this.userName = userName;
    }
    //其他 get、set 方法省略
}
```

(2) 编写配置文件 chat.properties，内容如下：

```
server=localhost
msgport=8121
userport=8122
```

其中，server 为聊天服务器的地址，msgport 为传送聊天消息使用的端口，userport 为传送用户信息使用的端口。然后将编写完毕的配置文件 chat.properties 放在项目的 config 文件夹下，如图 S11-1 所示。

(3) 修改 com.dh.util.Config 类，代码如下：

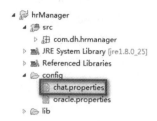

图 S11-1　配置文件所在位置

```java
import java.io.FileInputStream;
import java.util.Properties;
public class Config {
        //其他代码省略……
        /**
        * 根据文件名和key值获取对应的value值(默认为在是config文件夹下)
        * @param fileName
        * @param key
        * @return
        */
        public static String getValueByFileName(String fileName,String key) {
                try {
                        //加载从项目的根目录开始查找
                        p.load(new FileInputStream("config\\"+fileName));
                } catch (FileNotFoundException e) {
                        e.printStackTrace();
                } catch (IOException e) {
                        e.printStackTrace();
                }
                return p.get(key).toString();
        }
}
```

实践 11.2

编写聊天室服务器端程序，具体要求如下：

(1) 界面分为三部分：中间显示所有聊天信息，右边显示所有在线用户，底部用于发送系统消息。

(2) 接收所有用户发送的聊天信息并显示在文本域中。

(3) 接收所有用户发送的用户信息，更新用户列表，并群发用户列表信息。

(4) 当关闭服务器时，停止所有线程，并释放资源。

聊天室服务器端界面如图 S11-2 所示。

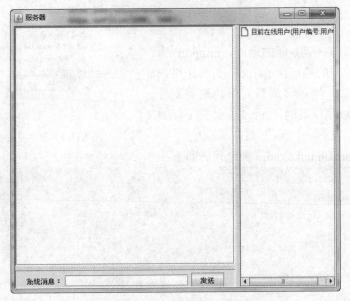

图 S11-2　聊天室服务器端界面

【分析】

(1) 在 ChatServer 类中声明所需要的树控件、服务器套接字以及集合。其中，服务器套接字 2 个，分别用于接收聊天和用户信息；集合有 8 个，其中 4 个用于存放聊天消息的有关内容，即消息套接字、消息输出流、消息输入流、消息列表；另外 4 个(用户套接字、用户输出流、用户输入流、用户列表信息) 用于存放用户有关内容。

(2) 创建接收客户端发送的有关用户套接字的线程。

(3) 创建接收客户端发送的有关消息套接字的线程。

(4) 创建接收客户发送聊天信息的线程。

(5) 创建向所用客户端发送消息的线程。

(6) 在 ChatServer 类的构造方法中创建线程并启动。

(7) 实现单击"发送"按钮，群发系统消息的事件处理。

(8) 在关闭窗口事件中停止各个线程，关闭所有服务器套接字、流，并释放掉所有资源。

【参考解决方案】

创建 com.dh.hrmanager.view.chat.ChatServer 类，代码如下：

```
package com.dh.hrmanager.view.chat;
import java.awt.event.ActionEvent;
import java.awt.event.ActionListener;
import java.awt.event.WindowAdapter;
import java.awt.event.WindowEvent;
import java.io.BufferedReader;
```

```java
import java.io.InputStreamReader;
import java.io.ObjectInputStream;
import java.io.PrintWriter;
import java.net.ServerSocket;
import java.net.Socket;
import java.util.ArrayList;
import java.util.LinkedList;
import javax.swing.*;
import com.dh.hrmanager.entity.User;
import com.dh.hrmanager.util.Config;
public class ChatServer extends JFrame implements ActionListener {
        private static final long serialVersionUID = 1L;
        private JSplitPane splitPaneV, splitPaneH;
        private JScrollPane spCenter, spRight;
        private JPanel pdown;
        private JTextArea txtContent;
        private JLabel lblSend;
        private JTextField txtSend;
        private JButton btnSend;
        private DefaultMutableTreeNode root;
        private DefaultTreeModel model;
        private JTree tree;
        private String fileName = "chat.properties";
        private ServerSocket msgServerSocket;// 消息服务套接字
        private ServerSocket userServerSocket;// 用户服务套接字
        private ArrayList<Socket> msgSocket = new ArrayList<Socket>();
        private ArrayList<PrintWriter> printWriter =
                new     ArrayList<PrintWriter>();
        private ArrayList<BufferedReader> bufferedReader =
                new ArrayList<BufferedReader>();
        private LinkedList<String> msgList = new LinkedList<String>();
        private ArrayList<Socket> userSocket = new ArrayList<Socket>();
        private ArrayList<PrintWriter> printUser =
                new ArrayList<PrintWriter>();
        private ArrayList<ObjectInputStream> readUser =
                new ArrayList<ObjectInputStream>();
        private ArrayList<User> userList = new ArrayList<User>();
        private static boolean isRun = true; // 控制线程是否运行
        public ChatServer() throws Exception {
                super("服务器");
```

```
        txtContent = new JTextArea();
        txtContent.setEditable(false);
        spCenter = new JScrollPane(txtContent);
        pdown = new JPanel();
        lblSend = new JLabel("系统消息：");
        txtSend = new JTextField(20);
        btnSend = new JButton("发送");
        pdown.add(lblSend);
        pdown.add(txtSend);
        pdown.add(btnSend);
        btnSend.addActionListener(this);
        root = new DefaultMutableTreeNode("目前在线用户(用户编号:用户名)");
        model = new DefaultTreeModel(root);
        tree = new JTree(model);
        spRight = new JScrollPane(tree);
        splitPaneV = new JSplitPane(JSplitPane.VERTICAL_SPLIT,
                spCenter, pdown);
        splitPaneV.setDividerLocation(420);
        splitPaneH = new JSplitPane(JSplitPane.HORIZONTAL_SPLIT,
                splitPaneV, spRight);
        splitPaneH.setDividerLocation(400);
        this.add(splitPaneH);
        this.setSize(600, 500);
        this.setDefaultCloseOperation(JFrame.EXIT_ON_CLOSE);
        this.addWindowListener(new WindowEventHandle());
        msgServerSocket = new ServerSocket(Integer.parseInt(
                Config.getValueByFileName(fileName,"msgport")));
        userServerSocket = new ServerSocket(Integer.parseInt(
                Config.getValueByFileName(fileName,"userport")));
        new AcceptUserSocketThread().start(); // 启动接收用户套接字的线程
        new AcceptMsgSocketThread().start();// 启动接收消息套接字的线程
        new SendMessageThread().start();// 启动接收消息套接字的线程
    }
    public void actionPerformed(ActionEvent e) {
        if (e.getSource() == btnSend) {
            String str = txtSend.getText();
            if (!str.equals("")) {
                msgList.addFirst("系统消息：" + str);
            }
        }
```

```
    }
// 接收客户端发送的有关用户套接字的线程
class AcceptUserSocketThread extends Thread {
    public void run() {
        while (isRun) {
            try {
                Socket socket = userServerSocket.accept();
                ObjectInputStream readerFromClient = new
            ObjectInputStream(socket.getInputStream());
                PrintWriter printToClient =
                    new PrintWriter(socket.getOutputStream());
                printUser.add(printToClient);
                User user = (User) readerFromClient.readObject();
                if (user != null) {
                    userList.add(user);
                    // 在根节点下添加一新节点
                    root.add(new
                DefaultMutableTreeNode(user.getUserNo()
                    + ":" + user.getUserName()));
                    tree.setModel(model); // 刷新树
                    tree.updateUI();
                    //向所有客户端发送目前所有用户信息
                    sendUserListToClient();
                }
            } catch (Exception e) {
                e.printStackTrace();
            }
        }
    }
}
// 向所有客户端发送目前所有用户信息
private void sendUserListToClient() {
    String people = "";
    for (int i = 0; i < userList.size(); i++) {
        people += "&" + userList.get(i).getUserName() ;
    }
    for (int i = 0; i < printUser.size(); i++) {
        if (printUser.get(i) != null) {
            try {
                printUser.get(i).println(people);
```

```
                                        printUser.get(i).flush();
                        } catch (Exception e) {
                                e.printStackTrace();
                        }
                }
        }
}
// 接收客户端发送的有关消息套接字的线程
class AcceptMsgSocketThread extends Thread {
        public void run() {
                while (isRun) {
                        try {
                                Socket socket = msgServerSocket.accept();
                                BufferedReader bufferedFromClient =
                                        new BufferedReader(new InputStreamReader
                                        (socket.getInputStream()));
                                PrintWriter printWriterToClient =
                                        new PrintWriter(socket.getOutputStream());
                                printWriter.add(printWriterToClient);
                                bufferedReader.add(bufferedFromClient);
                                // 启动接收此客户发送聊天信息的线程
                                new GetMessageThread(bufferedFromClient).start();
                        } catch (Exception e) {
                                e.printStackTrace();
                        }
                }
        }
}
// 接收客户聊天信息的线程
class GetMessageThread extends Thread {
        private String stringFromClient = null;
        private BufferedReader bufferedReaderFromClient;
        public GetMessageThread(BufferedReader buffer) throws Exception{
                bufferedReaderFromClient = buffer;
        }
        public void run() {
        try {
                do {
                stringFromClient = bufferedReaderFromClient.readLine();
                        msgList.addFirst(stringFromClient);
```

```
            } while (!stringFromClient.toLowerCase().endsWith("bye"));
            int index = bufferedReader.indexOf(
                                    bufferedReaderFromClient);
                bufferedReader.remove(index);
                printWriter.remove(index);
            } catch (Exception e) {
                e.printStackTrace();
            }
        }
    }
// 向所用客户端发送消息的线程
class SendMessageThread extends Thread {
    public SendMessageThread() throws Exception {
        super();
    }
    public void run() {
        while (isRun) {
            try {
                String s = null;
                if (!msgList.isEmpty()) {
                    s = (String) msgList.removeLast();
                    txtContent.append(s + "\n");
                    for (int i = 0; i < printWriter.size(); i++){
                            if (printWriter.get(i) != null) {
                                printWriter.get(i).println(s);
                                printWriter.get(i).flush();
                            }
                    }
                } else {
                    sleep(100);
                }
            } catch (Exception e) {
                e.printStackTrace();
            }
        }
    }
}
// 窗体监听类
class WindowEventHandle extends WindowAdapter {
    // 当窗体关闭时，停止所有通信线程
```

```
                public void windowClosing(WindowEvent e) {
                        isRun = false;
                        try {
                                msgServerSocket.close();
                                userServerSocket.close();
                                for (int i = 0; i < msgSocket.size(); i++) {
                                        msgSocket.get(i).close();
                                }
                                for (int i = 0; i < printWriter.size(); i++) {
                                        printWriter.get(i).close();
                                }
                                for (int i = 0; i < bufferedReader.size(); i++) {
                                        bufferedReader.get(i).close();
                                }
                                for (int i = 0; i < userSocket.size(); i++) {
                                        userSocket.get(i).close();
                                }
                                for (int i = 0; i < printUser.size(); i++) {
                                        printUser.get(i).close();
                                }
                                for (int i = 0; i < readUser.size(); i++) {
                                        readUser.get(i).close();
                                }
                        } catch (Exception ex) {
                                ex.printStackTrace();
                        } finally {
                                msgServerSocket = null;
                                userServerSocket = null;
                                msgSocket = null;
                                printWriter = null;
                                bufferedReader = null;
                                msgList = null;
                                userSocket = null;
                                printUser = null;
                                readUser = null;
                                userList = null;
                        }
                }
        }
public static void main(String args[]) throws Exception {
```

```
                    ChatServer chatServer = new ChatServer();
                    chatServer.setVisible(true);
            }
}
```

 树控件(JTree)、分隔面板（JSplitPane）和滚动面板（JScrollPane）的使用方法可以参见本章实践拓展知识。

实践 11.3

创建客户端聊天主窗口界面，要求如下：

(1) 界面分为三部分：中间显示聊天信息，右边显示所有在线用户，底部用于输入信息。

(2) 建立与服务器连接的套接字，用于传递聊天信息。服务器的 IP 地址和端口信息通过 Config 类从配置文件中获取。

(3) 发送聊天信息时，信息不能为空。

(4) 创建一个接收服务器发送信息的线程，将接收的信息显示在文本域中。

(5) 当关闭聊天主窗口时，同时关闭网络通信连接。

客户端聊天主窗口如图 S11-3 所示。

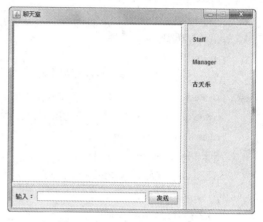

图 S11-3 聊天室客户端界面

【分析】

(1) 创建一个接收服务器发送信息的线程，在构造方法中创建并启动此线程。

(2) 创建一个接收服务器发送的用户列表信息的线程，在构造方法中创建并启动此线程。

(3) 在关闭窗口事件中向服务器发送退出消息"bye，我去工作了"。

【参考解决方案】

创建 com.dh.hrmanager.view.chat.chatClient 类，代码如下：

```
package com.dh.hrmanager.chat.client;
import java.awt.event.*;
import java.io.BufferedReader;
import java.io.InputStreamReader;
import java.io.ObjectOutputStream;
import java.io.PrintWriter;
import java.net.Socket;
import java.util.StringTokenizer;
import javax.swing.*;
```

```java
import com.dh.hrmanager.entity.User;
import com.dh.hrmanager.util.Config;
public class ChatClient extends JFrame implements ActionListener {
        private static final long serialVersionUID = 1L;
        public static String username = "";// 当前聊天用户的用户名
        public static String empNo = "";// 当前聊天用户的编号
        private JSplitPane splitPaneV, splitPaneH;
        private JScrollPane spCenter;
        private JPanel pRight;
        private JPanel pdown;
        private JTextArea txtContent;
        private JLabel lblSend;
        private JTextField txtSend;
        private JButton btnSend;
        private String fileName = "chat.properties";
        private Socket socketMsg;// 用于消息传递的套接字
        private Socket socketUser;// 用于用户传递的套接字
        private PrintWriter printMsg;
        private BufferedReader readMsg;
        private ObjectOutputStream printUser;
        private BufferedReader readUser;
        private String strMsg = null;
        public ChatClient() {
                super("聊天室");
                txtContent = new JTextArea();
                txtContent.setEditable(false);
                spCenter = new JScrollPane(txtContent);
                pdown = new JPanel();
                lblSend = new JLabel("输入：");
                txtSend = new JTextField(20);
                btnSend = new JButton("发送");
                pdown.add(lblSend);
                pdown.add(txtSend);
                pdown.add(btnSend);
                btnSend.addActionListener(this);
                pRight = new JPanel(null);
                splitPaneV = new JSplitPane(
                        JSplitPane.VERTICAL_SPLIT, spCenter, pdown);
                splitPaneV.setDividerLocation(320);
                splitPaneH = new JSplitPane(JSplitPane.HORIZONTAL_SPLIT,
                        splitPaneV,pRight);
```

```
                splitPaneH.setDividerLocation(350);
                this.add(splitPaneH);
                this.setSize(500, 400);
                this.setLocation(300, 300);
                this.setResizable(false);
                this.setDefaultCloseOperation(JFrame.EXIT_ON_CLOSE);
                this.addWindowListener(new WindowEventHandle());
                createUserListConnection();
                createMsgConnection();
                new GetUserListFromServer().start();
                new GetMsgFromServer().start();
        }
        public void actionPerformed(ActionEvent e) {
                Object source = e.getSource();
                if (source == btnSend) {
                        String str = txtSend.getText();
                        if (!str.equals("")) {
                                // 网络通信
                                printMsg.println(username + "说:" + str);
                                printMsg.flush();
                                txtSend.setText("");
                        }
                }
        }
        // 窗体监听类
        class WindowEventHandle extends WindowAdapter {
                // 当窗体关闭时，同时关闭网络通信连接
                public void windowClosing(WindowEvent e) {
                        closeConnection();
                }
        }
        // 关闭网络通信连接
        private void closeConnection() {
                try {
                        printMsg.println(username + "说:bye，我先工作了");
                        printMsg.flush();
                } catch (Exception e) {
                        e.printStackTrace();
                }
        }
        // 建立聊天信息链接
```

```
private void createMsgConnection() {
    try {
        socketMsg = new Socket(
            Config.getValueByFileName(fileName,"server"),
            Integer.parseInt(Config.getValueByFileName(
            fileName,"msgport")));
        printMsg = new PrintWriter(socketMsg.getOutputStream(), true);
    } catch (Exception e) {
        e.printStackTrace();
    }
}
// 建立用户信息链接
private void createUserListConnection() {
    try {
        socketUser = new Socket(
            Config.getValueByFileName(fileName,"server"),
            Integer.parseInt(Config.getValueByFileName(
            fileName,"userport")));
        printUser = new ObjectOutputStream(
            socketUser.getOutputStream());
        // 封装当前用户的信息
        User user = new User(empNo,username);
        // 将当前用户发送给服务器
        printUser.writeObject((User) user);
        printUser.flush();
    } catch (Exception e) {
        e.printStackTrace();
    }
}
// 从服务器获取聊天信息的线程
class GetMsgFromServer extends Thread {
    public void run() {
        try {
            readMsg = new BufferedReader(new InputStreamReader(
                socketMsg.getInputStream()));
            do {
                strMsg = readMsg.readLine();
                // 在文本域显示聊天信息
                txtContent.append(strMsg + "\n");
            } while (strMsg != null);
        } catch (Exception e) {
```

```
                    e.printStackTrace();
                }
            }
        }
        // 从服务器获取所有聊天用户信息的线程
        class GetUserListFromServer extends Thread {
            public void run() {
                try {
                    readUser = new BufferedReader(new InputStreamReader(
                            socketUser.getInputStream()));
                    do {
                        String line = readUser.readLine();
                        if (line != null) {
                            StringTokenizer st
                                    = new StringTokenizer(line, "&");
                            pRight.removeAll();
                            int y = 10;
                            while (st.hasMoreTokens()) {
                                String name = st.nextToken();
                                JLabel userNode = new JLabel(
                                        name, JLabel.LEFT);
                                userNode.setBounds(10, y, 60, 40);
                                pRight.add(userNode);
                                y += 45;
                            }
                            pRight.setSize(150, 300);
                            splitPaneH.setDividerLocation(350);
                            ChatClient.this.setSize(0, 0);
                            ChatClient.this.setSize(500, 400);
                        }
                    } while (true);
                } catch (Exception e) {
                    e.printStackTrace();
                }
            }
        }
    }
}
```

　　在客户端或者服务器端发送或者接收的消息，如果出现乱码，是因为编码的问题导致的。解决办法是在接收消息的线程中加上编码方式，如 BufferedReader bufferedFromClient = new BufferedReader(newInputStreamReader(socket.getInputStream(),"GB2312"));

知识拓展

1. JTree

JTree 类用来创建树目录组件，是一个将分层数据集显示为轮廓的组件。树中的节点可以展开，也可以折叠。当展开一个非叶节点时，将显示其子节点；当折叠节点时，将隐藏其子节点。

JTree 常用的方法及功能如表 S11-1 所示。

表 S11-1　JTree 的方法列表

常　　量	功 能 说 明
JTree()	创建一个缺省模型的 Swing 树对象
JTree(Object[] value)	创建一棵不显示根节点的树，它将指定数组中的每个元素作为根节点的子节点
JTree(Vector value)	创建了一棵不显示根节点的树，它将指定向量中的每个元素作为根节点的子节点
TreePath getSelectionPath()	返回首选节点的路径
void setModel(TreeModel mdl)	设置提供数据的 TreeModel
void updateUI()	更新 UI

1) 树模型

TreeModel 是树的模型接口，可以触发相关的树事件，处理树可能产生的一些变动。该接口中定义了如表 S11-2 所示的方法。

表 S11-2　TreeModel 接口中的方法

方　　法	功 能 说 明
void addTreeModelListener(TreeModelListener l)	注册树监听
Object getChild(Object parent, int index)	返回子节点
int getChildCount(Object parent)	返回子节点数量
int getIndexOfChild(Object parent, Object child)	返回子节点的索引值
Object getRoot()	返回根节点
boolean isLeaf(Object node)	判断是否为树叶节点
void removeTreeModelListener(TreeModelListener l)	删除 TreeModelListener
void valueForPathChanged(TreePath path, Object newValue)	改变 Tree 上指定节点的值

通过实现 TreeModel 接口中的这八种方法可以构造出自己想要的 JTree，但这种做法比较复杂。Java 中提供了一个 DefaultTreeModel 默认模式类，该类实现了 TreeModel 接口，并提供了许多实用的方法，能方便、快捷地构造出 JTree。DefaultTreeModel 的构造方法如表 S11-3 所示。

表 S11-3 DefaultTreeModel 的构造方法

方 法	功 能 说 明
DefaultTreeModel(TreeNode root)	创建一个 DefaultTreeModel 对象，并指定根节点
DefaultTreeModel(TreeNode root, Boolean asksAllowsChildren)	创建一个指定根节点的并指定是否具有子节点的 DefaultTreeModel 对象

2) 树节点

TreeNode 是树节点，它是一个接口，里面定义了有关节点的方法，如表 S11-4 所示。

表 S11-4 TreeNode 接口中常用方法列表

方 法	功 能 说 明
Enumeration children()	获取子节点
TreeNode getChildAt(int childIndex)	返回指定下标的子节点对象
int getChildCount()	返回子节点数量
TreeNode getParent()	返回父节点对象
int getIndex(TreeNode node)	返回指定节点的下标
boolean getAllowsChildren()	获取是否有子节点
boolean isLeaf()	获取是否为叶节点（无子节点的节点）

DefaultMutableTreeNode 是一个实现 TreeNode 和 MutableTreeNode 接口的类。该类中提供了许多实用的方法，并增加了一些有关节点的处理方式。其常用的方法及功能如表 S11-5 所示。

表 S11-5 DefaultMutableTreeNode 的常用方法列表

方 法	功 能 说 明
DefaultMutableTreeNode()	构造方法，用于创建一个空的树节点对象
DefaultMutableTreeNode(Object userObject)	构造方法，用于建立一个指定内容对象的树节点
DefaultMutableTreeNode(Object userObject, Boolean allowsChildren)	构造方法，用于建立一个指定内容对象的并指定是否有子节点的树节点
void add(MutableTreeNode newChild)	添加一个树节点
void insert(MutableTreeNode newChild, int childIndex)	插入一个树节点
void remove(MutableTreeNode aChild)	删除一个树节点
void setUserObject(Object userObject)	设置树节点的内容对象

3) 树事件

树事件有两种类型，分别是 TreeModelEvent 事件和 TreeSelectionEvent 事件。

(1) TreeModelEvent 事件。

当树的结构(如改变节点值、新增节点、删除节点等)改变时，都会触发 TreeModelEvent 事件。处理 TreeModelEvent 事件的监听接口是 TreeModelListener。该接口中定义的事件处理方法如表 S11-6 所示。

表 S11-6　TreeModelListener 接口中的事件处理方法列表

方　　法	功 能 说 明
void treeNodesChanged(TreeModelEvent e)	节点改变时，调用此事件处理方法
void treeNodesInserted(TreeModelEvent e)	插入节点时，调用此事件处理方法
void treeNodesRemoved(TreeModeEvent e)	删除节点时，调用此事件处理方法
void treeStructureChanged(TreeModelEvent e)	树结构改变时，调用此事件处理方法

(2) TreeSelectionEvent 事件。

当在 JTree 上选择任何一个节点时，都会触发 TreeSelectionEvent 事件。处理此事件的监听接口是 TreeSelectionListener。该接口中定义的事件处理方法如表 S11-7 所示。

表 S11-7　TreeSelectionListener 接口中的事件处理方法列表

方　　法	功 能 说 明
void valueChanged(TreeSelectionEvent e)	当选择的节点改变时，自动调用此方法进行事件处理

代码如下：

```
package com.dh.ph11.ex;
import java.awt.*;
import javax.swing.*;
import javax.swing.event.*;
import javax.swing.tree.*;
public class TreeDemo extends JFrame
        implements TreeSelectionListener {
        private DefaultMutableTreeNode root;
        private DefaultTreeModel model;
        private JTree tree;
        private JTextArea textArea;
        private JPanel p;
        public TreeDemo() {
        super("TreeBrowserTest");
        // 实例化树的根节点
        root = makeSampleTree();
        // 实例化的树模型
        model = new DefaultTreeModel(root);
        // 实例化一棵树
        tree = new JTree(model);
        // 注册树的监听对象，监听选择不同的树节点
        tree.addTreeSelectionListener(this);
        // 设置树的选择模式是单一节点的选择模式（一次只能选中一个节点）
        tree.getSelectionModel().setSelectionMode(
```

```
                    TreeSelectionModel.SINGLE_TREE_SELECTION);
        // 实例化一个面板对象，布局是 1 行 2 列
        p = new JPanel(new GridLayout(1, 2));
        // 在面板的左侧放置树
        p.add(new JScrollPane(tree));
        textArea = new JTextArea();
        // 面板右侧放置文本域
        p.add(new JScrollPane(textArea));
        this.add(p);
        this.setSize(400, 200);
        this.setLocation(100, 100);
        this.setDefaultCloseOperation(JFrame.EXIT_ON_CLOSE);
    }
    // 创建一棵树对象的方法
    public DefaultMutableTreeNode makeSampleTree() {
        // 实例化树节点，并将节点添加到相应节点中
        DefaultMutableTreeNode root = new DefaultMutableTreeNode("世界");
        DefaultMutableTreeNode country = new DefaultMutableTreeNode("中国");
        root.add(country);
        DefaultMutableTreeNode state = new DefaultMutableTreeNode("山东");
        country.add(state);
        DefaultMutableTreeNode city = new DefaultMutableTreeNode("青岛");
        state.add(city);
        city = new DefaultMutableTreeNode("济南");
        state.add(city);
        state = new DefaultMutableTreeNode("江苏");
        country.add(state);
        city = new DefaultMutableTreeNode("南京");
        state.add(city);
        return root;
    }
    // 重写 树的选择事件处理方法
    public void valueChanged(TreeSelectionEvent event) {
        // 获取选中节点的路径
        TreePath path = tree.getSelectionPath();
        if (path == null)
                return;
        // 获取选中的节点对象
        DefaultMutableTreeNode selectedNode =
                (DefaultMutableTreeNode)path.getLastPathComponent();
```

```
        // 获取选中节点的内容，并显示到文本域中
        textArea.setText("你选择了
                【"+selectedNode.getUserObject().toString()+"】");
    }
    public static void main(String[] args) {
        TreeDemo f = new TreeDemo();
        f.setVisible(true);
    }
}
```

上述代码实现了一个窗口界面，左边显示树目录，右边是文本域，当选择不同的树节点时，在文本域中显示节点的内容文本。为了处理 TreeSelectionEvent 事件，继承 TreeModelListener 接口，重写 valueChanged()方法。

执行结果如图 S11-4 所示。

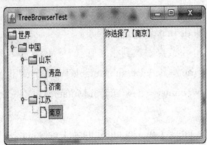

图 S11-4   TreeDemo 执行结果

2．JSplitPane

JSplitPane 是一个分隔成两部分的面板容器，可以进行水平或垂直分隔。其构造函数如下：

JSplitPane(int orientation,Component leftComponent,Component rightComponent)：创建一个具有指定方向、指定两部分组件的新的分隔面板。

JSplitPane 类中用于指定方向的两个静态常量如下：

◇ HORIZONTAL_SPLIT：水平分隔，分隔成左、右两部分。

◇ VERTICAL_SPLIT：垂直分隔，分隔成上、下两部分。

JSplitPane 类常用的方法及功能如表 S11-8 所示。

表 S11-8   JSplitPane 的方法列表

方　　法	说　　明
setDividerLocation(int loc)	设置分隔条的位置
setDividerLocation(double pl)	设置分隔条的位置所在的百分比
setDividerSize(int newSize)	设置分隔条的大小
setResizeWeight(double value)	指定当分隔面板改变大小时如何分配额外空间，默认值 0 表示右边/底部的组件获得所有额外空间，1 则表示左边/顶部的组件获得所有额外空间

代码如下：

```java
public class JSplitPaneDemo extends JFrame {
    private JSplitPane sp;
    private JPanel pLeft, pRight;
    public JSplitPaneDemo() {
        super("分隔面板");
        pLeft = new JPanel();
        pRight = new JPanel();
        // 创建一个水平分隔的分隔面板，pLeft 放在左边，pRight 放在右边
        sp = new JSplitPane(JSplitPane.HORIZONTAL_SPLIT, pLeft, pRight);
        // 设置分隔条的位置
        sp.setDividerLocation(200);
        // 设置分隔条的大小为 20 像素（即分隔条的粗细）
        sp.setDividerSize(20);
        // 左边组件 pLeft 获得额外空间
        sp.setResizeWeight(1);
        this.add(sp);
        this.setSize(300, 200);
        this.setLocation(300, 300);
        this.setDefaultCloseOperation(JFrame.EXIT_ON_CLOSE);
    }
    public static void main(String[] args) {
        JSplitPaneDemo frm = new JSplitPaneDemo();
        frm.setVisible(true);
    }
}
```

运行结果如图 S11-5 所示。

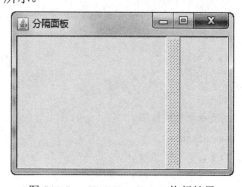

图 S11-5　　JSplitPaneDemo 执行结果

3．JScrollPane

JScrollPane 是滚动面板，可以有水平或垂直的滚动条。其常用的方法及其功能如表 S11-9 所示。

表 S11-9　JScrollPane 的方法列表

方　　法	说　　明
JScrollPane()	构造方法，用于创建一个空的滚动面板
JScrollPane(Component view)	构造方法，用于创建一个指定组件内容的滚动面板。当组件的内容超过视图大小时就会显示水平和垂直滚动条
JScrollPane(Component view, int vsbPolicy, int hsbPolicy)	构造方法，用于创建一个指定组件内容、滚动条策略的滚动面板
setViewportView(Component view)	设置视图
setHorizontalScrollBarPolicy(int policy)	设置水平滚动条策略
setVerticalScrollBarPolicy(int policy)	设置垂直滚动条策略

ScrollPaneConstants 接口定义了用于指定滚动条显示方式的常量值，如表 S11-10 所示。

表 S11-10　ScrollPaneConstants 接口中的滚动条策略值

静态常量值	功能说明
VERTICAL_SCROLLBAR_AS_NEEDED	在需要时显示垂直滚动条
VERTICAL_SCROLLBAR_NEVER	不显示垂直滚动条
VERTICAL_SCROLLBAR_ALWAYS	总是显示垂直滚动条
HORIZONTAL_SCROLLBAR_AS_NEEDED	在需要时显示水平滚动条
HORIZONTAL_SCROLLBAR_NEVER	不显示水平滚动条
HORIZONTAL_SCROLLBAR_ALWAYS	总是显示水平滚动条

代码如下：

```
public class JScrollPaneDemo extends JFrame {
    private JScrollPane sp;
    private JTextArea txtContent;
    public JScrollPaneDemo() {
        super("滚动面板");
        txtContent = new JTextArea();
        // 创建一个空的滚动面板
        sp = new JScrollPane();
        // 将文本域设置到滚动面板的试图中
        sp.setViewportView(txtContent);
        // 设置滚动面板的垂直滚动条总是显示
        sp.setVerticalScrollBarPolicy(
            ScrollPaneConstants.VERTICAL_SCROLLBAR_ALWAYS);
        // 设置滚动面板的水平滚动条总是显示
        sp.setHorizontalScrollBarPolicy(
            ScrollPaneConstants.HORIZONTAL_SCROLLBAR_ALWAYS);
```

```
            this.add(sp);
            this.setSize(300, 200);
            this.setLocation(300, 300);
            this.setDefaultCloseOperation(JFrame.EXIT_ON_CLOSE);
        }
    public static void main(String[] args) {
            JScrollPaneDemo frm = new JScrollPaneDemo();
            frm.setVisible(true);
        }
}
```

上述代码中，创建并设置滚动面板的四条语句可以使用下面一条语句替代：

```
sp = new JScrollPane(txtContent,
        ScrollPaneConstants.VERTICAL_SCROLLBAR_ALWAYS,
        ScrollPaneConstants.HORIZONTAL_SCROLLBAR_ALWAYS);
```

运行结果如图 S11-6 所示。

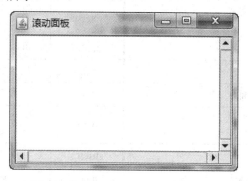

图 S11-6　JScrollPaneDemo 执行结果

 拓展练习

设计 8×8 的扫雷游戏界面，实现扫雷功能。

附录 A Java 关键字

关 键 字	描　　述	关 键 字	描　　述
abstract	用于定义抽象类或声明抽象方法	interface	用于定义一个接口
assert	用来定位内部的程序错误	long	64 位整型
boolean	布尔类型其值为 true/false	native	一种由主机系统实现的方法
break	用于跳出 switch 或循环语句	new	创建一个对象
byte	8 位整型	null	空引用
case	switch 语句的判断分支	package	声明类所属的包
catch	捕获异常的 try 语句块的子句	private	仅能由本类的方法访问的特性
char	Unicode 字符类型	protected	仅能由本类的方法、子类及其本包的其他类访问的特性
class	定义类类型	public	可以由所有类的方法访问的特性
const	保留字	return	从一个方法中返回
continue	结束本次循环而继续执行下一次循环	short	16 位整型
default	switch 语句的默认分支	static	每个类只有唯一的副本，而不是每个对象有一个副本
do	do…while 循环的开始	strictfp	浮点计算采用严格的规则
double	双精度浮点数类型	super	父类对象或构造方法
else	if 语句的 else 子句	switch	一种选择分支结构
extends	用于继承一个父类	synchronized	在多线程环境下用于修饰方法时，起到同步作用
final	常量、不能继承的类和不能覆盖的方法	this	方法或变量的隐式参数或者本类的构造方法
finally	try 语句总被执行的部分	throw	用于抛出异常对象
float	单精度浮点类型	transient	标记数据不能持久化
for	循环语句	try	捕获异常的代码块
goto	保留字	void	表明方法不返回值
if	条件语句	volatile	确保一个域可以被多个线程访问
implements	用于一个类来实现接口	while	一种循环结构
import	用来导入一个包		
instanceof	检测某个对象是否是某个类的实例		
int	32 位整型		

附录 B　正则表达式元字符

字符	描　　述
\	将下一个字符标记为一个特殊字符，或一个原义字符，或一个后向引用，或一个八进制转义符。例如，'n' 匹配字符 "n"，'\n' 匹配一个换行符，序列 '\\' 匹配 "\"，而 "\(" 则匹配 "("
^	匹配输入字符串的开始位置
$	匹配输入字符串的结束位置
*	匹配前面的子表达式零次或多次。例如，zo* 能匹配 "z" 以及 "zoo"。 * 等价于{0,}
+	匹配前面的子表达式一次或多次。例如，'zo+' 能匹配 "zo" 以及 "zoo"，但不能匹配 "z"。+ 等价于 {1,}
?	匹配前面的子表达式零次或一次。例如，"do(es)?" 可以匹配 "do" 或 "does" 中的"do" 。 ? 等价于 {0,1}
{n}	n 是一个非负整数，匹配确定的 n 次。例如，'o{2}' 不能匹配 "Bob" 中的 'o'，但能匹配 "food" 中的两个 o
{n,}	n 是一个非负整数，至少匹配 n 次。例如，'o{2,}' 不能匹配 "Bob" 中的 'o'，但能匹配 "foooood" 中的所有 o，'o{1,}' 等价于 'o+'，'o{0,}' 等价于 'o*'
{n,m}	m 和 n 均为非负整数，其中 n≤m，最少匹配 n 次且最多匹配 m 次。例如，"o{1,3}" 将匹配 "fooooood" 中的前三个 o，'o{0,1}' 等价于 'o?'。请注意，在逗号和两个数之间不能有空格
?	当该字符紧跟在任何一个其他限制符(*, +, ?, {n}, {n,}, {n,m})后面时，匹配模式是非贪婪的。非贪婪模式尽可能少地匹配所搜索的字符串，而默认的贪婪模式则尽可能多地匹配所搜索的字符串。例如，对于字符串 "oooo"，'o+?' 将匹配单个 "o"，而 'o+' 将匹配所有 'o'
.	匹配除 "\n" 之外的任何单个字符。要匹配包括 '\n' 在内的任何字符，请使用如 '[.\n]' 的模式
(pattern)	匹配 pattern 并获取这一匹配
(?:pattern)	匹配 pattern 但不获取匹配结果。也就是说，这是一个非获取匹配，不进行存储来供以后使用。这在使用 "或" 字符(|)来组合一个模式的各个部分时很有用。例如， 'industr(?:y|ies) 就是一个比 'industry	industries' 更简略的表达式
(?=pattern)	正向预查，在任何匹配 pattern 的字符串开始处匹配查找字符串。这是一个非获取匹配。也就是说，该匹配不需要获取来供以后使用。例如，'Windows (?=95|98|NT|2000)' 能匹配 "Windows 2000" 中的 "Windows"，但不能匹配 "Windows 3.1" 中的 "Windows"。预查不消耗字符。也就是说，在一个匹配发生后，在最后一次匹配之后立即开始下一次匹配的搜索，而不是从包含预查的字符之后开始
(?!pattern)	负向预查，在任何不匹配 Negative lookahead matches the search string at any point where a string not matching pattern 的字符串开始处匹配查找字符串。这是一个非获取匹配。也就是说，该匹配不需要获取来供以后使用。例如，'Windows (?!95|98|NT|2000)' 能匹配 "Windows 3.1" 中的 "Windows"，但不能匹配 "Windows 2000" 中的 "Windows"。预查不消耗字符。也就是说，在一个匹配发生后，在最后一次匹配之后立即开始下一次匹配的搜索，而不是从包含预查的字符之后开始

续表

字符	描　　述
x|y	匹配 x 或 y。例如，'z|food' 能匹配 "z" 或 "food"，'(z|f)ood' 则匹配 "zood" 或 "food"
[xyz]	字符集合。匹配所包含的任意一个字符。例如，'[abc]' 可以匹配 "plain" 中的 'a'
[^xyz]	负值字符集合。匹配未包含的任意字符。例如，'[^abc]' 可以匹配 "plain" 中的 'p'
[a-z]	字符范围。匹配指定范围内的任意字符。例如，'[a-z]' 可以匹配 'a' 到 'z' 范围内的任意小写字母字符
[^a-z]	负值字符范围。匹配任何不在指定范围内的任意字符。例如，'[^a-z]' 可以匹配任何不在'a'到 'z' 范围内的任意字符
\b	匹配一个单词边界，也就是指单词和空格间的位置。例如，'er\b' 可以匹配 "never" 中的 'er'，但不能匹配 "verb" 中的 'er'
\B	匹配非单词边界。例如，'er\B' 能匹配 "verb" 中的 'er'，但不能匹配 "never" 中的 'er'
\cx	匹配由 x 指明的控制字符。例如，\cM 匹配一个 Control-M 或回车符。x 的值必须为 A～Z 或 a～z 之一，否则，将 c 视为一个原义的 'c' 字符
\d	匹配一个数字字符，等价于[0-9]
\D	匹配一个非数字字符，等价于 [^0-9]
\f	匹配一个换页符，等价于 \x0c 和 \cL
\n	匹配一个换行符，等价于 \x0a 和 \cJ
\r	匹配一个回车符，等价于 \x0d 和 \cM
\s	匹配任何空白字符，包括空格、制表符、换页符等，等价于 [\f\n\r\t\v]
\S	匹配任何非空白字符，等价于 [^ \f\n\r\t\v]
\t	匹配一个制表符，等价于 \x09 和 \cI
\v	匹配一个垂直制表符，等价于 \x0b 和 \cK
\w	匹配包括下划线的任何单词字符，等价于 '[A-Za-z0-9_]'
\W	匹配任何非单词字符，等价于 '[^A-Za-z0-9_]'
\xn	匹配 n，其中 n 为十六进制转义值。十六进制转义值必须为确定的两个数字长。例如，'\x41' 匹配 "A"，'\x041' 则等价于 '\x04' & "1"。正则表达式中可以使用 ASCII 编码
\num	匹配 num，其中 num 是一个正整数。例如，'(.)\1' 匹配两个连续的相同字符
\n	标识一个八进制转义值或一个后向引用。如果 \n 之前至少有 n 个获取的子表达式，则 n 为后向引用；否则，如果 n 为八进制数字(0-7)，则 n 为一个八进制转义值
\nm	标识一个八进制转义值或一个后向引用。如果 \nm 之前至少有 nm 个获取的子表达式，则 nm 为后向引用。如果 \nm 之前至少有 n 个获取，则 n 为一个后跟文字 m 的后向引用。如果前面的条件都不满足，n 和 m 均为八进制数字(0～7)，则 \nm 将匹配八进制转义值 nm
\nml	如果 n 为八进制数字(0～3)，且 m 和 l 均为八进制数字(0～7)，则匹配八进制转义值 nml
\un	匹配 n，其中 n 是一个用四个十六进制数字表示的 Unicode 字符。例如，\u00A9 匹配版权符号(?)